四川外国语大学新文科建设系列丛书

德汉专利翻译教程

Patentübersetzung Deutsch-Chinesisch

Ein Lehr- und Arbeitsbuch

廖 峻 何志欣 主编

四川外国语大学德语学院
北京之于行知识产权代理有限公司 联合编写
重庆好德译翻译有限公司

同济大学 出版社
TONGJI UNIVERSITY PRESS
·上海·

内 容 提 要

本书基于多年的校企合作课程及实践,系国内首部系统讲解德汉专利翻译基础知识及实际应用的教材,适用于我国德语专业本科高年级及研究生教学,特别是符合德语MTI翻译硕士研究生的有关课程教学需要,同时也可以为知识产权领域工作人员提供可资参阅的德语专利翻译参考手册,提高以保护技术方案为主旨的德语专利翻译工作的质量。

本书第一章简要讲解了知识产权及专利翻译的基础知识。第二章以德汉对照案例库教学的形式对德语专利术语、德国与欧洲专利法以及专利检索方法进行详细的讲解。第三、四、五章基于北京之于行知识产权代理有限公司、重庆好德译翻译有限公司对新入职员工的实操培训素材,从专利翻译项目管理、权利要求的翻译原则与方法、译文校对与质检这三大方面"手把手"地帮助读者尽可能全面地把握原则要求,深入理解掌握有关知识。第六章以真实的案例为样本,详细解析了德汉专利翻译中最为常见的机械类、电学类和生化类专利实例,教师也可根据实际教学需要,将其中部分内容作为翻译练习材料使用。

图书在版编目(CIP)数据

德汉专利翻译教程 / 廖峻,何志欣主编. -- 上海:同济大学出版社,2023.12
 ISBN 978-7-5765-0985-4

Ⅰ.①德… Ⅱ.①廖… ②何… Ⅲ.①专利技术-德语-翻译-教材 Ⅳ.①G306.0 ②H363.9

中国国家版本馆CIP数据核字(2023)第229116号

Patentübersetzung Deutsch-Chinesisch: Ein Lehr-und Arbeitsbuch

德汉专利翻译教程

廖 峻 何志欣 主编

| 责任编辑 吴凤萍 | 助理编辑 杨黄石 | 责任校对 徐春莲 | 封面设计 陈益平 |

出版发行	同济大学出版社　　www.tongjipress.com.cn
	(地址:上海市四平路1239号　邮编:200092　电话:021-65985622)
经　销	全国各地新华书店
制　作	南京月叶图文制作有限公司
印　刷	启东市人民印刷有限公司
开　本	889mm×1194mm　1/16
印　张	18.75
字　数	600 000
版　次	2023年12月第1版
印　次	2023年12月第1次印刷
书　号	ISBN 978-7-5765-0985-4
定　价	88.00元

本书若有印装质量问题,请向本社发行部调换　　版权所有　侵权必究

本书系重庆市高水平新文科建设资助系列成果

本书编写委员会

主　编　廖　峻　何志欣

副主编　杨　昕　李大雪　张　赟　程　曦

编　者　江赞多　江函育　孙梦璇　徐　畅
　　　　陈鹏程　尤　佳　来晓黎　杨欣怡
　　　　汤昱茹　黄裕如

制　图　雷炳钥

前　言

为了充分利用既有知识以及归纳总结新知识，人们需要通过文字表达来分享彼此所掌握的知识。通过专利文献向公众提供创新技术解决方案，这是对全新知识的一种分享方式。在此过程中，有时需要新创词汇，有时需要借用旧词汇来表达新的内容，有时还需要借助复杂的数学公式和建模语言去表述日新月异的技术内容。这意味着，指数型增长的科技发展趋势也将推动词汇与表达的指数型增长，这自然也就意味着，记载科技信息的文字数据量正在趋向于无穷大。而科技知识如专利文献所要求的唯一性和准确性及多语言发展的不同步，使得从人类起源之初就开始萌芽的语言，在迅猛发展的科技面前展现出了局限性。这种局限性在新技术传播时变得愈发明显，对科学技术的跨语言传播构成了挑战。

此外，在持续加速发展的科技面前，国与国之间的贸易往来也越来越多地展现出知识密集型特征。国与国之间、特别是国外来华的专利申请数量已持续十多年高速增长，其中作为欧洲经济"火车头"的德语区国家的来华专利申请数量也随之稳步增长，且未来发展潜力仍然较大。根据2019年底国家知识产权局的数据，德语区国家来华专利申请数量约占全部国外来华申请数量的14%。而中国去往欧洲的专利申请数量也将伴随这种趋势，有望持续多年甚至数十年实现高速增长。

以上现实情况要求行政和司法部门、科研单位、专利代理机构和翻译机构配备拥有多技术领域背景的德语人才，他们应当具备多语言、多技术背景与涉外法律的三方面能力。例如，专利申请人需要按各国相应法律来准备专利申请文件和完成手续文件的翻译工作，专利审查部门有时需要详细研究欧洲各国专利局以德语公开的现有技术和优先权文件。而在复审无效及侵权诉讼等实际工作中，有时需要面对以德语撰写的关键证据文件。总而言之，涉及德语专利的翻译与研究对于中国和欧洲的科技发展和知识经济发展都有着重要意义。

据报道，全世界90%到95%的发明创造成果首先出现在专利文献中，因此大量科技语的首译也往往来自专利申请翻译。而首译为相同及衍生的词汇和表达均确立了范例，首次确立一项新技术的中文表达体系，进而对科技文献的中文表达起到关键作用，所以准确翻译专利文献对于技术发展研究也有着不可替代的价值。此外，本身也作为技术文献的专利文献是专利权人申请专利权时的基础文本，也构成今后授予专利权时的权利载体，涉外专利的中译文将作为判断第三方是否构成侵权的唯一基准文字。为侵权判断之故，专利文本需要采取信息不失真的直译方式，将转译或修饰降低到最小程度，这也是专利翻译在语言表达上不同于其他文体的风格特点,特此说明,望读者注意。

然而,大量专利翻译工作需要熟练掌握技术翻译的专业人员在短时间内完成,他们必须以流水线方式高强度地工作。这意味着从翻译、校对到质检的高标准人工作业需要在《保护工业产权巴黎公约》(简称"巴黎公约")或《专利合作条约》(简称"PCT")进入国家阶段所规定的时限内完成,前者是自优先权日起12个月,后者是30个月或可宽限至32个月。这是因为2020年修订的《中华人民共和国专利法》(以下简称"专利法")第二十九条所涉及的优先权是由《巴黎公约》所确立的基本原则。根据该原则,专利申请人在德国或欧洲其他国家提出正式的专利申请后,根据德国或欧洲其他国家与中国签订的协议或者共同参加的国际条约(双方都是《巴黎公约》的缔约方,也都是PCT成员国),或者依照相互承认优先权的原则,在特定的期限内(如发明为自优先权日起12个月而外观为6个月;对于PCT进入国家阶段则为30或32个月)又就同一发明或外观设计向中国提出专利申请时,有权将在德国或欧洲其他国家的申请日作为后来在中国提出申请的申请日;即同一发明创造可以在实行专利制度的中国和德国取得排他性的独占权。高质量标准与法定时限所导致的有限作业时间相叠加,意味着翻译工作难度高、强度大。由此可以想见,专利翻译是一项劳动与知识双密集型的工作。也正因此,专利翻译始终面临作业难度强度与作业人员不匹配的问题。更为严峻的情况在于,与英文专利翻译人才相比,目前国内事务所德语人才配置比例严重偏低。德语人才配置比例偏低首先体现在代理机构聘用人员的数量方面。为满足翻译、一次校对、二次校对和质检等诸多工序的要求,事务所需完成大量翻译审校工作,这要求相应事务所聘用多位具备德语翻译能力的专利代理师,而不能单纯依靠英文转译或其他外包服务。因成本和人才短缺之故,目前绝大多数事务所只能聘用一两名具备德语能力的代理师。另外,德语作业人员素质方面的不匹配问题更为突出,这是因为以德语撰写的专利通常篇幅不短、语言晦涩且原创性较高,而且这些德语专利涵盖了几乎所有技术门类,这就要求专利代理事务所的德语翻译人员拥有多学科背景知识,也接受过系统化的德语培训和科技法律翻译训练。

此外,在我国实施《专利法》的初期,1984年制定的《专利法》规定外国申请人向我国申请专利和国内申请人向外国申请专利时,必须委托国务院指定的专利代理机构(即"涉外代理机构")代理。虽然2000年修订的《专利法》将涉外专利代理机构由国务院指定改为由国家知识产权局指定,但后来2008年修订的《专利法》又取消了指定涉外专利代理机构这一行政审批项目,允许所有依法设立的专利代理机构承接外国申请人向我国申请专利和国内申请人向外国申请专利的相关代理业务。这意味着目前国内所有专利代理机构均可承接涉外案件,使得涉外专利申请的翻译从少量涉外机构的重要特色服务变成了全国所有专利代理机构的日常工作。实际上,在1985年4月1日至今的几十年中,能够胜任外国申请人向我国申请专利和国内申请人向外国申请专利的代理工作的专利代理机构仍然短缺,特别是能够熟练驾驭德语的法律与技术人才不仅没有增加,反而还有减少的趋势,所以在涉外代理机构的行政审批取消之后,涉外专利翻译质量已经出现了波动。

不仅专利代理机构在准备专利申请文件方面存在语言障碍，专利审查机构和司法系统面临的情况也并不乐观。对于审查部门而言，在审查原文为德语的专利申请文件时，专业人员经常也需要检索德国或欧洲专利局的现有技术，以便在准确理解现有技术的基础上，给出更为客观准确的审查意见通知书。此外，在复审无效及侵权诉讼等实际工作中，专业人员也有可能面对原文为德语的证据文件，而准确把握证据文件的译文对于案件审理往往有着决定性的意义。所以，现实情况表明，专利代理、专利审查和侵权案件审理工作，不仅要求专利事务所配备拥有多技术领域背景的翻译人员，也要求行政及司法部门配备相关专业人才。这都对专业人员培养提出了语言、技术与法律三方面的综合要求。

一方面，德语专利翻译对于从业人员提出了如此高的综合素质要求；另一方面，长期以来，我国各大院校的德语专业教学和研究主要以文史哲为主，而除英文之外的其他小语种也较少成为理工科学生的第一外语，科技文献翻译研究工作进展滞后于科技文献增长趋势。据非官方数据统计，2019年国内开设德语专业的高校数量虽然达到约140所，但其中只有极少数高校德语系的教学研究重点为科技德语，还有如同济大学中德学院、中德工程学院等少数高校学院将德语设为理工科专业学生的第一外语课程。总体上看，理工科学生学习德语的机会较少，而文科背景出身的德语专业学生则缺乏技术及专利知识，很难在毕业后直接从事相关工作，难以弥补单位用人与学校培养之间的鸿沟。另外，德国政府及企业在华工作中也更倾向于采用英文作为工作语言。这些在客观上导致掌握德语的技术工作人员数量少、锻炼机会少，进一步造成德语科技翻译人员短缺、科技德语资料匮乏的局面。这种现状使得以德语撰写的专利申请不容易在华顺利执行申请程序，阻碍了德语区国家的申请人在中国获得准确适当的知识产权保护，不利于中欧科学技术交流，更不利于我国在当今的世界科技发展浪潮中赢得先机。

因此，为了推动科技交流，加强知识产权保护，也为了促进中欧专利行业发展与交流，我国迫切需要培养更多德语专利翻译人才，国内高校也应当多措并举，探索多学科交叉融合的人才培养模式。同时，我们认为也需要有专门的德汉专利翻译教材，为以德语为工作外语的专利代理师人才培养奠定基础，也便于工作涉及欧洲案件审查的专利审查员自学相关翻译知识，或许还能让法官和行政官员在审理中欧知识产权案件时参考一二，从而较为准确地把握涉外案件中相关的翻译问题。

有鉴于此，我们希望通过编写本书，为国内现有的科技德语教学补充一份可供课堂使用的德汉专利翻译教材，为当下如火如荼开展的新文科建设添柴助力；另一方面，我们也希望给知识产权领域的工作人员提供一份可资参阅的德语专利翻译自学手册，提高以保护技术方案为主旨的德语专利翻译从业人员占比。恰逢编者所在的四川外国语大学（简称"川外"）于2021年获批重庆市高水平新文科建设高校和国际化特色高校建设项目，学校明确提出，新文科建设是本校

"十四五"发展的重中之重,是学校教育教学改革的重大机遇。本书为重庆市高水平新文科建设资助系列成果,同时也是重庆市研究生联合培养基地(四川外国语大学——重庆好德译信息技术有限公司①翻译硕士研究生联合培养基地)的重要成果结晶,并得到重庆市研究生教育教学改革研究重点项目"成渝双城经济圈研究生教育协同发展研究——以德语翻译硕士研究生教育为例"(项目编号 yjg212031)的课题资金资助。本书的部分材料已在川外德语学院的高年级本科生及研究生中试用,川外德语学院多名教师及北京之于行知识产权代理有限公司、重庆好德译翻译有限公司的多名专利翻译从业人员参与了本书的编写工作,特此向为本书编写出版付出努力的全体人员致以诚挚的谢意!特别感谢同济大学德语与欧洲文化出版中心吴凤萍主任、杨黄石编辑,如果没有他们的大力支持与细致工作,本书与读者的见面也将延宕时日,错失机遇。

    本书既包括对德语专利及专利翻译的讲解、关于项目管理及译文校对的知识和资料,可供有关从业人员案头参考,也以实例解析的形式对机械类、电学类和生化类专利翻译进行了重难点解析,可归属于案例库教学的范畴。由于目前国内尚无同类的德汉专利翻译教程可供比较借鉴,我们希望这本教程能起到抛砖引玉的作用,促进有关各方加强对精通外语的专利代理师人才培养的重视。无奈时间仓促,内容繁杂,其中难免有值得商榷之处乃至错误,概由编者负责,敬请读者批评指正。

廖 峻 何志欣
2023 年 9 月

---

① 该公司现已更名为重庆好德译翻译有限公司。

目 录

前言

第一章 知识产权与专利翻译 … 1
第一节 知识产权概念与涉及翻译的规定 … 1
第二节 国际经济与知识产权发展现状 … 4
第三节 国际专利申请现状 … 5
第四节 德语区国家对华专利申请的历史与现状 … 7

第二章 专利体系与专利检索 … 12
第一节 专利术语释义（德汉对照） … 12
第二节 德国专利法简介（德汉对照） … 17
  一、专利权的法律基础 … 17
  二、可专利性 … 18
  三、专利的结构 … 20
  四、专利授权程序 … 22
第三节 国际专利法简介（德汉对照） … 25
  一、欧洲专利法说明 … 25
  二、PCT 申请说明 … 28
第四节 德国及欧洲的专利检索示例 … 30
  一、DPMAregister 数据库 … 30
  二、DEPATISnet 数据库 … 37
  三、欧专局 Espacenet 检索平台 … 41
  四、Register 系统 … 49

第三章 专利翻译项目管理流程 … 54
第一节 专利翻译项目管理的意义及流程 … 54
第二节 翻译流程 … 57
第三节 专利翻译项目管理案例 … 59

一、新申请指示函	……………………………………………………	59
二、根据新申请指示函制作确收函（回函）	………………………	61
三、内部流程启动函	…………………………………………………	65
四、完成制图	…………………………………………………………	66
五、完成初翻稿	………………………………………………………	66
六、完成校对稿	………………………………………………………	67
七、完成定稿五书	……………………………………………………	69
八、CPC 文件与形式质检	……………………………………………	70
九、缴纳官费	…………………………………………………………	71
十、新申请提交报告	…………………………………………………	72
十一、PCT 途径进入中国国家阶段发明/实用新型专利新申请的 CPC 文件组成	…	73
第四节　涉及 306 表的项目管理工作	………………………………	87
第五节　涉及主动修改的项目管理工作	……………………………	90

第四章　权利要求的翻译原则与方法 …………………………………… 97
　第一节　权利要求书翻译概述 ……………………………………… 98
　第二节　权利要求的形式与内容 …………………………………… 99
　　一、权利要求的典型形式 ………………………………………… 99
　　二、权利要求的内容 ……………………………………………… 101
　第三节　权利要求的类型 …………………………………………… 103
　　一、独立和从属权利要求 ………………………………………… 103
　　二、方法、装置及用途权利要求 ………………………………… 109
　第四节　涉及权利要求书的其他翻译工作 ………………………… 134
　　一、涉及分案的权利要求翻译工作 ……………………………… 134
　　二、涉及权利要求修改的翻译工作 ……………………………… 136
　　三、审查及复审程序中涉及修改的翻译工作 …………………… 141
　　四、涉及诉讼的权利要求翻译工作 ……………………………… 148
　　五、涉及无效及异议程序的翻译工作 …………………………… 151
　小结 …………………………………………………………………… 156

第五章　译文校对与质检 ………………………………………………… 157
　第一节　校对的技术性原则及实例 ………………………………… 157
　　一、术语选择的原则 ……………………………………………… 157
　　二、术语翻译校对举例 …………………………………………… 160
　　三、技术特征表达的合理性 ……………………………………… 164

四、校对需要关注的法律规定 ········· 170
　　五、涉及修改翻译的校对 ········· 180
第二节　专利翻译的实质性质检 ········· 185
第三节　专利翻译的形式性质检 ········· 187
　　一、发明名称的要求 ········· 187
　　二、说明书的格式要求 ········· 187
　　三、权利要求书 ········· 187
　　四、说明书摘要 ········· 188
　　五、摘要附图 ········· 188
　　六、说明书附图 ········· 188

第六章　专利说明书翻译重难点解析 ········· 192
第一节　机械类专利翻译 ········· 193
　　一、机械类专利的特点 ········· 193
　　二、机械类专利翻译重难点解析 ········· 194
第二节　电学类专利翻译 ········· 213
　　一、电学类专利的特点 ········· 213
　　二、电学类专利翻译重难点解析 ········· 214
第三节　生化类专利翻译 ········· 266
　　一、生化类专利的特点 ········· 266
　　二、生化类专利翻译重难点解析 ········· 267

附录1　思考练习题 ········· 278

附录2　欧洲主要的知识产权官方机构 ········· 282

第一章

知识产权与专利翻译

第一节 知识产权概念与涉及翻译的规定

在法律意义上,知识产权是根据法定程序赋予权利人的专有权利,因此知识产权仅存在于法律规定的基础之上。知识产权是知识财产权的简称,之所以常被称为无形财产权,是因为作为"智力创造成果"的权利客体有非物质性,因而具有"无形"性质。与其无形客体相对,知识产权的权利主体是知识产权的权利所有人,既可以是自然人,也可以是法人或非法人组织,甚至可以是国家。在知识产权的权利客体方面,《与贸易有关的知识产权协定》(英文缩写为 TRIPS,2017 年修订)第二部分关于知识产权效力、范围和使用的标准包括以下内容:

1. 版权和相关权利;
2. 商标;
3. 地理标志;
4. 工业设计;
5. 专利;
6. 集成电路布图设计(拓扑图);
7. 对未披露信息的保护;
8. 对协议许可中反竞争行为的控制。

值得注意的是,在 TRIPS 中,工业设计与专利是相互独立的客体,其第二十五条就工业设计作出如下具体规定:"各成员应对新的或原创性的独立创造的工业设计提供保护。各成员可规定,如工业设计不能显著区别于已知的设计或已知设计特征的组合,则不属新的或原创性设计。各成员可规定该保护不应延伸至主要出于技术或功能上的考虑而进行的设计。"

自 2021 年 1 月 1 日起施行的《中华人民共和国民法典》第一百二十三条也涉及知识产权的权利客体,其具体规定如下:

"民事主体依法享有知识产权。知识产权是权利人依法就下列客体享有的专有的权利:

(一)作品;

(二)发明、实用新型、外观设计;

(三)商标;

(四)地理标志;

(五)商业秘密;

(六)集成电路布图设计;

（七）植物新品种；

（八）法律规定的其他客体。"

由此可见，我国专利制度不同于TRIPS规定，其可专利的客体包含了发明、实用新型、外观三项。为此，在作为特殊法的《中华人民共和国专利法》（2020年修正，以下简称"专利法"）第二条中给予了明确规定："本法所称的发明创造是指发明、实用新型和外观设计。"

关于发明和实用新型的可授予专利客体，TRIPS在其第五节第二十七条还作出如下规定："在遵守第2款和第3款规定的前提下，专利可授予所有技术领域的任何发明，无论是产品还是方法，只要它们具有新颖性、包含发明性步骤，并可供工业应用。"此项规定在各国专利法中也都有相应体现，我国《专利法》将其具体规定为新颖性、创造性和实用性。而且TRIPS在同一条中还赋予了外国专利申请人同等待遇。即，该第二十七条进一步规定："对于专利的获得和专利权的享受不因发明地点、技术领域、产品是进口的还是当地生产的而受到歧视。"这也意味着，在签署了TRIPS的各国，专利申请的主体可能涉及国内外多个实体，专利申请的客体也可能涉及多个国家或地区，所以TRIPS缔约方各国的专利法不仅是国内法，也都必然是涉外法。

为此，我国《涉外民事关系法律适用法》第四十八条规定："知识产权的归属和内容，适用被请求保护地法律。"这就意味着，中国专利申请确权和中国专利效力纠纷的法律适用中国专利法。而《专利法》第二十九条第一款明确规定："申请人自发明或者实用新型在外国第一次提出专利申请之日起十二个月内，或者自外观设计在外国第一次提出专利申请之日起六个月内，又在中国就相同主题提出专利申请的，依照该外国同中国签订的协议或者共同参加的国际条约，或者依照相互承认优先权的原则，可以享有优先权。"此处所指的国际条约包括《保护工业产权巴黎公约》（自1985年3月19日起，我国就已成为该公约成员国）和《专利合作条约》（PCT），1994年1月1日我国正式成为后者的成员国。涉及外国优先权的此项规定给希望在中国寻求专利保护的外国申请人提供了很大的方便和实际利益，申请人不必担心因翻译以及办理复杂手续文件导致被他人抢先申请，而是可以在六个月或十二个月优先权期限内精心准备申请文件。

我国《专利法》不仅定义了专利客体，也规定了授予专利权条件等实体性内容，还定义了专利的申请、审查和批准程序以及专利权的期限、终止和无效等程序性内容。特别是就申请程序而言，有相当多条款直接涉及专利文本的翻译。例如《专利法实施细则》第三条规定："依照专利法和本细则规定提交的各种文件应当使用中文；国家有统一规定的科技术语的，应当采用规范词；外国人名、地名和科技术语没有统一中文译文的，应当注明原文。"《专利法实施细则》第三十九条规定："专利申请文件有下列情形之一的，国务院专利行政部门不予受理，并通知申请人：……（二）未使用中文的；……"《专利法实施细则》第一百零四条规定："申请人依照本细则第一百零三条的规定办理进入中国国家阶段的手续的，应当符合下列要求：（一）以中文提交进入中国国家阶段的书面声明，写明国际申请号和要求获得的专利权类型；……（三）国际申请以外文提出的，提交原始国际申请的说明书和权利要求书的中文译文；……"《专利法实施细则》第一百一十四条规定："对要求获得发明专利权的国际申请，国务院专利行政部门经初步审查认为符合专利法和本细则有关规定的，应当在专利公报上予以公布；国际申请以中文以外的文字提出的，应当公布申请文件的中文译文。"

此外，本书主要面向的读者，即以专利语言服务为职业方向的学习者和从业人员，还应当注意《专利审查指南》（2020年修订版）中的如下规定：

《专利审查指南》第一部分第二章第 15.1.2 条：审查依据的文本

（2）对于使用外文公布的国际申请，根据《专利合作条约》第十九条提交的修改的权利要求书的中文译文。

（3）对于使用外文公布的国际申请，根据《专利合作条约》第三十四条提交的修改的权利要求书、说明书和附图的中文译文。

《专利审查指南》第二部分第二章第 2.2.7 条：对于说明书撰写的其他要求

说明书应当使用中文，但是在不产生歧义的前提下，个别词语可以使用中文以外的其他文字。在说明书中第一次使用非中文技术名词时，应当用中文译文加以注释或者使用中文给予说明。

《专利审查指南》第三部分第一章引言：

（2）根据专利法实施细则第一百零四条，审查国际申请进入国家阶段时是否提交了符合规定的原始申请的中文译文（以下简称译文）或文件，根据专利法实施细则第四十四条审查译文和文件是否符合规定，对于不符合规定的申请作出处理。

《专利审查指南》第三部分第一章第 6 条：国家公布

国际申请是以中文以外文字提出的，还应当公布申请文件的中文译文。

《专利审查指南》第三部分第二章第 3.3 条：原始提交的国际申请文件的法律效力

对于以外文公布的国际申请，针对其中文译文进行实质审查，一般不需核对原文；但是原始提交的国际申请文件具有法律效力，作为申请文件修改的依据。

《专利审查指南》第三部分第二章第 5.7 条：改正译文错误

对于以外文公布的国际申请，针对其译文进行实质审查，一般不需核对原文。

《专利审查指南》第四部分第八章第 2.2.1 条：外文证据的提交

对中文译文出现异议时，双方当事人就异议部分达成一致意见的，以双方最终认可的中文译文为准。……双方当事人就委托翻译达不成协议的，专利复审委员会可以自行委托专业翻译单位进行翻译。委托翻译所需翻译费用由双方当事人各承担50%；拒绝支付翻译费用的，视为其承认对方当事人提交的中文译文正确。

《专利审查指南》第五部分第一章第 3.1 条：中文

专利申请文件以及其他文件，除由外国政府部门出具的或者在外国形成的证明或者证据材料外，应当使用中文。

审查员以申请人提交的中文专利申请文本为审查的依据。申请人在提出专利申请的同时提交的外文申请文本，供审查员在审查程序中参考，不具有法律效力。

《专利审查指南》第五部分第一章第 3.2 条：汉字

本章第 3.1 节中的"中文"一词是指汉字。专利申请文件及其他文件应当使用汉字，词、句应当符合现代汉语规范。

汉字应当以国家公布的简化字为准。申请文件中的异体字、繁体字、非规范简化字，审查员可以依职权予以改正或者通知申请人补正。

《专利审查指南》第五部分第一章第 3.3 条：外文的翻译

专利申请文件是外文的，应当翻译成中文，其中外文科技语应当按照规定译成中文，并采用规范用语。……

当事人在提交外文证明文件、证据材料时（例如优先权证明文本、转让证明等），应当同时附具中文题录译文，审查员认为必要时，可以要求当事人在规定的期限内提交全文中文译文或者摘要中文译文；期满未提交译文的，视为未提交该文件。

本书所涉及的专利包括全部三种类型的发明创造的翻译，其翻译结果作为专利客体的文字形式载体，直接服务于专利法所规定的各项程序性内容。

第二节　国际经济与知识产权发展现状

曾作为调节世界经济三大支柱之一的关税与贸易总协定（GATT：General Agreement on Tariffs and Trade）简称"关贸总协定"，是旨在降低关税、减少贸易壁垒的有关关税和贸易政策的多边国际协定。作为世界历史上第一次建立的国际多边贸易体系，早在20世纪其涉及的贸易额就占世界总贸易额的90%以上。随着世界经济发展，关贸总协定从政府间的行政协议最终在乌拉圭回合后的1995年1月1日正式演变为世界贸易组织（WTO）。而在WTO成立之前，在1994年关贸总协定的乌拉圭回合中就已经提前达成了《与贸易有关的知识产权协定》（TRIPS），其中有关著作权的条款来自于《伯尔尼公约》，而有关商标与专利的条款来自于《巴黎公约》。

签署TRIPS是WTO成员的强制要求，请求加入该组织的国家都必须遵循TRIPS协定来制定本国的知识产权法律。TRIPS事实上成为知识产权法律全球化中最重要的多边协定，该协定在其序言中明确指出："期望减少对国际贸易的扭曲和阻碍，并考虑到需要促进对知识产权的有效和充分保护，并保证实施知识产权的措施和程序本身不成为合法贸易的障碍。"这也意味着，从2001年12月11日中国正式加入世界贸易组织（WTO）、成为这个全球最大的多边贸易组织的第143个成员之日起，促进知识产权发展已经成为我国的责任和义务。

为此，在申请加入世界贸易组织时，我国签署了TRIPS协定，且在加入世贸组织时我国承诺："中国将在完全遵守WTO协定的基础上，通过修改其现行的国内法和制定新的法律，以有效和统一的方式实施WTO协定。"为此，我国近二十年间多次修订和完善了国内的知识产权法律法规，包括修订了《专利法》《商标法》《著作权法》，重新颁布了《计算机软件保护条例》，制定了《集成电路布图设计保护条例》，并相应修改和重新颁布了有关专利法、商标法、著作权法的实施细则和审查指南。此后，中国专利申请量从1999年的不足13万件增长到2003年的27万余件，仅用4年时间就实现了翻倍，到2007年又再次翻倍到55万余件，此后维持每4～5年数量翻一倍的成绩直到今天。

由于TRIPS协定在其总则和基本原则中规定了"各成员应对其他成员的国民给予本协定规定的待遇"，而德语区国家和我国都已签署了该协定，因此在法律上保障了双方国民在对方国家申请专利时享有国民待遇，这一规定与《巴黎公约》完全相同。在法律基础确立之后，来自德语区国家的专利申请量随即出现了猛增，从1999年的不足5 000件增长到2004年的1万余件，仅用5年左右的时间就实现了翻倍，随后在2012年达到2万余件，并一直稳步增长。即使是在2008到2010年的经济危机期间，德语区国家来华的专利申请量仍然保持了同比增长，并在2011年和2012年出现了跳跃式上升。

在达成TRIPS协定之后，国际贸易与知识产权都经历了二十多年蓬勃发展，21世纪的全球商业500

强从而也都成为了知识产权500强,目前来看这绝非偶然,商业竞争归根结底是技术与创新的竞争。根据《2017年世界知识产权报告》,从2000年至今,多个行业统计数据表明,无形资产收益在全世界制造和销售的所有产品价值中所占比例均有所上升,平均为有形资产引发收益的两倍之多,以至于世界贸易总价值的三分之一是由无形资产创造的。随着全球经济一体化的发展进程,专利作为无形资产的关键组成部分,自然也被纳入了跨国公司重点关注并投资的无形资产组合。而跨国公司在专利组合之中一般都会慎重考虑中美欧三个地域的布局。

图1.1为2016年五大局[中国国家知识产权局(CNIPA)、欧洲专利局(EPO)、日本特许厅(JPO)、韩国特许厅(KIPO)和美国专利商标局(USPTO)]之间的专利申请量,其中括号内为2015年数据。

过去很长一段时间,全球申请人向美国专利商标局提交的对外专利申请量高于向其他局提出的申请量。当然这也同美国经济与科技发展现状相吻合。根据图示,从欧洲专利公约(EPC)成员国流向美国的专利数量2.7倍于流向中国的专利数量。对于中国专利局而言,这意味着来自欧洲的专利

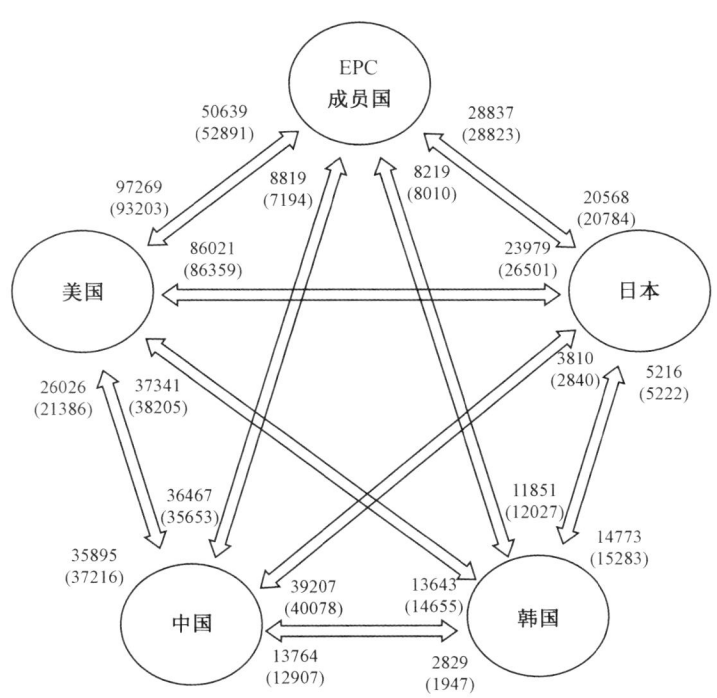

图1.1 五大局之间的专利申请概况

申请数量还有很大的增长空间。德语区国家是欧洲专利局的主要专利来源国,可以预见,德语到中文的专利翻译需求也将随中欧贸易发展而稳步增长。

第三节 国际专利申请现状

根据《世界五大知识产权局统计报告(2018年)》,2017年向五大局提交的专利申请共计2 677 394件。欧洲专利局和中国国家知识产权局收到的国内和国外申请均有增长。韩国特许厅收到的国内申请量下降3%,国外申请量增长1%。美国专利商标局收到的国内申请量下降约1%,而国外申请量则增长1%。

表1.1 2017年提交的按来源地划分的专利申请

来源地	知识产权局					
	EPO	JPO	KIPO	CNIPA	USPTO	总计
EPC成员国	78 307	20 559	11 697	36 818	96 995	244 376
日本	21 712	260 290	15 044	40 908	86 113	424 067
韩国	6 261	4 172	159 031	13 180	35 565	218 209
中国	8 330	4 735	3 015	1 245 709	29 674	1 291 463

(续表)

来源地	知识产权局					
	EPO	JPO	KIPO	CNIPA	USPTO	总计
美国	42 300	23 949	13 497	36 980	293 904	410 630
其他	8 680	4 774	2 491	7 999	64 705	88 649
总计	165 590	318 479	204 775	1 381 594	606 956	2 677 394

2016年，全球专利总授权量达到130余万件，其中中国的专利授权量与其他国家相比明显增长得更快。

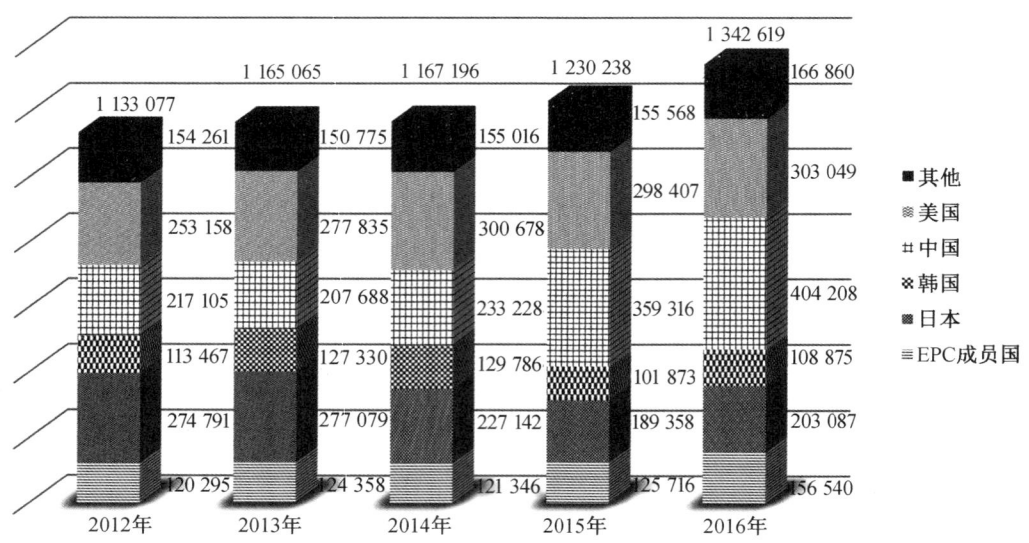

图1.2　各国专利授权量（单位：件）

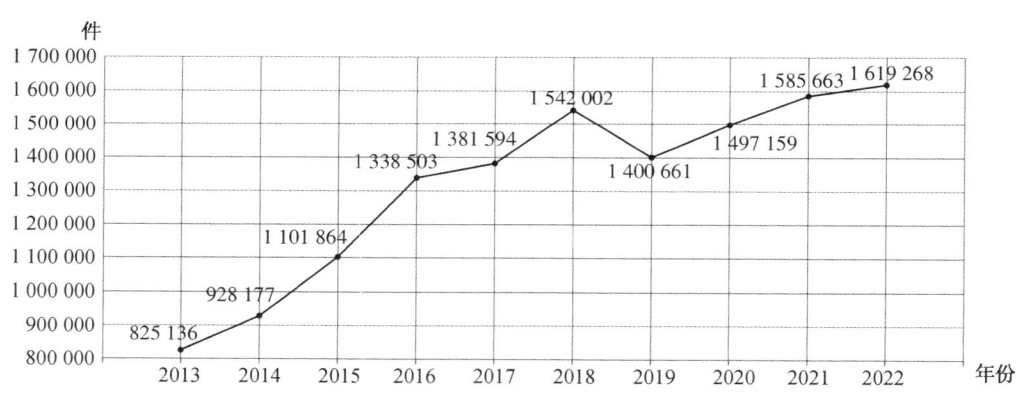

图1.3　中国专利申请量趋势图

世界知识产权组织 WIPO 发布的《2022年世界知识产权指标》报告则显示，2020年到2022年期间，全球知识产权申请量依然强劲飙升，这种趋势明显不同于历史上的其他经济衰退期。例如，2021年全球累计有340万件专利申请，同比增长3.6%，其中来自亚洲包括中国（＋5.5%）、韩国（＋2.5%）和印度（＋5.5%）的申请量占总量的67.6%，与此同时美国（－1.2%）、日本（－1.7%）和德国（－3.9%）在2021年则出现了同比下降。

以上图表和数据表明，中国已经成为全球专利申请的主要目的地，成为跨国企业重点布局的地区，这一趋势背景应该为我国政府和企业所重视，同时也对我国相应的人才储备提出了更高要求。

第四节　德语区国家对华专利申请的历史与现状

在中国《专利法》实施的第一天,即1985年4月1日,来自德语区的国家德国、奥地利、瑞士、列支敦士登和卢森堡就向中国专利局提交了171件专利。

表1.2　申请日为1985年4月1日的德语区国家前十位申请人专利数

	申请人	专利数	百分比
1	赫彻斯特股份公司	18	10.53%
2	拜尔股份公司	12	7.02%
3	拉皮斯	8	4.68%
4	拜尔公司	7	4.09%
5	德国ITT工业有限公司	4	2.34%
6	克罗内有限公司	4	2.34%
7	特罗本维克有限公司和科隆分公司	3	1.75%
8	沃斯特-阿尔派因股份公司	3	1.75%
9	乌斯特-阿尔派因股份公司	2	1.17%
10	BASF股份公司	2	1.17%

这第一批德语区国家的171件专利来自一百多家企业和个人,其中有105项发明专利经审查后,符合中国《专利法》的相关规定,从而得到了中国专利局的授权。授权发明专利中的36件专利(约占当日申请且均维持到届满的全部358件发明专利中的10%)一直维持到15年保护期届满为止,即它们都持续有效直到2000年前后,对我国经济发展和科技进步作出了相应贡献。

值得注意的是,这171件专利中包括一件来自列支敦士登的名称为《自动书写中文、日文汉体和日文假名的电子设备》的发明专利申请公开CN85101047A,其发明人为格兰斯安诺和哥纳蒂,申请人为电子特殊计划公司。在该专利申请的说明书中记载了一整套键盘编码方案,旨在解决汉字录入问题。由于这份专利没有要求优先权,也没有其他国家的同族专利申请,我们也无从研究其原文以及与中文译文之间的关联性。

遗憾的是,这份专利并没有完成审查程序,其法律状态在1988年5月25日变成"被视为撤回的申请",但是它也已成为该国在华的首份专利申请。其首页信息包括了申请日、公开日、申请人、地址和发明人信息,具体见图1.4—图1.6。

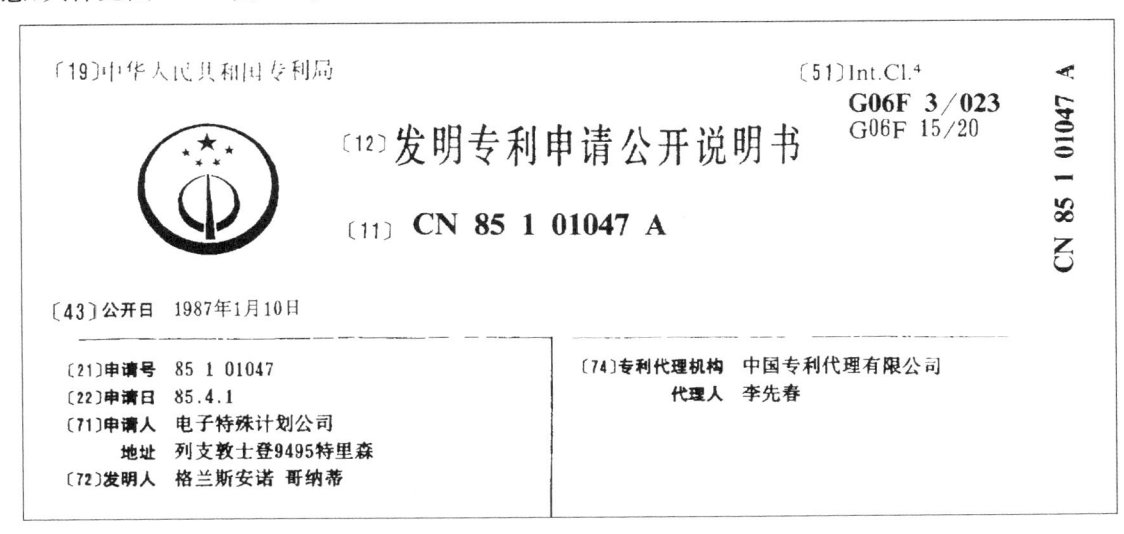

图1.4　列支敦士登首份来华专利申请CN85101047A

说　明　书

自动书写中文、日文汉体和日文假名的电子设备

本发明的目的是制造一种电子设备，用以自动书写中文、日文汉体、以及日文假名等，使目前还没能做到的事成为可能，也就是用标准型电子打字机，打印机或目前流行的印字书写器械书写汉字和日文汉体等。

这类语言直接书写的困难，是由于它们具有大量的表意符号，日常用字约有三千，总数则达到四万，不象我们，只用２６个字母就可以了。本发明的器械克服了这种障碍，其特征如下：

1、有一键盘可以同时打出构成中文或日文汉字语言的一个表意符号的音节的读音和声调，因此在每按一次键时使产生一个标准的表意符号。

2、至少有一台微处理机。

3、至少有一台显像器或显示器。

4、至少有一台书写器或打印器，写（印）出与键盘输入的每个音节相应的表意符号。这符号也可由微处理机产生。在显像器或显示器上投影，或用打印器打出。

图1.5　列支敦士登在中国的首份专利申请 CN85101047A 的说明书首页

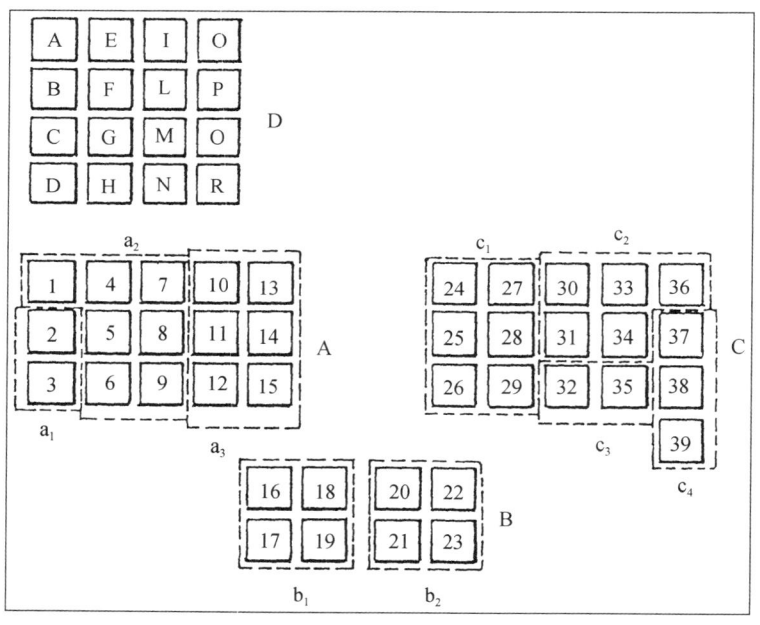

图1.6　列支敦士登在中国的首份专利申请 CN85101047A 的说明书附图

根据上述内容可知，该专利所要求保护的技术方案在于如何用键盘录入汉字。该专利申请的权利要求进一步主张保护如下技术方案：

书写中文、日文汉体和日文假名的电子自动设备，设备的特点是有一套键盘，至少有一台微处理机，至少有一台显像器或显示器。该设备至少有一台书写器或打印器，键盘上的键可以同时按下，表示构成

相当于每一中文或日文汉体的表意符号的音节的读音和声调,因此每按一次键产生一个准确的表意符号,书写器或打印器,是把相当于在键盘上按键和微处理机产生的音节的表意符号,在需要于显像器或显示器上投影或用打印机打印时写出。

其中关键特征包括"键盘上的键可以同时按下,表示构成相当于每一中文",对于几千汉字而言,这无疑要求打字员熟练背诵几千个不同编码,因此该专利技术的可实施性实属有限。巧合的是,1985年4月1日当天,王永民也向中国专利局提出了名称为《五笔字型编码法及其键盘》的发明专利申请,该专利所记载的技术方案最终解决了汉字进入电脑的世界性难题,国际上微软、IBM、CASIO等20多家公司购买其专利使用权。多年之后,王永民研发的"大一统五笔字型"于2008年1月8日获得国家技术发明奖二等奖,新华社评价其为"在中国文化史上其意义不亚于活字印刷术"的重大发明,中国国家邮政总局发行了"当代毕昇——王永民"的邮票,中科院原院长路甬祥主编的《科学改变人类生活的100个瞬间》一书将王永民称为"把中国带入信息时代的人"。

这是中国发明人与列支敦士登发明人第一次在相同舞台上开展的一场竞赛,当然遗憾的是后者在中途退出了竞赛,目送中国专利走向21世纪,并见证了汉字录入技术成功地融入信息化时代的发展节奏。

1985年4月1日,来自奥地利林茨的沃斯特-阿尔派因股份公司(Voest Alpine AG)也依据《巴黎公约》向中国专利局提出了奥地利来华的第一件发明专利申请,该专利申请于约两年后的1987年7月29日获得授权。此专利申请号为CN85101809,85代表1985年申请,1代表发明专利,01809为流水号,也就是说这是当年第1809号申请。该专利申请历经实质审查、公开、审定、授权、地址变更、申请人变更(从沃斯特-阿尔派因股份公司变更成沃斯特-阿尔派因火车系统有限公司),一直到2000年11月22日有效期届满(1985年版《专利法》第四十五条规定:发明专利权的期限为十五年,自申请日起计算。实用新型和外观设计专利权的期限为五年,自申请日起计算,期满前专利权人可以申请续展三年。专利权人享有优先权的,专利权的期限自在中国申请之日起计算)。

表1.3 奥地利沃斯特-阿尔派因股份公司《铁路道岔》专利法律状态

申请(专利)号	85101809	授权公告号	
法律状态公告日	2000-11-22	法律状态类型	专利权的终止 专利权有效期届满
备注			
申请(专利)号	85101809	授权公告号	
法律状态公告日	1992-09-02	法律状态类型	著录项目变更
备注	〈变更项目〉申请人〈变更前〉沃斯特·阿尔派因股份公司〈变更后〉沃斯特-阿尔派因火车系统有限公司		
申请(专利)号	85101809	授权公告号	
法律状态公告日	1992-09-02	法律状态类型	著录项目变更
备注	〈变更项目〉地址〈变更前〉奥地利林茨〈变更后〉奥地利维也纳		
申请(专利)号	85101809	授权公告号	
法律状态公告日	1987-07-29	法律状态类型	授权
备注	授权		
申请(专利)号	85101809	授权公告号	
法律状态公告日	1987-01-14	法律状态类型	审定
备注	审定		

(续表)

申请(专利)号	85101809	授权公告号	
法律状态公告日	1987-01-10	法律状态类型	公开
备注	公开		
申请(专利)号	85101809	授权公告号	
法律状态公告日	1985-11-10	法律状态类型	实质审查请求
备注			

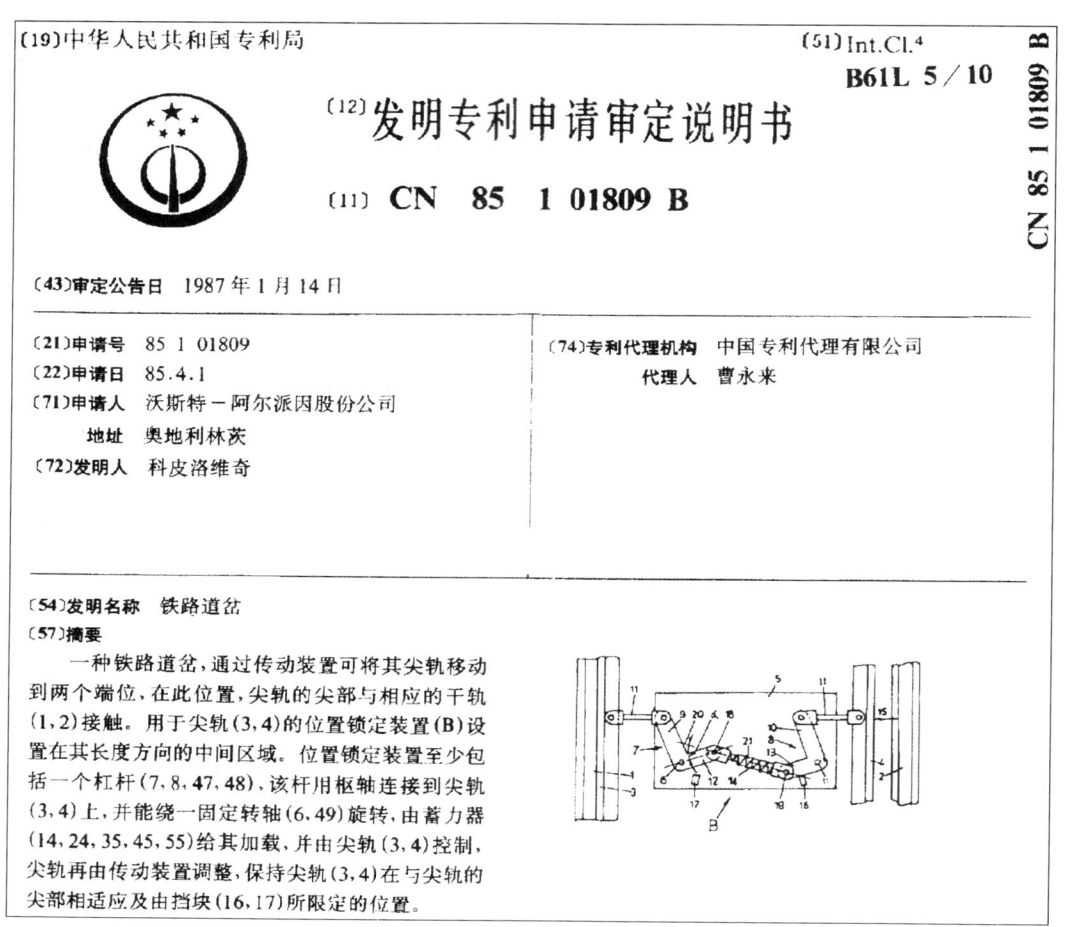

图 1.7 奥地利沃斯特-阿尔派因股份公司申请的《铁路道岔》专利首页

这份专利申请人的名称采用了音译法,其德文原文为 Voest Alpine AG,在文献库中以"道岔""轨尖"和"奥地利"进行检索,肯定会发现奥钢联 VAE 公司长期深耕铁路道岔领域,而其旗下的"Voestalpine Railway Systems GmbH"正好就是沃斯特-阿尔派因火车系统有限公司的音译来源。由此可知,专利申请人名称可能不同于市场上为人所熟知的名称。

奥钢联 VAE 公司在中国与铁路系统展开了一系列深入合作,例如 2007 年作为发起股东之一成立了中外合资的新铁德奥道岔有限公司,2018 年又与中国铁路郑州局集团公司签订《合资经营合同》,共同推动道岔产品生产与研发。从 1985 年 4 月 1 日提交第一件涉及道岔的发明专利开始,作为世界 500 强之一的该奥地利公司就深入参与到了中国铁路发展建设之中。

德国、瑞士、卢森堡等德语区国家也都从1985年4月1日开始在中国进行了专利布局。根据国家知识产权局2019年9月提供的统计数据,德国1985年至2013年合计向华申请专利136 451件,从2014年至2018年,每年专利申请量在1.6万至1.8万件之间。在2018年,德国来华申请专利数量为18 108件,仅次于美国的51 832件和日本的45 249件,领先于韩国的17 283件和法国的6 060件。

经过对中国专利局公布的现有文献的统计,下表为申请日(优先权日)为2015年、源自德国的发明与实用新型专利申请分类情况:

表1.4　源自德国的中国发明与实用新型分类情况

	分类号大类	专利数	百分比
1	H01 基本电气元件	1 650	8.72%
2	B60 一般车辆	1 441	7.62%
3	F16 工程元件或部件;为产生和保持机器或设备的有效运行的一般措施;一般绝热	1 425	7.53%
4	G01 测量;测试	1 144	6.05%
5	A61 医学或兽医学;卫生学	1 022	5.40%
6	H02 发电、变电或配电	875	4.63%
7	C07 有机化学	596	3.15%
8	F02 燃烧发动机;热气或燃烧生成物的发动机装置	544	2.88%
9	C08 有机高分子化合物;其制备或化学加工;以其为基料的组合物	519	2.74%
10	H04 电通信技术	512	2.71%
11	G06 计算;推算;计数	486	2.57%
12	F01 一般机器或发动机;一般的发动机装置;蒸汽机	463	2.45%
13	C09 染料;涂料;抛光剂;天然树脂;黏合剂;其他类目不包含的组合物;其他类目不包含的材料的应用	389	2.06%
14	B65 输送;包装;贮存;搬运薄的细丝状材料	387	2.05%
15	B01 一般的物理或化学的方法或装置	377	1.99%
16	B29 塑料的加工;一般处于塑性状态物质的加工	353	1.87%
17	B23 机床;其他类目中不包括的金属加工	314	1.66%
18	F04 液体变容式机械;液体泵或弹性流体泵	296	1.56%
19	H05 其他类目不包含的电技术	275	1.45%
20	G05 控制;调节	236	1.25%

根据表1.4可以看出,身披"隐形冠军"称号的德国申请人们在很多技术领域进行了专利布局。

事实上,根据德国联邦统计局2019年2月18日公布的数据,中国在2018年已经连续三年成为德国最大贸易伙伴,双方贸易总额为1 993亿欧元,同年中国成为德国第三大出口目的地国。与之相比,2018年中国国家知识产权局共受理国内外专利申请4 323 112件,与2017年相比,同比增长16.9%,其中国外专利申请量达到176 340件,同比增长9.2%,而德语区国家(如德国、瑞士、奥地利、卢森堡、列支敦士登等)在华专利申请数量共计24 624件,同比增长8%。德语区国家来华专利申请数量约占全部国外来华申请数量的14%。

由此可见,随着中德经贸关系的进一步发展,德语专利翻译在未来较长一段时间里仍将保持旺盛需求。

第二章 专利体系与专利检索

第一节 专利术语释义(德汉对照)

(德文来源:Patente — Eine Informationsbroschüre zum Patentschutz)

Anmeldedatum 申请日	Der Tag, an dem die Anmeldung beim Patentamt eingereicht wurde (Anmeldetag), bestimmt das Anmeldedatum. 将向专利局提交申请的日期(提交日期)规定为申请日。
Anmelder 申请人	siehe Patentanmelder 见专利申请人
Anspruch 权利要求	siehe Patentansprüche 见权利要求书
Bundespatentgericht (BPatG) 联邦专利法院(BPatG)	Das BPatG entscheidet unter anderem über Beschwerden gegen Beschlüsse der Prüfungsstellen und Abteilungen des Deutschen Patent- und Markenamts sowie über Klagen auf Erklärung der Nichtigkeit von Patenten. Das Bundespatentgericht hat seinen Sitz in München. 联邦专利法院主要裁决针对德国专利商标局的审查单位和部门决定的申诉,以及有关专利无效宣告的诉讼。联邦专利法院位于慕尼黑。
Deutsches Patent- und Markenamt (DPMA) 德国专利商标局(DPMA)	Das Deutsche Patent- und Markenamt (DPMA) ist die Zentralbehörde auf dem Gebiet des gewerblichen Rechtsschutzes in Deutschland. Das DPMA erteilt Patente und trägt die anderen gewerblichen Schutzrechte ein. Es verwaltet diese und informiert außerdem die Öffentlichkeit über gewerbliche Schutzrechte und Schutzrechtsanmeldungen. 德国专利商标局(DPMA)是德国工业产权领域的中央机构。德国专利商标局颁发专利并在此登记其他工业产权。它对其进行管理,并向公众公布与工业产权法律和工业产权申请相关的信息。
Einspruch 异议	Mit einem Einspruch kann die Erteilung eines Patents angefochten werden. Jedermann kann innerhalb einer neunmonatigen Frist ab Veröffentlichung der Erteilung eines Patents Einspruch einlegen. 异议是针对专利授权决定提出的。任何人都可以在专利授予公告后的9个月内提出异议。
Erfinderische Tätigkeit, „Erfindungshöhe" 创造性、"发明高度"	Eine Erfindung gilt als auf einer erfinderischen Tätigkeit beruhend, wenn sie sich für den Fachmann nicht in naheliegender Weise aus dem Stand der Technik ergibt. Die Erfindung muss sich also für eine Patenterteilung vom Stand der Technik deutlich abheben („Erfindungshöhe"). 对专业人员来说,若一项发明并非是从现有技术出发显而易见地得到的,则该发明被视为具有创造性。对于专利授予而言,该发明须明显高于现有技术("发明高度")。

(续表)

Erfindung 发明	Eine Erfindung beinhaltet Aufgabe und Lösung: eine neue und nicht nahe liegende technische Lehre ermöglicht es, mit technischen Mitteln ein Problem zu lösen. Die Erfindung muss zudem ausführbar und wiederholbar sein. 一项发明包括如下发明任务和解决方案：一种新的、非显而易见的技术方案，它使借助技术手段解决某种问题成为可能。此外，该发明必须可实施且可重复。
Europäische Patentamt (EPA) 欧洲专利局（德文缩写：EPA）	Das Europäische Patentamt (EPA, Englisch: European Patent Office) erteilt in einem zentralisierten Verfahren Patente, die innerhalb aller oder ausgewählter Vertragsstaaten gelten. Mit der Einreichung einer einzigen Anmeldung kann Patentschutz in mehreren oder allen EPÜ-Vertragsstaaten erlangt werden. Die Patentanmeldung wird zentral im EPA geprüft. Nach der Erteilung wird das europäische Patent in den Ländern, in denen es gelten soll, wie ein nationales Schutzrecht weiterbehandelt. 欧洲专利局（德文缩写：EPA，英文缩写：EPO）通过集中程序来授予专利，这些专利在所有或选定的缔约国中生效。通过递交单独一份申请，就可在多个或所有《欧洲专利公约》缔约国获得专利保护。专利申请在欧洲专利局中进行集中审查。获得授权后，该欧洲专利将在需要生效的国家按照本国工业产权法得到进一步处理。
Europäisches Patentübereinkommen (EPÜ) 《欧洲专利公约》（英文缩写：EPC）	Grundlage für die Erteilung europäischer Patente ist ein internationaler Vertrag, das Übereinkommen über die Erteilung europäischer Patente. 授予欧洲专利的基础是一份国际约定，即《关于授予欧洲专利的公约》。
Europäische Patentorganisation 欧洲专利组织	Die Europäische Patentorganisation ist eine auf Basis des EPÜ gegründete zwischenstaatliche Einrichtung, deren Mitglieder die EPÜ-Vertragsstaaten sind. 欧洲专利组织是在《欧洲专利公约》的基础上建立的跨国机构，其成员为《欧洲专利公约》的缔约国。
Gebrauchsmuster 实用新型	Das Gebrauchsmuster ist wie das Patent ein Schutzrecht für technische Erfindungen. Im Gegensatz zum Patent wird die Erfindung im Eintragungsverfahren nicht auf Neuheit, Erfindungshöhe und gewerbliche Anwendbarkeit geprüft. Deshalb kann das Gebrauchsmuster günstig und schnell erlangt werden. Eine Prüfung findet erst statt, wenn ein Dritter Antrag auf Löschung des Gebrauchsmusters stellt. Ein Gebrauchsmuster bietet einen Erfindungsschutz für maximal zehn Jahre. 与发明专利一样，实用新型是技术性发明创造的知识产权。与发明专利不同，在申请过程中不审查该发明创造的新颖性、发明高度和实用性。因此，可以经济而快速地获得实用新型。仅当第三方对该实用新型提出无效请求时才进行审查。实用新型为发明创造提供最长 10 年的保护。
Gewerbliche Schutzrechte 工业产权	Patente, Gebrauchsmuster, Marken und eingetragene Designs gehören zu den gewerblichen Schutzrechten. Sie bieten Erfindern beziehungsweise Unternehmen einen zeitlich begrenzten Schutz vor Nachahmung durch Konkurrenten. Die Marke kann sogar beliebig oft verlängert werden. 发明专利、实用新型、商标和外观设计属于工业产权。它们为发明人或企业提供一定期限的保护，以防止竞争对手仿造。商标甚至通常可以无限续展。
Internationale Patentklassifikation (IPC) 国际专利分类号(IPC)	Gebrauchsmuster und Patente werden in Kategorien eingeordnet. Die Internationale Patentklassifikation (IPC) gliedert sich in Sektionen, Klassen, Unterklassen, Gruppen und Untergruppen (beispielsweise in die Sektion G-Physik, die Klasse G 10 - Musikinstrumente, die Unterklasse G 10 C-Klaviere). 实用新型以及发明专利可按类别划分。国际专利分类号（IPC）按照部、大类、小类、大组以及小组进行划分（比如 G 部为物理，G10 大类为乐器，G10C 小类为钢琴）。
Jahresgebühr 年费	Mit der Zahlung der Jahresgebühren wird das Patent und damit der Schutz für eine Erfindung aufrechterhalten. 通过支付年费来维持专利，进而保护发明创造。

(续表)

Lizenz 许可	Eine Lizenz ist ein Vertrag über die Nutzung von Patenten. 许可是关于使用专利的协议。
Neuheit 新颖性	Die Neuheit ist eine der Voraussetzungen für die Erteilung des Patents. Eine Erfindung gilt als neu, wenn sie nicht zum Stand der Technik gehört. Sie darf deshalb vor der Anmeldung nicht bereits mündlich oder schriftlich veröffentlicht worden sein. 新颖性是授予发明专利的前提条件之一。不属于现有技术的发明创造被认为具有新颖性。因此,其在申请之前不应以口头或书面形式公开。
Nichtigkeit 无效	Ein Patent kann durch Urteil des Bundespatentgerichts für nichtig, also unwirksam erklärt werden. 联邦专利法院的判决可使一项专利被宣告无效,也即失效。
Offenlegung 公开	Die Patentanmeldung wird 18 Monate nach dem Anmelde- oder Prioritätstag veröffentlicht. Spätestens ab diesem Zeitpunkt kann auch die Akte eingesehen werden. Mit der Offenlegung wird die Öffentlichkeit über das möglicherweise künftig bestehende Schutzrecht informiert. Ab diesem Zeitpunkt kann der Anmelder unter bestimmten Voraussetzungen vom Nachahmer eine den Umständen nach angemessene Entschädigung verlangen. 发明专利申请将在申请日或优先权日起18个月后公开。最晚从该时间点起就可查阅相关档案。通过公开,公众得知未来可能存在的知识产权。自此时间点起,专利申请人能够在特定条件下向仿制者要求与情况相符的适当补偿。
Patent 专利	Das Patent gibt dem Inhaber oder der Inhaberin ein zeitlich begrenztes ausschließliches Recht zur gewerblichen Nutzung seiner oder ihrer technischen Erfindung (gewerbliches Schutzrecht). 专利赋予专利权人有限时间内的、针对技术性发明创造的工业应用的独占权(工业产权)。
Patentanmelder 专利申请人	Anmelder ist die natürliche oder juristische Person, die eine Patentanmeldung eingereicht hat. 专利申请人是已提交专利申请的自然人或法人。
Patentanprüche 权利要求书	Die Patentansprüche sind ein Textabschnitt der Anmeldung. In den Ansprüchen formuliert der Anmelder, was als patentfähig geschützt werden soll. Mit den Patentansprüchen wird der Schutzbereich eines Patents festgelegt. Beschreibung und Zeichnungen, die ebenfalls Teil der Anmeldung sind, können zur Auslegung der Patentansprüche verwendet werden. 权利要求书是申请中的一段文字。专利申请人在权利要求书中阐述想要得到专利保护的内容。权利要求书确定专利的保护范围。说明书和附图也是专利申请的一部分,它们能够用于解释权利要求书。
Patentblatt 专利公报	Im Patentblatt werden alle Eintragungen im Patentregister und im Gebrauchsmusterregister veröffentlicht. Die einzelnen Ausgaben können Sie unter www.dpma.de/recherche/index.html abrufen. 专利公报公开发明专利登记簿以及实用新型登记簿的全部登记记录。(德国专利商标局的)每期公报均可通过下列链接调阅:www.dpma.de/recherche/index.html。
Patent Cooperation Treaty (PCT) 《专利合作条约》(PCT)	Der internationale Patentzusammenarbeitsvertrag ermöglicht ein zentralisiertes Anmelde- und Rechercheverfahren. Für die Prüfung und Erteilung sind die nationalen Ämter zuständig. Durch Einreichung einer einzigen internationalen Patentanmeldung kann der Anmelder gleichzeitig in beliebig vielen PCT-Vertragsstaaten Patentschutz beantragen. 国际专利合作条约实现了集中申请及检索。各国专利局负责审查及授权。申请人可通过提交一份国际专利申请,同时向任意数量的《专利合作条约》成员国请求专利保护。
Patentinhaber 专利权人	Nach der Erteilung eines Patents ist der Anmelder Patentinhaber und kann die entstandenen Rechte aus der Erfindung geltend machen. 专利申请人在专利授予之后即为专利权人,能够行使由发明创造产生的权利。

(续表)

Patentregister 专利登记簿	In das Register trägt das DPMA detaillierte Angaben zu Patentanmeldungen und erteilten Patenten ein（beispielsweise die Anmelderdaten，Aktenzeichen，Bezeichnung und Sachstand der Anmeldung）. Die Angaben zu eingereichten Patentanmeldungen werden aber erst dann im Register vermerkt，wenn auch die Einsicht in die Akte jedermann frei steht. Dies ist in der Regel 18 Monate nach Einreichung der Anmeldung der Fall. Das Register kann abgerufen werden unter www. dpma. de/recherche/index. html. 德国专利商标局在专利登记簿中记录了专利申请及授权专利的详细信息（如专利申请人信息、申请号、发明名称以及申请状态）。但是，仅当允许每个人自由查阅文件之时，所提交的专利申请的信息才会记录在登记簿中。这通常会发生在提交申请18个月后。专利登记簿调阅链接为www. dpma. de/recherche/index. html。
Patentverletzung 专利侵权	Ein Patent wird durch die Nutzung einer patentierten Erfindung ohne Erlaubnis verletzt. Der Patentinhaber kann auf Unterlassung und Schadensersatz klagen. 未经许可使用已授权的发明创造即为对专利权的侵害。专利权人可就禁止令和损害赔偿起诉。
Patentverwertung 专利实施	Der Anmelder kann sein Patent unter anderem verwerten，indem er es selbst verwendet，Lizenzen vergibt oder das Patent verkauft. 申请人可以通过自己使用、授予许可或转让专利等方式利用其专利。
Perpetuum mobile 永动机	Ein Perpetuum mobile ist eine Maschine，die mehr Arbeit leistet als Energie in sie hereingesteckt werden muss，beispielsweise eine Konstruktion，die ewig in Bewegung bleibt und dabei Arbeit verrichtet. Dies ist physikalisch betrachtet jedoch unmöglich，weshalb ein Perpetuum mobile nicht ausführbar ist und auch nicht patentiert wird. 永动机是一种做功多于能量投入的机器，例如永远保持运动且同时做功的结构。然而，从物理的角度来看，这是不可能的，这就是为什么永动机无法实现，也不得申请专利的原因。
Piraterie 盗版	Als Piraterie wird umgangssprachlich die illegale Nutzung，Verbreitung oder Vervielfältigung geistigen Eigentums bezeichnet. 非法使用、传播或复制知识产权被通俗地称为盗版。
Priorität 优先权	Hat ein Anmelder seine Erfindung bereits bei einem Patentamt angemeldet（beispielsweise beim DPMA），so kann er für die Anmeldung derselben Erfindung innerhalb von zwölf Monaten nach dem Anmeldetag bei dem gleichen oder bei einem anderen Patentamt（beispielsweise beim EPA）die Priorität der ersten Anmeldung in Anspruch nehmen. Das bedeutet，dass er für die zweite Anmeldung den Zeitrang der ersten Anmeldung erhält. 若专利申请人已在某专利局就其发明创造提出申请（如在德国专利商标局），则自申请日起12个月内，在同一或其他专利局（例如在EPO）就相同发明创造的申请而言，该专利申请人可以享受首次申请的优先权。这意味着，对于第二次申请，他将获得首次申请的优先权日。
Prioritätsdatum 优先权日	Der Anmeldetag der ersten Anmeldung einer Erfindung kann für eine spätere Anmeldung derselben Erfindung in Anspruch genommen werden（siehe Priorität）. Dann gilt der Anmeldetag der ersten Anmeldung als Prioritätsdatum. 同一发明创造的在后申请可以要求该发明创造的首次申请日（见优先权）。而首次申请的申请日就是优先权日。
Prüfungsantrag 审查请求	Damit ein Patent erteilt werden kann，muss geprüft werden，ob die Erfindung patentierbar ist. Diese Prüfung erfolgt nur auf Antrag，der vom Anmelder oder einem Dritten innerhalb von sieben Jahren nach dem Tag der Einreichung der Anmeldung gestellt werden kann. 为了能授予专利，必须审查该发明是否具有可专利性。该审查只能依请求而开展，该请求可由申请人或第三方在提交申请之日起7年内提出。

(续表)

Recherche 检索	Mit einer Recherche ermitteln die Patentprüfer den zur angemeldeten Erfindung gehörenden Stand der Technik und nehmen eine vorläufige Beurteilung der allgemeinen Patenterteilungsvoraussetzungen vor. 通过检索，专利审查员可以确定对应申请中的发明创造的现有技术，并预先评估专利授权的一般前提条件。
Schutzbereich 保护范围	Der Schutzbereich eines Patents bezeichnet den Umfang der technischen Lehre, die dem Patentinhaber zur ausschließlichen Nutzung vorbehalten ist. Der Schutzbereich wird durch den Patentanspruch oder die Patentansprüche festgelegt. 专利的保护范围是指为专利权人排他性使用而保留的技术方案范围。该保护范围由一个或多个权利要求所确定。
Stand der Technik 现有技术	Zum Stand der Technik zählen alle Kenntnisse, die vor dem Anmeldedatum durch schriftliche oder mündliche Beschreibungen, durch Benutzung oder in sonstiger Weise der Öffentlichkeit zugänglich gemacht wurden. Darunter fallen auch alle veröffentlichten Patentanmeldungen. 现有技术包括在申请日以前公众通过书面记载、口头描述、使用或者其他任何方式可以获得的所有知识。其中包括所有已公开的专利申请。
Agreement on Trade-Related Aspects of Intellectual Property Rights (TRIPS-Übereinkommen) 《与贸易有关的知识产权协定》 （TRIPS 协定）	Übereinkommen der Welthandelsorganisation (Englisch: WTO) über handelsbezogene Aspekte der Rechte des geistigen Eigentums. 世界贸易组织（WTO）关于与贸易有关的知识产权方面的协定。
Weltorganisation für Geistiges Eigentum (WIPO — World Intellectual Property Organization) 世界知识产权组织 (World Intellectual Property Organization, WIPO)	Die Weltorganisation für geistiges Eigentum wurde 1967 mit dem Ziel gegründet, Rechte an immateriellen Gütern weltweit zu fördern. Die WIPO ist eine Sonderorganisation der Vereinten Nationen (UN) in Genf und für die internationalen Patentanmeldungen nach dem Patentzusammenarbeitsvertrag (PCT) zuständig. 世界知识产权组织成立于 1967 年，旨在促进全世界的知识产权保护。世界知识产权组织是联合国（UN）在日内瓦的特别机构，负责依照《专利合作条约》（PCT）的国际专利申请。
Zurückweisung 驳回	Eine Anmeldung muss zurückgewiesen werden, wenn sie den formalen Anforderungen nicht entspricht und/oder die Erfindung nicht patentfähig ist (beispielsweise wegen mangelnder erfinderischer Tätigkeit). 若申请不符合形式性要求和/或该发明创造不可专利（如因没有创造性），则该申请将被驳回。
Zeitrang 申请日（或优先权日）	Der Zeitrang einer Patentanmeldung bestimmt vor allem, welcher Stand der Technik bei der Prüfung der angemeldeten Erfindung auf Neuheit und erfinderische Tätigkeit zu Grunde zu legen ist. Kenntnisse, die nach dem Datum des Zeitrangs veröffentlicht werden, sind für den Stand der Technik grundsätzlich unbeachtlich. Für die Neuheitsprüfung sind aber auch unabhängig vom Veröffentlichungsdatum die Patentanmeldungen mit Wirkung für Deutschland zum Stand der Technik zu beachten, die einen älteren Zeitrang haben. Der Zeitrang einer Patentanmeldung entspricht grundsätzlich dem Tag, an dem die Anmeldung eingereicht wurde. Bei wirksamer Inanspruchnahme der Priorität einer früheren Anmeldung erhält die spätere Patentanmeldung deren früheren Zeitrang. 专利申请的优先权日或申请日首先决定了在审查申请中的发明的新颖性和创造性时所基于的现有技术。该现有技术基本上不考虑优先权日或申请日之后公开的知识。然而，对于新颖性审查，还必须考虑优先权较早、对德国有效且属于现有技术的专利申请的影响，无论公开日期如何。专利申请的优先权日或申请日通常对应于提交申请的日期。在有效要求在先申请优先权时，在后专利申请将获得其在先申请的优先权日。

第二节 德国专利法简介（德汉对照）

Kurzanleitung zum deutschen Patentrecht

Ⅰ. Rechtsgrundlagen des Patentrechts
一、专利权的法律基础

Rechtsgrundlagen des Patentrechts sind das Deutsche Patentgesetz（PatG）und internationale Abkommen：

《德国专利法》(PatG)和下列国际公约构成专利权的法律基础：

- Pariser Verbandsübereinkunft（PVÜ），
- 《巴黎公约》(PVÜ)，
- Patent Cooperation Treaty（PCT），
- 《专利合作条约》(PCT)，
- Europäisches Patentübereinkommen（EPÜ）
- 《欧洲专利公约》(EPC)[①]，
- Agreement on Trade-Related Aspects of Intellectual Property Rights（TRIPS），
- 《与贸易有关的知识产权协定》(TRIPS)，
- General Agreement on Tariffs and Trade（GATT）.
- 《关税与贸易总协定》(GATT)。

Die oben genannten überregionalen Abkommen dienen dem Zweck，die Harmonisierung der nationalen Patentgesetze und Gesetzgebungspraktiken zu fördern und so die Entstehung von supranational einheitlichen Strukturen zu ermöglichen.

上述国际公约旨在促进各国专利法及立法实践协调一致，从而能够形成跨国跨地区的统一架构。

Das PCT-Abkommen erleichtert beispielsweise die Anmeldung eines Patents in mehreren Ländern.

例如，PCT 条约有助于就一项专利向多个国家/地区提出申请。

Für die Patentfähigkeit，die Laufzeit eines Patents sowie die Erteilung und das Erteilungs- und Prüfungsverfahren ist in jedem Land das jeweils gültige nationale Patentrecht anzuwenden.

就可专利性、专利权期限、专利授予以及授予与审查程序而言，在各个国家/地区应适用当地现行的专利法。

Eine Ausnahme hiervon bildet das Europäische Patent nach dem EPÜ：Eine Anmeldung wird zentral vom Europäischen Patentamt（EPA）geprüft.

---

① 《欧洲专利公约》的德文缩写为 EPÜ，英文缩写为 EPC，本书中文部分均用英文缩写。

其中依照《欧洲专利公约》(EPC)的欧洲专利属于例外情况：欧洲专利局（EPO）[①]对申请进行集中审查。

Nach der Patenterteilung durch das EPA geht das Europäische Patent in nationale Patente in den ausgewählten Mitgliedsstaaten über.

在欧洲专利局授予专利后，该欧洲专利可在选定的成员国变成国家专利。

Ⅱ. Die Patentfähigkeit
二、可专利性

Eine Erfindung ist nach dem PatG patentfähig, wenn sie die folgenden Kriterien erfüllt：

如果一项发明满足以下标准，则其依照《德国专利法》具备可专利性：

- Neuheit,
- 新颖性，
- Erfinderische Tätigkeit (veralteter Begriff：Erfindungshöhe),
- 创造性（旧用术语：发明高度），
- Technizität,
- 技术性，
- Gewerbliche Anwendbarkeit und
- 工业实用性，以及
- Einheitlichkeit des Gegenstands.
- 主题单一性。

Aus diesen Kriterien ergibt sich die Beurteilungsgrundlage, ob ein beanspruchter Gegenstand eine Erfindung ist.

这些标准构成了"判断要求保护的主题是否为发明"的评价基础。

Ein vornehmlicher Aspekt der Erfindung ist die Technizität eines Gegenstands (Vorrichtung oder Verfahren).

发明的主要方面之一是主题（装置或方法）的技术性。

Ohne technischen Hintergrund entfällt sofort die Prüfung der übrigen Kriterien.

若欠缺技术背景，则对其他标准的审查随即停止。

In vielen Fällen ist die Technizität eindeutig zu beurteilen；beispielsweise ist es in Deutschland nicht möglich, ein Patent auf eine Geschäftsmethode zu erhalten.

大多数情况下，技术性能够得到明确判断；例如，在德国，商业方法不能获得专利保护。

Im Fall von informationstechnischen Gegenständen ist dies jedoch oftmals umstritten.

倘若涉及信息技术主题，则通常值得商榷。

---

① 欧洲专利局的德文缩写为 EPA，英文缩写为 EPO，本书中文部分均用英文缩写。

Generell kann gesagt werden, dass Software an sich nicht patentierbar ist.
一般来说，软件本身是不可专利的。

Unter Umständen kann jedoch ein Verfahren, auf dem eine Software beruht, zum Patent angemeldet werden.
然而，在某些情况下，软件所基于的某种方法可以申请专利。

Dabei ist es wichtig zu beachten, dass ein Verfahren nicht deshalb technisch wird, weil ein Computer bei seiner Anwendung eingesetzt wird.
其中值得注意的是，方法不会因为在其应用过程中使用计算机而具有技术性。

Vielmehr muss dieses Verfahren einem technischen Zweck dienen（beispielsweise der Steuerung eines Herstellungsverfahrens）.
确切来说，所述方法必须用于技术目的（例如制造工艺的控制）。

Die gewerbliche Anwendbarkeit einer Erfindung ist ebenfalls obligatorisch.
发明的工业实用性也是一项法定条件。

Dies sorgt nicht zuletzt für das Patentierungsverbot von wissenschaftlichen Lehren, wie mathematischen Prinzipien, Formeln oder wissenschaftlichen Modellen.
而这也使得科学理论（例如数学原理、公式或科学模型）无法获得专利。

Um zu weitreichende Patente zu vermeiden, muss der Gegenstand eines Patents einheitlich sein.
为免专利范围过广，专利的主题必须是单一的。

Dies bedeutet, dass alle Merkmale, die durch ein einzelnes Patent beansprucht werden, einer zentralen Aufgabe dienen.
也就是说，一项专利所要求保护的全部特征用于解决一项核心任务。

Nichtsdestotrotz ist es möglich in einem einzelnen Patent sowohl ein Verfahren als auch einen zugehörigen Gegenstand zu schützen.
然而，在一项专利中允许同时保护一个方法和相关主题。

Dies ermöglicht beispielsweise den gleichzeitigen Schutz eines Transportverfahrens und einer für dieses Transportverfahren geeigneten Transportvorrichtung mit nur einem Patent, da ihnen der gleiche Erfindungsgedanke zugrunde liegt.
例如仅一项专利就能够同时保护运输方法和适于该运输方法的运输装置，这是因为它们基于同一发明构想。

Die beiden Merkmale, die typischerweise die größte Hürde für eine Erfindung bei der Patenterlangung darstellen, sind die Neuheit und die erfinderische Tätigkeit.
一般来说，一项发明在取得专利过程中的最大障碍是新颖性和创造性这两个典型特性。

Die Argumentation bezüglich Neuheit und erfinderischer Tätigkeit bildet meist den wesentlichen Aspekt eines Patentprüfungsverfahrens.

通常,有关新颖性和创造性的争辩构成了专利审查程序的主要内容。

Ⅲ. Der Aufbau eines Patents
三、专利的结构

Ein Patent besitzt einen standardisierten Aufbau und ist dabei wie folgt gegliedert:

专利具有标准化结构,其划分如下:

- Deckblatt mit den bibliographischen Daten,
- 包含著录数据的扉页;
- Technische Zusammenfassung bestehend aus:
- 技术概述,包括:
    ➢ Kurzer Formulierung des technischen Gebiets der Erfindung,
    ➢ 简要说明本发明的技术领域,
    ➢ Übersicht über den relevanten Stand der Technik,
    ➢ 背景技术概况,
    ➢ Kritik am Stand der Technik und Ableitung einer Problemstellung/Aufgabe,
    ➢ 批评现有技术并导出问题描述/发明任务,
    ➢ Kurzer Beschreibung der Erfindung, die die gestellte Aufgabe löst,
    ➢ 简述发明内容,其可解决所提出的发明任务;
- Detaillierte Beschreibung der Erfindung sowie einer oder mehrerer vorteilhafter Ausgestaltungen der Erfindung,
- 发明的详细说明以及该发明的一种或多种有利实施方式;
- Patentansprüche (Englisch: Claims).
- 权利要求书(英文:Claims)。

Die Funktion des Deckblatts ist die Möglichkeit der einfachen Übersicht über sämtliche formale Daten und Aspekte des Patents.

扉页的作用在于能够简要涵盖专利的各方面基本信息。

Die bibliographischen Daten enthalten Informationen über die Art des Patentdokuments, den Erfinder, den Anmelder, evtl. den Rechtsvertreter, die Anmeldedaten, die Prioritätsdaten gemäß der PVÜ, die Veröffentlichungsdaten, technische Angaben hinsichtlich der Klassifizierung, Hinweise auf relevanten Stand der Technik sowie Angaben bezüglich weiterer internationaler Abkommen (z.B. PCT).

著录数据包括以下相关信息:专利文献类型、发明人、申请人、代理人(如有)、申请日、根据《巴黎公约》的优先权数据、公布日、分类信息、对现有技术的引用以及有关其他国际公约(如 PCT)的信息。

Diese Angaben sind dabei durch die World Intellectual Property Organisation (WIPO) normiert gemäß der INID-Codes (Internationally agreed Number for the Identification of Data).

这些信息是由世界知识产权组织(WIPO)根据 INID 代码［国际承认的(著录)数据识别代码］来标准化给出的。

In der technischen Zusammenfassung wird eine Problemstellung geschaffen, aus der eine Aufgabe abgeleitet werden kann, deren Lösung durch die Erfindung erfolgt.

在技术概述中将提出一项问题,由此引出应由本发明来解决的发明任务。

Dazu wird der Stand der Technik vorgestellt und insbesondere die Nachteile des Stands der Technik in Hinblick auf Lösung der Aufgabe beschrieben.

为此还会介绍现有技术,并着重描述现有技术在解决该任务方面的缺陷。

Hierdurch wird der technische Nutzen der Erfindung deutlich gemacht und insbesondere die gewerbliche Anwendbarkeit begründet.

由此明确该发明的技术作用,并具体论证其工业实用性。

Die detaillierte Beschreibung der Erfindung muss alle Merkmale, die durch die Patentansprüche geschützt werden sollen, enthalten beziehungsweise offenbaren.

而发明的详细说明必须包含或公开权利要求书要求保护的所有特征。

Des Weiteren muss sie dem Fachmann alle notwendigen Informationen liefern, um die Erfindung zu verwenden, damit das Patent nach Ende der Laufzeit eine Bereicherung des technischen Wissens darstellt.

此外,说明书必须向本领域技术人员提供利用本发明所需的全部信息,从而在专利届满之后,技术知识能够变得丰富。

Typischerweise werden in diesem Teil eine beziehungsweise mehrere vorteilhafte Ausgestaltungen der Erfindung präsentiert und anhand von Abbildungen/Figuren erläutert.

通常,在此部分中会展现发明的一种或多种有利实施方式,并结合图示/附图加以说明。

Den abschließenden Teil eines Patentdokuments bilden die Patentansprüche.

专利文本的末尾部分是多项权利要求(权利要求书)。

Sie bilden die Rechtsgrundlage für eventuelle spätere rechtliche Auseinandersetzungen.

这些权利要求构成后续可能发生的法律纠纷的法律依据。

Nur die Merkmale, die durch die Patentansprüche beansprucht werden, sind rechtskräftig durch das erteilte Patent geschützt und begründen das Verbietungsrecht.

只有权利要求所要求保护的特征才会依法得到授权专利的保护,并成为禁止权的依据。

Dabei müssen sämtliche Merkmale der Patentansprüche in der Beschreibung enthalten sein; die Beschreibung darf jedoch beliebige Merkmale enthalten, die durch die Patentansprüche nicht geschützt werden.

同时，权利要求中的所有特征都必须包含在说明书中；但说明书可以包括不受权利要求保护的任意特征。

Ⅳ. Das Patenterteilungsverfahren
四、专利授权程序

1. Die Patentanmeldung
（一）专利申请

Um die rechtskräftige Erteilung eines Patents zu erreichen, muss zunächst eine Anmeldung einer Erfindung zum Patent erfolgen.

为了获得一项专利的有法律效力的授权，首先应当提出发明专利申请。

Die Anmeldung wird dabei entweder vom Erfinder selbst, seinem Arbeitgeber, wenn der Erfinder die Erfindung im Rahmen eines Anstellungsverhältnisses getätigt hat und die Erfindung direkten Bezug zur gewerblichen Tätigkeit des Arbeitgebers besitzt [für weitere Informationen sei an dieser Stelle auf das Arbeitnehmererfindungsgesetz (ArbNErfG) verwiesen], oder seinem Rechtsvertreter, beispielsweise einem Patentanwalt, durchgeführt.

该申请可由发明人本人或由其代理人（例如专利代理师）提交；如果发明人在雇佣关系下作出发明创造，并且该发明与雇主的经营活动直接相关，则也可由其雇主提出该申请[详情可参阅《雇员发明法》（ArbNErfG）]。

Der Tag der (Erst-)Anmeldung eines Patents gilt als Prioritätstag.

一项专利的（首次）申请的日期被视为优先权日。

Dieser Tag ist für die Bewertung der Neuheit und der erfinderischen Tätigkeit von enormer Wichtigkeit, da nur Dokumente in der Bewertung herangezogen werden dürfen, die vor dem Prioritätstag datiert sind.

该日期对于评价新颖性和创造性有着重要意义，因为在评价时仅考虑优先权日之前的文件。

Nach der Anmeldung wird zunächst das technische Gebiet der potentiellen Erfindung bewertet; es erfolgt eine Klassifikation des Patents anhand verschiedener Klassen.

提出申请后，首先评估预期发明的技术领域；之后依据各类别对专利进行分类。

Klassifizierung erfolgt durch das Patentamt unter Berücksichtigung des technischen Gebiets des Hauptanspruchs.

分类是由专利局在考虑到主权项技术领域的情况下完成的。

Bei einer deutschen Patentanmeldung liegen die Klassen der IPC-Klassifizierung (International Patent Classification) zugrunde.

对于德国专利申请，以国际专利分类（IPC：International Patent Classification）作为分类依据。

Nach Ermittlung der IPC-Klasse wird die Patentanmeldung an einen für dieses technische Gebiet zuständigen Patentprüfer übermittelt.

在确定 IPC 类别后,将专利申请送交负责相应技术领域的专利审查员。

Bei der Anmeldung muss der Anmelder darauf achten, dass er einen Beschreibungstext für seinen erfindungsgemäßen Gegenstand formuliert, der der Erfindung gerecht wird und dabei so allgemein wie möglich gehalten ist, um einen möglichst umfassenden Schutz für seine Erfindung zu erhalten.

在申请时,申请人必须确保围绕发明主题所撰写的说明书文本紧密贴合发明本身,同时尽可能采用笼统概括的表述,以尽量扩大其发明的保护范围。

Es dürfen nachträglich keine Merkmale in den Beschreibungstext und die Schutzansprüche aufgenommen werden, die nicht an einer beliebigen Stelle des Beschreibungstextes offenbart wurden.

说明书文本中未曾公开过的特征不得事后补充到说明书文本和权利要求书中。

Insbesondere wenn die ursprünglich eingereichten Patentansprüche nicht patentfähig sind, ist es von enormem Vorteil, wenn die Beschreibung genügend vorteilhafte Ausgestaltungen der Erfindung enthält, so dass die Ansprüche derart verändert werden können, dass zwar nicht die volle Allgemeinheit der ursprünglichen Anmeldung, aber doch eine Teilmenge hieraus durch ein rechtskräftiges Patent geschützt werden kann.

特别是在原始提交的权利要求书不具备可专利性时,以下情况是极为有利的:说明书包含充分有利的发明实施方式,可用于修改权利要求,使得具有法律效力的专利虽无法保护原申请的全部,但仍可对其中的一部分予以保护。

2. Das Prüfungsverfahren
(二)审查程序

Wünscht der Patentanmelder eine Patenterteilung, so muss er einen Antrag auf Prüfung der Patentanmeldung stellen, wofür er bis zu sieben Jahre ab Anmeldetag Zeit hat.

如果专利申请人希望被授予专利,则须在自申请日起 7 年内对专利申请提出实质审查请求。

Der zuständige Patentprüfer fertigt dann einen unabhängigen Stand der Technik-Recherche an und bewertet auf dieser Grundlage die Patentfähigkeit des erfindungsgemäßen Gegenstands.

随后,相应负责的专利审查员完成独立的现有技术检索报告,并在此基础上评价发明主题的可专利性。

Innerhalb dieses Prüfungsverfahrens geschieht es häufig, dass der Prüfer zu der Ansicht gelangt, dass eine Patenterteilung für den erfindungsgemäßen Gegenstand der Patentanmeldung nicht in Aussicht gestellt werden kann.

审查过程中经常出现的情况是,审查员认为专利申请的发明主题没有授权前景。

Der Anmelder beziehungsweise sein Rechtsvertreter erhält einen Prüfungsbescheid; er hat nun die Möglichkeit innerhalb einer durch das Patentamt gesetzten Frist auf diesen Prüfungsbescheid zu reagieren.

申请人或其代理人将收到审查意见通知书；此时，其有机会在专利局指定的时限内对该审查意见通知书作出答复。

Typischerweise reagiert der Anmelder beziehungsweise sein Rechtsvertreter mit einer Eingabe an das Patentamt, in der er begründet darlegt, warum der erfindungsgemäße Gegenstand doch patentfähig ist, und Änderungen an der Patentanmeldung — insbesondere an den Patentansprüchen — vornimmt.

通常，申请人或其代理人通过向专利局提交意见陈述书以及申请文件尤其是权利要求的修改来作出答复，在意见陈述书中申请人或其代理人应论述发明主题可专利性的理由。

Dabei ist es absolut notwendig, dass die vorgenommenen Änderungen keine Merkmale enthalten, die im ursprünglichen Anmeldetext nicht in der Beschreibung der Erfindung enthalten waren.

对此应务必注意的是，所做修改不得含有原申请文件中未包含于发明说明书中的任何特征。

Gelingt es dem Anmelder beziehungsweise seinem Rechtsvertreter in einer oder mehrerer Eingaben an das Patentamt den Patentprüfer von der Patentfähigkeit des erfindungsgemäßen Gegenstands zu überzeugen, so wird der Patentprüfer eine Patenterteilung in Aussicht stellen.

如果申请人或其代理人在向专利局提交的一份或多份答复文件中就发明主题的可专利性成功说服了专利审查员，则专利审查员将有望授予专利权。

Der Patentanmelder hat die Möglichkeit, einen Aufschiebungsantrag zu stellen, um die rechtskräftige Erteilung des Patents 15 Monate auszusetzen.

专利申请人可以提出延期申请，以将具有法律效力的专利授予推迟 15 个月。

Das Patent gilt als erteilt, wenn das Patentamt die offizielle Patentschrift veröffentlicht.

当专利局公开官方专利文本之时，该专利视为已获授权。

Ist ein Patent erteilt worden, so beträgt seine Laufzeit 20 Jahre rückwirkend ab dem Anmeldetag.

如已授予专利，则其有效期为自申请日起 20 年。

Unabhängig davon, ob ein Anmelder einen Antrag auf Patenterteilung stellt, veröffentlicht das Patentamt nach 18 Monaten eine Offenlegungsschrift, die den Anmeldetext der Patentanmeldung enthält.

无论申请人是否提出专利授权请求，专利局均会在 18 个月后公开一个公布文本，其包含专利申请的申请文本。

Die Offenlegungsschrift entfällt in den seltenen Fällen, in denen eine Patenterteilung vor Ablauf der 18 Monate erfolgt.

在 18 个月期满前授予专利的个别情况下，没有公布文本。

Nach der Veröffentlichung des Erteilungsbeschlusses beginnt eine dreimonatige Einspruchsfrist.
自授权决定公布起 3 个月内为异议期。

Jede Organisation und jeder Bürger hat die Möglichkeit, einen Einspruch gegen die Erteilung eines Patents einzulegen, typischerweise wird dies jedoch vorwiegend von wirtschaftlichen Konkurrenten des Patentanmelders wahrgenommen.
任何公民和组织均可对专利的授予提出异议,当然通常主要由专利申请人的商业竞争对手提出。

第三节　国际专利法简介(德汉对照)

Kurzanleitung zum internationalen Patentrecht

Das Patentrecht ist eine nationale Angelegenheit.
专利法属于国家事务。

Dementsprechend existieren in den verschiedenen Ländern unterschiedliche Patentgesetze.
因此,各国有各自的专利法规。

Diese Gesetze können dabei in wesentlichen Punkten gleich oder unterschiedlich sein.
而且这些法规的基本内容可能一致或不同。

Des Weiteren können überregionale Verträge zur Harmonisierung des Rechts bestehen.
另外,可能存在用于协调法律的跨地区协议。

Ⅰ. Bemerkungen zum Europäischen Patentrecht
一、欧洲专利法说明

　　Die Europäische Patentorganisation ist eine supranationale Organisation. Sie wurde 1977 gegründet und fußt auf der Grundlage des Europäischen Patentübereinkommens (EPÜ) von 1973.
　　欧洲专利组织是在 1977 年成立的跨国组织,其基于 1973 年的《欧洲专利公约》(EPC)。

　　Die Europäische Patentorganisation besitzt zurzeit 38 Mitgliedsstaaten [Stand April 2013]. Diese Zahl der Mitgliedsstaaten zeigt bereits, dass die Europäische Patentorganisation kein Organ der Europäischen Union, sondern unabhängig ist.
　　欧洲专利组织目前拥有 38 个成员国[截至 2013 年 4 月]。该成员国数量表明欧洲专利组织是独立于欧盟的机构。

　　Das Europäische Patentamt (EPA) hat seinen Hauptsitz in München.
　　欧洲专利局(EPO)的总部位于慕尼黑。

Die Europäische Patentorganisation verwendet die drei Amtssprachen Deutsch, Englisch und Französisch.

欧洲专利组织使用三种官方语言：德语、英语和法语。

Die Patentansprüche jedes Patents müssen in allen drei Amtssprachen vorliegen.

每份专利的权利要求书必须提供三种官方语言版本。

Die Europäische Patentorganisation stellt die Möglichkeit bereit, ein einheitliches Patent in den Mitgliedsstaaten oder einer Auswahl aus diesen anzumelden.

欧洲专利组织赋予了向各成员国或部分所选成员国申请统一专利的机会。

Die Patentanmeldung wird dann zentral durch das EPA geprüft und rechtskräftig erteilt.

该专利申请将由欧专局集中审查并作出具备法律效力的授权。

Das erteilte Patent zerfällt in der Folge in jedem Mitgliedsstaat in ein nationales Patent, indem die zentrale Patentschrift des EPAs in nationale Schriften übertragen wird.

专利授权后，通过将欧专局的集中专利文本转换为国家文本，该专利随之被分成各成员国的本国专利。

Man spricht in diesem Zusammenhang auch von Bündelpatenten.

这种情况下也称之为集合专利。

Ist das Patent erst einmal rechtskräftig erteilt und in die nationalen Schriften übertragen worden, kann das Patent nur durch nationale Angriffe in den einzelnen Staaten nach dem nationalen Recht angegriffen werden.

若专利已被具备法律效力地授权并被转换为国家文本，则人们仅可在各国依据国内法针对该专利采取国内撤销措施。

Vor der Erteilung gewährt das EPA eine Einspruchsfrist von neun Monaten ab Veröffentlichung des Erteilungsbeschlusses.

在授权之前，欧专局给予自授权决定公告起为时9个月的异议期。

In diesem Zeitraum kann das Europäische Patent durch Einspruch zentral angegriffen werden.

在此期间可集中通过异议程序对该欧洲专利进行攻击。

Für die Einsprüche sind die Beschwerdekammern des EPAs als unabhängige Einrichtungen zuständig.

欧专局上诉委员会作为独立机构受理异议事项。

Derzeit existieren 27 technische und eine juristische Beschwerdekammern [Stand April 2013].

目前设有27个技术和1个法律上诉委员会[截至2013年4月]。

Um die Rechtseinheitlichkeit der Beschwerdekammern zu gewährleisten, kann eine

Beschwerdekammer oder der Präsident des EPAs die Große Beschwerdekammer anrufen.
为确保上诉委员会的法律一致性,欧专局主席或上诉委员会可向扩大上诉委员会提起上诉。

Bei schweren Verfahrensfehlern ist ebenfalls die Große Beschwerdekammer zuständig.
扩大上诉委员会也负责处理严重的程序性错误。

Für die Patenterlangung eines Europäischen Patents ist es wichtig, den sogenannten Aufgabe-Lösungs-Ansatz zu beachten und innerhalb des Anmeldetexts besonders auf diesen Ansatz einzugehen.
取得欧洲专利的关键在于遵守"问题—解决方案方式",特别是在申请文本之内具体采用该方式。

Der Aufgabe-Lösungs-Ansatz beinhaltet, dass die für die Beurteilung der Patentfähigkeit heranzuziehenden Merkmale der Erfindung geeignet sein müssen, um die bei der Kritik des Stands der Technik gestellte Aufgabe der Erfindung zu lösen.
"问题—解决方案方式"包括,用于评价可专利性的发明特征必须适于解决在评价现有技术时所提出的发明任务。

Dies bedeutet beispielsweise, dass im Fall mangelnder Patentfähigkeit nur solche Merkmale als Rückzugspositionen genutzt werden können, die zu einer erfindungsgemäßen Lösung der Aufgabe beitragen.
例如这意味着,在缺乏可专利性的情况下,仅对解决发明任务作出贡献的那些特征才能充当替补方案。

Eine Abgrenzung vom Stand der Technik, die ausschließlich auf Merkmalen beruht, die für die Lösung der gestellten Aufgabe nicht geeignet sind, können deshalb keine Patentfähigkeit begründen.
倘若与现有技术的差异性仅在于不适于解决发明任务的特征,则该差异性不能构成具备专利性的理由。

Der Aufgabe-Lösungs-Ansatz stellt für einige Anmelder insbesondere deshalb ein Problem dar, weil die Aufgabe durch die Anmeldung bei der Verfassung des Anmeldetextes selbst gewählt und formuliert wird.
所以,"问题—解决方案方式"对某些申请人体现为严重问题,这是因为在撰写申请文本时要自行选择和表述该申请的发明任务。

Bei einem Europäischen Patent sollte die durch die Erfindung zu lösender Aufgabe deshalb mit großer Sorgfalt gewählt werden.
因此在欧洲专利中,要格外谨慎地选择有待解决的发明任务。

Es gibt Bestrebungen innerhalb der Europäischen Patentorganisation, die ein einheitliches europäisches Patent fordern.
欧洲专利组织致力于统一欧洲专利。

Auch die Europäische Union hat sich mit diesem Thema befasst und nach mehreren gescheiterten Ansätzen im Dezember 2012 eine Verordnung verabschiedet, die nun vorsieht, ein Europäisches Patent mit einheitlicher Wirkung (Einheitspatent) für 25 der 27 Mitgliedsstaaten der Europäischen

Union zu schaffen [Die Mitgliedsstaaten Spanien und Italien haben der EU-Verordnung aufgrund vor Nichtberücksichtigung der spanischen und italienischen Sprache widersprochen].

欧盟也关注该议题并在多次行动未果后于2012年12月通过了一项法令,现规定欧洲专利在欧盟27个成员国中的25个具有同等效力(统一专利)[成员国西班牙和意大利因西班牙语和意大利语未被采纳而拒绝该欧盟规定]。

Die Angelegenheiten des einheitlichen Patentschutzes sollen dem EPA übergeben werden, wenn die EU-Verordnung angewendet wird.

适用欧盟法规时,统一专利保护事项需移交给欧专局。

Ⅱ. Bemerkungen zu einer PCT-Anmeldung
二、PCT申请说明

Das Patent Cooperation Treaty (PCT) ist ein internationales Anmeldeverfahren für Patente.
《专利合作条约》(PCT)是专利的国际申请程序。

Es ist gültig für die Mitgliedsstaaten der World Intellectual Property Organisation (WIPO) in Genf (mehr als 150 Mitgliedsstaaten).

它适用于日内瓦的世界知识产权组织(WIPO)成员国(超过150个成员国)。

Die PCT-Anmeldung ist eine zentrale Anmeldung mit einheitlicher Priorität, die behandelt wird wie eine Einzelanmeldung in allen angegebenen Mitgliedsstaaten.

PCT申请是具有统一优先权的集中申请,在所有的指定成员国中按照单独申请处理。

Die in Ihrer PCT-Anmeldung ausgewählte ISA erstellt einen Recherchenbericht (in dem veröffentlichte Patentdokumente und technische Literatur angegeben werden, die Einfluss auf die Patentierbarkeit Ihrer Erfindung haben können) und einen schriftlichen Bescheid, der die potenzielle Patentfähigkeit Ihrer Erfindung detailliert beschreibt. Etwa 4 Monate nach Einreichung Ihrer PCT-Anmeldung erhalten Sie beide Dokumente. Die Feststellungen und Stellungnahmen im Bericht geben sowohl den Anmeldern als auch den Patentämtern hilfreiche Informationen über die Wahrscheinlichkeit einer Patenterteilung, sind aber nicht bindend.

在PCT申请中选择的国际检索单位将制作一份检索报告(列出可能影响申请人的发明是否可获得专利的公开专利文件和技术文献)以及一份详细说明发明潜在可专利性的书面意见。提交PCT申请约4个月后,申请人会收到这两个文件。报告中的结果和意见为申请人和专利局提供了有关获得专利可能性的有用信息,但该结果和意见没有约束力。

So schnell wie möglich nach Ablauf von 18 Monaten ab dem Prioritätsdatum veröffentlicht die WIPO Ihre internationale Anmeldung zusammen mit dem Recherchenbericht auf PATENTSCOPE, der Patentdatenbank der WIPO. Nach der Veröffentlichung haben Sie zusätzliche Zeit, die Informationen im Recherchenbericht zu prüfen und zu entscheiden, ob Sie die Beantragung von

Patentschutz weiterverfolgen wollen.

自优先权日起 18 个月届满后，世界知识产权组织会立即将申请人的国际申请与检索报告一起公开在世界知识产权组织的专利数据库 PATENTSCOPE 上。公开后，申请人将有更多时间检查检索报告中的信息，并决定是否要继续寻求专利保护。

Bei diesem optionalen Verfahren ermittelt eine zweite ISA auf Ihren Antrag hin zusätzliche veröffentlichte Dokumente, die von der ersten ISA bei der Hauptrecherche aufgrund der Vielfalt des Stands der Technik（in verschiedenen Sprachen und auf verschiedenen technischen Sachgebieten）möglicherweise nicht gefunden wurden, und erstellt einen ergänzenden internationalen Recherchenbericht. Für einen Antrag auf eine ergänzende internationale Recherche fallen zusätzliche Kosten an.

在此可选程序中，由于现有技术的多样性（来自不同的语言和不同的技术领域），第二个国际检索单位会根据申请人的请求来检索主检索中第一个国际检索单位可能未找到的其他公开文件，并制作一份补充国际检索报告。请求补充国际检索需要支付额外费用。

In diesem optionalen Verfahren führt eine mit der internationalen vorläufigen Prüfung beauftragte Behörde（eine der ISAs）eine zusätzliche Analyse zur Patentfähigkeit durch, in der Regel zu Ihrer geänderten Anmeldung（Änderung Ihrer Erfindung unter Berücksichtigung des Recherchenberichts und des schriftlichen Bescheids der ISA）. Das endgültige Ergebnis ist ein Prüfungsbericht, der eine Stellungnahme zur möglichen Patentfähigkeit Ihrer Erfindung auf der Grundlage der PCT-Richtlinien enthält. Für diese Prüfung fallen zusätzliche Kosten an. Dieser Bericht liefert wie der Recherchenbericht hilfreiche Informationen, ist aber für die Ämter in der nationalen Phase nicht bindend.

在此可选程序中，国际初步审查单位（同时也是国际检索单位之一）通常会对申请人修改后的申请（根据国际检索单位的检索报告和书面意见对申请人的发明进行修改）作出额外的可专利性分析。最终结果是一份审查报告，它根据 PCT 标准对申请人发明的潜在可专利性给出意见。该审查需要支付额外费用。该报告与检索报告一样会提供有用的信息，但对国家阶段的专利局没有约束力。

Am Ende des PCT-Verfahrens müssen Sie entscheiden, ob und in welchen Ländern Sie den Schutz für Ihre Erfindung weiterverfolgen wollen. Wenn Sie sich für eine Fortsetzung des Verfahrens entscheiden, müssen Sie mit Ihrer PCT-Anmeldung in die „nationale Phase" eintreten, in der jedes nationale oder regionale Amt, das Sie auswählen, Ihre Patentanmeldung prüft.

在 PCT 程序结束时，申请人必须决定是否以及在哪些国家/地区继续为申请人的发明寻求保护。如果决定继续，则需要让申请人的 PCT 申请进入"国家阶段"，申请人选择的每个国家或地区局都会审查申请人的专利申请。

Der entscheidende Vorteil dabei ist, dass bis 30 Monate nach Prioritätstag eine Entscheidung über den gewünschten Geltungsbereich getroffen werden kann.

它的关键优势在于，可在自优先权日后的 30 个月内决定所需的生效地域。

Danach erfolgt der Eintritt in die nationale Phase und die Prüfung der Anmeldung in jedem einzelnen Mitgliedsstaat des gewünschten Geltungsbereichs.

之后进入国家阶段并在所需的生效地域的各成员国审查申请。

Aufgrund der unabhängigen Prüfung sind die späteren rechtskräftigen Patentschriften in den einzelnen Mitgliedsstaaten nicht zwingend identisch (siehe beispielsweise unterschiedliche Neuheitsbegriffe in den USA und Deutschland).

由于是独立审查,各成员国中后续具备法律效力的专利文本不必相同(如参见美国和德国对新颖性的不同定义)。

第四节 德国及欧洲的专利检索示例

德国专利商标局(Deutsches Patent- und Markenamt,缩写为DPMA)成立于1877年,主要办公地点分别设在慕尼黑、耶拿和柏林,是德国联邦司法部管辖的联邦高级行政机构,也是管理德国工业产权的中心,由其官网可进入德国和多个国家的专利文献数据库。

下面简要介绍DPMAregister数据库(提供德国专利文献)和DEPATISnet数据库(提供包括德国的多个国家专利文献)。这两个数据库都可以通过DPMA官网(http://www.dpma.de/)访问:

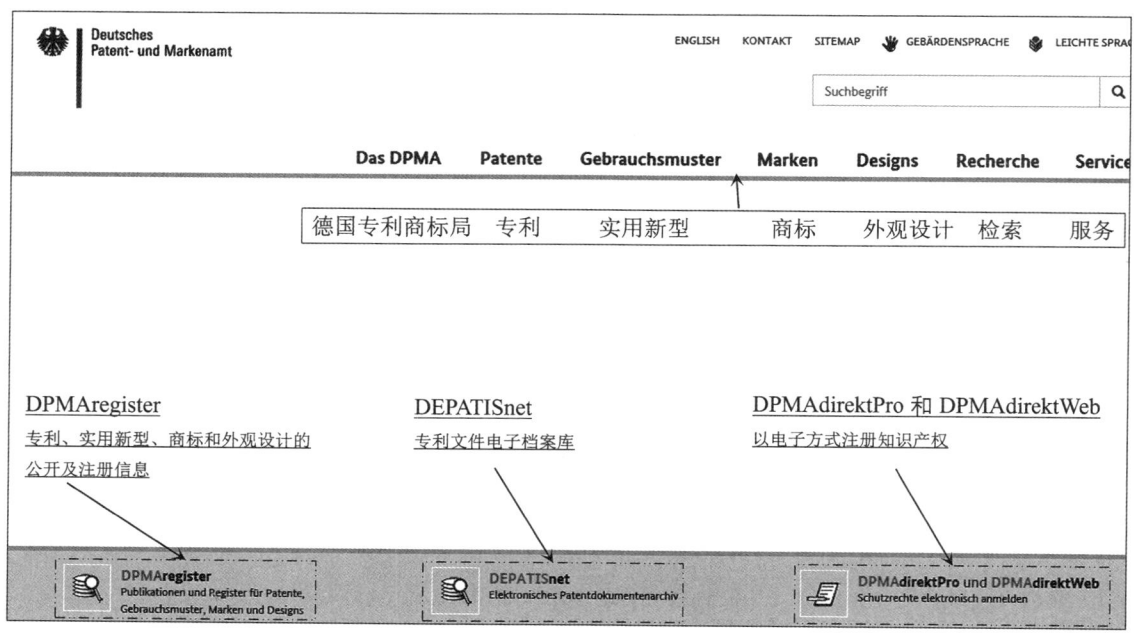

图 2.1 德国专利商标局(DPMA)官网界面

一、DPMAregister数据库

DPMAregister数据库是DPMA的官方公布平台,该平台提供关于专利(Patente)、实用新型(Gebrauchsmuster)、外观设计(Designs)以及商标(Marken)的公开信息。例如图2.2左下角的

"DPMAregister"访问链接。

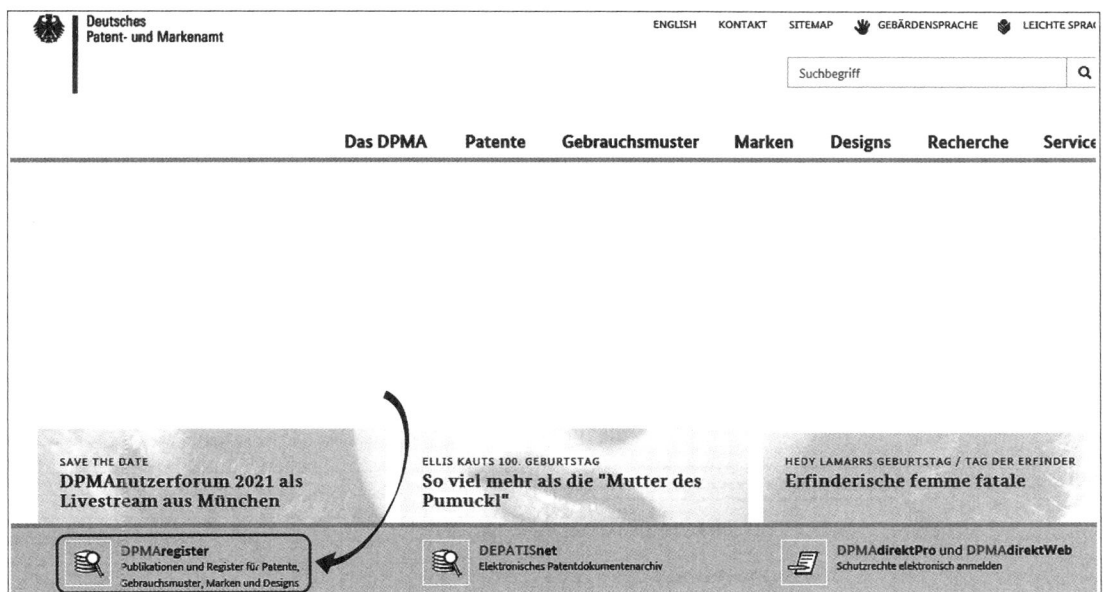

图 2.2　DPMA 官网专利检索步骤 1

(一) 专利、实用新型的检索

在第一行先选择"Patente und Gebrauchsmuster"(专利和实用新型),下面显示检索选项,检索模式有三种:Basis(初级)、Erweitert(高级)、Experte(专家级)。

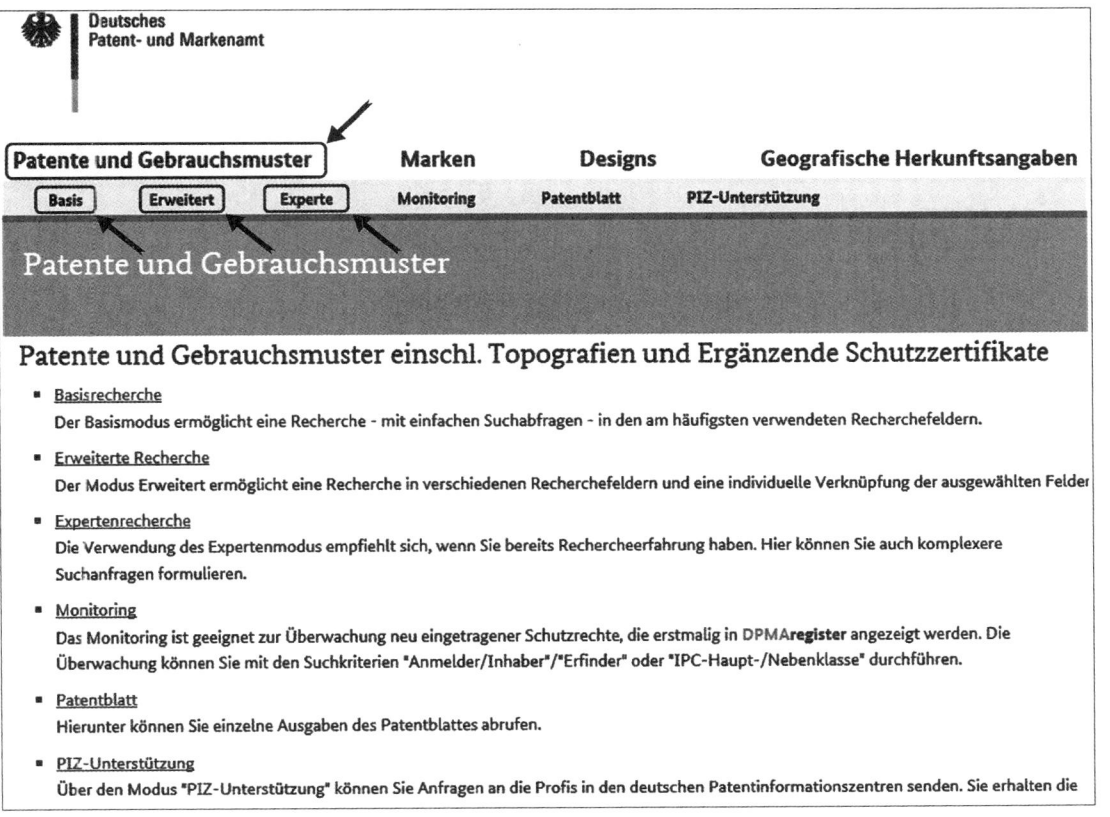

图 2.3　DPMA 官网专利检索步骤 2

进入初级检索页面,输入检索信息,如在"Aktenzeichen(申请号)"栏输入"102010064471.4",勾选需要的著录信息,点"Recherche starten"开始检索。在该检索页中,每页最多显示 250 条结果,总共最多显示 1 万条结果,如图 2.4 所示。

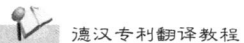

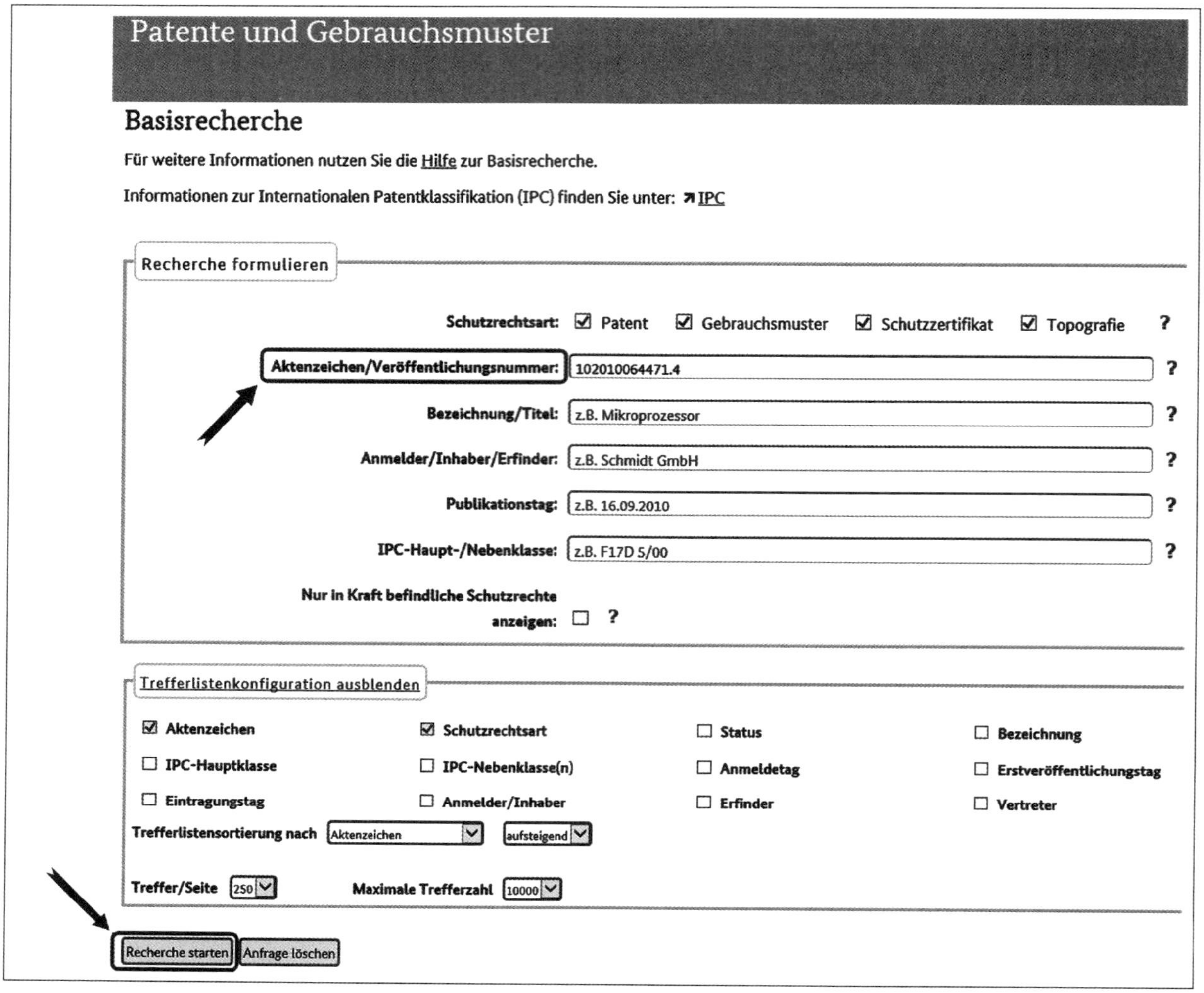

图 2.4　DPMA 官网专利检索步骤 3

初级检索包含最经常使用的字段,如表 2.1 和表 2.2 所示。

表 2.1　初级检索包含最经常使用的字段

德文	中文
Aktenzeichen/Veröffentlichungsnummer	申请号/公开号
Bezeichnung/Titel	名称
Anmelder/Inhaber/Erfinder	申请人/权利人/发明人
Publikationstag	公开日
IPC-Haupt-/Nebenklasse	IPC 主/副分类号

表 2.2 初级检索包含最经常使用的字段 2

德文	中文	德文	中文
Aktenzeichen	申请号	Anmeldetag	申请日
Schutzrechtsart	知识产权类型	Erstveröffentlichungstag	首次公开日
Status	状态	Eintragungstag	注册日
Bezeichnung	名称	Anmelder/Inhaber	申请人/权利人
IPC-Hauptklasse	IPC 主分类号	Erfinder	发明人
IPC-Nebenklasse(n)	IPC 副分类号	Vertreter	代理人

注：IPC 为国际专利分类号。

图 2.5 是进入著录信息页面的示例：

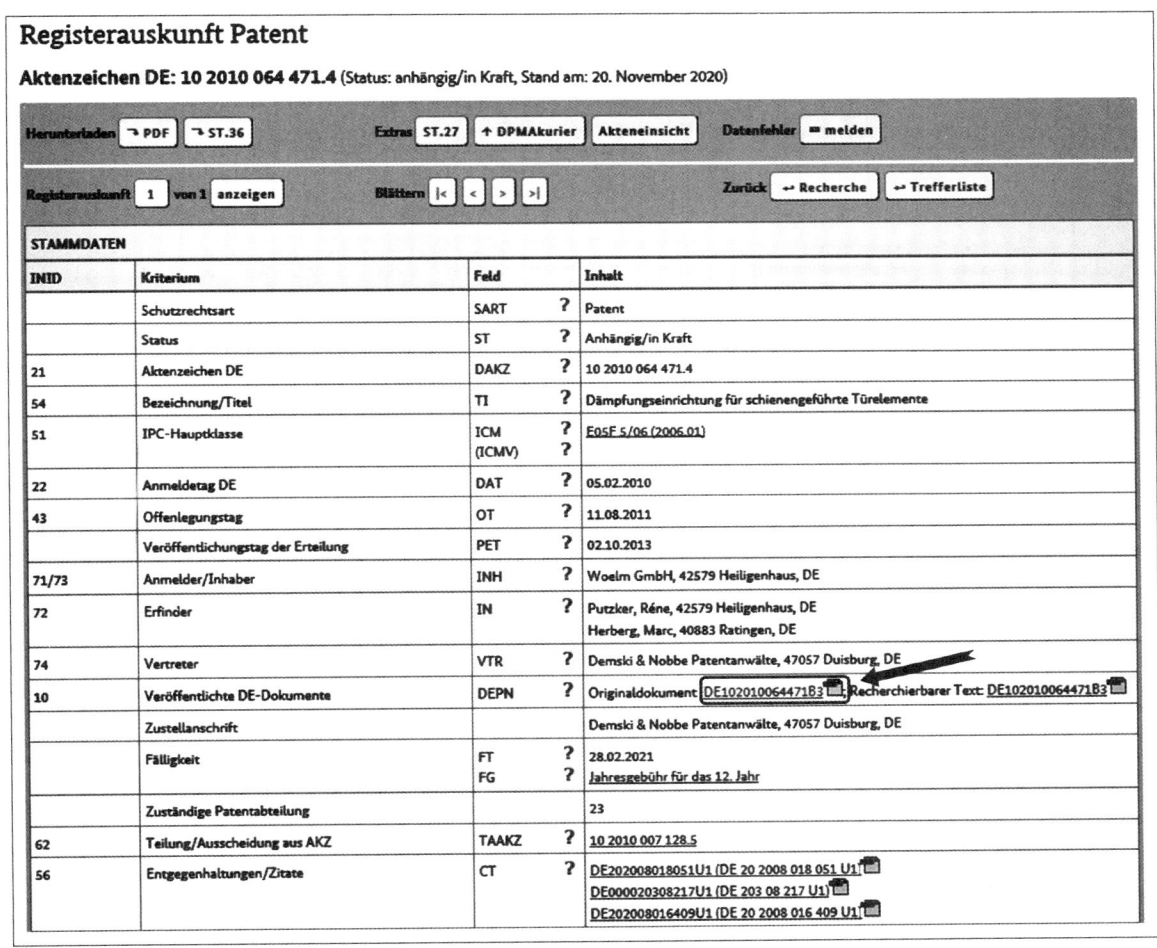

图 2.5 著录信息页面示例

列表中有 PDF 符号的是可打开的文件，例如图 2.5 中点击"Originaldokument"（原始文件）后的图标，即可直接打开文件：

图 2.6 只显示文件的第一页，点击右上角"Volldokument laden"可以显示全部页面，也可下载。

在图 2.7 所示页面中的选项卡中点击"Ansprüche"（权利要求）即可显示权利要求内容，位于这份原始文件的第 6 页。

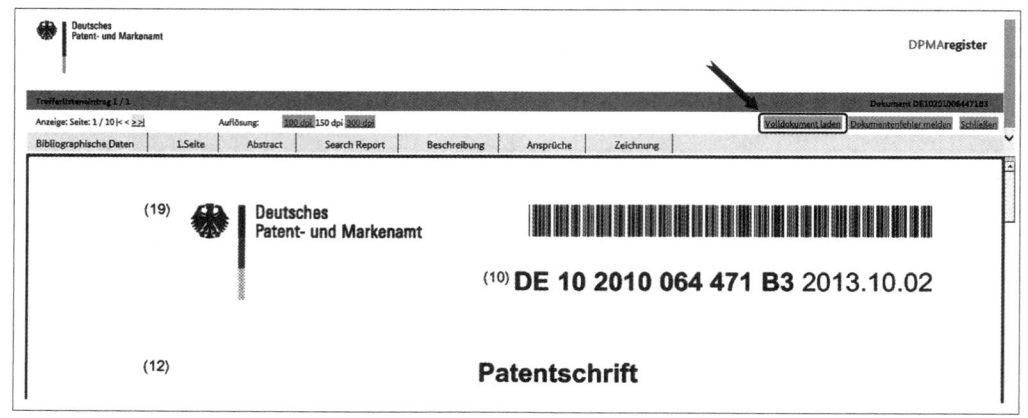

图 2.6　DPMA 官网专利检索步骤 1

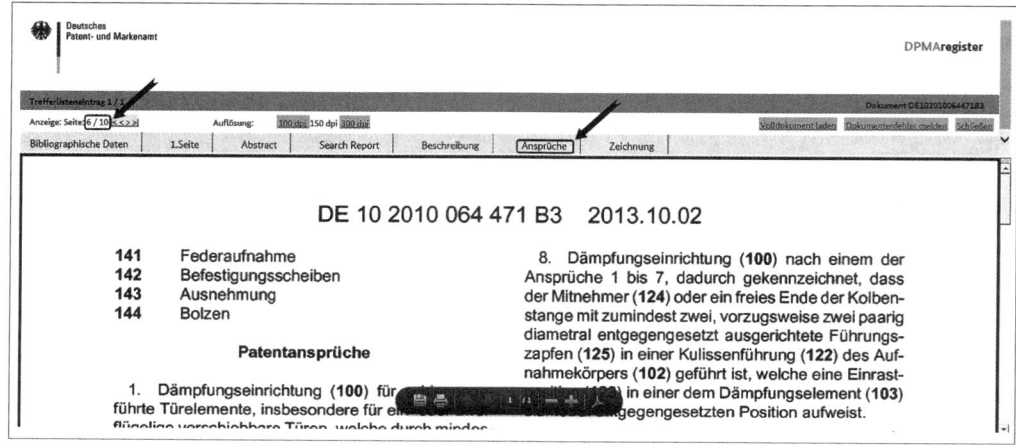

图 2.7　DPMA 官网专利检索步骤 2

（二）外观设计的检索

DPMA 首页也可以在进入 DPMAregister 数据库后选择"Designs"（外观设计）。检索模式也分为：Basis、Erweitert 和 Experte。选择初级检索，如图 2.8 所示。

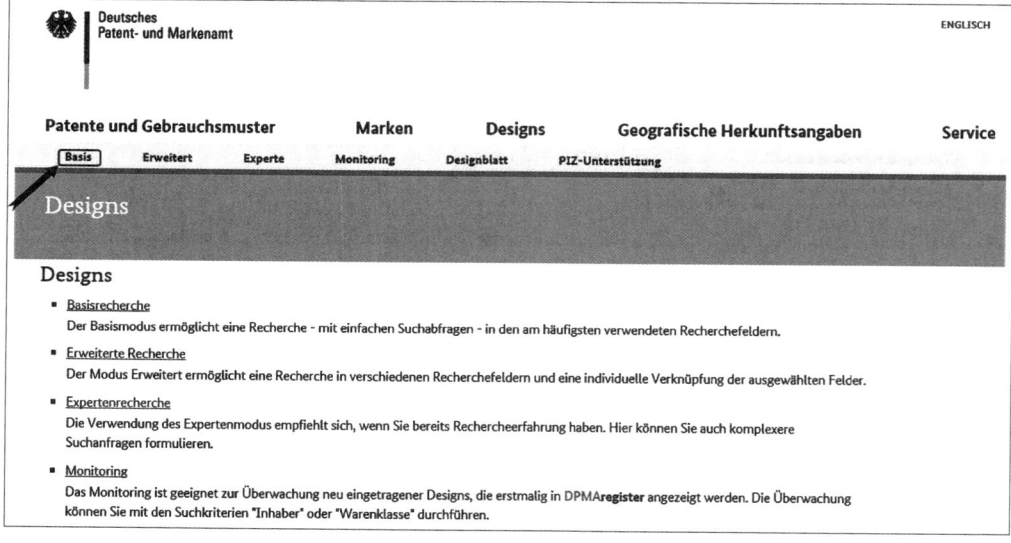

图 2.8　DPMA 官网外观设计专利检索步骤 1

进入检索界面：

如图 2.9 所示，检索条件的第一项，Datenbestand（数据文件）有两类：nationale Designs（德国国家外观设计）和 Gemeinschaftsgeschmacksmuster（欧盟外观设计）。用户可根据需要勾选数据库，也可两个同时勾选。欧盟外观设计也可由欧盟知识产权局（EUIPO）的官网进入（http：//euipo.europa.eu/eSearch/♯advanced/designs）。

图 2.9　DPMA 官网外观设计专利检索步骤 2

如图 2.10 所示，用户可以根据自己的检索需对关键词进一步筛选。

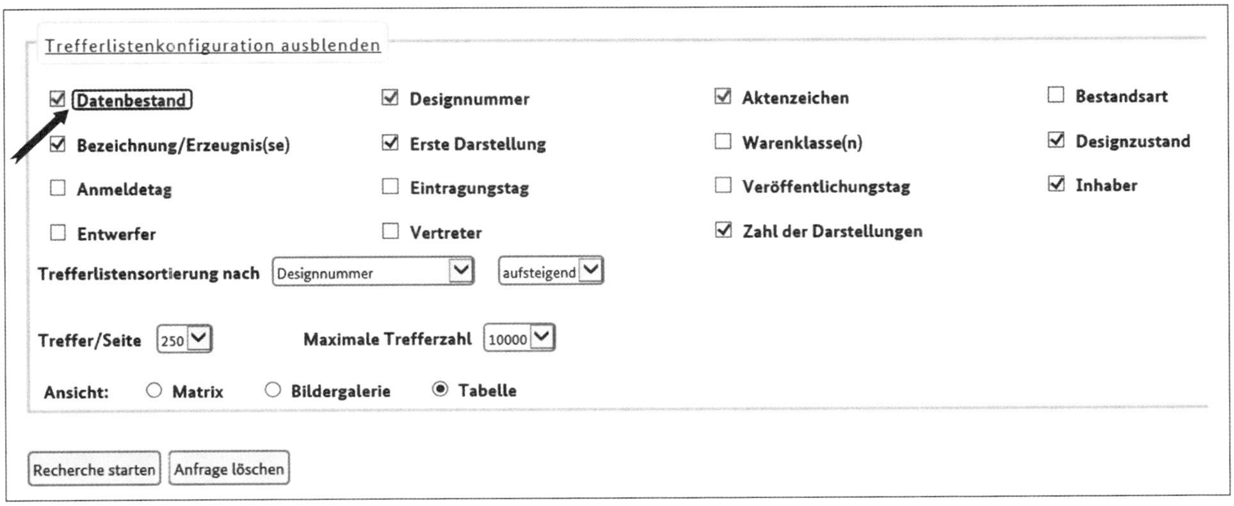

图 2.10　DPMA 官网外观设计专利检索步骤 3

表 2.3 为检索字段的德英中对照表：

表 2.3　检索字段的德英中对照表

德文	英文	中文
Registernummer	Register number	注册号
Aktenzeichen	File number	申请号
Designnummer	Design number	外观设计号
Eintragungstag	Date of registration	注册日
Bezeichnung/Erzeugnis(se)	Designation/Product(s)	外观设计名称
Inhaber	Owner	权利人
Warenklasse	Class of goods	产品分类
Nicht aktive Designs übergehen	Skip non-active designs	跳过失效外观设计
Designs mit Aufschiebung der Bekanntmachung der Wiedergabe übergehen	Skip designs with deferred publication of representation	跳过延后公开的外观设计

检索结果可以显示的内容如表 2.4 所示。

表 2.4　检索结果可显示内容的德英中对照表

无需勾选显示的内容：

德文	英文	中文
Datenbestand	Date file	数据文件
Designnummer	Design number	外观设计号
Aktenzeichen	File number	申请号

需要勾选显示的内容：

德文	英文	中文
Bestandsart	Data pool	数据当前状态
Bezeichnung/Erzeugnis(se)	Designation/Product(s)	外观设计名称
Erste Darstellung	First reproduction	第一设计
Warenklasse(n)	Class(es) of goods	产品分类
Designzustand	Design status	外观设计法律状态
Anmeldetag	Application date	申请日
Eintragungstag	Date of registration	注册日
Veröffentlichungstag	Publication date	公开日
Inhaber	Owner	权利人
Entwerfer	Designer	设计人
Vertreter	Representative	代理人
Zahl der Darstellungen	Number of reproductions	设计数量

此外，用户还可将显示结果进行升序或降序排列，也可以矩阵、图片或表格形式显示检索结果。

例如，在注册号栏输入"402014000004"，显示以下含图片的表格：

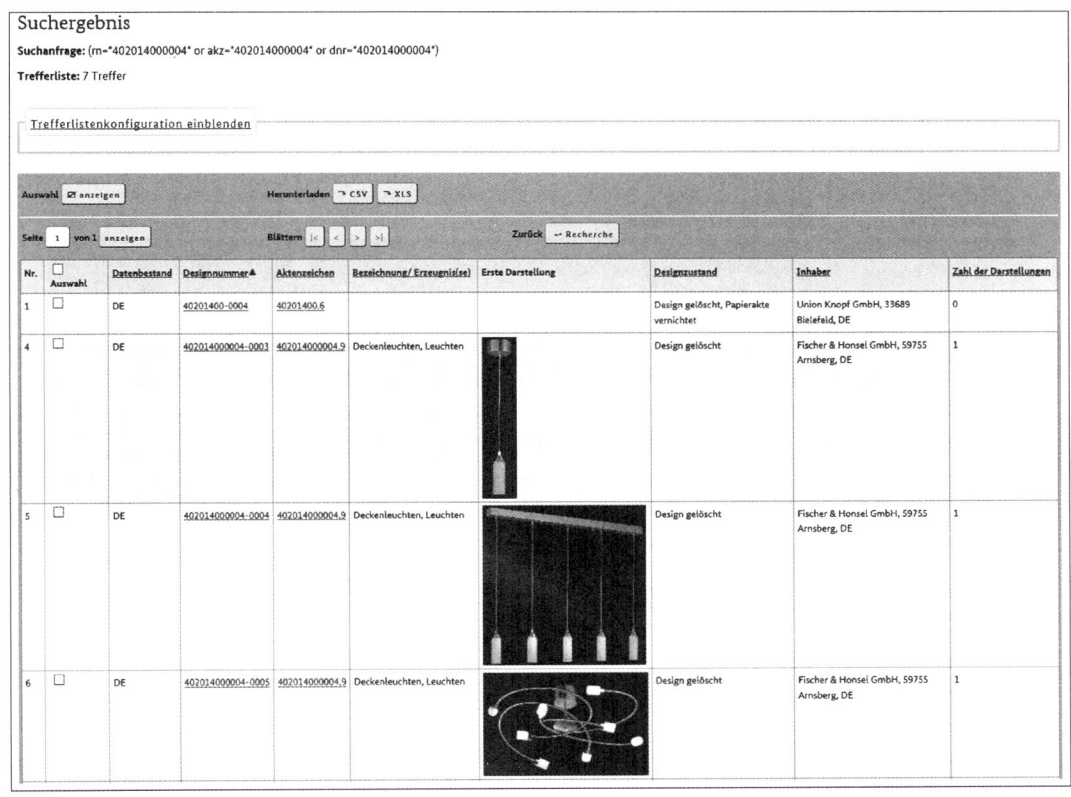

图 2.11　DPMA 官网外观设计专利检索示例

值得注意的是,检索结果可通过 csv 或 xls 格式导出,用户可下载检索结果并进行离线浏览。

二、DEPATISnet 数据库

DEPATISnet 是 DPMA 的官方检索系统,也是一个可由 DPMA 进入多国专利检索系统的入口。例如可在 DPMA 首页的"Recherche"(检索)按钮下选择 DEPATISnet:

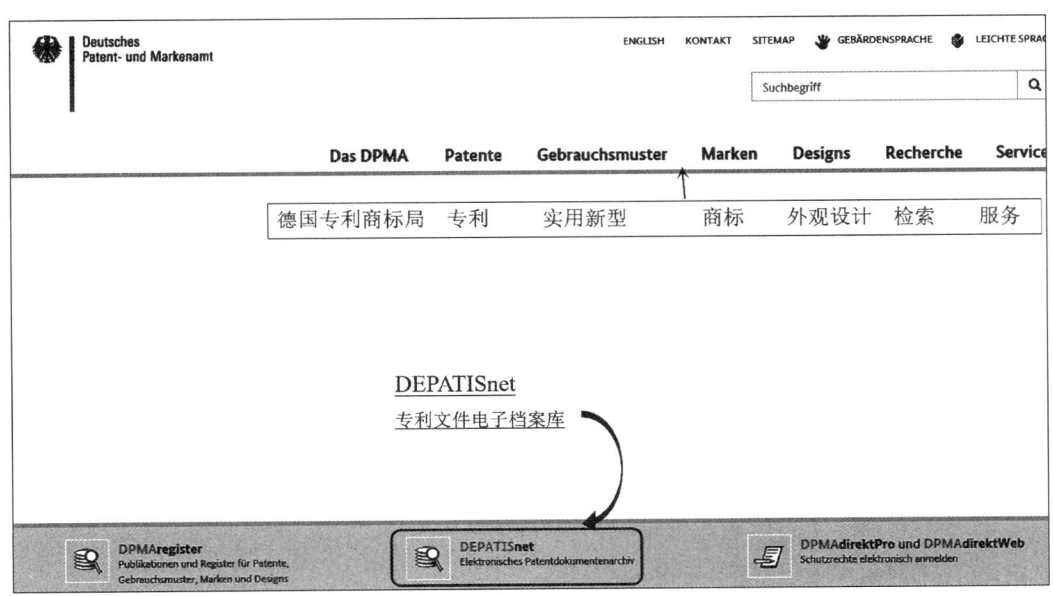

图 2.12　DEPATISnet 多国专利检索系统的入口

DEPATISnet 的检索模式有两种：Einsteiger（初级用户）、Experte（高级用户），如图 2.13 所示。

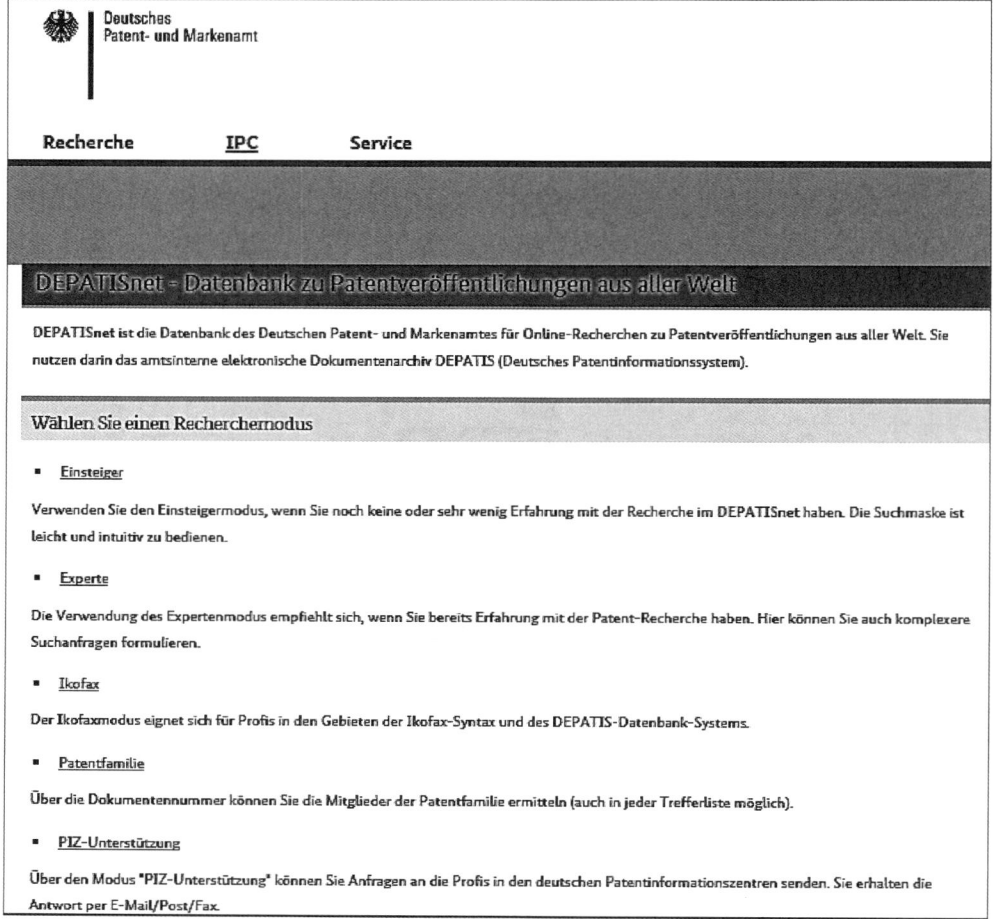

图 2.13　DEPATISnet 的检索模式选择界面

初级用户检索：例如在"Titel"栏输入关键字"Microprozessor"（微处理器）。如果输入了多个关键字，则会自动生成 AND 链接，如图 2.14 所示。

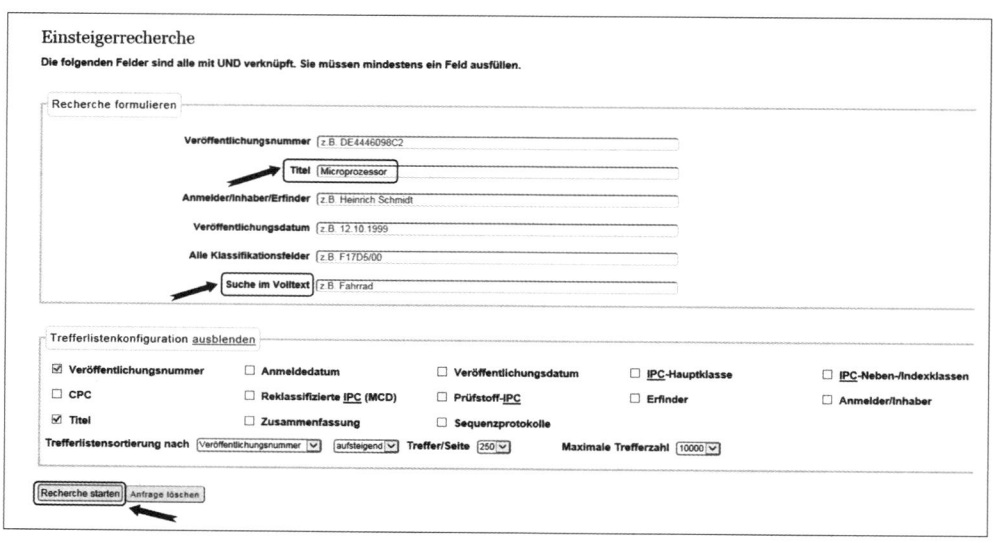

图 2.14　DPMA 官方检索系统 DEPATISnet 检索示例

检索词条如下表所示：

表 2.5 初级检索常用字段

德文	中文
Veröffentlichungsnummer	公开号
Titel	名称
Anmelder/Inhaber/Erfinder	申请人/权利人/发明人
Veröffentlichungsdatum	公开日期
Alle Klassifikationsfelder	所有分类领域
Suche im Volltext	全文检索

表 2.6 初级检索结果可显示的内容

德文	中文	德文	中文
Veröffentlichungsnummer	公开号	Reklassifizierte IPC（MCD）	IPC 再分类
Anmeldedatum	申请日期	Prüfstoff-IPC	IPC 审核材料
Veröffentlichungsdatum	公开日期	Erfinder	发明人
IPC-Hauptklasse	IPC 主分类号	Anmelder/Inhaber	申请人/权利人
IPC-Neben-/Indexklassen	IPC 副分类号	Titel	名称
CPC	联合专利分类	Zusammenfassung	摘要
		Sequenzprotokolle	序列表

注：MCD（Master Classification Database）。

如果对名称的检索不成功，可在"Suche im Volltext"中输入关键字。全文检索适用于德国专利（DE）、欧洲专利（EP）和国际专利（WO）。对于其他外语文档，全文检索仅能在名称中，或最多在摘要中检索，如图 2.15 所示。

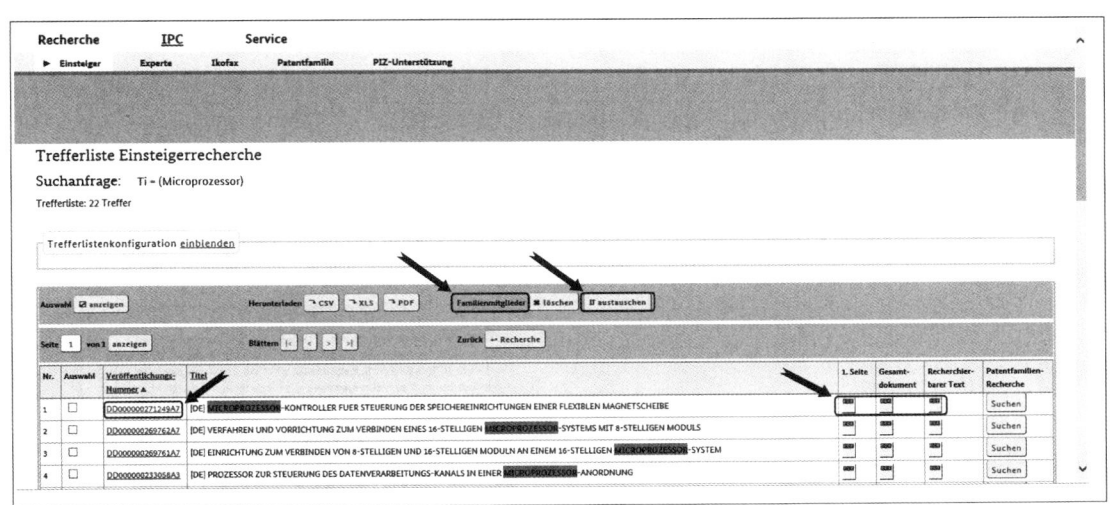

图 2.15 关键词 Microprozessor 的检索结果

提示：用户可以输入关键词的同义词，以获得更多的检索结果。

用户还可以选择"Familienmitglieder austauschen"（替代同族专利），以减少结果列表中显示的记录数。例如，每个专利家族只显示一个专利。

点击 PDF 图标进入文本，可选显示第一页或全文，如图 2.16 所示。

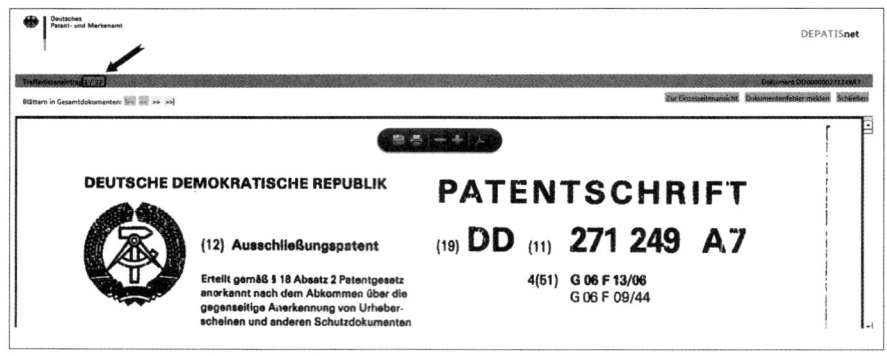

图 2.16 首个检索结果的文本界面

点击公开号进入著录项目页面，下图展示了以上检索词条的所有信息，包括完整摘要：

Bibliographische Daten

Dokument DD000000271249A7 (Seiten: 22)

1. Seite PDF [anzeigen] Registerauszug [INPADOC] Datenfehler [melden]

Dokument [1] von 22 [anzeigen] Blättern [|<] [<] [>] [>|] Zurück [Recherche] [Trefferliste]

BIBLIOGRAPHISCHE DATEN DOKUMENT DD000000271249A7 (SEITEN: 22)

INID	Kriterium	Feld	Inhalt
54	Titel	TI	[DE] MICROPROZESSOR-KONTROLLER FUER STEUERUNG DER SPEICHEREINRICHTUNGEN EINER FLEXIBLEN MAGNETSCHEIBE
71/73	Anmelder/Inhaber	PA	TS LAB AVTOMATIZATZIA I NAUTCH, BG
72	Erfinder	IN	BOTEV STEFAN ST, BG ; ILIEVA MARIA P, BG ; PANAYOTOVA VENETA L DIPL-ING, BG ; RADEV HRISTO I DIPL-ING, BG ; TERZIEV LYUBOMIR I DIPL-ING, BG
22/96	Anmeldedatum	AD	14.04.1986
21	Anmeldenummer	AN	28910986
	Anmeldeland	AC	DD
	Veröffentlichungsdatum	PUB	30.08.1989
33 31 32	Priorität	PRC PRN PRD	BG 6984185 19850418
51	IPC-Hauptklasse	ICM	G06F 13/14
51	IPC-Nebenklasse	ICS	G06F 13/06 G06F 9/44
	IPC-Zusatzklasse	ICA	
	IPC-Indexklasse	ICI	
	Gemeinsame Patentklassifikation	CPC	
	MCD-Nebenklasse	MCS	G06F 13/12 (2006.01) G06F 13/14 (2006.01) G06F 13/16 (2006.01) G06F 13/00 (2006.01) G06F 13/20 (2006.01) G06F 9/06 (2006.01) G06F 9/44 (2006.01)
	MCD-Zusatzklasse	MCA	
57	Zusammenfassung	AB	[DE] Der vorliegende Mikroprozessor-Steuereinheit fuer die Steuerung der Speichereinrichtungen einer flexiblen Magnetscheibe weist eine vereinfachte Struktur-Schaltung auf und besitzt die Moeglichkeit fuer eine gleichzeitige Steuerung von einseitigen, zweiseitigen, 8 Zoll- und 5 Zoll-Speichereinrichtungen einer Diskette mit einzelner und doppelter Auszeichnungsdichte. Der Mikroprozessor besteht aus einer Mikroprozessor-Sammelleitung, die mit dem programmierbaren Selektor ueber eine Puffereinheit verbunden ist. Die letztere steht in Verbindung mit einer Vorgabe-Einheit und mit einer Logik fuer die Steuerung des Betriebszustands, die an das programmierbare Interface angeschlossen ist. Er beinhaltet noch eine Logik fuer die Steuerung des Informations-Austausches, einen Adressen-Dechiffrator, eine Selektor-Einheit, eine Logik fuer die Aufzeichnung bzw. Lesen, eine Registereinheit, eine Logik fuer die Steuerung des direkten Zugriffs und der Unterbrechungen, eine Logik fuer die Dechiffrierung der Register, eine Logik fuer die Steuerung des Protokolls bei einem direkten Zugriff, eine Steuerschaltung fuer die Steuerung der Speichereinrichtungen einer Diskette, Schienen fuer 4 MHz, 8 MHz und 16 MHz Taktfrequenz, ein logisches UND-Element, Multiplexer usw. Fig. 1
	Korrekturinformation	KORRINF	
56	Entgegengehaltene Patentdokumente/Zitate, in Recherche ermittelt	CT	
56	Entgegengehaltene Patentdokumente/Zitate, vom Anmelder genannt	CT	
56	Entgegengehaltene Nichtpatentliteratur/Zitate, in Recherche ermittelt	CTNP	
56	Entgegengehaltene Nichtpatentliteratur/Zitate, vom Anmelder genannt	CTNP	
	Zitierende Dokumente		Dokumente ermitteln
	Sequenzprotokoll		
	Prüfstoff-IPC	ICP	G06F 13/12 C

图 2.17 著录项目页面

三、欧专局 Espacenet 检索平台

欧洲专利局（EPO）是根据《欧洲专利公约》于 1973 年成立的一个政府间组织，第一总部设在海牙，其余 4 个总部均设在慕尼黑。EPO 是世界上实力最强、最现代化的专利局之一，拥有世界上最完整的专利文献资源。其主要职能是负责欧洲地区的专利审批工作。欧专局目前有 44 个成员国，覆盖了整个欧盟地区及欧盟以外的 10 个国家。

Espacenet 专利检索平台由欧专局（EPO）管理，其数据大部分是递交的专利申请而非已授予的专利，在该平台可检索 EP、WO 及世界范围内的专利文献。以下简要介绍其检索系统、检索模式、检索结果与特色功能。

（一）检索系统

进入方式有两种，第一种是从官网进入：http://www.epo.org/

路径为："Patentrecherche"→"Espacenet Patentsuche"→"Espacenet öffnen"。

图 2.18　欧专局（EPO）检索系统操作示例 1

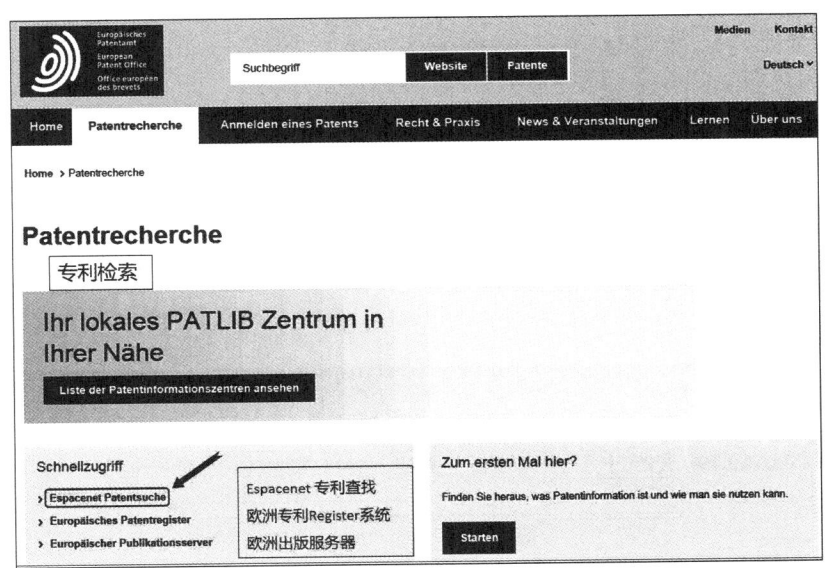

图 2.19　欧专局（EPO）检索系统操作示例 2

图 2.20　欧专局(EPO)检索系统操作示例 3

第二种方式，由以下网址直接进入检索页面：https://worldwide.espacenet.com/advancedSearch?locale=de_EP

Espacenet 的特点如表 2.7 所示。

表 2.7　Espacenet 的特点

数据库范围	Worldwide 数据库（世界）、WorldwideFR 数据库（法文）、WorldwideEN 数据库（英语）、WorldwideDE 数据库（德文）
数据更新周期	每周更新
可检索项目	著录项目、说明书、全文、同族专利、法律状态等
可下载打印情况	可直接下载打印专利全文

（二）检索模式

Espacenet 专利检索平台有三种检索模式，分别是"Smart search"（智能检索）、"Erweiterte Suche"（高级检索）和"Klassifikationssuche"（分类检索）。另外，用户可以点击页面右上方的"Land ändern"改变界面语言，如图 2.21 和图 2.22 所示。

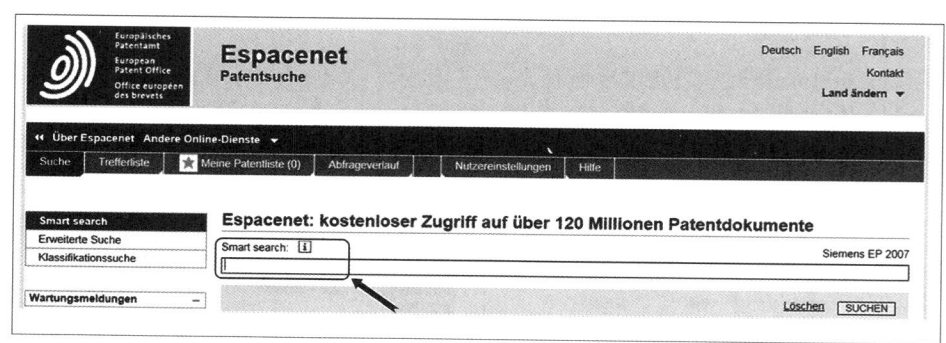

图 2.21　智能检索

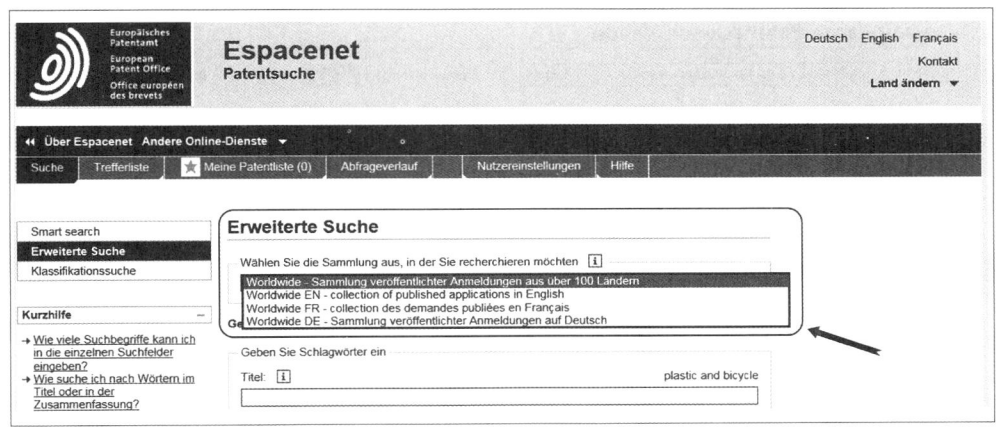

图 2.22　高级检索步骤 1

1. 智能检索

Espacenet 智能检索可以输入最多 20 个检索词,以空格或者适当运算符隔开即可。此方法适用于专利检索目标没那么清晰、只能提供个别检索词的用户,因为系统可以自动识别字段标识符。

2. 高级检索

Espacenet 高级检索提供了 4 个检索集合,总集合是"100 多个国家已公开申请的完整集合",另外还提供了英文、法文、德文的集合,当用户选择不同集合,检索语言会发生相应变化。在高级检索和分类检索页面中,左下角的"Kurzhilfe"(快速帮助)栏还总结了用户的常见问题,方便用户查询。

用户可根据实际情况输入相关检索条件,点击"Enter"(回车键)执行检索。如果检索条件内容较多,可在输入框内用 Ctrl + Enter 扩大空间。

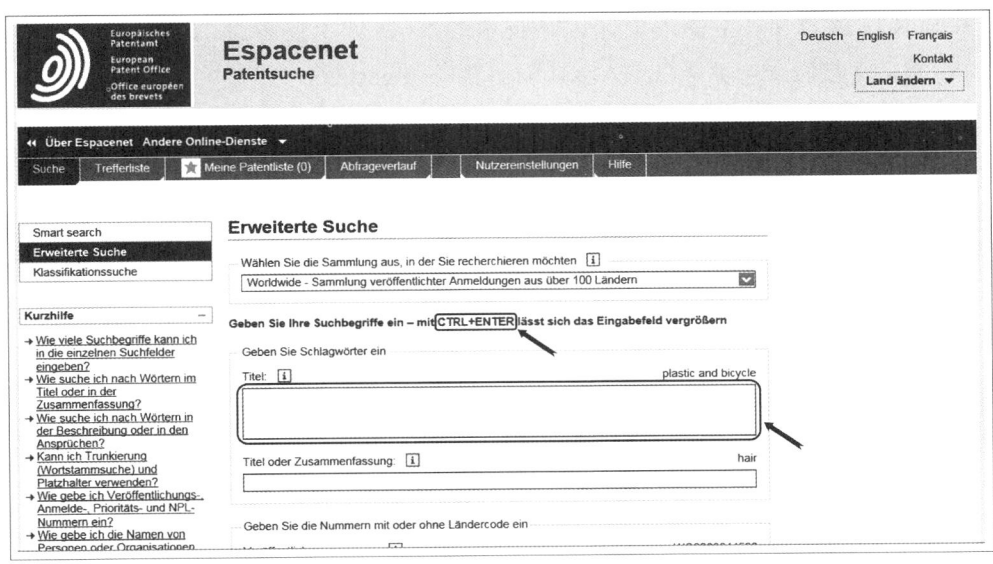

图 2.23　高级检索步骤 2

3. 分类检索

Espacenet 分类检索是按照 CPC 分类体系进行分类的,分类号将专利文献分为 9 大类(A—H 部和 Y 部),以下分为 6 个等级,每一类中均为技术内容上相似或者相近的专利文献。点击右侧的"S"图标,可查看各部的详细说明,如图 2.24 所示。

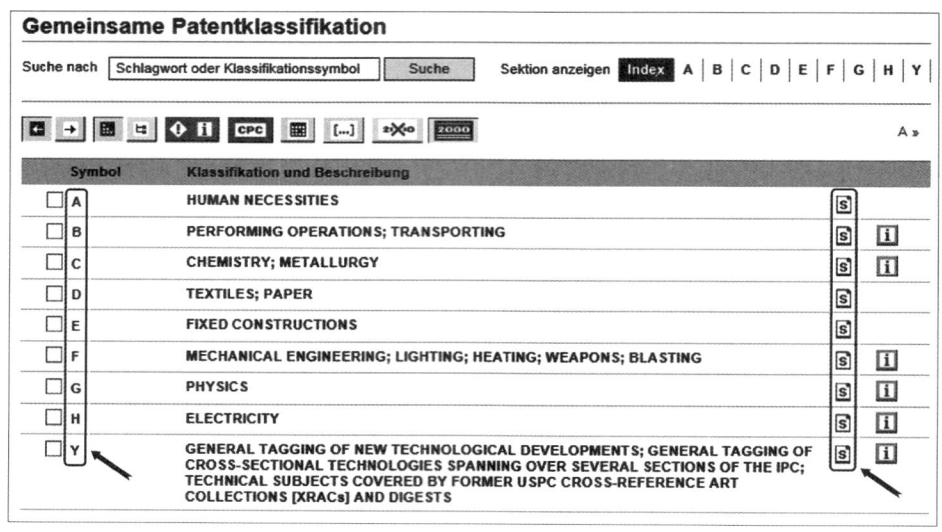

图 2.24 分类检索

表 2.8 各部的详细说明

类别	说明	类别	说明
A 部	人类生活必需	E 部	固定建筑物
B 部	作业、运输	F 部	机械工程、照明、加热、武器、爆破
C 部	化学、冶金	G 部	物理
D 部	纺织、造纸	H 部	电学

表 2.8 所示的 A～H 部对 CPC 和 IPC 均适用。

Y 部采用了 ICO 的 Y 部，主要用于标识新技术的发展，如上述各部的交叉技术，此外还包括原 USPC 分类号中交叉文献的参考类号（XRACs）、别类类号（digests）。

每部分为六个等级：部、分部、大类、小类、主组、分组。

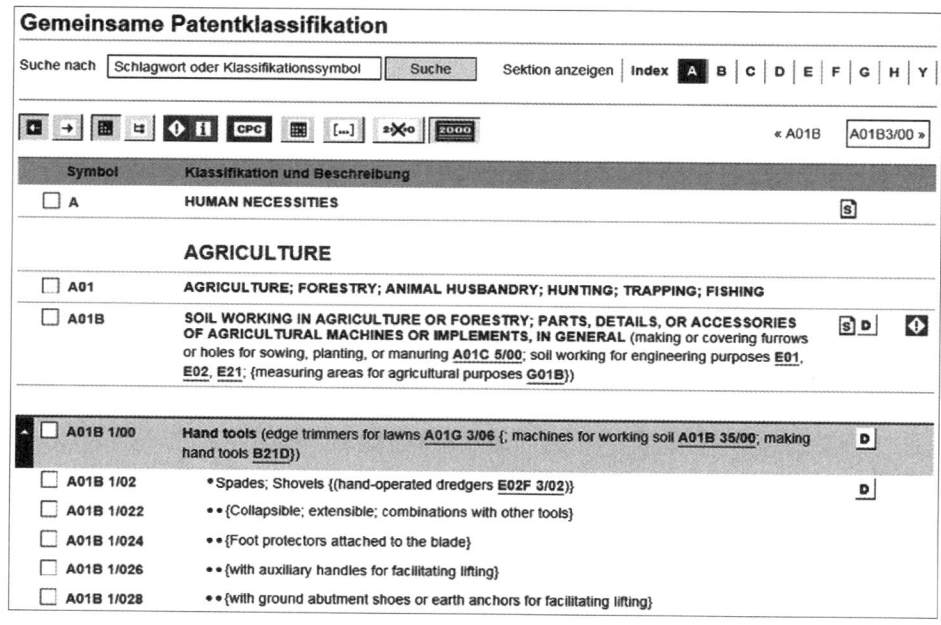

图 2.25 CPC 分类体系 A 部示例

如图 2.26 所示,A 部的 A01 分部代表:农业、林业、畜牧业、狩猎、诱捕、捕鱼。A01B 大类代表:农业或林业的整地;一般农用机械或农具的部件、零件或附件。

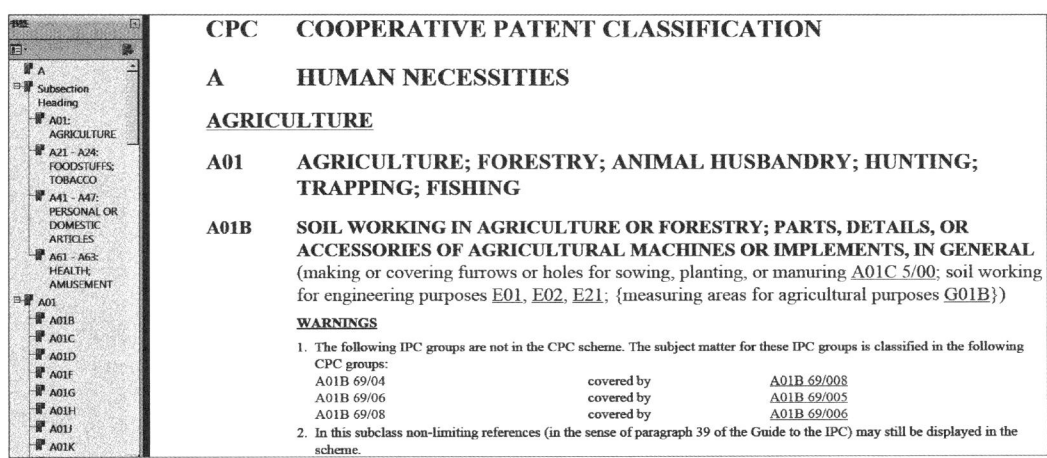

图 2.26　CPC 分类体系 A01 分部示例

(三)检索结果

在检索界面中,除了基本的专利信息,Espacenet 还提供专利摘要的多种语言查看功能,用户可以选择汉语、法语、日语等 27 种语言查看专利摘要信息,下载专利全文。

例如图 2.27,在高级检索中,在名称栏输入"aspirin"(阿司匹林):

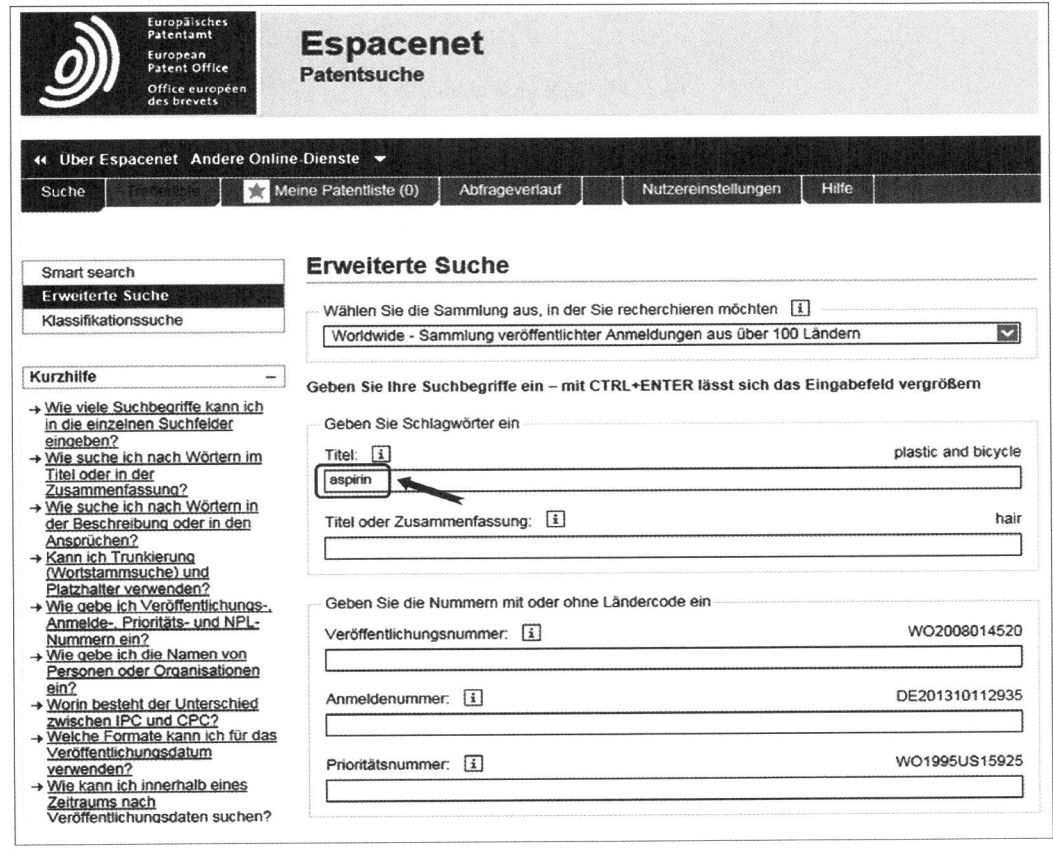

图 2.27　高级检索示例

显示以下检索结果：

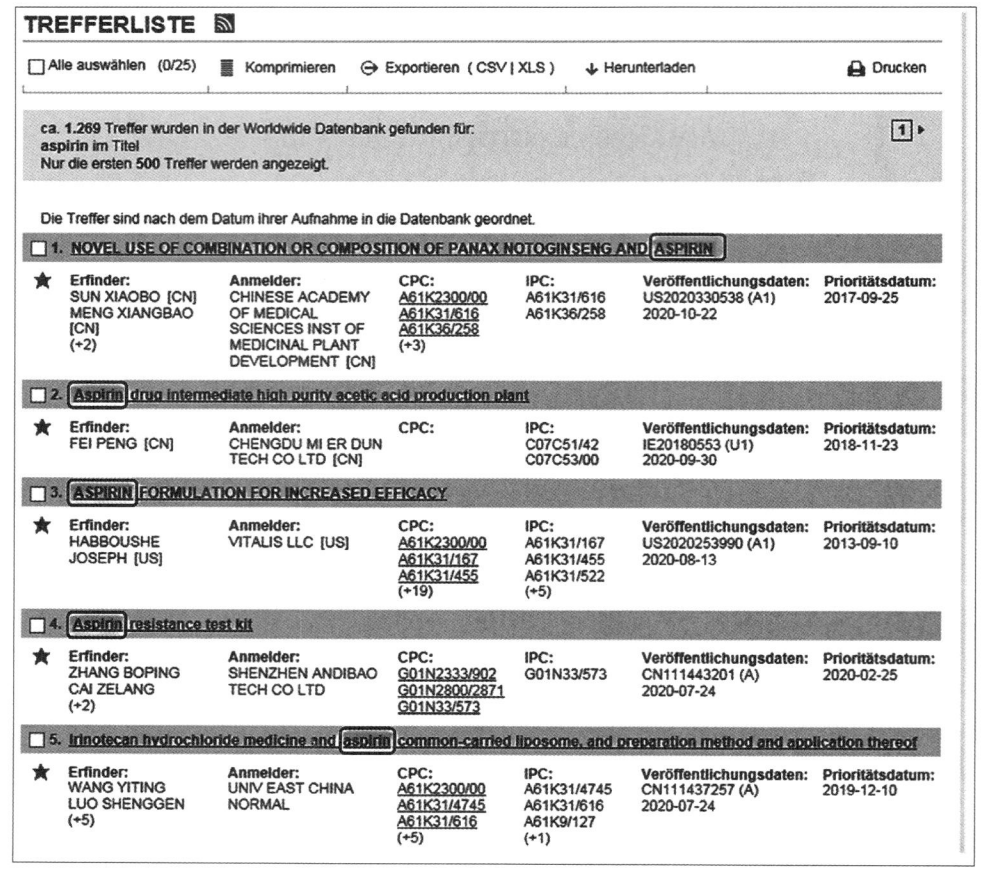

图 2.28　高级检索结果示例 1

在检索结果中，点击专利名称即可进入详情页面，显示这个专利的所有信息，比如"发明人""申请人""优先权号"等。页面左方可查看"说明书""权利要求书"等相关文件。

例如，点击第一条"三七和阿司匹林的新型联用或组合使用"，显示其著录项目数据，如图 2.29 所示。

图 2.29　高级检索结果示例 2

左右两部分词条的中德文对应如下：

表 2.9　相关词条翻译

德文	中文	德文	中文
Bibliografische Daten	著录项目数据	Bookmark zur Seite	页面书签
Beschreibung	说明书	Erfinder	发明人
Patentansprüche	权利要求书	Anmelder	申请人
Mosaik	说明书附图	Klassifikation	分类号
Originaldokument	原始文献	Anmeldenummer	申请号
Zitierte Dokumente	被引文献	Prioritätsnummer(n)	优先权号
Anführende Dokumente	引用文献	Auch veröffentlicht als	同族公开号
INPADOC Rechtsstand	INPADOC 法律状态		
INPADOC Patentfamilie	INPADOC 同族专利		

选择"Originaldokument"即显示该专利的原始公开文件，通常包括：说明书、权利要求书、说明书附图等内容，点击右侧"Herunterladen"下载文件，其下方同时显示文件的首页，如图 2.30 所示。

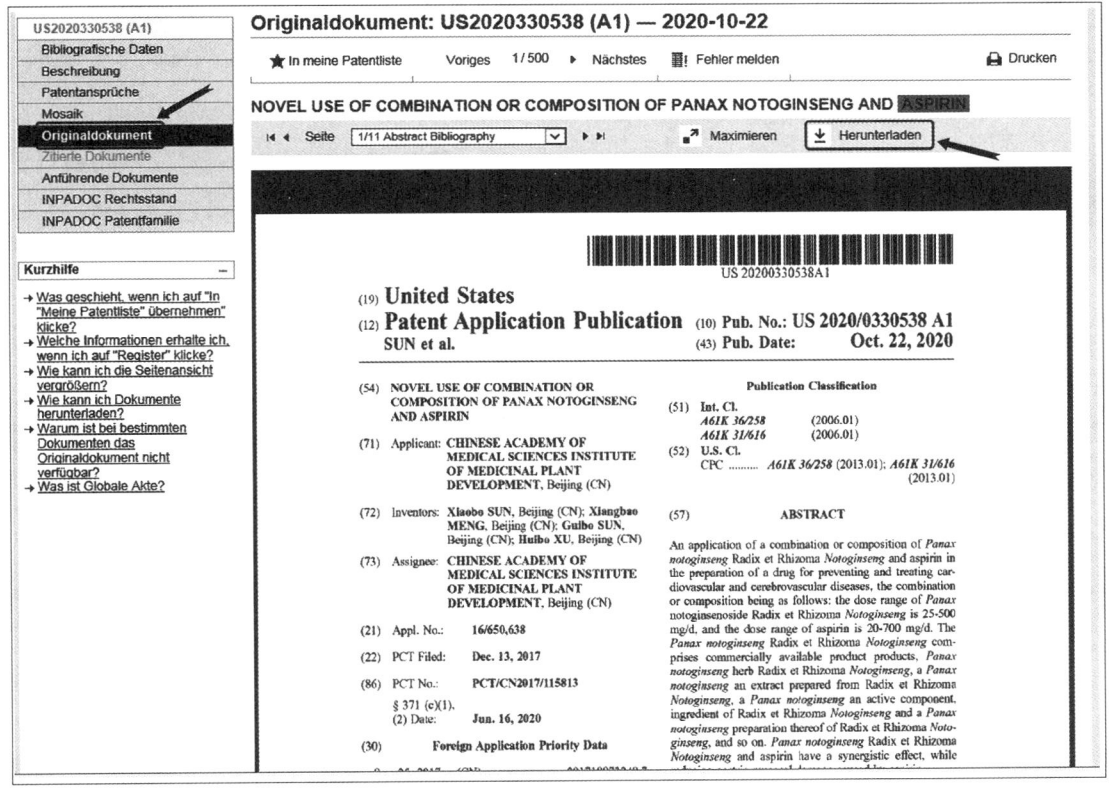

图 2.30　专利的原始公开文件检索示例

若无法查看原始文献，可以通过查找该专利的同族专利进行下载。在该专利的基本信息页面里即可获悉同族专利，如图 2.31 所示，"Auch veröffentlicht als"显示有两个同族专利。

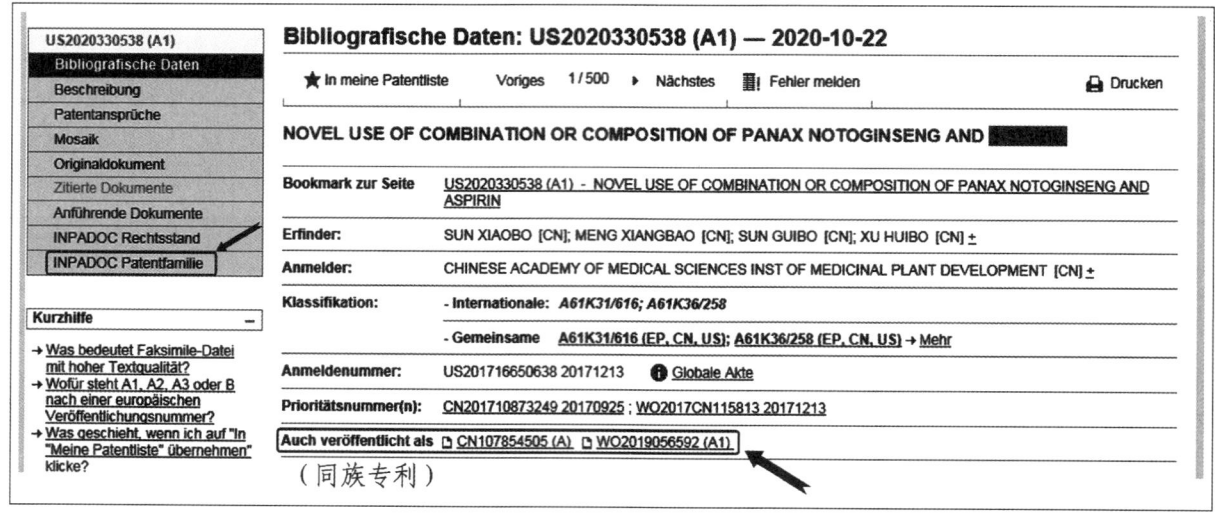

图 2.31 专利的同族专利检索示例

也可点击左边的"INPADOC Patentfamilie",查看该专利在各国的其他同族专利信息:

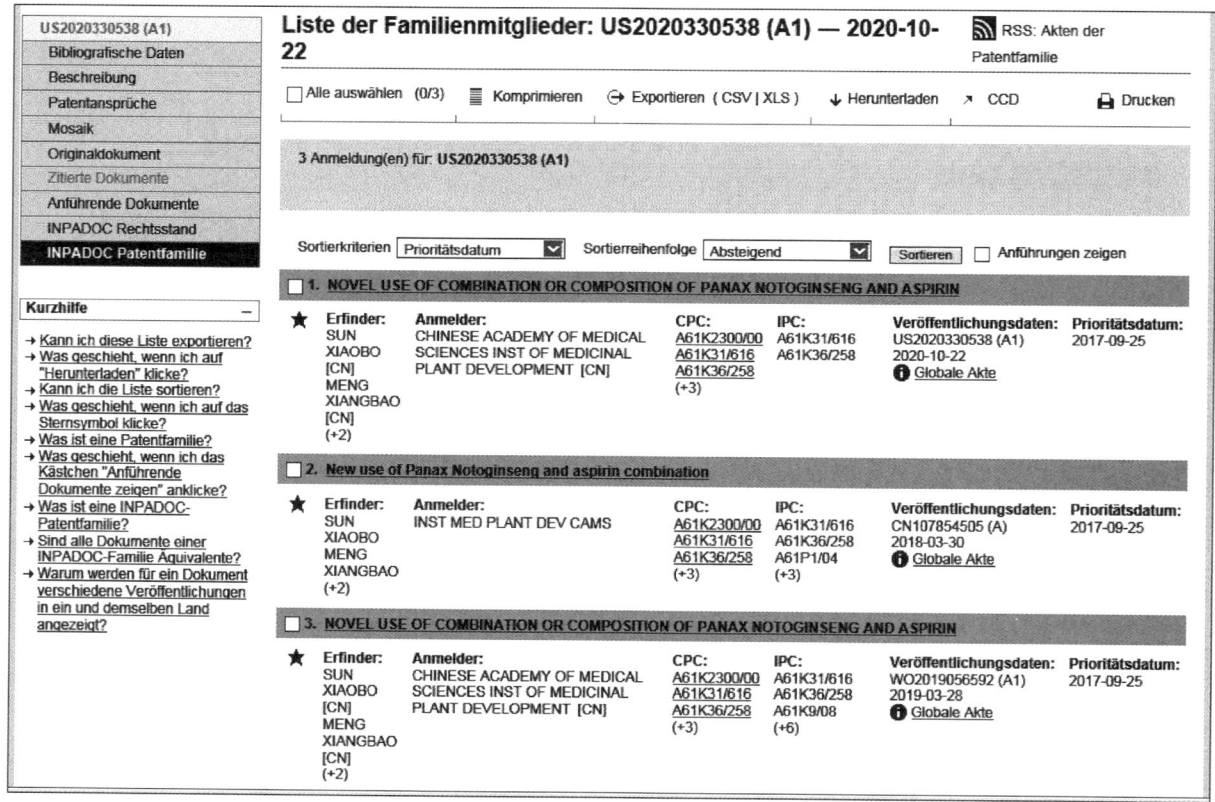

图 2.32 专利在各国的其他同族专利信息检索示例

注:在欧专局中搜索中文专利,如遇到输入申请号无法找到的情况,可利用公开号再次尝试。

(四)特色功能

如图 2.33 所示,Espacenet 平台设置了"Meine Patentliste(我的专利列表)",并且可以导出 csv 和

xls 格式文件。在搜索到一个专利时,用户可以根据需要将此专利加入"我的专利列表",方便以后查看。"Abfrageverlauf"(查询历史)功能可以方便用户查看之前的搜索历史。

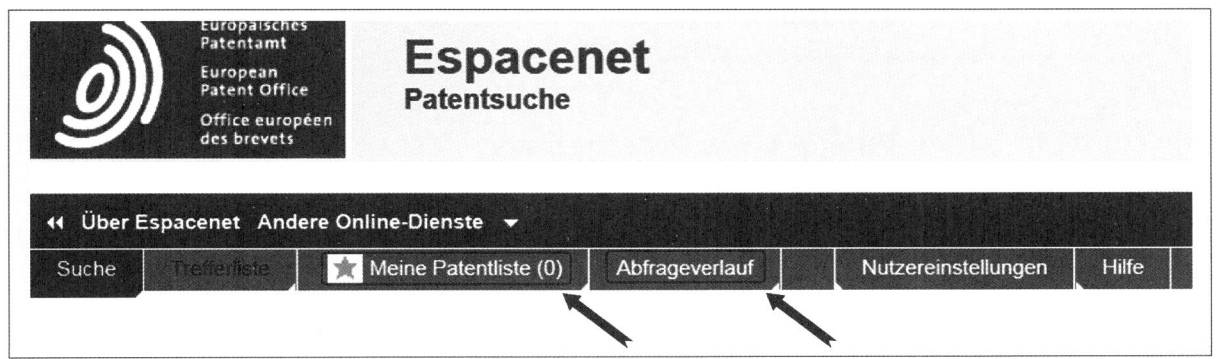

图 2.33　Espacenet 平台特色功能示例

四、Register 系统

欧专局网站上,除了最常用的 Espacenet 检索平台,还有一个可以用于检索专利法律状态的系统——Register 系统。Register 系统与 Espacenet 检索平台界面非常相似。

进入方式：欧专局首页,"Europäisches Patentregister"→"Öffnen",即进入检索页面,如图 2.34、图 2.35 所示。

图 2.34　专利法律状态检索示例 1

图 2.35　专利法律状态检索示例 2

有智能检索和高级检索两种方式,常用高级检索。例如,在公开号栏输入:EP1883031,按回车键进入"Übersicht"(专利概况)页面,如图 2.36、图 2.37 所示。

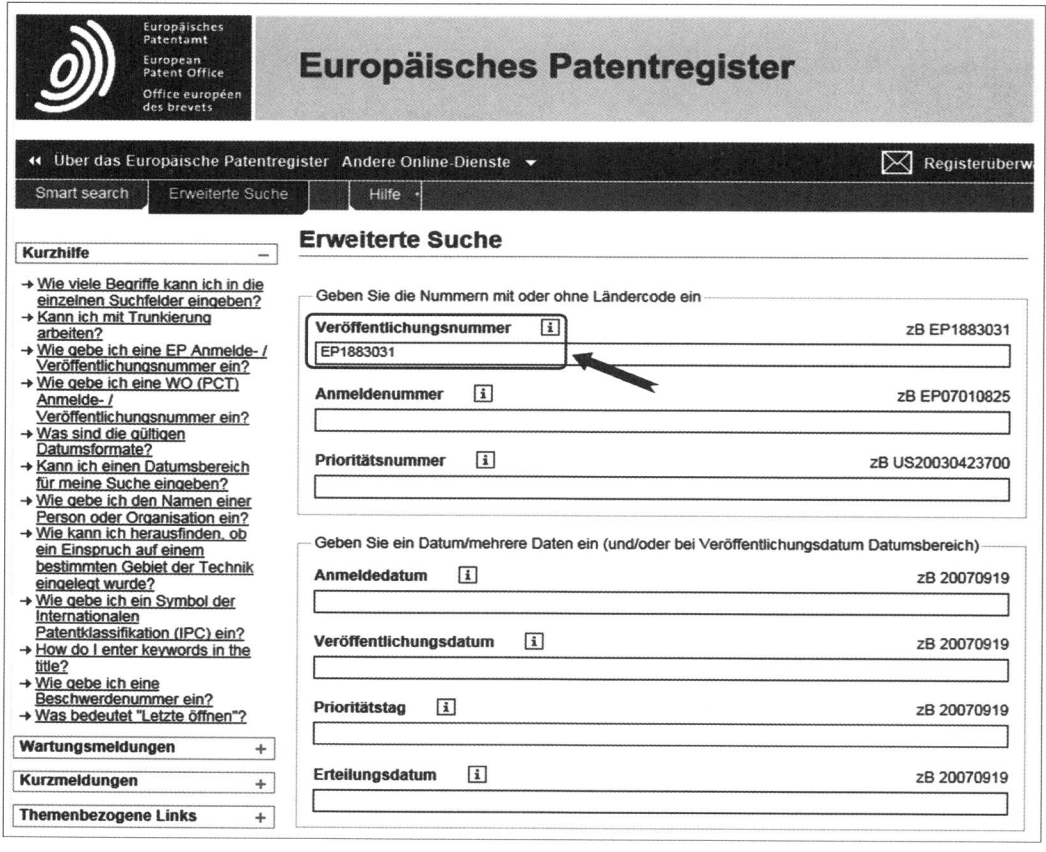

图 2.36　专利法律状态高级检索示例 1

第二章 专利体系与专利检索

图 2.37 专利法律状态高级检索示例 2

左侧词条的中德文对应如下：

表 2.10 相关词条翻译

德文	中文	德文	中文
Europäisches Verfahren	欧洲程序	Alle Ereignisse	所有事件
Übersicht	概况	Angeführte Dokumente	被引文献
Rechtsstand	法律状态	Patentfamilie	专利家族
Vereinigtes Register	统一登记信息	Alle Dokumente	所有文件

选择"Alle Dokumente"，可看到该专利从申请开始至今或到办结的每一步处理文件，如下图所示。

51

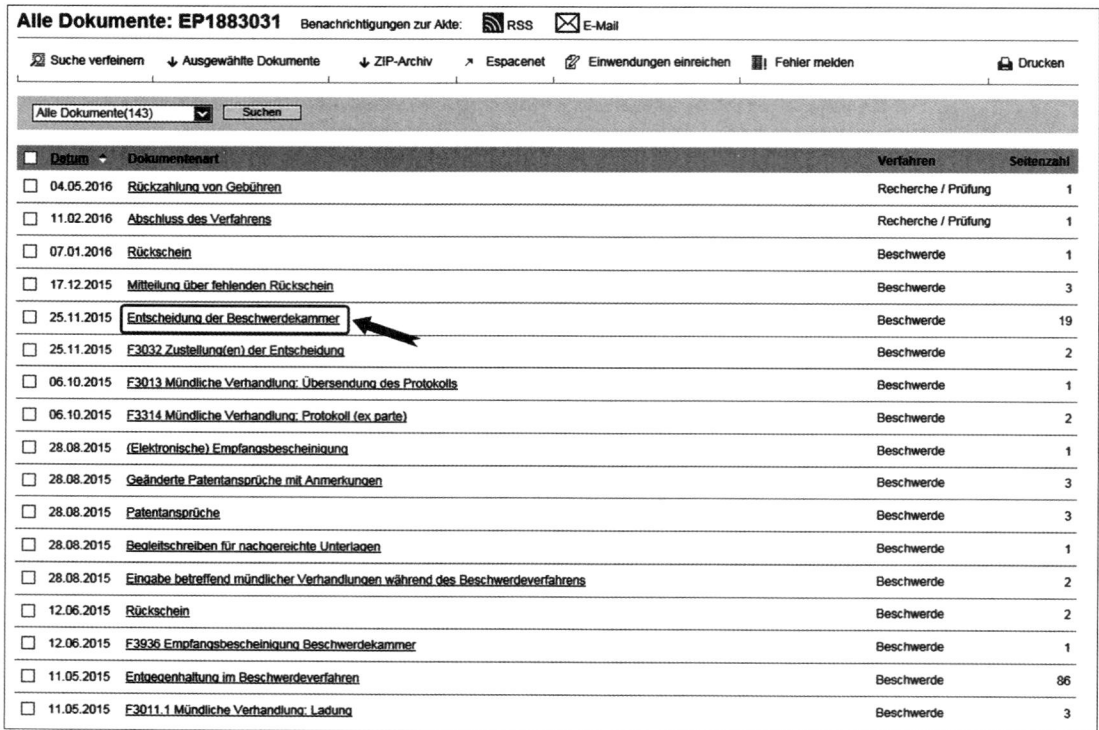

图 2.38　专利历史文件示例 1

图 2.39　专利历史文件示例 2

右下角的总页码表明，从提出申请到办结，处理该专利申请的所有文件共 476 页。

例如，点击"Entscheidung der Beschwerdekammer（上诉委员会决定）"，显示文件首页（如图 2.40 所示），选择显示文件所有页面后下载。

Die Akte: 07075884.2 Entscheidung der Beschwerdekammer

BESCHWERDEKAMMERN DES EUROPÄISCHEN PATENTAMTS

BOARDS OF APPEAL OF THE EUROPEAN PATENT OFFICE

CHAMBRES DE RECOURS DE L'OFFICE EUROPÉEN DES BREVETS

Internal distribution code:
(A) [-] Publication in OJ
(B) [-] To Chairmen and Members
(C) [-] To Chairmen
(D) [X] No distribution

Datasheet for the decision of 30 September 2015

Case Number:	T 1986/12 - 3.5.06
Application Number:	07075884.2
Publication Number:	1883031
IPC:	G06F21/00
Language of the proceedings:	EN

Title of invent
Method and syst ibution of content

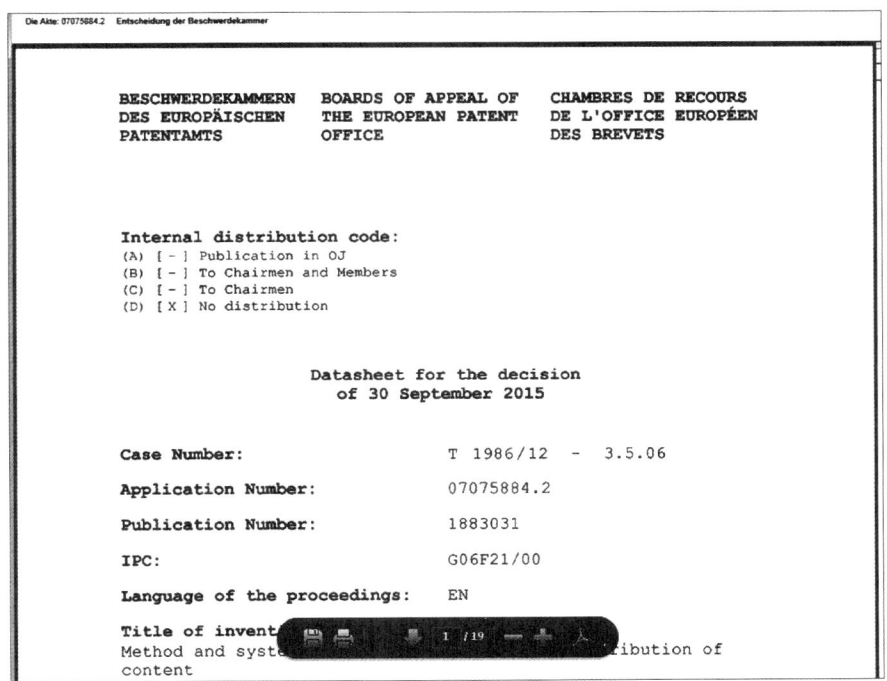

图 2.40 “上诉委员会决定”文件首页示例

其中，第三页（如图 2.41）提到，该上诉反对审查部门的决定，因为上诉委员会认为该专利申请缺乏创造性，而且不符合《欧洲专利公约》第 123(2)条的两项附加要求。

Summary of Facts and Submissions

I. The appeal lies against the decision of the examining division, with reasons dated 23 April 2012, to refuse European patent application No. 07 075 884.2 for lack of inventive step of the main request over the document

D2: WO 02/01330 A,

and for lack of compliance with Article 123(2) EPC for two auxiliary requests.

II. A notice of appeal was filed on 22 June 2012, the appeal fee being paid on the same day. A statement of grounds of appeal was received on 3 September 2012. The appellant requested that the decision under appeal be set aside and that a patent be granted based on claims 1-12 according to a main request or one of four auxiliary requests filed with the grounds of appeal. The remaining pending application documents were drawing sheets 1-10 and description pages 1, 8-10 and 13-17 as originally filed, pages 2, 5-7 and 11-12, as filed with the letter of 8 June 2009, and pages 3-4, filed with the econd and third auxiliary requests were filed as fallback posi-

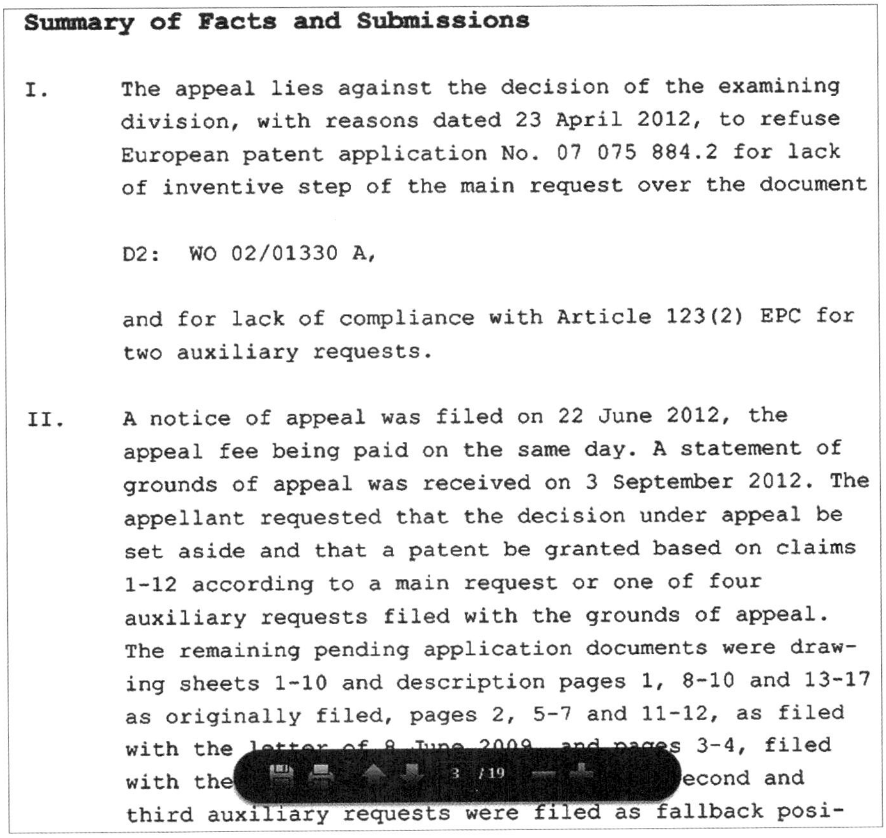

图 2.41 “上诉委员会决定”文件内容示例

第三章 专利翻译项目管理流程

本书后文将通过具体实例详细解析机械类、电学类、生化类专利翻译中的重难点问题，以及如何进行译文校对与形式性质检，但所有这些翻译工作的顺利开展都需要基于一个前提：成功的翻译项目管理。

因为技术与法律双方面的高要求，专利申请文件需要历经翻译、一次校对（二次校对）、质检、制图等多道工序，一方面目的是提供符合技术逻辑性和因果关系的技术方案译文，以贴合于专利申请人所预期的保护范围；另一方面目的是遵循中国专利法、细则和审查指南的规定对译文进行适当调整，以符合行政和司法程序的要求。

为此，本章将对翻译项目管理展开论述，详细介绍专利翻译项目管理流程。

第一节 专利翻译项目管理的意义及流程

相对于一般的翻译项目而言，专利翻译通常是在封闭环境下进行的，其组成成员受到严格限定。从翻译人员、项目管理人员到校对人员，通常都是由专利代理事务所或律师事务所的全职员工、专利代理师或律师以及合伙人来担当，或者至少是由履行保密义务的长期供应商来承担相应角色。

专利翻译对时限管理有着远超普通翻译的要求，超出特定时限（法律规定或由行政部门指定的时限）就可能给专利申请人造成不可挽回的损失，因此专利翻译工作始终是以时限管理为核心主线来开展的。为了避免错过时限，就需要对翻译工作进行项目管理，形成内部协作与外部支持的项目管理体系，规范翻译流程及流程参与人员的职能分配，从而实现翻译项目的目标。

专利翻译项目管理的关键目的：

一、在预设的指定时限或专利申请的法定时限内高质量交付定稿。

二、提升专利翻译项目成员的综合能力。通过在项目实施过程中对项目成员进行有效管理，充分发挥成员的潜力和优势，并在项目实施过程中为成员技能发展创造机会，以提升成员的个人职业价值。

三、提升专利公司的市场美誉度，为专利公司创造更多的潜在商机。在提升专利翻译项目成员综合素质的同时，也提升了公司的整体实力和市场竞争力。项目管理通过控制项目成本及时间、有效调配项目资源、提升项目团队的生产效率等一系列专业的项目管理活动来实现经济效益最大化，保证公司的良性发展；项目管理通过把控项目成本及时间，将翻译项目保质保量地提交给客户，提高客户对项目乃至对公司整体服务的满意度，以达到共赢的效果。

在明确了翻译项目管理的意义之后，仍需定义翻译项目管理工作的人员和流程。首先，必须明确成功的专利翻译项目管理必然离不开一套科学的翻译项目管理流程。为了保证翻译项目能够准确、及时地完工，每个流程都会有自己详细的质量保证体系，在翻译过程的每一个环节中，都务必做到快速、严格、严谨。专利翻译项目的简化流程如下：

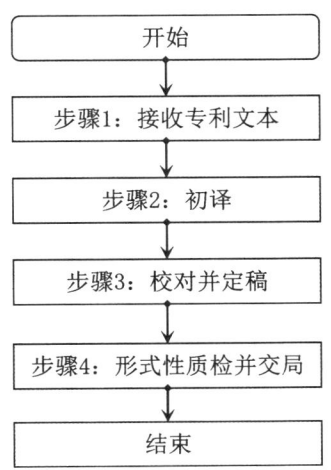

图 3.1　专利翻译项目简化流程

从上述简化流程图便可看出，专利翻译项目管理流程参与者至少包括译员及专利代理人，其实在实际的专利翻译项目管理过程中，所涉及人员并不只有译员及代理人，具体还包括质检员（QA）、译员1、译员2（可选）、技术制图员、专利代理师、部门主管等专利翻译流程参与者，如图3.2所示。

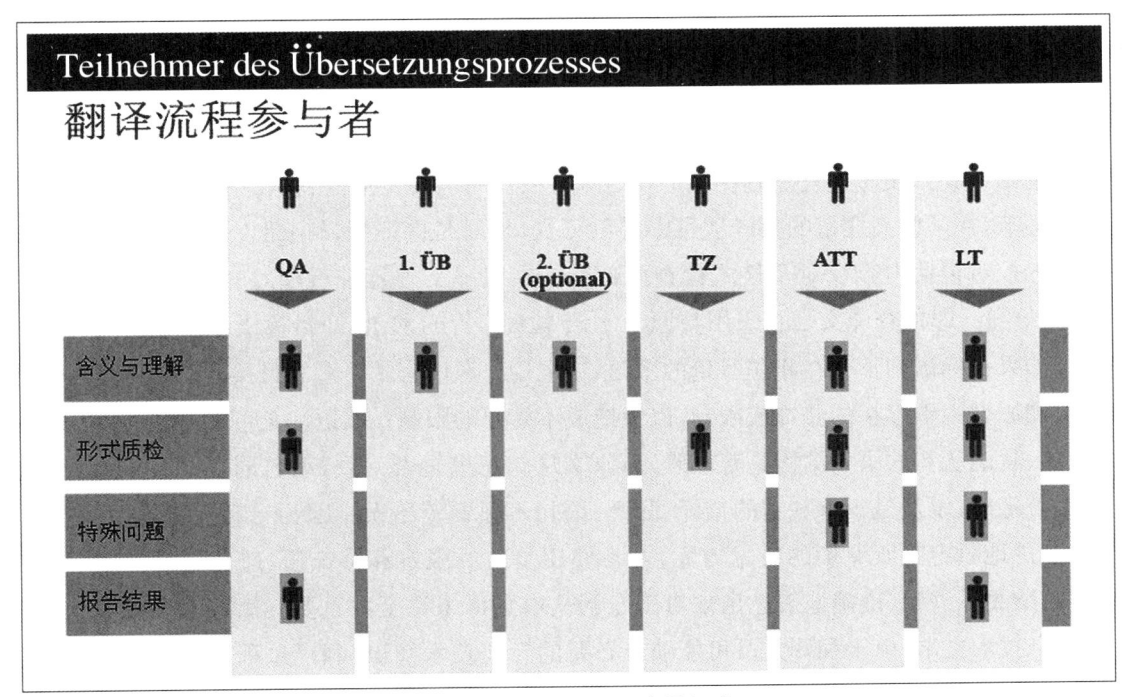

图 3.2　专利翻译项目人员组成

注：QA＝质检员；1. ÜB＝译员1；2. ÜB＝译员2；TZ＝技术制图员；ATT＝专利代理师；LT＝部门主管。

上述各流程参与者各司其职、协同合作，共同完成专利翻译项目，下文将对专利翻译项目管理流程各参与人员的具体职责展开详细介绍。其中部门主管（LT）和质检员（QA）最核心的任务是计算绝限并按最合理的作业时间窗口来分配工作。

质检员（QA），负责简化流程图中的步骤1和步骤4，即接收到翻译稿件后，首先进行项目管理，包括：根据最早的优先权日来计算绝限，确定稿件所属类型（PCT申请的国家阶段或者依照《巴黎公约》的中国申请)、翻译语种(是否存在英文参考文本)、作业类型(校对或翻译)、时限(指定时限和法定绝限)、提交的稿件形式(是否制作五书)等相关内容；其次,根据稿件所属类型及稿件所涉及的技术领域,由翻译部门选择具备稿件所涉及领域的专业知识背景、能够胜任翻译项目的译员；最后,将翻译稿件交至译员1,以便其进行翻译；最后在译文定稿后,对已定稿译文进行形式性质检,确认无误后提交给专利局(交局)。

译员(1.ÜB 或 2.ÜB)负责简化流程图中步骤2中的翻译(初译)。首先,译员需明确专利是法律文件,其对严肃性、严谨性和准确性有着极高的要求。专利文件是专利权人确权、维权的重要依据,因此译者需将专利原文本完整且准确地翻译出来,稍有不符,将会对专利权人的利益带来不可估量的损失。例如,如果出现错译、漏译,造成译文与原文内容不一致,则很可能会造成权利要求保护范围不清楚、权利要求范围与原文不一致,有时还会造成说明书公开不充分,导致专利权人权利受损,甚至造成专利申请被驳回甚至无效等严重后果。因此,译者在进行专利文本翻译时,应采用直译原则,使译文与原文保持一致,在分析、理解原文的基础上,按照原文逐字逐句、一对一地对原文进行翻译,最好达到彼得·纽马克的"字面翻译"的程度。本书第四章已经对专利翻译原则与方法进行了详细说明,故此处不再赘述。此外,由于专利翻译文本不仅包括文字部分,还包括附图部分,因此,译者进行专利原文翻译时,还需对附图中的文字进行翻译,并且保证附图文字翻译与专利说明书中相关文字翻译完全一致,即100%对应。

技术制图员(TZ)负责简化流程图中步骤2中的制图。译员在翻译完专利原文本的附图文字后,将附图文字及其译文整理汇总交付至技术制图员,以便其完成制图工作。技术制图员在接收到附图文字及其译文后,对照原文中的附图完成制图工作。对于PCT国际申请进入中国国家阶段的情况,译文附图必须与原文附图100%对应；对于《巴黎公约》的中国申请,则需要甄别附图中是否存在说明性文字内容,应与专利代理师协商确定附图文字的内容和位置。对于涉及计算机程序的流程图或代码截取内容以及对于序列表的节选段落,也需要与负责本案的专利代理师协商确定需要翻译的内容以及字体和位置。

专利代理师(ATT)负责简化流程图中的步骤3中的校对。在整个专利翻译项目流程中,校对是极关重要的一个环节,在一些高质量的翻译项目中必不可少,校对是保证翻译项目专业程度的重要步骤。专利翻译项目的校对包括内容校对及格式检查两部分。在对译文内容进行校对时,应从以下三个角度入手：一、术语角度。即检查译文是否采用与原文术语本意等价的术语,即目标语术语是否与源语言术语意义相同。如果目标语中不存在相应等价的术语,应采用与源语言术语意思最接近的表达。需特别注意不能随意增加原文中不存在的修饰或限定,以免造成不必要的限制；二、语法角度。即检查译文名词性从句、定语从句、状语从句的语句结构是否正确,与原文从句意思是否一致,动名词、分词、不定式的作用和修饰关系是否正确,以及是否有基本的错译、漏译、语句不通顺等错误。因为专利文本同时是技术文本,为了全面、清楚地限定其所保护的技术方案,常常使用复杂的限定和修饰语,造成专利文本语言晦涩难懂,将这些复杂关系清楚、准确地表达出来对于专利文本翻译来说至关重要；三、技术角度。上述提到专利文本同时是技术文本,由于翻译人员可能缺乏必要的专业技术知识,翻译过程中难免会出现语言表达不专业的问题。因而,需检查译文表达是否专业,包括专业术语表达、语言表达等是否与对应技术领域的表达方式相符。因此,此校对最好由负责代理本案的专利代理师来执行,当然也可由具备对应技术领域专业技术背景知识的专利从业人员进行,以避免译文表达与专业技术知识不符,进而提升译文的专业度。在进行格式检查时,主要检查译文字体、标点符号、大小写、是否需加粗,以及译文与原文数值范围是否一致、形式是否一致、段落数量是否一致等方面。

部门主管(LT)在整个专利翻译项目管理流程中发挥统筹安排作用,对时限负有不可推卸的绝对职责,其职责虽然包括对整个流程进行监控、掌握项目进度以及译文定稿等工作,但其核心工作就是确保专利申请文件能够在绝限之前以最高品质提交给专利局。专利代理师完成译文校对工作后，可以将校对稿交付给部门主管。部门主管根据原文对译文进行实质性检查，主要是审核译员对原文的技术方案理解是否有误、权利要求的译文覆盖范围是否与原文 100%一致以及附图及附图文字翻译是否有误等方面，尤其是审核独立权利要求的含义是否与原文一致。其中，在校对或定稿过程中，若对译文存疑，例如对某些术语的表达不确定、原文有歧义难以确定具体含义时，可与申请人或者外方专利代理事务所进行沟通协商。若申请人与译文校对人员一致认为需对译文进行修改，则由部门主管安排原译员对译文进行相应修改。最后，部门主管审核修改后的译文并定稿。

第二节　翻译流程

明确了专利翻译项目管理流程各参与人员的具体职责后，下面将对翻译流程展开详细介绍，如图 3.3 所示。

Übersetzungsprozess

翻译流程

步骤	任务	修订者					
		QA	1. ÜB	2. ÜB	TZ	ATT	LT
① 接收专利文本	将专利文本分配给特定译员	×				×	
② 初译为目标语言	将专利文本翻译为目标语言①③(可选用 Trados) 将附图中的文字翻译为目标语言并制图		×	×	×		
③ 校对	专利代理人进行校对(可选由2. 译员校对)			×	×	×	
④ 定稿	审核专利文本及附图					×	
⑤ 形式性质检并交局	对定稿译文进行形式性质检并交局	×					

图 3.3　专利翻译项目人员职责

注：QA＝质检员；1. ÜB＝译员 1；2. ÜB＝译员 2；TZ＝技术制图员；ATT＝专利代理师；LT＝部门主管。

由图 3.3 可知，翻译流程包括五个环节，具体为：

一、接收专利文件。这是部门主管(LT)和质检员(QA)在接收到原文后将原文分配给特定译员的过程。在该过程中，部门主管(LT)和质检员(QA)最核心的任务是计算绝限并按最合理的作业时间窗口来分配工作。

二、初译为目标语言。这是译员(1. ÜB 或 2. ÜB)根据质检员(QA)指定的时限将专利文本及附图中的文字翻译为目标语言，以及技术制图员根据附图译文制图的过程。此处要尤其检查翻译人员是否采用了翻译辅助工具(CAT-Tools)开展翻译工作。对于借助翻译辅助工具的翻译稿件，要额外增加至少两道人工校对程序：

（一）着重检查公式、字母、数字和标点符号，这是因为翻译辅助工具(CAT-Tools)将公式、字母、数字视为不可翻译的字段加以隐藏和锁定并强行进行断句，导致翻译人员经常面对个别单词但不知所云，自动导出的译文又交由计算机进行二次质检（没有技术方案的理解），其隐含的翻译风险巨大，必须额外反复检查；

（二）着重检查相似文本的全文译文，这是因为专利文本内部重复情况时有发生，而表达稍有差别的语句会被翻译辅助工具(CAT-Tools)视为相同或相似语句提示给翻译人员。但专利文本的核心往往就在这些细微差异之处，倘若将其统一化处理，往往会造成今后工作的障碍。而有经验的专利代理师一般不会把相似原文处理为相同译文，以留下今后相互对照修改或解释的依据。

三、译文校对。专利代理师（ATT）对初译稿进行校对，其中进行校对工作的专利代理师须熟谙目标语言，专利代理师负责本案的专利代理工作，也具备该领域知识背景，可以保证校对质量。具体校对内容在翻译流程参与者及其职责中已详述，此处不再赘述。

四、译文定稿。即部门主管（LT）审核专利文本、附图及其文字翻译，并于修改后定稿的过程。

五、形式性质检并交局。在上述所有工作完成后，质检员（QA）需对定稿五书，即权利要求书、说明书、说明书附图（由技术制图员另行完成）、说明书摘要、说明书摘要附图进行形式性质检并在确认无误后交局。其中，主要检查：

- 所采用的翻译文本是否为最终版本；
- 权利要求书：项数；一项一句号；数值及公式；
- 说明书：名称；段落数；组成部分；数值及公式；
- 说明书附图：数量；附图标记；编号位置；
- 说明书摘要：字数；
- 说明书摘要附图：一致性；无需编号；
- 对于PCT申请，是否存在国际阶段的修改和进入国家阶段的修改；
- 对于依据《巴黎公约》的中国申请，是否存在优先权文本，优先权文本与当前申请文本是否混淆。

具体包括：

（一）针对权利要求书，其项数需与原文一致；每项权利要求只能有一个句号；其数值及公式须与原文对应。

（二）针对说明书，《巴黎公约》的发明名称字数一般不得超过25个字，PCT国际申请的中国国家阶段不受此规定限制；说明书段落数须与原文一致；技术领域、背景技术、发明内容、附图说明、具体实施方式等部分须齐全；数值及公式须与原文对应。

（三）针对说明书附图，附图数量须与原文一致；同一页内的多张附图排版朝向一致；附图标记数量及位置须与原文一致；附图编号须位于附图正下方且朝向与相应附图一致。

（四）针对说明书摘要，《巴黎公约》的说明书摘要字数不得超过300字，PCT国际申请的中国国家阶段不受此规定限制。

（五）针对说明书摘要附图，说明书摘要附图应为说明书附图之一，因此需与其对应的说明书附图保持一致；摘要附图无需编号。

本节详细说明了专利翻译项目管理流程及其参与人员职责，从以上内容也可看出专利翻译项目管理流程较多，需要各流程所涉及人员紧密配合，保证在规定时限内高质量完成各环节任务。但在实际的操作过程中,所涉及的细节更多、注意事项更多,不同案例还往往具有特殊性,因此本章下一节将结合实际案例具体讲解专利翻译项目管理流程。

第三节　专利翻译项目管理案例

本章已对专利翻译项目管理的流程进行了详尽介绍,接下来将结合具体案例演示专利翻译项目管理的实际操作,并对其中的一些关键点进行讲解。

《专利合作条约》(德文 Vertrag über die Internationale Zusammenarbeit auf dem Gebiet des Patentwesens,英文 PCT：Patent Cooperation Treaty)是专利领域的一项国际合作条约,是跨国寻求专利保护的一种国际途径。如图 3.4 所示,PCT 申请分为国际阶段与国家阶段,国际阶段是在世界知识产权组织(WIPO：World Intellectual Property Organization)进行的,国家阶段则在相应的国家知识产权局进行。

PCT 进中国专利翻译项目管理

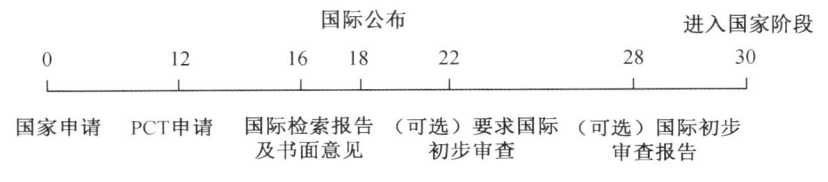

图 3.4　PCT 申请流程

下文将结合具体示例详细说明 PCT 申请进入中国国家阶段的专利翻译项目管理。对于依据《巴黎公约》向中国提出的专利申请,其管理流程除了要注意提供优先权文件首页的翻译之外,还需要注意在最早优先权之日起 12 个月内完成新申请的各项手续。除此之外,与 PCT 进入流程相似,本文不再赘述。

一、新申请指示函

无论是依据《巴黎公约》向中国申请专利,还是根据 PCT 条约进入中国国家阶段,专利申请工作始终是由外方(申请人或其指定的国外事务所)发起的,有时外方会直接提供已经翻译完毕的中文定稿,并指示中国专利事务所进行提交。下面举例给出典型情况,即需要由中国事务所独立完成翻译、校对、质检并进行专利提交工作的情况。

外方(申请人)指示函通常包括两个重要的方面：

(一) 时限

外方通常会指定一个时限,这一指定时限是该专利申请须提交给专利局的最后时限。有时,外方只是简单说请在到期日前完成专利提交工作。该到期日也就是专利行业常说的法定绝限：优先权日起 12 个月的对应日或自 PCT 国际申请最早优先权日起的第 30 个月的对应日。

指定时限和法定时限是事务所完成全部工作的最后日期,翻译工作最迟也要提前三天完成,因为校对、质检以及提交前的手续文件准备都还需要大量细致工作。

(二) 文件

随外方指示函通常会一并提供拟向中国申请专利的全部文本和手续文件,包括:申请文件、优先权文件副本或国际公布文本、附图、主动修改、国际阶段的变更手续文件(例如包括发明人或申请人变更的手续文件、优先权文件转让协议和手续)以及与本申请相关的对比文件。

此处需要注意:①对于《巴黎公约》的普通中国申请而言,翻译文本应以当事人提供的申请文件为准;②对于PCT国际申请而言,翻译文本应以国际局公布文本为准,需要修改的,则要额外制作修改标记页和替换页并准备相应的修改说明。

＃＃＃＃＃示例性的外方指示函＃＃＃＃＃
New National Phase Patent Application in China
based on International Patent Application No. PCT/DE2020/10XX79
"Mustersystem"
Applicant:Musterkunde GmbH
Your Ref.:please advise
Our Ref.:274XX-PT-WOCN

30-month deadline:June 20,2022

Dear Sirs,

Attached to this e-mail you will find our order for a new national phase patent application in China. Please file a request for examination with filing. / Please note our special remarks in the attached order letter.

Please confirm safe receipt of our instructions. Thank you.

Very truly yours

Assistant

for

Ebel Müller
Patentanwalt
European Patent,Trademark
and Design Attorney
EDE PATENT & PARTNER mbB

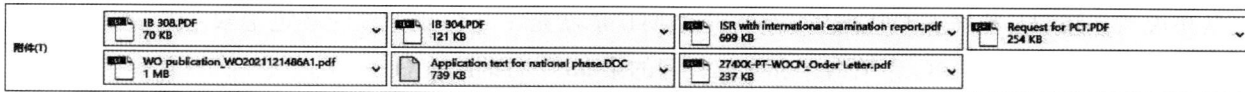

图3.5　文件示例

Attachment 1_IB 308.pdf
Attachment 2_IB 304.pdf
Attachment 3_ISR with international examination report.pdf
Attachment 4_Request for PCT.pdf
Attachment 5_WO publication_WO2021121486A1.pdf
Attachment 6_Application text for national phase.DOC
Attachment 7_274XX-PT-WOCN_Order Letter.pdf

在此示例性外方指示函的附件中,随附了多项必要关键文件以及 PCT 申请在国际阶段产生的表格。

首先,从函件正文中确定与时限相关的必要信息,在此函中为外方指定的"June 20,2022"。这里要特别小心的是,外方给出的时限有时极为紧迫,需要项目管理人员合理利用 PCT 进入中国国家阶段的 32 个月宽限期规则,同时需要项目管理人员以最快速度重新协商确定指定时限,而后再开始作业;另外,由于中国时区处于东八区,出于时差原因,有时收到的作业指示给出的指定时限本已经超期。对于时限不正常的作业指示,都需要项目管理人员在安排作业之前就先与外方进行妥善沟通。始终应当将时限管理视为专利翻译的核心管理目标。

另外,从函件正文中还能看到诸如提出实质审查请求这样的涉及专利程序的工作,这些虽然不是翻译部门需要注意的细节,但项目管理人员应当给流程部加以备注,提醒质检部门注意最终提交时的手续完整性。

其次,快速浏览七份附件并分类:

(一)重要的作业文件

1. 国际公布文本(Attachment 5_WO publication_WO2021121486A1.pdf)

2. 拟向中国提出的专利申请文本正文及附图(Attachment 6_Application text for national phase.DOC)

(二)重要的指示或手续性文件(下文详述)

1. 外方指示函(Attachment 7_274XX-PT-WOCN_Order Letter.pdf);

2. 委托书(Power of Attorney),缺失。

(三)其他无关紧要的手续性文件或参考文件

国际局的各类中间文件和检索报告:

Attachment 1_IB 308.pdf

Attachment 2_IB 304.pdf

Attachment 3_ISR with international examination report.pdf

Attachment 4_Request for PCT.pdf

二、根据新申请指示函制作确收函(回函)

在外方开展从国外进入中国的专利申请时,国外申请人必须委托中国专利代理机构办理相关工作。通常情况下,国外申请人会通过国外的专利代理机构来与中国国内的专利代理机构进行联络。在这种情况下,国外进中国的专利新申请本质上是通过国内外专利代理机构之间的沟通协作来开展的。当然，有的国外申请人也会直接委托中国专利代理机构开展从国外进中国的专利新申请。为凸显双方法律关系，此处将国外申请人或国外的专利代理机构统称为"委托方"，将中国专利代理机构统称为"受托方"。

待委托方确认专利新申请的意向后，会向受托方发送指示函，以上展示了新申请指示函的示例。通过阅读指示函，能够掌握与新申请相关的关键信息，如专利名称、申请人、委托方案号、申请绝限等；并指明特殊的申请要求，有时也会在附件中予以列明；同时随函附上完整的新申请相关文件，包括新申请原文文本、Order Letter 和其他流程性文件。受托方的项目管理部门（LT 或 QA）在阅读函件之后，需要让外方予以确认，即确认接受此项委托，尤其是确认时限并确认文件版本和完整性。为此，需要受托方的项目管理部门（LT 或 QA）掌握 Order Letter 的常见内容。

以附件形式发送的 Order Letter 通常包括两部分，一部分为信函，信函内容与上述新申请指示函的内容大致相似，故不再赘述；另一更重要的部分为 Order Sheet/Data Sheet，它是一份列出新申请著录信息、优先权信息、附件信息和特殊指示的表格，如图 3.6 所示。

Order for:	National Phase of PCT/DE2020/10XXXX Publication No.: WO 2021/XXXXX
Duration:	Maximum
Country:	CHINA
Applicant/ Assignee:	Musterkunde GmbH Musterstr. XXX PLZ XXX Germany
Inventor(s):	Hans Müller Musterstr. XXX PLZ XXX Germany Nationality: German Anna Hoffmann Musterstr. XXX PLZ XXX Germany
Entity Status:	Large entity
German Title:	Mustersystem
International Filing Date:	December 18, 2020
Priority:	German patent application no. 10 2019 1XX 6XX.6; filed on December 20, 2019
Papers for- warded:	• Originally filed application text with filing request • International search report with international examination report • Copy of Notice under PCT Rule 47.1 • Copy of Notification concerning submission or transmittal of priority document (form PCT/IB304) • WO publication
Attention:	*Please file this application on June 20, 2022 at the very latest.*
Remarks:	• Please file a request for examination with filing. • Should you need further information, kindly advise immediately. • Please acknowledge safe receipt of this order.

图 3.6　新申请指示函示例

受托方在收到委托方发来的新申请指示函后,需要尽快作出响应,交由流程部完成立案手续并发出新申请确收函,表明收到新申请指示并确认会在规定时限内完成新申请交局,如有需要申请人签字/盖章的流程性文件也要随函附上。以下为新申请确收函的一个示例。

＃＃＃＃＃示例性的确收函＃＃＃＃＃

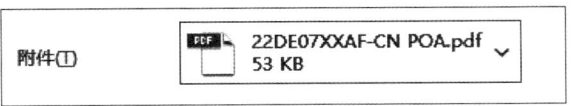

图 3.7 确收函文件示例

Attachment 1_22DE07XXAF-CN POA.pdf

Re：New Chinese National Stage Patent Application based on International Patent Application No. PCT/DE2020/10XX79
Entitled："Mustersystem"
Your Ref.：274XX-PT-WOCN
Our Ref.：22DE07XXAF-CN

Dear Colleagues,

We acknowledge receipt of your letter of June 15, 2022 and the enclosed application documents. Thank you very much for entrusting us to file the above - identified application in China.

Together with your instruction letter, we have received the following documents:

* WO Publication in PDF
* Order Letter
* Application Text in WORD
* IB 304
* IB 308
* Request for PCT
* ISR with international examination report

The 30-month deadline for this application is due on June 20, 2022. However, the remaining time is not enough for us to prepare the application.

Therefore, it is recommended that your client choose later entering Chinese national phase option. If you decide to use this later entering option, then the new deadline becomes August 20, 2022.

We received with thanks your instruction on filing the Request for Substantive Examination. We will file the Request for Substantive Examination together with filing the Application.

Additionally, please have the applicant sign and date the Power of Attorney and send us a scanned copy of the executed POA. You should carefully preserve the original, signed formal paper in a safe place because CNIPA may request the original paper in case of blurred image of the scanned copy.

Please quote our reference number 22DE07XXAF-CN in all future correspondence concerning this case.

If you have any questions, please do not hesitate to contact us.

Very truly yours,

Patent Paralegal

On behalf of SAN ZHANG（Mr.）
Chinese Patent Attorney
Managing Partner
_____

某某知识产权代理有限公司

　　一封完整有效的新申请确收函需要包含以下内容：
　　首先，确认收到委托方的新申请指示函及其附件，列出附件名以方便对方核实其完整性。
　　其次，确认新申请的提交时限。如可以在委托方指定时限之前完成，则可直接确认；如无法在委托方指定时限之前完成，则需与委托方协调延长时限。考虑到专利新申请的准备工作包括专利文本的翻译校对、专利附图的制作审核以及其他流程性文件的准备，一件专利新申请的准备周期一般在1至2个月。在上述示例中，委托方在2022年6月15日发来新申请指示，而新申请的绝限为2022年6月20日，仅仅5天的时间要准备好新申请交局是非常仓促的。所以，受托方在确收函中建议将时限后延，并告知延期后的时限。
　　再次，确认委托方的特殊指示。针对不同申请人的不同新申请，委托方可能会有不同的特殊指示。所以受托方在收到新申请指示函后，要特别留意其中是否有特殊指示，如有，则需在新申请确收函中予以响应。在上述示例中，委托方指示在提交新申请的同时向国家知识产权局（CNIPA）提交实质审查请求，受托方也在新申请确收函中进行了确认。
　　随后，说明有待申请人签字的文件并随函附上。对于专利新申请而言，需要申请人签字的文件通常为专利代理委托书（Power of Attorney，简称POA）。POA的作用是表明申请人委托专利代理机构代为办理相关专利新申请的提交及后续事宜，需要委托方（指专利申请人）和受托方签字/盖章后才有效，是需要向CNIPA提交的流程性文件。
　　最后，写明受托方的案号。案号是专利代理机构内部针对各个专利新申请所设定的一串序号，每个代理机构的立案规则并不相同,但其目的都是为了方便案件处理、案情沟通和档案管理。借助案号能够迅速地定位到具体的某个案件,不易造成混淆。所以,在专利新申请的准备之初,委托方和受托方都会立案并告知对方自己的案号,并约定在今后的函件往来中列明双方案号。

三、内部流程启动函

受托方在向委托方发送新申请确收函后,需要向内部相关作业人员发送一封内部流程启动函,这样,专利新申请的各项准备工作随即正式启动。

我方案号:22DE07XXAF-CN

外方案号:274XX-PT-WOCN

专利名称:Mustersystem

优先权:2019/12/20;DE 10 2019 1XX 6XX.6

PCT 号:PCT/DE2020/10XX79

原始文本:德语

申请人:Musterkunde GmbH

申请类型:发明;PCT 进中国

特殊事项:32 个月宽限进入;提实审;待签 POA

翻译部、专利部、流程部:

大家好,请安排制图、五书、CPC 文件等事宜,谢谢!

制图内部时限:2022/6/24

五书内部时限:2022/7/11

CPC 内部时限:2022/7/13

缴费内部时限:2022/7/15

绝限:2022/8/20(周六)

  在内部流程启动函中,首先应注明专利新申请的各种关键信息,也应将特殊事项重点标出,比如有关时限调整、委托方特殊指示、待准备流程性文件的内容。

  关于"32 个月宽限进入"的说明:示例中的专利新申请是通过 PCT 条约从国外进中国的,PCT 条约规定申请人可以自优先权之日起 30 个月内进入国家阶段,优先权的概念可以简单理解为申请人就相同主题第一次提出专利申请。而在通过 PCT 途径进入中国的时候,如果无法满足 30 个月的期限,则可以选择"32 个月宽限进入",需要缴纳额外官费来获得两个月的宽限期。示例中的专利新申请的优先权日为 2019 年 12 月 20 日,30 个月期限为 2022 年 6 月 20 日,因为要延期两个月,所以最终的新申请提交绝限为 2022 年 8 月 20 日。

  除此以外,内部流程启动函中还应设定专利新申请准备工作各个节点的内部作业时限。所涉及的工作节点有制图、五书、CPC、缴费等,整个准备周期一般在一个月左右,如果遇到申请文本较长或者附图较为复杂的情况，则可相应调整内部作业时限。

"制图"——根据新申请原文中的附图文件制作符合 CNIPA 交局要求的中文附图，通常包括说明书附图和摘要附图，作业内容较为简单故而排在第一个工作节点，由技术制图员负责；

"五书"——专利新申请文本包括权利要求书、说明书、说明书附图、说明书摘要和摘要附图五个部分，故而称作五书，是整个新申请准备过程中最为复杂的作业节点，由专利部和翻译部共同负责；

"CPC"——待专利新申请文本和流程性文件准备齐全后，通过专利电子申请客户端（简称 CPC）向 CNIPA 提交专利新申请，由流程部负责；

"缴费"——向 CNIPA 缴纳专利新申请的各项官费，可与新申请提交同日进行，也可提前或稍后，但不能超过新申请绝限，由流程部负责。

四、完成制图

在收到内部流程启动函后，受托方的技术制图员开始准备中文附图。制图员应具备基本的图片编辑技能，并熟悉 CNIPA 对于专利新申请附图的提交要求，避免在新申请交局后由于附图中的形式缺陷导致下发补正官文，延长专利申请的周期。如果原始附图中不含附图文字，则制图员可独立完成附图制作；如果原始附图中含有附图文字，则首先需由翻译部和专利部共同完成附图文字的翻译和定稿，再由制图员进行附图制作。

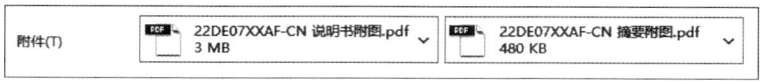

图 3.8　专利附图文件示例

Attachment 1_22DE07XXAF-CN 说明书附图.pdf
Attachment 2_22DE07XXAF-CN 摘要附图.pdf

我方案号：22DE07XXAF-CN
外方案号：274XX-PT-WOCN
反馈时限：2022/6/24

您好，

附件为题述专利新申请的中文附图，请查收审核，谢谢。

XX 制图员

在完成制图后，技术制图员应将附图文件通过邮件发送给负责审核附图的作业人员。邮件中应简单列明专利新申请的基本信息，并指定反馈时限，该时限应与内部流程启动函中设定的制图内部时限一致。

五、完成初翻稿

图 3.9　初翻稿文件示例

Attachment 1_22DE07XXAF-CN 初翻稿.docx

我方案号：22DE07XXAF-CN

外方案号：274XX-PT-WOCN

字数：6773

提交时限：2022/7/6

您好，

附件为题述专利新申请的中文初翻稿，请查收校对，谢谢。

在收到内部流程启动函后，受托方的翻译部开始专利新申请文本的翻译工作。负责初翻的译员应熟悉专利文献的格式、措辞与风格，对源语言与目标语言都具备母语人士级别的熟悉度，且具有一定的理工科知识储备。在进行专利新申请文本的初翻时，首先应确定专利文本中常见术语的译文，随后再按照说明书→权利要求书→说明书摘要的顺序开始全文的翻译，同时要结合附图来整理文本内容。

在完成初翻后，初翻译员应将初翻稿文件通过邮件发送给负责校对的作业人员。邮件中应简单列明专利新申请的基本信息，并指定校对稿的提交时限，该时限应稍早于内部流程启动函中设定的五书内部时限。

六、完成校对稿

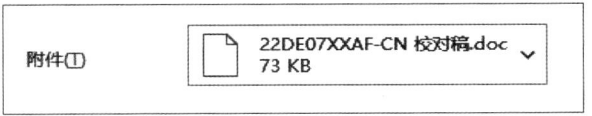

图 3.10　校对稿文件示例

Attachment 1_22DE07XXAF-CN 校对稿.docx

我方案号：22DE07XXAF-CN

外方案号：274XX-PT-WOCN

字数：6773

提交时限：2022/7/11

您好，

附件为题述专利新申请的中文校对稿（带修订标记），请查收定稿，谢谢。

另注：权利要求书中有三处原文标记错误，已标黄。

在收到初翻稿文件后，受托方负责校对的作业人员开始专利新申请文本的校对工作。负责校对的作业人员除了应具备与负责初翻的译员同样的专业能力以外，在理工科知识方面，还应具有更加深入透彻的理解。因此，专利新申请文本的校对工作一般由专利部具有语言背景的专利代理人负责，或者由翻译部具有扎实理工科知识的译员负责。在进行专利新申请文本的校对时，应注意检查是否存在术语定词错误、文本误译或漏译、符号误用、错别字等问题，其中，要着重判断是否存在由于对技术方案的理解不当而造成的翻译错误。此外，校对过程中不宜直接对初翻稿进行修改，而应带修订标记修改，使删减、添加、更改都一目了然，便于后续的定稿处理。

在完成校对后，校对员应将校对稿文件通过邮件发送给负责定稿的作业人员。邮件中应简单列明专利新申请的基本信息，并指定定稿五书的提交时限，该时限应与内部流程启动函中设定的五书内部时限一致。如果校对员在作业过程中发现一些问题，比如原文错误或者自己不确定应如何修改的内容，也应在校对稿文件中予以标出，并在邮件中进行相应说明。

校对过程中如对原文存疑，需发送邮件向委托方确认，以下为邮件示例：
During the preparation of the captioned application, we realized that some parts of the original application text are not clear enough to us. We would ask you to kindly answer the questions listed below, which are asked by our patent translator and attorney.

1.1 In the following passage, it is to be clarified whether the "remotely" refers to "deactivating" or both of "activating and deactivating". The same words are repeatedly provided in claims and description.

The invention relates to a safety switch actuation device for activating and remotely deactivating the pushbutton switch according to the generic term of claim 1.

1.2 According to our understanding, "remotely" in claim 1 could also refer to "keeping". Please let us have your opinion about it.

[Claim 1] Safety switch actuation device (1) for keeping the pushbutton switch (2) activated and deactivated remotely,

2. The meaning of "external probing" in claim 1 is to be clarified urgently.

3. The feature "the plunger (3) engages through the activation spring (17)" in Claim 10 needs to be clarified. We suppose that this feature means that "the plunger (3) passes through the activation spring (17)" and kindly ask for your confirmation.

4. The term "spring bias" in Claim 10 is inconsistent with the term "spring preload" in the description. In our opinion, "spring preload" is an accurate expression and could be translated into Chinese without causing misunderstanding, while there is not an accurate Chinese technical expression corresponding to "

spring bias". It is suggested to translate "spring bias" as "spring preload".

5. The feature "the activation spring incorporates substantially all, or at least most, of the magnetic coupling" in the description needs to be clarified. It is supposed that "incorporate" in this context means "surround" or "embrace". Please confirm whether this understanding is correct.

七、完成定稿五书

在收到校对稿文件后,受托方负责定稿的作业人员开始专利新申请文本的定稿工作。定稿工作属于专利新申请文本翻译工作的最后一个关卡,尤为重要,一般由专利部主管负责。在进行专利新申请文本的定稿时,应注意判断校对稿中对译文进行的修订是否必要和正确,对于认可的修订应予以接受,对于不认可的修订应予以拒绝。此外,也应确认是否存在校对员未改出的译文错误,如有,应带修订标记进行修改,检查之后再一同接受修订。

图 3.11　定稿五书文件示例

Attachment 1_22DE07XXAF-CN 权利要求书.pdf
Attachment 2_22DE07XXAF-CN 说明书.pdf
Attachment 3_22DE07XXAF-CN 说明书附图.pdf
Attachment 4_22DE07XXAF-CN 说明书摘要.pdf
Attachment 5_22DE07XXAF-CN 摘要附图.pdf
Attachment 6_22DE07XXAF-CN 定稿.doc

我方案号:22DE07XXAF-CN
外方案号:274XX-PT-WOCN
提交时限:2022/7/13

您好,

附件为题述专利新申请的中文定稿五书,请查收制作 CPC 文件,谢谢。

在提交报告中请附言:

权 9 的"Vorrichtungsansprüche"被修改为"Verfahrensansprüche",修订了明显的打字错误。

另请安排本案形式质检和官费缴纳事宜,谢谢。

专利部

在完成定稿后，定稿员应将定稿文件制成五书，并通过邮件发送至负责制作 CPC 文件的作业人员。邮件中应简单列明专利新申请的基本信息，并指定 CPC 文件的提交时限，该时限应与内部流程启动函中设定的 CPC 内部时限一致。如有需要向客户补充报告的特殊工作内容，也应在邮件中进行说明。此外，还应在邮件中指示进行形式质检和官费缴纳。

八、CPC 文件与形式质检

图 3.12　CPC 文件示例

Attachment 1_22DE07XXAF-CN CPC 文件.zip

我方案号：22DE07XXAF-CN
外方案号：274XX-PT-WOCN
反馈时限：2022/7/13

您好，

附件为题述专利新申请的 CPC 文件，请查收审核，谢谢。

流程部

在收到新申请的定稿五书文件后，受托方的流程部开始制作 CPC 文件。在制作 CPC 文件前，应先检查确认新申请交局所必需的文件是否齐全，即五书和必要的流程性文件。委托书并非必须在新申请交局的同时提交，也可以在交局之后进行补交，因此如果五书已准备好而委托方尚未返回由申请人签字的委托书文件，也可以准备 CPC 文件进行交局。除此以外，还应确认客户是否有特殊的交局指示，例如委托方指示在提交新申请的同时提交实质审查请求，那就应该准备实质审查请求书。有关 CPC 文件的介绍请见后文"CPC 文件组成"小节内容。

在制作好 CPC 文件后，相关的流程部作业人员应通过邮件将其发送给负责审核 CPC 文件的作业人员。邮件中应简单列明专利新申请的基本信息，并指定反馈时限，该时限应与内部流程启动函中设定的 CPC 内部时限一致。

我方案号：22DE07XXAF-CN
外方案号：274XX-PT-WOCN
提交时限：2022/7/13

您好，

题述专利新申请的 CPC 文件审核无误,请安排提交,谢谢。

另注:已进行形式质检,未发现问题。

专利部

CPC 文件制作好后,需要对其进行审核,对定稿五书的形式性质检可以同步进行,这两项工作可由同一作业人员进行,一般还是由流程部负责。

审核 CPC 文件,主要是看其中文件的一致性与合规性,以及信息的正确性(新申请文件是否与定稿五书一致,不可张冠李戴);流程性文件(比如委托书)是否有签字/盖章,需要符合 CNIPA 的规定;必要的流程性文件(比如实质审查请求书)是否齐全;此外,CPC 文件中所填的新申请相关信息,比如申请人名称及所在国、发明人姓名及国籍等,应与委托方提供的信息一致。

有关定稿五书的形式性质检,后文将有详细说明,故在此不再赘述。

在完成 CPC 文件审核和定稿五书形式性质检后,相关的流程部作业人员应通过邮件进行反馈。如有发现问题,则应在邮件中清楚列明;如未发现问题,则可指示提交新申请。邮件中应简单列明专利新申请的基本信息,并指定提交时限,该时限应与内部流程启动函中设定的 CPC 内部时限一致。

九、缴纳官费

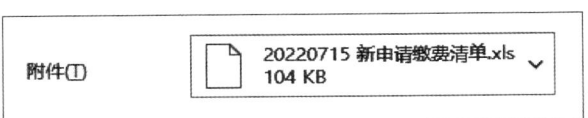

图 3.13　缴纳官费文件示例

Attachment 1_20220715 新申请缴费清单.xls

我方案号:22DE07XXAF-CN
外方案号:274XX-PT-WOCN
反馈时限:2022/7/15

您好,

附件为题述专利新申请的缴费清单,请查收审核,谢谢!

我方案号	申请号	申请人	官方绝限	事项	金额	缴费日期
22DE07XXAF-CN	PCT/DE2020/10XX79	Musterkunde GmbH	2022/8/20	申请费+实审费+宽限费	¥4,780.00	2022/7/15

CPC 文件制作好后,便可开始准备官费缴纳事宜,相关工作同样是由流程部负责。官费缴纳工作的

大概流程为：准备缴费清单→审核缴费清单→缴纳官费。缴费清单中应列明案件信息、缴费绝限、缴费日期、缴费事项和金额等。

待缴费清单准备好后，相关的流程部作业人员应通过邮件将其发送至负责审核缴费清单的作业人员。为方便审核，可将缴费清单内容截图放在邮件正文中。邮件中应简单列明专利新申请的基本信息，并指定反馈时限，该时限应与内部流程启动函中设定的缴费内部时限一致。

提交 CPC 文件和缴纳新申请官费是向 CNIPA 提交专利新申请必须满足的两个条件，缺一不可，且这两件事都必须在新申请绝限内完成，不可延后进行。

十、新申请提交报告

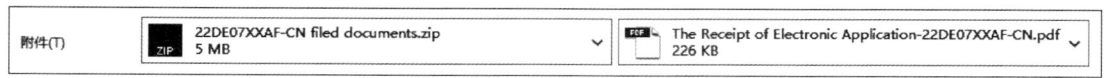

图 3.14　新申请提交报告文件示例

Attachment 1_22DE07XXAF-CN filed documents.zip
Attachment 2_The Receipt of Electronic Application-22DE07XXAF-CN.pdf

Re：Filing report on New Chinese National Stage Patent Application based on International Patent Application No. PCT/DE2020/10XX79
Entitled："Mustersystem"
Your Ref.：274XX-PT-WOCN
Our Ref.：22DE07XXAF-CN

Dear Sirs,

We are pleased to report to you that the above-identified Patent Application was filed with China National Intellectual Property Administration (CNIPA) on July 15, 2022.

In accordance with your instruction, we also filed a request for substantive examination at the same time.

Enclosed please find the application documents as filed, the Official Filing Receipt, the English translation of the relevant forms.

Please kindly be noted that we have adjusted "Vorrichtungsansprüche" in Claim 9 to "Verfahrensansprüche" when preparing the Chinese application text, so as to remedy an obvious typing error.

We will keep you duly informed of any development in the prosecution of this application. If you have any questions, please do not hesitate to contact us.

Very truly yours,

Patent Paralegal

On behalf of SAN ZHANG (Mr.)
Chinese Patent Attorney
Managing Partner
_____
XXX 知识产权代理有限公司

在完成新申请文件交局和新申请官费缴纳后，受托方需要向委托方发送新申请提交报告，告知已完成新申请交局。至此，一件专利新申请的提交工作才算作正式完成。

在新申请提交报告的正文中，应说明新申请交局日期；确认已完成委托方的特殊指示，如已提交实质审查请求；补充说明特殊工作内容，如修正了申请文本或附图中较为明显的错误，以符合 CNIPA 的形式要求；告知待办事项及相关时限，如未提交实质审查请求，应在优先权之日起 3 年内提交实审请求，否则专利申请将视为撤回；告知待补交的流程性文件及补交时限，如 POA 文件可在新申请提交之日起两个月内主动补交。在新申请准备过程中如有发现其他问题，也应在新申请提交报告中一并告知委托方。

在新申请提交报告的附件中，应包含提交至 CNIPA 的所有新申请交局文件、新申请交局回执及其英文翻译，以便委托方确认新申请已成功提交并留存归档。

十一、PCT 途径进入中国国家阶段发明/实用新型专利新申请的 CPC 文件组成

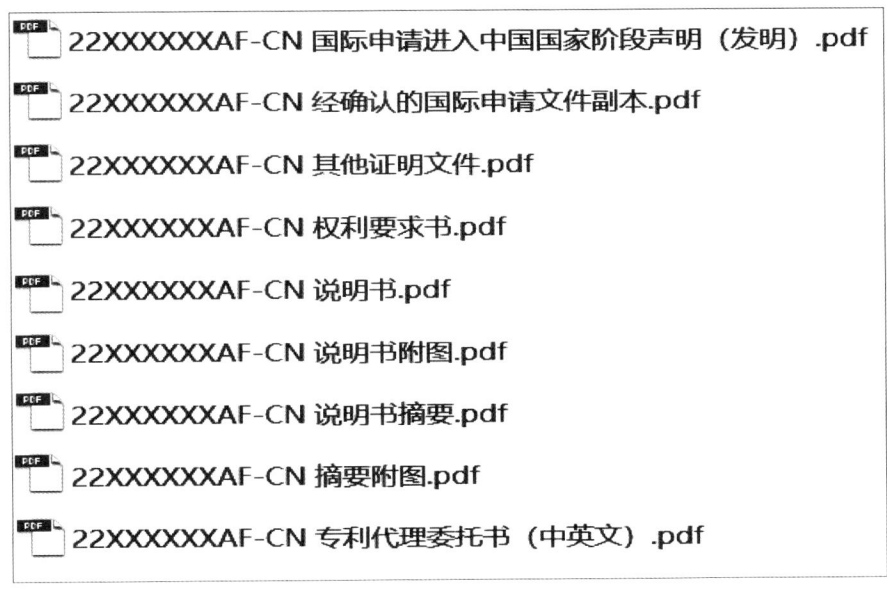

图 3.15　CPC 文件组成示例

（一）基本介绍

权利要求书，Patentansprüche（发明）/Schutzansprüche（实用新型）；

说明书，Beschreibung；

说明书附图，Figuren；

说明书摘要，Zusammenfassung；

摘要附图，Figuren der Zusammenfassung；

经确认的国际申请文件副本，即 PCT 申请的国际公开文本；

其他证明文件，PCT 申请在国际阶段产生的一些表格，如 237 表、210 表、306 表（如有）等；

专利代理委托书，用于证明委托方与受托方之间的委托关系；

实质审查请求书，用于向 CNIPA 提交实质审查请求；

国际申请进入中国国家阶段声明，也叫作请求书，其中会列明新申请相关的所有信息。

（二）专利代理委托书或总委托书

图 3.16　专利代理委托书示例（中文版本）

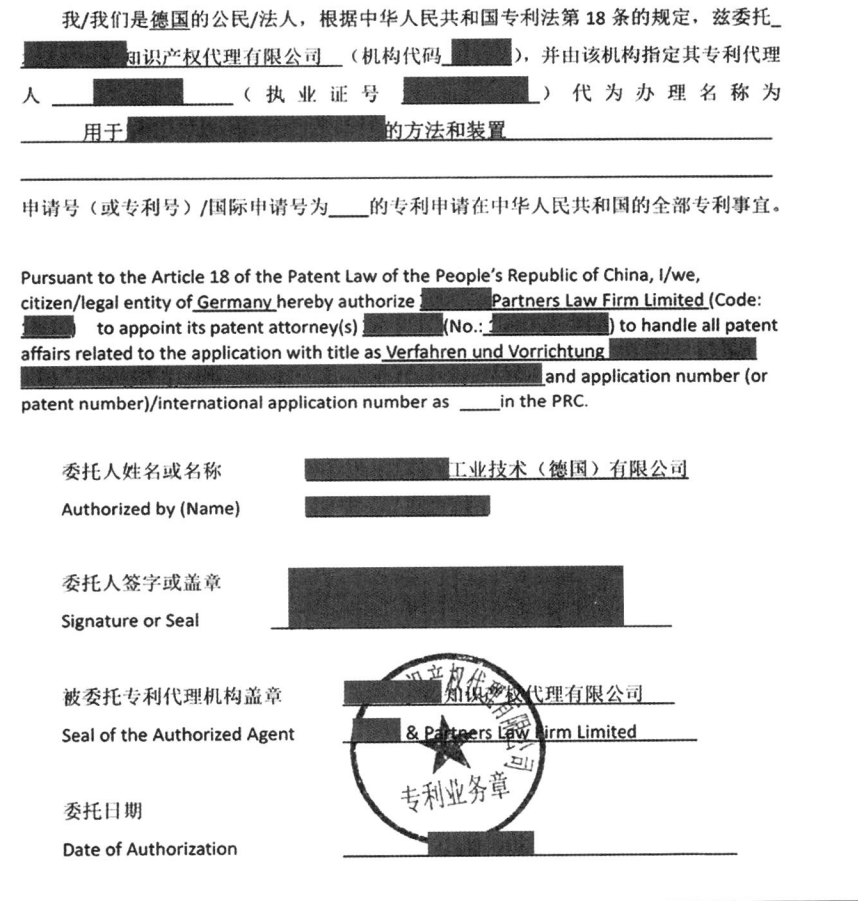

图 3.17　专利代理委托书示例(英文版本)

　　如上所示,CPC 文件中的专利代理委托书其实一共包含两份文件。一份是填写专利代理委托信息的文件,其中需要填写代理机构、代理人、专利申请名称、委托人与被委托人的相关信息;另一份则是已签字专利代理委托书的扫描文件,由于申请人来自国外,所以需要填写委托方、受托方、专利申请相关的中英文信息,并由委托方签字/盖章、受托方盖章后再扫描上传。申请人是个人的,委托书应当由申请人签字或者盖章;申请人是单位的,应当加盖单位公章,同时也可以附上其法定代表人的签字或者盖章;申请人有两个以上的,应当由全体申请人签字或者盖章。此外,委托书还应当由专利代理机构加盖公章。需注意,两份文件所含信息必须一一对应、彼此一致。

如是在进入中国国家阶段(确定申请号)后再向 CNIPA 提交委托书,则除了以上内容外,还需在两份文件中注明专利申请的申请号信息。

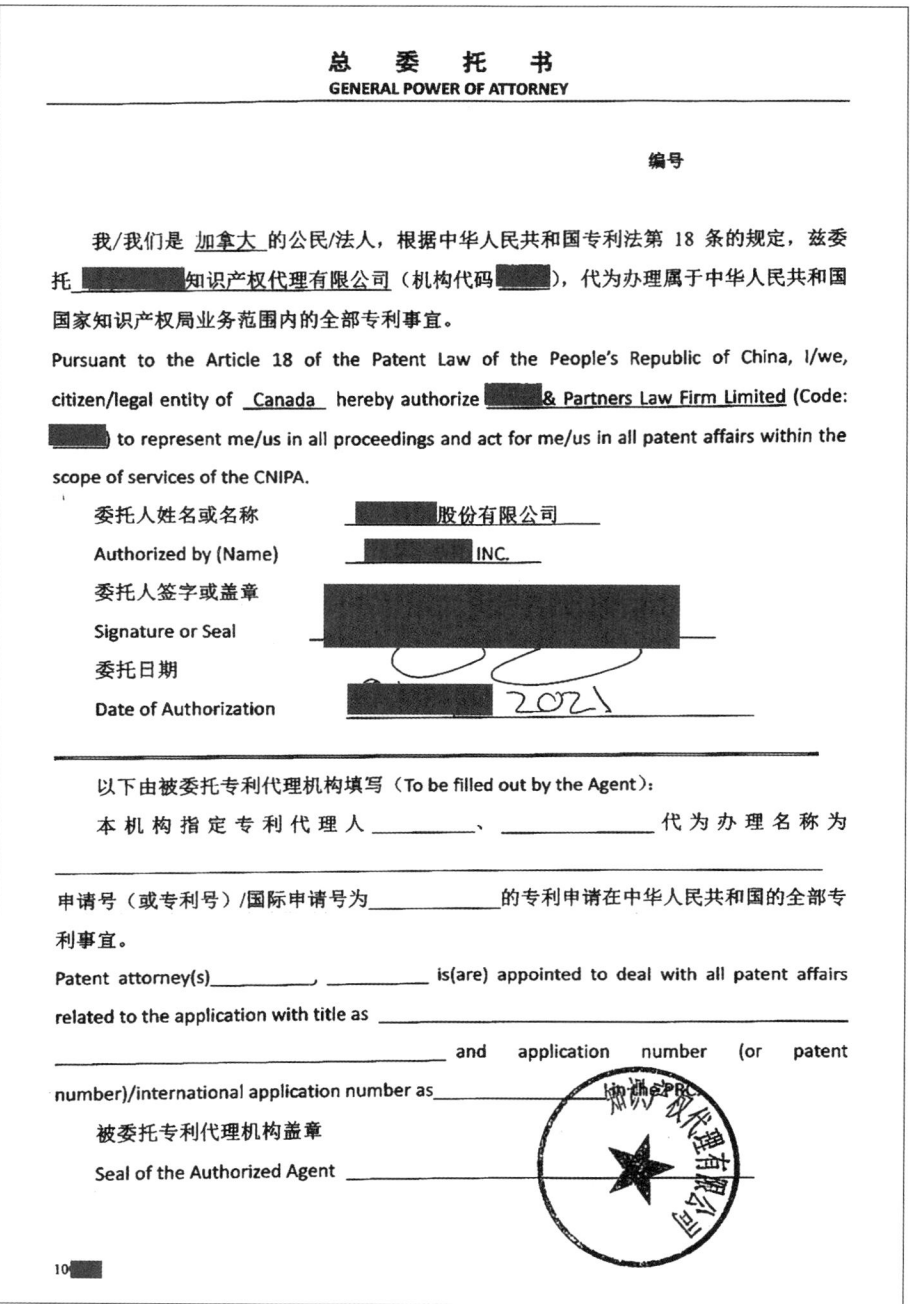

图 3.18　专利代理总委托书示例

除了常规的专利代理委托书以外,委托方与受托方之间还可以签署总委托书。总委托书的填写方式与专利代理委托书无异,不过在委托方签字/盖章、受托方盖章后,除了需要将其电子扫描件提交至 CNIPA 以外,还需要将其纸质原件提交至国家知识产权局,以此提交总委托书的备案请求。国家知识产权局会审查备案请求,审查同意后会发送备案回执并给出相应的总委备案编号(ZW + XXXXXXXXXX)。

完成总委备案后,同一申请人再委托同一专利代理机构提交专利新申请时,可以不再提交单独的专利委托书,注明总委托书编号即可。

（三）实质审查请求书

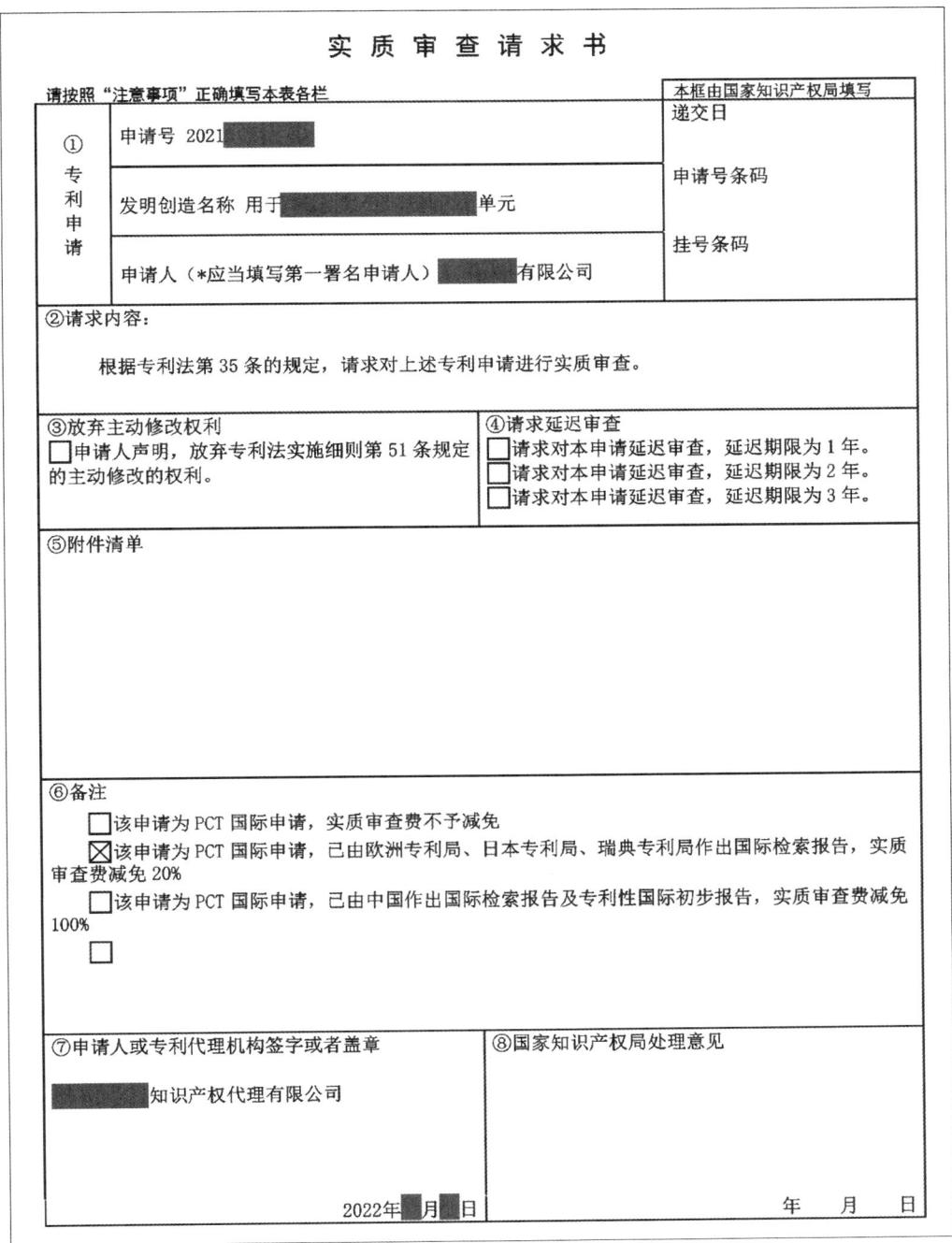

图 3.19　实质审查请求书

如是在进入中国国家阶段的同时向 CNIPA 提交实质审查请求,则需在实质审查请求书中填写专利申请名称、第一申请人的相关信息;写明关于请求实质审查的内容;并根据实际情况在实质审查费用减免部分进行勾选,即如果 PCT 国际申请已由欧洲专利局、日本专利局、瑞典专利局作出国际检索报告,则实质审查费用会减免 20%(为 2 000 元);如果 PCT 国际申请已由国家知识产权局作出国际检索报告及专利性国际初步报告,则实质审查费用会减免 100%(为 0 元);其他情况下,则实质审查费用不予减免(为 2 500 元)。(注:如果是通过《巴黎公约》途径进入中国的新申请,在提交实质审查请求时无需勾选实质审查费用减免选框，实质审查费用都为 2 500 元。）

如是在进入中国国家阶段后再向 CNIPA 提交实质审查请求，则除了以上内容外，还需在实质审查请求书中注明专利申请的申请号信息。

（四）国际申请进入中国国家阶段声明（发明）

填写此文件时，应当使用国家公布的中文简化汉字，其中文字应当打字或者印刷，字迹为黑色。接下来将详细介绍每一页的填写说明。

国际申请进入中国国家阶段声明（发明）

请按照“注意事项”正确填写本表各栏。

		此框内容由国家知识产权局填写
⑤专利代理机构案卷号		①国家申请号
⑥国际申请号		
⑦国际申请日		②递交日
⑧优先权日		
⑨国际公布号		③费减审批
⑩国际公布日		
⑪国际公布语言		④挂号号码

⑫发明名称			
⑬发明人	发明人 1		□不公布姓名
	发明人 2		□不公布姓名
⑭第一发明人	国籍		居民身份证件号码

⑮申请人	申请人(1)	姓名或名称：		申请人类型
		居民身份证件号码或统一社会信用代码/组织机构代码 □请求费减且已完成费减资格备案		电子邮箱
		国籍或注册国家（地区）		经常居所地或营业所所在地
		省、自治区、直辖市		
		市县		
		详细地址		
		邮政编码		电话
	申请人(2)	姓名或名称：	用户代码	申请人类型
		居民身份证件号码或统一社会信用代码/组织机构代码 已完成费减资格备案		□请求费减且
		国籍或注册国家（地区）		经常居所地或营业所所在地
		省、自治区、直辖市		
		市县		
		详细地址		
		邮政编码		电话

⑯联系人	姓　名	电话
	省、自治区、直辖市	
	市县	
	详细地址	
	邮政编码	电子邮箱
⑰代表人	为非第一署名申请人时声明	特声明第　　署名申请人为代表人

图 3.20　国际申请进入中国国家阶段声明（发明）第 1 页

第1、2、3、4栏由国家知识产权局填写；

第5栏：填写受托方(专利代理机构)的案号。

第6、7、8、9、10、11栏：根据PCT申请的国际公布文本，正确填写相应内容。

第12栏：所填发明名称应与新申请定稿五书中说明书中的发明名称一致，也应是PCT申请国际公布文本发明名称的准确翻译。

第13栏：根据PCT申请国际公布文本填写发明人的姓名，如涉及著录信息变更，则应以306表所记录的信息为准。此处的发明人为外国人，如根据外语名判断发明人为华人、日本人或韩国人，则需要向委托方确认发明人外语名所对应的中文名，不可自行翻译；如根据外语名判断发明人不属于以上情况，则应根据审查指南第一部分第4.1.2节和第4.1.3节中的相关规定(外国发明人中文译名中可以使用外文缩写字母，姓和名之间用圆点分开，圆点置于中间位置，例如 M·琼斯。姓名中不应当含有学位、职务等称号，例如××博士、××教授等。)和第三部分第3.1.4节中的相关规定(在国际阶段中规定，发明人姓名的写法应当姓在前、名在后，在进入声明中填写发明人译名时姓和名的先后顺序应当按照其所属国的习惯写法书写。)准确翻译并填写发明人的姓名。

第14栏：应当填写第一发明人国籍，第一发明人为内地居民的，则应当同时填写居民身份证件号码。如委托方在新申请指示函中未说明第一发明人的国籍信息，则需写信向其确认。

* **写信向委托方确认第一发明人的国籍信息：**

For the **nationality of the 1st inventor** of the captioned application, which is requested by CNIPA when nationalizing, we would ask you to kindly confirm if the nationality of the 1st inventor **XXX** is **German** at your earliest convenience. Without your instruction to the contrary by end of this Friday, the country code marked by the international bureau, namely **DE**, would be adopted as nationality by default.

第15栏：根据PCT申请国际公布文本填写申请人信息，如涉及著录信息变更，则应以306表所记录的信息为准。申请人是外国人、外国企业或者外国其他组织的，应当填写其姓名或者名称、国籍或者注册国家或地区。申请人类型可从下列类型中选择填写：个人、工矿企业、事业单位、机关团体、大专院校、科研单位。对于为个人的外国申请人，应按照第13栏的说明翻译其中文名；对于非个人的外国申请人，要确认其中文名称，首先可以在网络中搜索确认此前是否存在同一申请人的惯用中文名，比如申请人的中文官网中写明其中文正式名称或者同一申请人此前向CNIPA提交过专利申请。如有惯用中文名，则可以直接沿用；如没有，则应根据审查指南第一部分第4.1.3节中的相关规定(申请人是企业或者其他组织的，其名称应当使用中文正式译文的全称)准确翻译并填写申请人的名称。此外，应按照国别、市(县、州)、镇的先后顺序准确翻译并填写申请人的地址信息。

表3.1 常见企业类别及其翻译

中文	德文	英文
有限责任公司	GmbH（Gesellschaft mit beschränkter Haftung）	Ltd.（Limited）
股份有限公司	AG（Aktiengesellschaft）	Stock Corporation
两合公司	KG（Kommanditgesellschaft）	Limited Partnership

第16栏：申请人是单位且未委托专利代理机构的，应当填写联系人，并同时填写联系人的通信地

址、邮政编码、电子邮箱和电话号码,联系人只能填写一人,且应当是本单位的工作人员。

第17栏:申请人指定非第一署名申请人为代表人时,应当在此栏指明被确定的代表人。

国际申请进入中国国家阶段声明(发明)				
⑱ 专利代理机构	☐声明已经与申请人签订了专利代理委托书且本表中的信息与委托书中相应信息一致			
	名称		机构代码	
	代理人(1)	姓　名	代理人(2)	姓　名
		执业证号		执业证号
		电　话		电　话

⑲ 提前处理
☒ 自优先权日起30个月的期限尚未届满,请求国家知识产权局根据专利法实施细则第111条提前处理和审查本国际申请。
☐ 本国际申请尚未国际公布,请求国家知识产权局作为指定局要求国际局传送国际申请文件副本。
*自优先权日起30个月的期限尚未届满,申请人不要求提前处理本国际申请,请取消上述默认选项。

⑳ ☐提前公布 根据专利法第34条的规定,请求早日公布该专利申请。

㉑ 审查基础文本声明
☐以原始国际申请文件中的中文译文为审查基础
☐以下列申请文件为审查基础

☐说明书	第　　页,按原始国际申请文件的中文译文 第　　页,按专利性国际初步报告(PCT第二章)附件的中文译文 第　　页,按专利合作条约第28/41条提出的修改	
☐权利要求	第　　项,按原始国际申请文件的中文译文 第　　项,按专利合作条约第19条修改的中文译文 第　　项,按专利性国际初步报告(PCT第二章)附件的中文译文 第　　项,按专利合作条约第28/41条提出的修改	
☐附图	第　　页,按原始国际申请文件的中文译文 第　　页,按专利性国际初步报告(PCT第二章)附件的中文译文 第　　页,按专利合作条约第28/41条提出的修改	
☐核苷酸和/或氨基酸序列表	第　　页,按原始国际申请文件 第　　页,按专利性国际初步报告(PCT第二章)附件 第　　页,按专利合作条约第28/41条提出的修改	

㉒ 要求优先权声明	序号	原受理机构名称	在先申请日	在先申请号	㉓关于遗传资源的说明 ☐本国际申请涉及的发明创造是依赖于遗传资源完成的
	1				
	2				
	3				
	4				
	5				
	6				
	7				
	8				

图3.21　国际申请进入中国国家阶段声明(发明)第2页

第18栏:框选"声明已经与申请人签订了专利代理委托书且本表中的信息与委托书中相应信息一致",并填写受托方的相关信息,包括专利代理机构和代理人的名称/姓名、机构代码/执业证号等。

第19栏：为加快专利审查速度、缩短申请周期，在能框选的情况下，一般都会框选"提前处理"。具体来说，如果是在优先权日起30个月期限内请求进入中国国家阶段，则应框选"自优先权日起30个月的期限尚未届满，请求国家知识产权局根据《专利法实施细则》第111条提前处理和审查本国际申请"；如果是在30个月期限届满后宽限进入中国国家阶段，则不必进行框选。

第20栏：申请人要求提前公布的，应当填写此栏。若填写此栏，则不需要再提交发明专利请求提前公布声明。

第21栏：如进入中国国家阶段的申请文本是直接翻译自PCT申请国际公布文本的，则应框选"以原始国际申请文件中的中文译文为审查基础"；如进入中国国家阶段的申请文本在PCT申请国际公布文本基础上进行了修改，则应框选"以下列申请文件为审查基础"，并具体标出申请文件中说明书、权利要求、附图、核苷酸和/或氨基酸序列表的页数或项数，以及其中哪些文件未作修改，哪些文件又作了修改。

第22栏：申请人要求优先权的，应当填写此栏。其中，所填信息应与PCT申请国际公布文本一致，填写完毕应仔细核对优先权的件数以及原受理机构、在先申请日、在先申请号等信息是否正确无误。需注意，优先权对于专利申请意义重大，因此填写此栏时必须仔细核对所填信息的准确性。

第23栏：国际申请涉及遗传资源的，应当填写此栏。

国际申请涉及的发明创造的完成依赖于遗传资源的，申请人应当在进入声明中予以说明，并填写遗传资源来源披露登记表。不符合规定的，审查员应当发出补正通知书，通知申请人补正。期满未补正的，审查员应当发出视为撤回通知书。补正后仍不符合规定的，该专利申请应当被驳回。

第24栏：国际申请在国际阶段有援引加入项目或部分的，应当填写此栏。若申请人办理进入国家阶段手续时提交的申请文件中实际存在援引加入的项目或部分，但未在进入声明中写明同意修改相对于中国的国际申请日，则不能再通过以请求修改相对于中国的国际申请日的方式保留援引加入的项目或部分。

根据《专利合作条约实施细则》的规定，申请人在递交国际申请时遗漏了某些项目或部分，可以通过援引在先申请中相应部分的方式加入遗漏项目或部分，而保留原国际申请日。其中的"项目"是指全部说明书或者全部权利要求，"部分"是指部分说明书、部分权利要求或者全部或部分附图。

因中国对《专利合作条约实施细则》的上述规定作出保留，国际申请在进入国家阶段时，对于通过援引在先申请的方式加入遗漏项目或部分而保留原国际申请日的，专利局将不予认可。

对于申请文件中含有援引加入项目或部分的，如果申请人在办理进入国家阶段手续时在进入声明中予以指明并请求修改相对于中国的申请日，则允许申请文件中保留援引加入项目或部分。审查员应当以国际局传送的"确认援引项目或部分决定的通知书"（PCT/RO/114表）中的记载为依据，重新确定该国际申请在中国的申请日，并发出重新确定申请日通知书。因重新确定申请日而导致申请日超出优先权日起12个月的，审查员还应当针对该项优先权要求发出视为未要求优先权通知书。对于申请文件中含有援引加入项目或部分的，如果申请人在办理进入国家阶段手续时未予以指明或者未请求修改相对于中国的申请日，则不允许申请文件中保留援引加入项目或部分。审查员应当发出补正通知书，通知申请人删除援引加入项目或部分，期满未补正的，审查员应当发出视为撤回通知书。申请人在后续程序中不能再通过请求修改相对于中国的申请日的方式保留援引加入项目或部分。

第25栏：国际申请涉及生物材料样品保藏的，应当填写此栏，并自进入日起4个月内提交生物材料样品的保藏证明和存活证明。此栏应根据生物材料样品的保藏证明和存活证明中的信息准确填写。

国际申请进入中国国家阶段声明（发明）

㉔ 关于援引加入的说明

☐ 本国际申请在国际阶段含有援引加入项目或部分，提交的中文译文中未包含援引加入项目或部分。

☐ 本国际申请在国际阶段含有援引加入项目或部分，提交的中文译文中包含下列援引加入项目或部分，请求修改相对于中国的申请日：

    ☐ 说明书　　第　　　页，国际阶段提交援引加入的时间为　　　　　；
    ☐ 权利要求　第　　　项，国际阶段提交援引加入的时间为　　　　　；
    ☐ 附图　　　第　　　页，国际阶段提交援引加入的时间为　　　　　。

㉕ 生物材料样品保藏

☐ 本国际申请涉及的生物材料样品的保藏已在专利合作条约实施细则第13条之2.4规定的期限内以下列形式作出记载：

保藏编号	保藏日期	保藏单位代码	说明书译文第_页_行或 PCT/RO/134表	是否存活
				☐是 ☐否
				☐是 ☐否
				☐是 ☐否
				☐是 ☐否
				☐是 ☐否

㉖ 不丧失新颖性宽限期声明

☐ 已在中国政府主办或承认的国际展览会上首次展出，并在提出国际申请时作出过声明。

☐ 已在规定的学术会议或技术会议上首次发表，并在提出国际申请时作出过声明。

㉗ 复查请求

☐ 申请人于　　年　　月　　日收到下列通知：

    ☐ 受理局拒绝给予国际申请日　　　☐ 国际局按专利合作条约第12条（3）作出认定
    ☐ 受理局宣布申请被认为撤回

☐ 根据专利合作条约第25条特此向国家知识产权局提出复查请求，并且

    ☐ 已请求国际局将档案中有关文件传送国家知识产权局；
    ☐ 已依照专利法实施细则第103条的规定办理进入中国国家阶段的手续。

图 3.22　国际申请进入中国国家阶段声明(发明)第3页

根据《专利法实施细则》第一百零八条第一款的规定，申请人按照《专利合作条约》规定对生物材料样品的保藏作出过说明的，应当在进入声明中予以指明。该指明应当包括指出记载保藏事项的文件种类，以及必要时指出有关内容在该文件中的具体记载位置。

申请人在国际阶段已经按照《专利合作条约》的规定对生物材料样品的保藏作出说明，但是没有在进入声明中予以指明或指明不准确的，可以在自进入日起4个月内主动补正。期满未补正的，认为该生物材料样品的保藏说明没有作出，审查员应当发出生物材料样品视为未保藏通知书，通知申请人该生物材料样品视为未保藏。

根据《专利合作条约实施细则》的规定,对保藏的生物材料的说明应包括的事项有:保藏单位的名称和地址、保藏日期、保藏单位给予的保藏编号。只要该说明在国际局完成国际公布准备工作之前到达国际局,就应认为该说明已及时提交。因此,申请人在进入声明中所指明的生物材料样品的保藏说明作为说明书的一部分或者以单独的纸页包含在国际公布文本中,其内容包括上述规定事项,审查员应当认为是符合要求的说明。在国际阶段申请人没有作出生物材料样品保藏说明,而在进入声明中声称该申请涉及生物材料样品保藏的,审查员应当发出生物材料样品视为未保藏通知书,通知申请人该生物材料样品视为未保藏。

如果申请人在申请日时提交了生物材料样品的保藏证明,并且国际局将其作为国际申请的一部分包含在国际公布文本中,申请人请求对生物材料样品保藏说明中遗漏事项作出补充的,审查员可以以国际公布文本中的保藏证明为依据,同意其补充或改正。

审查员发现生物材料样品保藏说明与保藏证明中记载的保藏事项的内容不一致,并且可以确定不一致是由于保藏说明中的书写错误造成的,审查员应当发出办理手续补正通知书,通知申请人补正。期满未补正,审查员应当发出生物材料样品视为未保藏通知书,通知申请人该生物材料样品视为未保藏。

第26栏:申请人要求不丧失新颖性宽限期的,应当填写此栏,并自进入日起2个月内提交证明文件。

根据《专利法实施细则》第一百零七条的规定,国际申请涉及的发明创造有《专利法》第二十四条第(一)项或者第(二)项所述情形之一,并且在提出国际申请时作出过声明的,应当在进入声明中予以说明,并自进入日起两个月内提交《专利法实施细则》第三十条第三款规定的有关证明文件;未予说明或者期满未提交证明文件的,其申请不适用《专利法》第二十四条的规定。

申请人在进入声明中指明在国际申请提出时要求过不丧失新颖性宽限期的,国际公布文本扉页中应当有相应的记载,记载的内容包括所提及的不丧失新颖性的公开发生的日期、地点、公开类型以及展览会或会议的名称。进入声明中提及的展览会应当属于《专利法实施细则》第三十条第一款规定的情形,所提及的学术会议或技术会议应当属于《专利法实施细则》第三十条第二款规定的情形。不符合规定的,审查员应当发出视为未要求不丧失新颖性宽限期通知书。在国际公布文本中有记载而在进入声明中没有指明的,申请人可以在进入日起两个月内补正。由于国际申请的特殊程序,提交证明材料的期限是自进入日起两个月。

第27栏:申请人请求复查的,应当填写此栏。

根据《专利合作条约》的规定,允许申请人向作为指定局或选定局的专利局提出复查请求的情况是:

(1)受理局拒绝给予国际申请日,或者宣布国际申请已被认为撤回。

(2)国际局由于在规定期限内没有收到国际申请的登记本而宣布该申请被视为撤回。

复查请求应当自收到上述处理决定的通知之日起两个月内向专利局提出,请求中应当陈述要求复查的理由,同时附具要求进行复查处理决定的副本。国际局应申请人请求传送的有关档案文件的副本随后到达专利局。

申请人提出复查请求的同时,应当向专利局办理《专利法实施细则》第一百零三条和第一百零四条规定的进入国家阶段手续,并且在进入声明中标明已经提出复查请求的事实。

审查员认为复查请求是按照《专利合作条约》及其实施细则规定提出,并且按照规定办理了进入国家阶段手续的,应当对受理局或国际局作出的决定是否正确进行复查。

审查员认为上述国际单位的决定是正确的,该国际申请在中国的效力终止,应当按照本章第2.2.1

节的规定办理。

审查员认为上述国际单位的决定是不正确的,应当认定该国际申请在中国是有效的,并继续进入国家阶段的处理和审查。对于受理局尚未确定国际申请日的申请,审查员应当通知申请人,该申请被认为是在应当确定为国际申请日的那一日向专利局提出的。

由于国际阶段程序的中断而没有完成国际公布的申请,审查员进行规定的审查时,应当以国际局传送的档案文件中登记本的副本代替《专利审查指南》中提及的国际公布文本。

第28栏:CPC文件制作完成后,CPC客户端会自动生成申请文件清单,一般包括进入声明和五书的页数,以及权利要求的项数。

国际申请进入中国国家阶段声明(发明)

㉘ 申请文件清单
1、进入声明　　　　　　份　页
2、说明书摘要　　　　　份　页
3、摘要附图　　　　　　份　页
4、权利要求书　　　　　份　页
5、说明书　　　　　　　份　页
6、说明书附图　　　　　份　页
7、PCT/RO/134表　　　　份　页
8、核苷酸和/或氨基酸序列表　份　页
9、计算机可读形式序列表　　份　页

权利要求的项数　　　　　　项

㉙ 附加文件清单
□按专利合作条约第19条修改的中文译文　　份　页
□专利性国际初步报告(PCT第二章)
　附件的中文译文　　份　页
□按专利合作条约第28/41条提出的修改　　份　页
□专利代理委托书　　份　页
　总委托书(备案编号　　　)
□实质审查请求书
□申请权转让证明　　份　页
□申请权转让证明中文题录　　份　页
□优先权转让证明　　份　页
□优先权转让证明中文题录　　份　页
□著录项目变更申报书　　份　页
□生物材料样品保藏证明　　份　页
□生物材料样品存活证明　　份　页
□生物材料样品保藏及存活证明中文题录　份　页
□遗传资源来源披露登记表　　份　页
□经确认的国际申请副本　　份　页
□在先申请文件副本中文题录　　份　页
□已备案的证明文件　　份　页
　(证明文件备案编号　　　)

㉚ 全体申请人或专利代理机构签字或者盖章

　　　　　　　　　年　月　日

㉛ 国家知识产权局审核意见

　　　　　　　　　年　月　日

图3.23　国际申请进入中国国家阶段声明(发明)第4页

第29栏:CPC文件制作完成后,CPC客户端还会自动生成附加文件清单,一般包括国际公布文本、

其他证明文件、实质审查请求书、专利代理委托书的页数或总委托书编号（如有）。需要注意的是，由于 CPC 客户端自身的局限，本栏和第 28 栏中所显示的页数信息不一定准确。尽管如此，结合这两栏中的信息可以较为直观地判断 CPC 文件是否已准备齐全。

第 30 栏：最后，填写受托方（专利代理机构）的名称和年月日信息。委托专利代理机构的，应当由专利代理机构加盖公章。未委托专利代理机构的，申请人为个人的应当由本人签字或者盖章；申请人为单位的应当加盖单位公章；有多个申请人的应由全体申请人签字或者盖章。

第 31 栏由国家知识产权局填写。

该表第 13、15、22、25 栏，发明人、申请人、要求优先权声明、生物材料样品保藏的内容本表填写不下时，应当使用规定格式的附页续写。

后续：补交流程文件或答复补正官文

新申请提交完毕后，还可能涉及到流程文件的补交或者处理补正官文等工作。

图 3.24 补正书

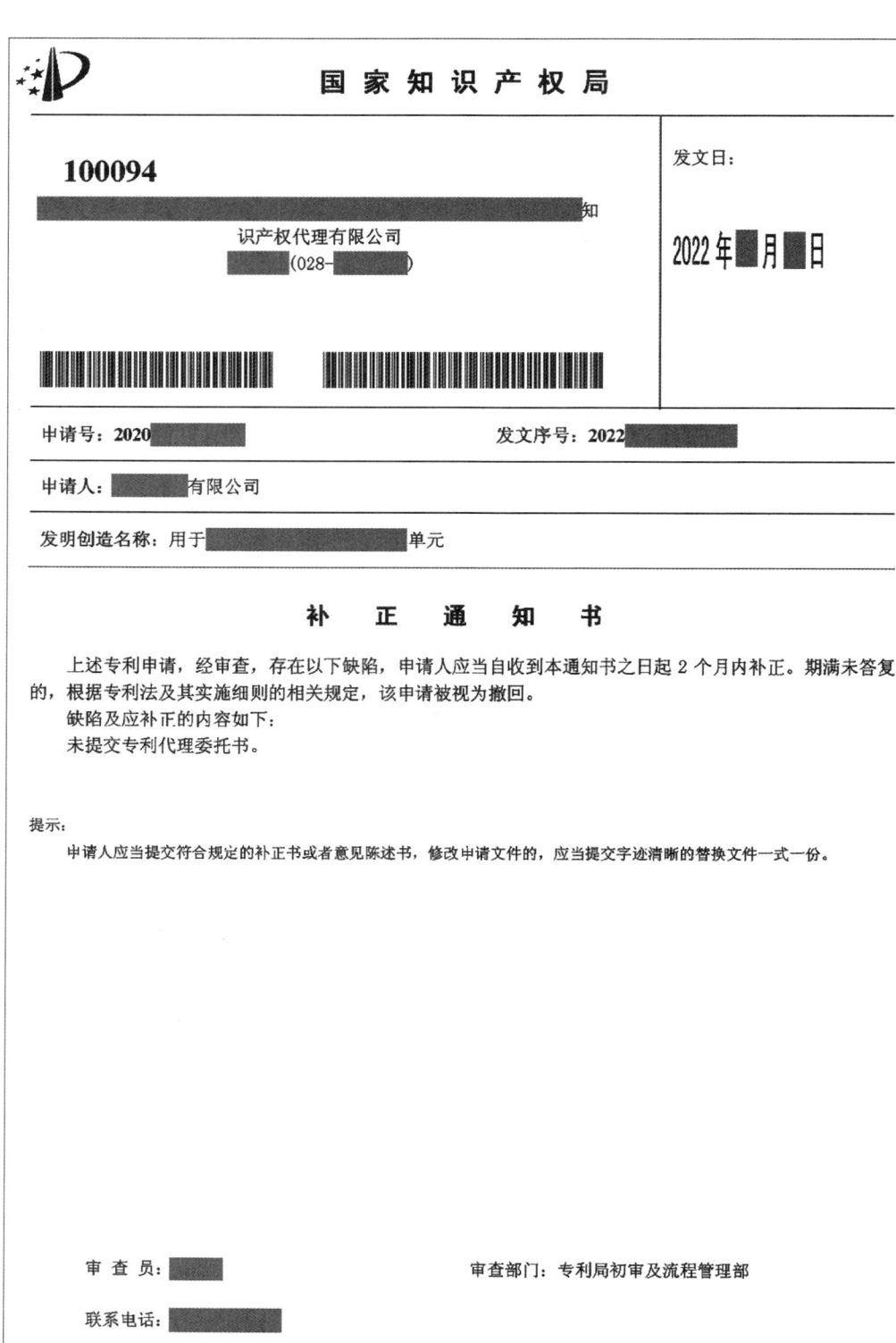

图 3.25 补正通知书

第四节 涉及 306 表的项目管理工作

对于通过 PCT 途径进入中国国家阶段的专利申请,可能会存在一种特殊情况,即申请人在国际阶段向 WIPO 请求了著录项目的变更,且 WIPO 登记并公布了相应的著录项目变更事宜。WIPO 用于登记和公布著录项目变更的文件为 Form PCT/IB/306,通常称作 306 表。对于此类专利申请,在进入中国国家阶段时需要在 WIPO 下载相应的 306 表并将其提交至 CNIPA。

306 表所涉及的著录项目变更对象包括申请人、发明人、代理机构、共同代表等,所涉及的著录项目变更内容包括人员、姓名/名称、地址、国籍、住所等。

1. The following indications appeared on record concerning:
☐ the applicant   ☒ the inventor   ☐ the agent   ☐ the common representative
2. The International Bureau hereby notifies the applicant that the following change has been recorded concerning:
☒ the person   ☐ the name   ☐ the address   ☐ the nationality   ☐ the residence

图 3.26 306 表所涉及的著录项目变更对象示例

由前文可知,对于进入中国国家阶段的专利新申请,CNIPA 所要求的著录信息包括申请人中文名称及地址、发明人中文姓名和第一发明人国籍。因此,仅当 306 表所记录的著录项目变更事宜涉及申请人名称或地址、发明人姓名或第一发明人国籍的变化时,才需要将其提交至 CNIPA。

表 3.2 新增申请人 306 表

1. The following indications appeared on record concerning: ☒ the applicant ☐ the inventor ☐ the agent ☐ the common representative		
Name and Address	State of Nationality	State of Residence
	Telephone No.	
	Facsimile No.	
	E-mail address	
2. The International Bureau hereby notifies the applicant that the following change has been recorded concerning: ☒ the person ☐ the name ☐ the address ☐ the nationality ☐ the residence		
Name and Address CANON MEDICAL SYSTEMS CORPORATION 1385 Shimoishigami, Otawara-shi, Tochigi 3248550 Japan キヤノンメデイカルシステムズ株式会社 〒3248550 日本国栃木県大田原市下石上 1385 番地	State of Nationality JP	State of Residence JP
^	Telephone No.	
^	Facsimile No.	
^	E-mail address ☐ Notifications by e-mail authorized	

* 新增申请人(举例:WO/2021/065651)

表 3.3　申请人由 A 变为 B 306 表

1. The following indications appeared on record concerning： ☒ the applicant　☐ the inventor　☐ the agent　☐ the common representative			
Name and Address HOCHSCHULE OFFENBURG Badstraße 24 77652 Offenburg GERMANY		State of Nationality DE	State of Residence DE
		Telephone No.	
		Facsimile No.	
		E-mail address	
2. The International Bureau hereby notifies the applicant that the following change has been recorded concerning： ☒ the person　☐ the name　☐ the address　☐ the nationality　☐ the residence			
Name and Address BENNING CMS TECHNOLOGY GMBH Am Untergrün 6 79232 March GERMANY		State of Nationality DE	State of Residence DE
		Telephone No.	
		Facsimile No.	
		E-mail address ☐ Notifications by e-mail authorized	

* 申请人由 A 变为 B（举例：WO/2021/073690）

需要注意，对于在国际阶段请求了如新增申请人或申请人由 A 变为 B 的著录变更的 PCT 申请，在进入中国国家阶段的时候，根据 CNIPA 的相关规定，除了 306 表以外，还需要提供一份由转让方和受让方共同签字/盖章的专利申请权转让协议的扫描件。无论是新增申请人还是申请人由 A 变为 B，专利申请的申请人都发生了实质性的变化，这种特殊的著录项目变更叫作转让，变更前的申请人为转让方，变更后的申请人为受让方，转让方将专利申请权转让给了受让方。

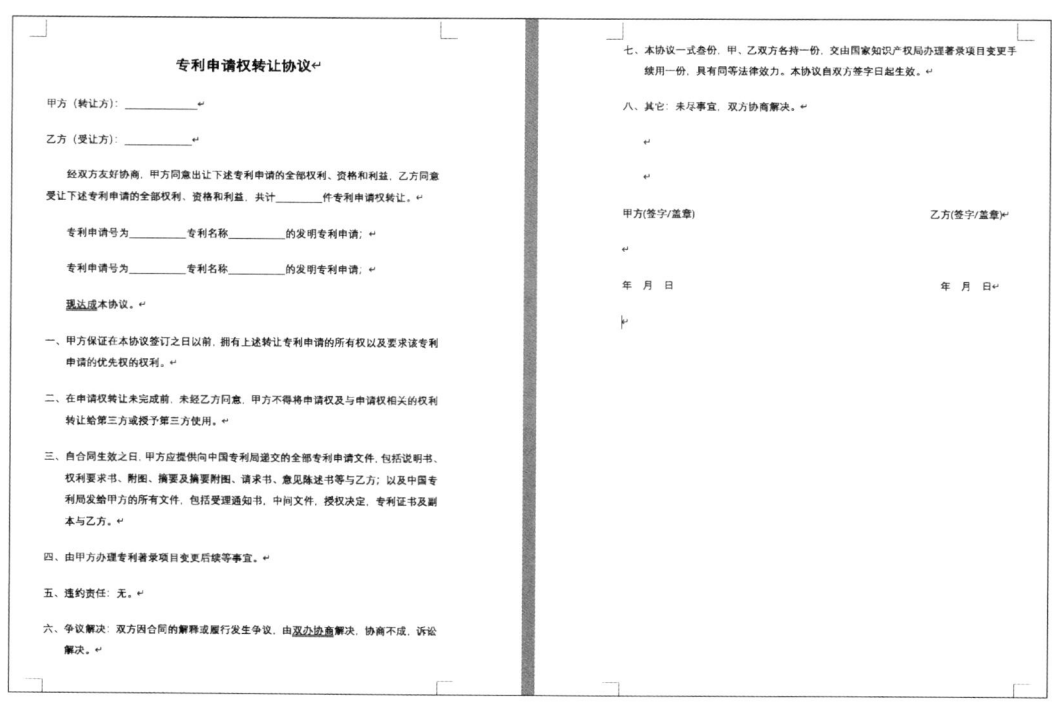

图 3.27　专利申请权转让协议模版

表 3.4　申请人名称变更

1. The following indications appeared on record concerning: ☒ the applicant　☐ the inventor　☐ the agent　☐ the common representative			
Name and Address AVISTUD GMBH Schützenstraße 6-8 58339 Breckerfeld Germany		State of Nationality DE	State of Residence DE
		Telephone No.	
		Facsimile No.	
		E-mail address	
2. The International Bureau hereby notifies the applicant that the following change has been recorded concerning: ☐ the person　☒ the name　☐ the address　☐ the nationality　☐ the residence			
Name and Address IVOSTUD GMBH Schützenstraße 6-8 58339 Breckerfeld Germany		State of Nationality DE	State of Residence DE
		Telephone No.	
		Facsimile No.	
		E-mail address ☐ Notifications by e-mail authorized	

* 申请人名称变更（举例：WO/2020/030224）

在上述示例中，尽管申请人从"AVISTUD GMBH"变更为了"IVOSTUD GMBH"，但从地址信息并未改变这一点来看，申请人并未发生实质性的变化，故而这种情况不属于转让，在进入中国国家阶段时只需提交 306 表，无需提交专利申请权转让协议的扫描件。

涉及发明人著录信息变更的 306 表示例如下。

表 3.5　新增发明人 306 表

1. The following indications appeared on record concerning: ☐ the applicant　☒ the inventor　☐ the agent　☐ the common representative			
Name and Address		State of Nationality	State of Residence
		Telephone No.	
		Facsimile No.	
		E-mail address	
2. The International Bureau hereby notifies the applicant that the following change has been recorded concerning: ☒ the person　☐ the name　☐ the address　☐ the nationality　☐ the residence			
Name and Address SCHWAIGERLEHRER, Lukas Hauptstrasse 45/2 3270 Scheibbs Austria		State of Nationality	State of Residence
		Telephone No.	
		Facsimile No.	
		E-mail address ☐ Notifications by e-mail authorized	

* 新增发明人（举例：WO2021/160815）

表 3.6　发明人姓名变更 306 表

1. The following indications appeared on record concerning: ☐ the applicant　☒ the inventor　☐ the agent　☐ the common representative	
Name and Address RUSSWURM, Chriostoph Ritzersdorf 25 3200 Ober-Grafendorf Austria	State of Nationality　　State of Residence
	Telephone No.
	Facsimile No.
	E-mail address
2. The International Bureau hereby notifies the applicant that the following change has been recorded concerning: ☐ the person　☒ the name　☐ the address　☐ the nationality　☐ the residence	
Name and Address RUSSWURM, Christoph Ritzersdorf 25 3200 Ober-Grafendorf Austria	State of Nationality　　State of Residence
	Telephone No.
	Facsimile No.
	E-mail address ☐ Notifications by e-mail authorized

* 发明人姓名变更（举例：WO/2020/104428）

无论是发明人增减、发明人姓名变更，还是第一发明人国籍变化，在进入中国国家阶段时都只需要提交一份 306 表。

第五节　涉及主动修改的项目管理工作

专利申请文件的翻译不限于对国际公布文本的翻译，也包括国际阶段修改的翻译和进入中国国家阶段时单独提出的修改，此外还包括在审查意见答辩过程中对权利要求所做修改的翻译，以及在无效阶段对权利要求或技术方案的合并与删除之翻译。为此，流程还涉及对权利要求修改说明的翻译，这些内容不仅包括权利要求特征调整，还包括新引入特征的出处及相关依据。

从翻译项目管理的角度，此处仅探讨《专利合作条约》第十九条、第二十八/四十一条和第三十四条的相关规定，申请人可以据此对权利要求书、说明书和附图进行修改。这些修改在进入中国时需要提交中文译文。

根据《专利合作条约》第十九条的主动修改

PCT 第十九条　向国际局提出对权利要求书的修改

Artikel 19—Änderung der Ansprüche im Verfahren vor dem Internationalen Büro

一、申请人在收到国际检索报告后，有权享受一次机会，在规定的期限内就国际申请的权利要求向国际局提出修改。申请人可以按细则的规定同时提出一项简短声明，解释上述修改并指出其对说明书和附图可能产生的影响。

```
WO 2014/106792                    1                    PCT/IB2013/061225

                        GEÄNDERTE ANSPRÜCHE
          beim Internationalen Büro eingegangen am 13 August 2014 (13.08.2014)

1.  Verfahren zur Herstellung zumindest einer Schicht (32) für feststoffbasierte
    Dünnschichtbatterien (100) vermittels eines Plasma-Pulver-Sprühers (1) mit
    einem Plasmaerzeugungsbereich (10) und mit mindestens einem örtlich
    davon getrennten Mischbereich (20), umfassend die Schritte:
    •  Erzeugen eines Plasmagasstroms (13) aus einem Zündgasstrom (12)
       im Plasmaerzeugungsbereich (10);
    •  Erzeugen eines Pulver-Aerosolstroms (44) aus einem Trägergasstrom
       (41) aus einem Trägergasreservoir (42) und Pulverpartikeln (48) aus
       einem Pulverreservoir (43), wobei die Pulverpartikel (48) unter
       Beimischung von Trägergas (42) in das Pulverreservoir (43) derart
       entnommen werden, dass im Pulver-Aerosolstrom (44) über einen
       Entnahmezeitraum hinweg ein konstanter Massenstrom dM/dt an
       Pulverpartikeln (48) und ein konstantes Mischungsverhältnis von
       Pulverpartikeln (48) und Trägergas (42) eingestellt wird;
    •  Einbringen des Pulver-Aerosolstroms (44) und des Plasmagasstroms
       (13) in den mindestens einen Mischbereich (20), so dass ein Plasma-
       Pulver-Aerosol (24) entsteht;
    •  Richten eines Plasma-Pulver-Aerosolstroms (34) aus dem mindestens
       einen Mischbereich (20) auf ein in einem Beschichtungsbereich (30)
       angeordnetes Substrat (33); und
    •  Abscheiden einer Schicht (32) auf dem Substrat (33) aus
       Pulverpartikeln (48), die im mindestens einen Mischbereich (20)
       und/oder im Plasma-Pulver-Aerosolstrom (34) und/oder im
       Beschichtungsbereich (30) oberflächlich angeschmolzen oder in ihrer
       Kristallstruktur geändert werden.

2.  Verfahren nach Anspruch 1, wobei der Pulver-Aerosolstrom (34) durch eine
    Einrichtung geführt wird, die ihn auf eine für die Prozessführung erforderliche
    Temperatur bringt.

                        GEÄNDERTES BLATT (ARTIKEL 19)
```

图 3.28　修改权利要求书（德文）

（1）Nach Eingang des internationalen Recherchenberichts ist der Anmelder befugt，einmal die Ansprüche der internationalen Anmeldung durch Einreichung von Änderungen beim Internationalen Büro innerhalb der vorgeschriebenen Frist zu ändern. Er kann gleichzeitig eine kurze，in der Ausführungsordnung näher bestimmte Erklärung einreichen，mit der er die Änderungen erklären und ihre Auswirkungen auf die Beschreibung und die Zeichnungen darlegen kann.

二、修改不应超出国际申请提出时对发明公开的范围。

（2）Die Änderungen dürfen nicht über den Offenbarungsgehalt der internationalen Anmeldung im Anmeldezeitpunkt hinausgehen.

```
                    权 利 要 求 书        19条修改标记页
        1.一种用于借助等离子体-粉末喷枪(1)制造基于固体的薄膜电池(100)的
    至少一个层(32)的方法,该等离子体-粉末喷枪包括等离子体产生区(10)和至
    少一个在局部与所述等离子体产生区分开的混合区(20),该方法包括以下步
  5 骤:
        • 在所述等离子体产生区(10)内由点燃气流(12)产生等离子体气流(13);
        • 由来自载气储藏容器(42̶26)的载体气流(2̶141)和来自粉末储藏容器(2̶743)
    的粉末颗粒(2̶348)产生粉末-气溶胶流(44),其中,所述粉末颗粒(48)在载气
    (42)混入该粉末储藏容器(43)中的情况下被如此取出,即在所述粉末-气溶胶
 10 流(44)中在取出期间调节出粉末颗粒(48)的恒定质量流 dM/dt 和粉末颗粒(48)
    和载气(42)的恒定混合比;
        • 将所述粉末-气溶胶流(44)和等离子体气流(13)引入所述至少一个混合区
    (20),从而出现等离子体-粉末-气溶胶(24);
        • 使来自所述至少一个混合区(20)的等离子体-粉末-气溶胶流(34)被引向
 15 设置在涂覆区(30)内的基材(33);和
        • 在该基材(33)上由改性的粉末颗粒(2̶348)沉积出一层(32),所述粉末颗
    粒在所述至少一个混合区(20)内和/或在所述等离子体-粉末-气溶胶流(34)内和
    /或在所述涂覆区(30)内被在表面熔化或其晶体结构发生改变改性。
        2̶.根据权利要求 1 的方法,其中,所述粉末颗粒(23)在载气(12)混入该粉
 20 末储藏容器(43)中的情况下被如此取出,即在所述粉末-气溶胶流(44)中在取
    出期间调节出粉末颗粒(23)的恒定质量流 dM/dt 和粉末颗粒(23)和载气(42)的
    恒定混合比。
        2̶3.根据权利要求 1 或 2̶ 的方法,其中,该粉末-气溶胶流(34)被引导经过
    一机构,该机构将该粉末-气溶胶流引领至工艺控制所需的温度。
 25     4̶3.根据前述权利要求 1̶至3̶ 之一的方法,其中,该基材(33)通过基材支
    座(39)的基材加热器(36)被加热。
        5̶4.根据前述权利要求 1̶至4̶ 之一的方法,其中,通过调整系统(50)来调
    整在所述等离子体-粉末喷枪(1)和基材(33)之间的距离(38)和/或相对运动。
        6̶5.根据前述权利要求 1̶至6̶ 之一的方法,其中,为了将结构化的层(32)
 30 沉积在该基材(33)上,将结构化元件(37)以静态方式或通过调整系统(50)以可
```

图 3.29 修改权利要求书(中文)

三、如果指定国的本国法准许修改超出上述公开范围,不遵守本条第二款的规定在该国不应产生任何后果。

(3) In einem Bestimmungsstaat, nach dessen nationalem Recht Änderungen über den Offenbarungsgehalt der Anmeldung hinausgehen dürfen, hat die Nichtbeachtung des Absatzes 2 keine Folgen.

根据 PCT 第十九条的规定,修改仅限于权利要求,修改不能偏离原始公开文本记载的内容。例如: WO 2014/106792,中文同族 CN104919075。

在上述例子中,针对国际申请所做的修改虽然没有给出修改标记,但在进入中国时需要保留修订标记,以便于审查部门判断修改是否脱离原申请的范围。必要时,还需要说明修改依据。

根据《专利合作条约》第三十四条的主动修改

除了依据 PCT 第十九条修改权利要求之外，申请人还可以在国际初步审查期间对国际申请的权利要求书、说明书及附图进行修改，其法律依据为：

PCT 第三十四条　国际初步审查单位的程序

Artikel 34–Das Verfahren vor der mit der internationalen vorläufigen Prüfung beauftragten Behörde

二(二)在国际初步审查报告作出之前，申请人有权依规定的方式，并在规定的期限内修改权利要求书、说明书和附图。这种修改不应超出国际申请提出时对发明公开的范围。

(2) b) Der Anmelder hat das Recht, die Ansprüche, die Beschreibung und die Zeichnungen in der vorgeschriebenen Weise und innerhalb der vorgeschriebenen Frist vor der Erstellung des internationalen vorläufigen Prüfungsberichts zu ändern. Die Änderung darf nicht über den Offenbarungsgehalt der internationalen Anmeldung im Anmeldezeitpunkt hinausgehen.

除了以上国际条约对修改时机和内容进行规定之外，中国《专利法》第三十三条也有着相似规定，其中涉及修改内容的核心均为修改不得超出原记载的范围。所以，当翻译国际申请时，特别是当国际申请作出了修改之时，不仅需要保留修改标记，还应当就修改依据进行阐述。这种修改说明可以采取以下形式：

此处需要注意："修改标记页"与"修改替换页"均需要提交给中国专利局，而专利局审查基础为"修改替换页"，因此需要格外注意其准确性。

根据《专利合作条约》第二十八/四十一条的主动修改

在进入中国国家阶段之时，申请人仍有多次修改时机，但也分别需要遵循不同的法律规定，例如：

PCT 第二十八条　向指定局提出对权利要求书、说明书和附图的修改

Artikel 28——Änderung der Ansprüche, der Beschreibung und der Zeichnungen im Verfahren vor den Bestimmungsämtern

一、申请人应有机会在规定的期限内，向每个指定局提出对权利要求书、说明书和附图的修改。除经申请人明确同意外，任何指定局在该项期限届满前不应授予专利权，也不应拒绝授予专利权。

(1) Dem Anmelder muss die Möglichkeit gegeben werden, die Ansprüche, die Beschreibung und die Zeichnungen im Verfahren vor dem Bestimmungsamt innerhalb der vorgeschriebenen Frist zu ändern. Kein Bestimmungsamt darf ohne Zustimmung des Anmelders ein Patent erteilen oder die Erteilung eines Patents ablehnen, bevor diese Frist abgelaufen ist.

二、修改不应超出国际申请提出时对发明公开的范围，除非指定国的本国法允许修改超出该范围。

(2) Die Änderungen dürfen nicht über den Offenbarungsgehalt der internationalen Anmeldung im Anmeldezeitpunkt hinausgehen, sofern es das nationale Recht des Bestimmungsstaats nicht zulässt, dass sie darüber hinausgehen.

> **根据专利合作条约第 34 条的修改**
>
> 中国国家知识产权局 PCT 处：
>
> 本文本是申请人根据 PCT 第 34 条及国际申请进入中国国家阶段的规定对其国际申请号为 PCT/EP2017/070345 的申请文件在原始国际申请的基础上作出的进一步修改。
>
> 其修改之处为：
> 1. 用修改后的权利要求书第 1-24 项替换原权利要求书第 1-24 项。
> 2. 权利要求 1 所增加限定"相互混合"是全文可循的技术描述。
> 3. 在权利要求 24 中增加了原权利要求 1 的特征，用以代替原前序部分，该修改是文字性替换，没有超出原记载的范围。
> 4. 在权利要求书中增加了附图标记。
>
> 上述修改均未超出原国际申请公开的范围，符合专利合作条约及中国专利法的相关规定。
>
> 具体修改之处请参见所附修改标记页。

图 3.30　修改说明

三、在本条约和细则所没有规定的一切方面，修改应遵守指定国的本国法。

（3）Soweit der Vertrag und die Ausführungsordnung keine ausdrückliche Regelung treffen, müssen die Änderungen in jeder Hinsicht dem nationalen Recht des Bestimmungsstaats entsprechen.

四、如果指定局要求国际申请的译本，修改应使用该译本的语言。

（4）Verlangt das Bestimmungsamt eine Übersetzung der internationalen Anmeldung, so müssen die Änderungen in der Sprache der Übersetzung eingereicht werden.

PCT 第四十一条　向选定局提出对权利要求书、说明书和附图的修改

Artikel 41—Änderung der Ansprüche, der Beschreibung und der Zeichnungen vor dem ausgewählten Amt

一、申请人应有机会在规定的期限内向每一个选定局提出对权利要求书、说明书和附图的修改。除经申请人明确同意外，任何选定局在该项期限届满前不应授予专利权，也不应拒绝授予专利权。

（1）Dem Anmelder muss die Möglichkeit gegeben werden, die Ansprüche, die Beschreibung und die Zeichnungen im Verfahren vor jedem ausgewählten Amt innerhalb der vorgeschriebenen Frist zu ändern. Kein ausgewähltes Amt darf vor Ablauf dieser Frist außer mit ausdrücklicher Zustimmung des Anmelders ein Patent erteilen oder die Erteilung eines Patents ablehnen.

二、修改不应超出国际申请提出时对发明公开的范围，除非选定国的本国法允许修改超出该范围。

（2）Die Änderungen dürfen nicht über den Offenbarungsgehalt der internationalen Anmeldung im Anmeldezeitpunkt hinausgehen, sofern das nationale Recht des ausgewählten Staats nicht zulässt, dass sie über den genannten Offenbarungsgehalt hinausgehen.

三、在本条约和细则所没有规定的一切方面，修改应遵守选定国的本国法。

（3）Soweit in diesem Vertrag und der Ausführungsordnung keine ausdrückliche Bestimmung getroffen ist, müssen die Änderungen dem nationalen Recht des ausgewählten Staats entsprechen.

四、如果选定局要求国际申请的译本，修改应使用该译本的语言。

（4）Verlangt der ausgewählte Staat eine Übersetzung der internationalen Anmeldung, so müssen die Änderungen in der Sprache der Übersetzung eingereicht werden.

例如：WO 2014/096380 和 CN104903037。

Patentansprüche

1. Werkzeughalter (1) mit einer Werkzeugaufnahme (3) zum reibschlüssigen Einspannen eines Werkzeugschafts, wobei die Werkzeugaufnahme (3) aus mehreren voneinander beabstandeten, ringförmigen Spannflächen (12) besteht, die dazu bestimmt sind, den Werkzeugschaft kraftschlüssig zu halten und die am Innenumfang einer Hülsenpartie (4) ausgebildet sind, wobei die Hülsenpartie (4) eine Materialaussparung zur Beeinflussung ihrer Spannwirkung besitzt, ~~dadurch gekennzeichnet, dass~~ und die Materialaussparung durch mehrere in Umfangsrichtung verlaufende, ringförmige Kanäle (9) gebildet wird, die von der Werkzeugaufnahme (3) jeweils durch einen federnden Wandabschnitt (10) abgetrennt sind, welcher auf seiner dem Kanal (9) abgewandten Seite die jeweilige Spannfläche (12) ausbildet, dadurch gekennzeichnet, dass die in radialer Richtung gemessene Tiefe des jeweiligen Kanals < 0,1 mm ist.

图 3.31　德文权利要求 1 修改标记页

由于根据 PCT 条约第二十八条和第四十一条的修改仅针对进入国家阶段，所以这些修改内容无需向国际局提出，自然在国际局网站上也就没有相关记载。

```
              权  利  要  求  书（修改）

       1.一种刀夹(1)，其具有刀夹槽(3)用于摩擦配合装夹刀柄，其中，该刀夹
     槽(3)包括多个相互间隔的环形夹紧面(12)，这些夹紧面被指定用于以力配合
  5  方式保持该刀柄并且这些夹紧面在套筒部段(4)的内周面上形成，其中，所述
     套筒部段(4)具有用于影响其夹紧作用的材料空缺部，
       其特征是，并且
       该材料空缺部由多个在周向上延伸的环形槽道(9)构成，这些槽道分别通
     过弹性壁部(10)与该刀夹槽(3)分隔开，该弹性壁部在其背对该槽道(9)的一侧
  10 构成相应的夹紧面(12)。，
       其特征在于，
       各槽道的在径向上测量的深度小于0.1mm。
```

图 3.32　进入国家阶段时的修改标记页

```
              权  利  要  求  书（修改）

       1.一种刀夹(1)，其具有刀夹槽(3)用于摩擦配合装夹刀柄，其中，该刀夹
     槽(3)包括多个相互间隔的环形夹紧面(12)，这些夹紧面被指定用于以力配合
  5  方式保持该刀柄并且这些夹紧面在套筒部段(4)的内周面上形成，其中，所述
     套筒部段(4)具有用于影响其夹紧作用的材料空缺部，并且
       该材料空缺部由多个在周向上延伸的环形槽道(9)构成，这些槽道分别通
     过弹性壁部(10)与该刀夹槽(3)分隔开，该弹性壁部在其背对该槽道(9)的一侧
     构成相应的夹紧面(12)，
  10   其特征在于，
       各槽道的在径向上测量的深度小于0.1mm。
```

图 3.33　进入国家阶段时的修改替换页

本小节结合邮件内容对专利翻译项目管理流程进行了案例解说，同时拓展了对专利新申请项目管理工作的说明。可以看出，无论是专利翻译工作抑或是专利新申请工作，都不是一蹴而就的，而是由多部门作业人员共同协作完成的，在这个过程中，每个人都担当着必不可少的角色，发挥着不可或缺的作用。

第四章
权利要求的翻译原则与方法

随着全球化发展，我国已加入了大部分关于知识产权的国际多边条约，越来越多的各国申请人选择在中国申请专利，寻求知识产权保护。外国专利申请人在中国申请专利必须关注中国法律规定，包括《专利法》《专利法实施细则》以及《专利审查指南》，其中不少规定涉及专利语言及文本规范。例如，《专利法实施细则》第三条规定："依照专利法和本细则规定提交的各种文件应当使用中文；国家有统一规定的科技术语的，应当采用规范词；外国人名、地名和科技术语没有统一中文译文的，应当注明原文。"这意味着涉外专利申请必须以中文提交至中国国家知识产权局。翻译申请文件即为专利申请的法定必要工作程序。又例如《专利审查指南》具体规定："审查员以申请人提交的中文专利申请文本为审查的依据。申请人在提出专利申请的同时提交的外文申请文本，供审查员在审查程序中参考，不具有法律效力。"由此可知，翻译工作是外国申请人取得专利权的必要前置步骤，其译文被视为审查基础，因此文本翻译的重要性不言而喻。

如果说技术的本质是对现象进行的有目的的编程，那么专利技术方案就是对背景技术所提到的问题的编程。权利要求是对技术方案的概括，而说明书才是技术方案的载体，也是申请人追求保护对象时的基础资料。

对于狭义的专利文献而言，科技语言是其信息的核心载体。但语言作为其信息载体的局限性体现在单纯利用文字难以精确描述客观对象的物理、化学和数学性质，甚至难以从几何空间的角度去准确描述客观对象的位置。读者在这里可以想象一下，牛顿第一定律用公式表达何其简单，而单纯用文字准确且全面地表达有多难。所以，与单纯依靠文字表达相比，技术方案与技术特征往往更适合用图形加公式的形式来表达。也正是因此，大多数教科书都采用图文并茂的方式。正因为专利申请文件本质上仍然归属于科技文献，在对其开展的翻译工作中，应遵循科技论文写作与翻译的规律，始终在正确理解技术方案的基础之上开展翻译与审校工作。

根据《专利法实施细则》第十七条的规定，发明或实用新型专利申请的说明书应当写明发明或实用新型的名称，该名称应当与请求书中的名称一致。说明书应当包括以下组成部分：

（一）技术领域：写明要求保护的技术方案所属的技术领域；

（二）背景技术：写明对发明或实用新型的理解、检索、审查有用的背景技术；有可能的，并引证反映这些背景技术的文件；

（三）发明或实用新型内容：写明发明或实用新型所要解决的技术问题以及解决其技术问题采用的技术方案，并对照现有技术写明发明或者实用新型的有益效果；

（四）附图说明：说明书有附图的，对各附图作简略说明；

（五）具体实施方式：详细写明申请人认为实现发明或实用新型的优选方式；必要时，举例说明；有附图的，对照附图说明。

在进行专利翻译时，需要注意以下涉及文本翻译的关键点：

1. 专利申请程序及行政确权程序以中文文本为准，优先权文本不是专利审查基础；
2. 根据专利法和司法解释，以中文译文为基准的授权文本限定保护范围，构成侵权判定的基础；
3. 权利要求书乃一份专利的重中之重，各项权利要求的中文表达在申请过程的审查意见答辩中会经历反复多次修改，经专利局审定的最终修订中文文本对于专利保护有着决定性意义；
4. 在申请过程中允许修改申请文本，特别是以外文公布的国际申请（PCT 申请）可以作为中文申请文件的修改依据；但优先权文件一般不构成修改依据；一般情况下，授权文本不允许再修改。

也就是说，在中国，从专利申请到专利审查，从行政确权到司法维权的过程中，各方作出行政或司法决定的基础文本主要是中文文本。从外文到中文的过渡工作由专利翻译人员完成。由此可见，译文是极为关键的权利载体，专利价值最终维系于翻译结果。正是因为这些原因，与以传播技术为主旨的技术文献不同，专利申请文件作为主要由技术内容构成的特殊法律文件，高度依赖作业人员的能力。

本章将结合发明（Patent）与实用新型（Gebrauchsmuster）的权利要求书来详细介绍相关翻译要求。

第一节 权利要求书翻译概述

在德语中，发明专利的权利要求书被称为 Patentansprüche，实用新型的权利要求书被称为 Schutzansprüche（Gebrauchsmusterverordnung）。由于中国《专利法》并未予以区分，所以二者在中译文中都可直接翻译为权利要求书。

从德语语言研究的角度出发，权利要求（Patentansprüche 或 Schutzansprüche）可以理解为发明专利或实用新型中包括关键概念及其关系的特殊段落。该特殊段落一般是由专利代理师根据说明书全文内容与现有技术进行对比、对说明书的内容进行提炼总结而归纳出的发明创造的实质核心。该实质核心是发明人对现有技术所作出的实质性贡献，也是发明人希望按照专利法得到相应保护的技术方案，这些技术方案本身构成专利或专利申请中的一项或多项权利要求。权利要求作为技术方案的实质核心本身是由若干关键概念及其之间的关系所构成的，也常被称为发明点。

为了理解权利要求书的翻译作业要求，下文结合中欧德专利特点，通过详细阐述权利要求书的内涵、法律基础以及内容与形式，以举例方式介绍权利要求的翻译注意事项。

此外，我们有时会在权利要求/专利申请文件中见到繁体中文"專利申請範圍""【第1項】一种方法""【第2項】如請求項第1項所述的方法"。然而，《专利审查指南》第五部分第一章第3节规定："专利申请文件及其他文件应当使用汉字，词、句应当符合现代汉语规范。汉字应当以国家公布的简化字为准。"因此处理繁体中文不仅需要进行文字的简化，还需要对相应的法律术语和技术术语进行适用性修改，才能最终按照中国《专利法》开展专利申请及审查工作。

语言作为科技文献的、尤其是专利文献的重要载体，具有传递关键信息的作用，但其局限性在于仅凭文字难以精确地描述客观事物的物理、化学和数学性质，甚至难以对客观事物在三维空间中的位置进行准确的描述。相比于纯文字表达，技术特征通常更适合使用图形和公式的形式来共同描述，因此教科书通常选择采用图文并茂的形式。

然而，在当前各国专利实务工作中，承载申请人权益核心的权利要求仍然高度依赖以"单纯的文字"来表述所要求保护的技术方案。所以，在发明专利生命期的 20 年中，出于全面保护技术方案之考虑，在权利要求中往往需要对技术特征进行提炼与概括，客观上也使得文字更晦涩难懂。而专利权利要求书正是由若干晦涩难懂的权利要求构成的。

有学者指出，专利权利要求是申请人用技术特征的方式将其希望得到专利保护的技术方案表达出来的语言文字或图形。专利权利要求实际上具有两重含义：请求专利权的确认与请求专利权的救济。请求专利权的确认是向国家专利局提出来的，而请求专利权的救济则是向法院提出来的。前者就是所谓的确权程序，而后者就是所谓的维权程序。在确权程序中，专利申请人首先将其主观认为应得到保护的技术方案用语言描述出来，而后由国家专利局从尽量客观的角度进行判定。在权利受到侵害后的维权过程中，由权利人请求法院判断涉嫌侵权的对象与经专利局判定后的技术方案是否重合，也就是请求法官判断涉嫌侵权的对象是否落入专利权的保护范围。

所以，权利要求书的内涵可以理解为：为满足保护技术方案而采用文字描述的技术方案。为了达成保护目的，翻译人员也需要从多个层次理解权利要求书的内在技术特性和法律要求。

第二节 权利要求的形式与内容

根据中国专利法、细则和审查指南的相关规定，除某些特殊情况如化学类专利的分子式之外，汉字语言构成了权利要求书的唯一信息载体。权利要求书由至少一项（通常为若干项）权利要求构成；而每一项权利要求（也简称为权项）分别都记载一个完整的技术方案（technische Lehre，也称为技术教导）；每一个技术方案又分别由至少一个技术特征（Merkmal）构成。

一、权利要求的典型形式

权利要求所记载的技术方案是以名词解释的方式来描述的，常见的三种表达方式为：

（1）一种 A 装置，其包括 B 部件、C 部件和 D 部件，其中，B 部件具有某技术特征，C 部件具有某技术特征，D 部件具有某技术特征。（装置权利要求）

（2）一种 A 方法，其包括 B 步骤、C 步骤和 D 步骤，其中，B 步骤是以某种方式执行的，C 步骤是在某种条件下执行的，并且 D 步骤在某种状况下得到某种结果。（方法权利要求）

（3）一种将 A 用在 B、C 或 D 三方面之一的用途。（用途权利要求）

上面解析结构列举的前两种情形都有且仅有一个句号，由此也表明了这是三项技术方案，它们描述方式各有不同，且因撰写人员、技术需要和具体场景而彼此各异。这三项技术方案都是针对 A 以拆分方式进行描述的。在上文的三种情形中，A 均被细分成 B、C 和 D，而后者还可以进一步拆分，以至无穷。具体拆分方式是由专利撰写人员（通常为专利代理师）根据自己的理解决定的，虽然其语言表达方式难以穷尽，但大多都采用上述形式。

上面解析结构列举的第三种情形是典型的用途权利要求（Verwendung）。用途权利要求的表达方式旨在利用一组方式状语来限定用途（Verwendung）这个动名词，为便于理解，可将这一段动名词短语转述为中文陈述句：将 A 应用于 B、C 或 D 三方面之一；但在翻译时不建议采用陈述句的方式。

为方便理解权利要求的撰写形式，下面给出一个装置权利要求的典型案例（EP1312974B1）：

Anspruch 6 Elektronische Vorrichtung，umfassend

ein Displayelement（11），

ein Displayschutzfenster (4), das zum Schützen des Displayelements (11) angeordnet ist,

zumindest einen Displaybeleuchter (10),

ein lichtempfindliches Bauteil (8), das zum Steuern der Beleuchtungsstärke des Beleuchters (10) auf der Grundlage des Umgebungslichts angeordnet ist,

einen Lichtwellenleiter (6), der das Umgebungslicht von der Umgebung der Vorrichtung (1) zu dem lichtempfindlichen Bauteil (8) überträgt,

dadurch gekennzeichnet, dass

der Lichtwellenleiter (6) als ein Teil des Displayschutzfensters (4) eingegliedert ist.

在以上案例中，A（Elektronische Vorrichtung）被细分成 B（Displayelement）、C（Displayschutzfenster）、D（Displaybeleuchter）、E（lichtempfindliches Bauteil）和 F（Lichtwellenleiter），而且还可以进一步二次拆分，以至无穷。这是显著不同于普通科技文献的表达形式，需要特别留意版式所体现出的隶属关系以及用以表现隶属关系的动词（此处为 umfassend）。

在翻译时，翻译人员需要遵循以上原则先把技术方案进行分段（参照上面分段方式）。按照语法对权利要求的内容进行解析时，可以看出：

（A）Elektronische Vorrichtung 是主干名词；

（B）ein Displayelement (11) 是隶属于（A）的下级组件；

（C）ein Displayschutzfenster (4) 是隶属于（A）的下级组件；

（D）zumindest einen Displaybeleuchter (10) 是隶属于（A）的下级组件；

（E）ein lichtempfindliches Bauteil (8) 是隶属于（A）的下级组件；

（F）einen Lichtwellenleiter (6) 是隶属于（A）的下级组件。

该权利要求采用第一分词"umfassend"来表明 B、C、D、E 和 F 均是隶属名词 A 的具体组成部分，分别也是一个名词；而 B、C 和 D 等几者之间的位置关系、连接关系、相互作用关系，分别以定语从句的方式进行阐述。

上文提到的技术特征（英文为 technical feature，德文为 technisches Merkmal）是专利领域中最基础的术语，它也是技术与法律结合的概念。例如：ein lichtempfindliches Bauteil (8), das zum Steuern der Beleuchtungsstärke des Beleuchters (10) auf der Grundlage des Umgebungslichts angeordnet ist。单独翻译这一段内容就会得到：光敏器件(8)，其设置用于根据环境光线来控制所述照明装置(10)的照明亮度。它给出了一种表达方式：E 部件，其设置用于……位于逗号之后的定语从句解释了 E 部件的结构或功能。由此可见，各个技术特征描述本身也是典型的名词解释结构。

在翻译时，采用顺译法将各个特征按顺序表达出来即可。但为了按正确逻辑来表达权利要求所要求保护的技术方案，在德文专利的权利要求书中经常会采用引导符号来列出特征，例如"－""a)，b)，c)…"或"1.1，2.1，3.1…"。这些引导符号在形式上用于按顺序罗列各个特征，在逻辑上有助于理解不同特征之间的从属或并列关系，因此在翻译时一般也应当予以保留。它们有助于理解权利要求所要求保护的技术方案，进而便于审查工作。此外，为了在准备译文时保留德文权利要求中特征罗列所蕴含的逻辑关系，最好不仅将罗列所用到的符号予以保留，也尽量遵守德文的分段和排版方式（例如句首缩进）以正确表达隶属关系或并列关系。

综上可知,权利要求描述形式类似于名词解释,通过对装置(Vorrichtung)或方法(Verfahren)的下一层级分解说明来定义一种新的装置或方法。在形式上,常常采用多层次解析方式来细分主干名词(专利法将其称为主题),进而以分层限定方式来定义一个完整的技术方案。用途权利要求的表达方式采取了以动名词用途(Verwendung)为定义对象的方式状语前置。

二、权利要求的内容

权利要求的内容是一个完整的技术方案,其中采用概念及其关系来表述发明创造,旨在追求对新技术方案赋予最大限度的保护。因此,在撰写该技术方案时,专利代理师会尽力采用上位概念去涵盖尽可能宽泛的同类产品,同时惜墨如金地描述这些上位概念之间的关系,力求以最简单的文字表达出一个全新发明创造。

申请专利时,需要按照专利法规定将这种全新发明创造表达为技术方案(德文 technische Lehre,英文 technical solution)。在专利领域,技术方案是若干技术特征之组合,该组合能够利用自然规律,以解决特定技术问题,取得特定技术效果。例如,为使具备电子显示屏的电子设备在适应不同亮度的同时又保证屏幕的整体性,EP1312974B1 的权利要求 6 要求保护的技术方案共具有 M1 到 M7 的七个特征:

(M1) Elektronische Vorrichtung, umfassend

(M2) ein Displayelement (11),

(M3) ein Displayschutzfenster (4), das zum Schützen des Displayelements (11) angeordnet ist,

(M4) zumindest einen Displaybeleuchter (10),

(M5) ein lichtempfindliches Bauteil (8), das zum Steuern der Beleuchtungsstärke des Beleuchters (10) auf der Grundlage des Umgebungslichts angeordnet ist,

(M6) einen Lichtwellenleiter (6), der das Umgebungslicht von der Umgebung der Vorrichtung (1) zu dem lichtempfindlichen Bauteil (8) überträgt,

dadurch gekennzeichnet, dass

(M7) der Lichtwellenleiter (6) als ein Teil des Displayschutzfensters (4) eingegliedert ist.

在前面的举例中,EP1312974B1 的权利要求 6 所要求保护的技术方案是其全部文字内容的总和,因此这段特殊文字也仅在末尾才有唯一的句号。我们通过在句首添加了 M1 到 M7 将该技术方案人为地进行了划分;也可以说,译者可主观认为该权利要求 6 所要求保护的电子设备共有七项技术特征,而这七项技术特征是以特征罗列的方式给出的。通过划分,译者能方便地将复杂长句拆分为短句,并逐个完成翻译,并最终对这七项特征的译文进行组合,特征译文组合得到的技术方案最终可以让电子设备依据环境光线调节手机显示亮度,同时允许显示屏具备整体性外观。由此就完成了对权利要求 6 的翻译。

当然,单纯从德语角度来看,技术特征是阅读人员根据自己的主观判断,借助技术理解来合理地对技术方案进行切分(或者说断句)而得到的。此外,在德文专利撰写时,可能已经采用引导符号来列出特征,这些符号可以是"-""S1, S2, S3...""a), b), c)..."或"1.1, 2.1, 3.1...",甚至就是单纯的句首缩进(若干空格)。这些引导符号在形式上也划分出该权利要求所要求保护的技术方案的各个特征,只是这种划分方式是以专利代理师主观意愿为主的。在专利审查过程中,专利审查员有时也会给出不同的划分方式,但都是针对技术方案的合理划分而已。在翻译之时,最好将一项完整技术特征视为一个整体,由此得到的译文才不会彼此割裂,以至于难以理解。

虽然从语法角度观察,除了在各个特征之内的从句之外,该权利要求本身并没有构成语法意义上的一整句话,而是一个短语,是以词干 Elektronische Vorrichtung 为核心的短语,但是各个特征本身往往具备主、谓、宾、定、状、补,构成各句子成分均完整的从句。

例如在上述例子中,第一分词 umfassend(具有或包括)表明特征 M2 到 M7 都隶属于 Elektronische Vorrichtung。因此从语法上看,这个权利要求所要求保护的技术方案实质上是:M1 包括 M2、M3、M4、M5、M6 和 M7,而 M2、M3 等都另外包括了定语从句,分别仅用于限定 M2 和 M3 自身的特点,当然在后的特征与在前的特征可能存在关联性,例如 M3 的特点与 M2 就是有关系的。由此可见,译者只要记住权利要求本身是解析式思维的一种具体表现,通过顺译法就可以把以德文语言表达的电子设备描述本身顺译为七个模块的分别描述,并依次递进地进行翻译。

根据以上例子可知,译者只要知晓构成权利要求核心内容的技术方案不是抽象名词的堆砌、而是抽象名词之间关系的表达,就能够把翻译重心放在抽象名词本身的名词解释或者抽象名词之间关系的表达(即所谓的技术特征)上。这些技术特征是权利要求书的基石,只要将各个特征自身清楚完整地翻译出来,就在中文上清晰表达了一个技术点,而它们为解决特定技术问题而进行的互相联合就构成了一个完整技术方案,这也是中国专利审查的文本基础。

各个特征的互相联合也是以法律规定为基础的,例如根据《欧洲专利公约》、《德国专利法》及中国《专利法》的相关规定,权利要求应当给出发明创造的技术特征(Merkmal),它们可以是结构性特征(strukturelles Merkmal),也可以是功能性特征(funktionelles Merkmal)。

结构性特征包括部件的形状、部件与部件之间的连接方式和空间位置等。而功能性特征通常是一种技术效果说明,通过描述这种技术效果可以体现部件之间的互相作用方式,进而达到功能性限定(funktionelle Definition)的目的。

结构性特征举例:

所述光导(6)被归为所述显示元件保护窗(4)的一部分。

德文原文:der Lichtwellenleiter (6) als ein Teil des Displayschutzfensters (4) eingegliedert ist.

该技术特征准确描述了光导与保护窗彼此一体的结构特点,使得光导与保护窗之间的结构一体化特点得以凸显,因此被称为结构性特征。为了达成该结构特点,需要大体上遵循上述技术特征的描述。

在处理结构性特征的翻译时,需要注意重点在于部件之间的关系,包括位置关系、连接关系以及逻辑关系。在翻译此类特征时,主、谓、宾的关系确定之后,务必要确定状语、定语以及定语的限定对象,例如 des Displayschutzfensters (4) 作为第二格修饰 ein Teil,倘若将 ein Teil 处理为 Displayschutzfenster (4) 的定语,就会带来结构隶属关系的差异。虽然这种差异有时可能并不明显,但大多数情况下都会导致关系的改变,进而引发不必要的争议。

功能性特征举例:

光敏器件(8),其设置用于根据环境光线来控制所述照明装置(10)的照明亮度。

德文原文:ein lichtempfindliches Bauteil (8), das zum Steuern der Beleuchtungsstärke des Beleuchters (10) auf der Grundlage des Umgebungslichts angeordnet ist.

该技术特征通过描述设置光敏器件的目的而间接限定了该光敏器件的功能特点,因此被称为功能性特征。为了达成该目的(即依据环境亮度而改变照明亮度),实际上可以想到多种合理技术手段,甚至该目的还需要更多措施才能得以达成。考虑到专利文本的阅读对象是本领域技术人员,而当前特征的内容足以让本领域技术人员知晓如何达成相关目的,因此当前特征是以达成照明亮度调节为核心进行阐述的,而没有对照明亮度调节所需要的各项软硬件内容进行详细描述。

此外,在专利文本中,功能性特征为凸显某项功能之达成,经常也会引入对其效果的描述。翻译时,尤其在遇到从句嵌套的情况时,请务必注意理清因果关系,避免将结果认定为原因。

需要注意的是,是否构成功能性特征需要结合具体专利进行个案分析,此处仅仅只是举例,缺乏专利法方面的严谨探究。在本书后续章节中有大量实例供详细研究,此处不作深入展开。

总而言之,权利要求的内容是抽象的,不仅名词抽象,其连接关系、位置关系和相互作用方式也都是采用抽象语言描述的技术特征。在没有说明书和附图的情况下,单纯阅读权利要求是很难理解其内容的。翻译人员在对权利要求进行翻译时,务必结合附图和说明书中的具体实施方式部分进行理解,而后才可开展翻译工作。

第三节　权利要求的类型

在翻译权利要求书之前,有必要先了解权利要求的几种类型。

权利要求有多种划分方式。各国专利法均规定权利要求有独立权利要求和从属权利要求之分。除此之外,视权利要求的技术本质而定,还有方法、装置和产品之分,欧洲德语区国家就此各自有多种划分方式,例如奥地利专利局将权利要求分为以下几种类型:

— 方法：Verfahren［Herstellungsverfahren，technische Verfahren（Arbeitsverfahren）］
— 产品：Erzeugnis（Gegenstand，Sachpatent）
— 化学品和药品：Chemische und Pharmazeutische Produkte（Stoffpatente）
— 微生物：Mikroorganismen
— 装置：Vorrichtungen（Maschinen，Produktionsstraße，...）

下文先从最关键的独立权利要求和从属权利要求开始,分别进行详细解释。

一、独立和从属权利要求

在德语区国家的专利实践中,法律通常规定了三类权利要求,分别为 Hauptanspruch、Nebenanspruch 和 Unteranspruch,其中 Hauptanspruch 被称为独立权利要求(专利业内有时会简称为独权,不少审查部门喜欢将其称为主权项,主权项的描述应该源自德文直译),Unteranspruch 被称为从属权利要求(简称为从权),而 Nebenanspruch 是同一份专利内与 Hauptanspruch 并列的独立权利要求。

独立权利要求的说法源自英文的 independent claim,而从属权利要求的译文源自英文的 dependent claim。顾名思义,独立权利要求不依赖于任何其他权利要求,而从属权利要求是依赖于各自的独权的。独立权利要求的内容自成体系,构成一个完整的技术方案;从属权利要求是对独立权利要求的进一步补充或细化。

虽然一项发明可以拥有无限数量的独立权利要求以及无限数量的从属权利要求,但出于成本考虑,很多欧洲专利都只有合计十五项权利要求,而中国专利十项为多;这是因为欧洲专利法对于超出十五项的情形要求支付额外费用,中国则为十项。

独立权利要求从整体上反映发明或者实用新型的技术方案,记载解决技术问题的必要技术特征（wesentliche Merkmale）。例如,EP1312974B1 的权利要求 6 就是其权利要求 1 的并列独立权利要求:

Anspruch 1 Verfahren zum Steuern der Beleuchtung eines Displays einer elektronischen Vorrichtung,

wobei Umgebungslicht durch einen Lichtwellenleiter（6）an ein lichtempfindliches Bauteil（8）der Vorrichtung（1）geleitet wird, das lichtempfindliche Bauteil einen Displaybeleuchter（10）steuert, der das Display（2）auf der Grundlage des Umgebungslichts beleuchtet,

dadurch gekennzeichnet, dass

der Lichtwellenleiter（6）als ein Teil eines Displayschutzfensters（4）eingegliedert ist.

Anspruch 6 Elektronische Vorrichtung, umfassend

ein Displayelement（11）,

ein Displayschutzfenster（4）, das zum Schützen des Displayelements（11）angeordnet ist,

zumindest einen Displaybeleuchter（10）,

ein lichtempfindliches Bauteil（8）, das zum Steuern der Beleuchtungsstärke des Beleuchters（10）auf der Grundlage des Umgebungslichts angeordnet ist,

einen Lichtwellenleiter（6）, der das Umgebungslicht von der Umgebung der Vorrichtung（1）zu dem lichtempfindlichen Bauteil（8）überträgt,

dadurch gekennzeichnet, dass

der Lichtwellenleiter（6）als ein Teil des Displayschutzfensters（4）eingegliedert ist.

这两个权利要求在该专利文本中都是独立权利要求,分别单独主张一个独立的保护范围。权利要求 1 要求保护一种方法,该方法被用于控制电子设备显示器的照明。权利要求 6 要求保护一种装置,该装置具有特定的结构特征,即,所述光导(6)被归为所述显示元件保护窗(4)的一部分。不难发现,它们共享了最后这个技术特征,也就是本发明对现有技术所作出的实质性贡献关键在于最后这个技术特征。这个特征能够让电子设备在自动调节屏幕亮度的同时,保持屏幕整体性,所以权 1 主张的方法和权 6 主张的装置共享了相同发明构思。当然,尽管这两个独立的技术方案共享了最后这个特征,但这两个独立权利要求所要保护的主题不同,具有完全不同的保护方案。具体而言,权利要求 1 保护方法,权利要求 6 保护装置。独立权利要求 1 与独立权利要求 6 同时存在于该专利之中,彼此构成并列关系,也就称之为并列独立权利要求。

（一）单段式和两段式独立权利要求

在欧洲及德国专利实践中,独立权利要求书撰写有单段式（einteilig）和两段式（zweiteilig）的区别,而两段式也为中国专利实践所广泛采用,其包括前序部分（Oberbegriff）和特征部分（kennzeichnendes Teil）。无论何种形式,权利要求的撰写方式实质上都可理解为一种名词解释方式,其中通过罗列技术特征来对独立权利要求所要求保护的客体进行限定。以下分别为单段式和两段式的举例。

1. 单段式权利要求的示例一

Verbindungsmittel（3,4,5,6）, die derart beschaffen sind, dass diese in zwei zueinander senkrechten Richtungen（7，10；20，21）miteinander formschlüssig verbindbar sind.

在单段式权利要求中，没有对前序部分（Oberbegriff）和特征部分（kennzeichnendes Teil）进行划分，也就是说没有给出现有技术与本发明之间的界限，而是以整体方式限定所要求保护的技术方案。该权利要求就被称为单段式权利要求。

该权利要求所要求保护的客体是连接装置（Verbindungsmittel），随后通过定语从句来限定其制造方式，在方式状语从句中进一步限定在制造过程中该连接装置所应当具有的结构特征。

这种定语从句嵌套方式状语从句的表达方式在翻译时应当原汁原味地予以保留，例如 derart 可以翻译为"如此地"制造，审查部门能够通过其后引导的方式状语从句来理解究竟何为"如此地"。为通顺之故，也有专家希望将其翻译为：一种连接装置（3、4、5、6），它们是按照能够在两个相互垂直的方向上（7、10；20、21）相互形状配合地连接它们的方式来制造的。但也应该意识到，这种表达方式仅适合方式状语从句本身足够简要的情况。

除了文字内容之外，在权利要求中通常会遇到括号内的数字或数字与字母的组合，这些符号被称为附图标记（Bezugszeichen），用于辅助理解，且通常与说明书和附图的相应部件保持一致。在翻译时，无论德文是否有括号，中文都应当将其置于括号之内，标点符号与德文保持一致即可。在行业内，也有将英文逗号转换为顿号的方式。事实上，这些做法对于专利审查和保护都没有实质性影响，也都是可以接受的翻译方式。

2. 单段式权利要求的示例二

Hydraulisch dämpfendes Lager（10）zur Lagerung eines Kraftfahrzeugaggregats an einer Kraftfahrzeugkarosserie, aufweisend ein Auflager（14）und ein Traglager（12），die durch eine Tragfeder（16）aus einem elastomeren Material miteinander verbunden sind，wobei die Tragfeder（16）eine Arbeitskammer（18）begrenzt，die durch eine Trennvorrichtung（20）von einer Ausgleichskammer（22）getrennt ist，wobei die Arbeitskammer（18）und die Ausgleichskammer（22）mit einem Fluid gefüllt und über einen in die Trennvorrichtung（20）eingebrachten Dämpfungskanal（26）miteinander verbunden sind，wobei die Trennvorrichtung（20）zwei Düsenscheiben（28，30）aufweist，zwischen denen eine erste Membran（36）und eine zweite Membran（38）angeordnet sind，und wobei eine der Membranen（36，38）wenigstens ein Durchgangsloch（44）aufweist.

上面这个权利要求来自于国际申请公开 WO 2019/149431，其给出了单段式权利要求的另外一种复杂但也更常见的表达方式。在以上的权利要求中，各个技术特征均采用了连词"wobei"来引导，由于该连词并非修饰成分且通常仅起到语法上的分段作用，故此时建议将译文处理为"其中"的形式，且各个特征均保持独立的段落，用以表明这些特征彼此之间存在逻辑上的独立性（可拆分/可合并性）。连词"其中"之后的逗号是必不可少的，用以区别于"其中"作为定语的情形。相似地，在德文摘要中也经常看到采用"wobei"来代替"dadurch gekennzeichnet，dass"的情况。

针对此类权利要求，在翻译时应以"wobei"作为分割标记，将权利要求分成若干独立句子成分（技术特征）分别对待，再通过分段来厘清整体逻辑结构，例如：

Hydraulisch dämpfendes Lager（10）zur Lagerung eines Kraftfahrzeugaggregats an einer

Kraftfahrzeugkarosserie aufweisend

一种用于在机动车车身上支承机动车动力总成的液压阻尼支承(10)，

ein Auflager (14) und ein Traglager (12), die durch eine Tragfeder (16) aus einem elastomeren Material miteinander verbunden sind,

具有通过由弹性材料构成的托簧(16)相互连接的支座(14)和托座(12)，

wobei die Tragfeder (16) eine Arbeitskammer (18) begrenzt, die durch eine Trennvorrichtung (20) von einer Ausgleichskammer (22) getrennt ist,

其中，该托簧(16)界定通过分隔装置(20)与平衡腔(22)分开的工作腔(18)，

wobei die Arbeitskammer (18) und die Ausgleichskammer (22) mit einem Fluid gefüllt und über einen in die Trennvorrichtung (20) eingebrachten Dämpfungskanal (26) miteinander verbunden sind,

其中，该工作腔(18)和该平衡腔(22)填充有流体，并通过被加入该分隔装置(20)中的阻尼通道(26)相互连通，

wobei die Trennvorrichtung (20) zwei Düsenscheiben (28, 30) aufweist, zwischen denen eine erste Membran (36) und eine zweite Membran (38) angeordnet sind, und

其中，该分隔装置(20)具有两个喷口板(28,30)，在这两个喷口板之间安置有第一膜(36)和第二膜(38)，并且

wobei eine der Membranen (36, 38) wenigstens ein Durchgangsloch (44) aufweist.

其中，所述膜(36,38)之一具有至少一个通孔(44)。

通过以上述方式拆分整句，单段式权利要求便得到逻辑性分解，翻译人员由此能够针对相对短小的语句来逐个分析句子成分。例如，单独观察"wobei eine der Membranen (36, 38) wenigstens ein Durchgangsloch (44) aufweist"，就可以清楚分析其主谓宾的关系，进而针对该从句准确完成翻译。

3. 两段式权利要求的示例

(M1) Elektronische Vorrichtung, umfassend

(M2) ein Displayelement (11),

(M3) ein Displayschutzfenster (4), das zum Schützen des Displayelements (11) angeordnet ist,

(M4) zumindest einen Displaybeleuchter (10),

(M5) ein lichtempfindliches Bauteil (8), das zum Steuern der Beleuchtungsstärke des Beleuchters (10) auf der Grundlage des Umgebungslichts angeordnet ist,

(M6) einen Lichtwellenleiter (6), der das Umgebungslicht von der Umgebung der Vorrichtung (1) zu dem lichtempfindlichen Bauteil (8) überträgt,

dadurch gekennzeichnet, dass

(M7) der Lichtwellenleiter (6) als ein Teil des Displayschutzfensters (4) eingegliedert ist.

在这份权利要求中，在前序部分(Oberbegriff)和特征部分(kennzeichnendes Teil)之间存在一段特

殊表达"dadurch gekennzeichnet, dass"。这段表达在中文中翻译为"其特征在于"或"其特征是"。这段表达的目的是把现有技术与本发明所作出的贡献分成两部分,即,"其特征在于"之前的部分属于做出本发明之时的现有技术,而本发明对该现有技术做出的改进仅在于:"der Lichtwellenleiter (6) als ein Teil des Displayschutzfensters (4) eingegliedert ist."

虽然两段式权利要求更为常见,但单段式权利要求和两段式权利要求对于翻译工作而言并没有实质性区别,仅仅只是德国专利的一种书写方式。两段式权利要求通常会在特征部分中分段展示各个特征,对应译文也应当保留德文的分段方式,即,通过分段将特征准确表达出来,并准确保留排版时的缩进程度。

与单段式名称解释的表达方式相同,在前序部分中,M1 是本发明要求保护的主题电子设备(Elektronische Vorrichtung),M2 到 M6 是对该电子设备的分项限定,而特征部分 M7 也是对该电子设备的限定。M1 到 M7 的组合从整体上反映了该发明的技术方案。

以罗列技术特征的方式撰写权利要求(Patentansprüche in gegliederter Form)是德文专利权利要求书的共同特点,不论单段式还是两段式都是如此。只有在翻译之前对技术特征按德文原文逻辑进行正确划分,明确归属关系,才能正确找到各个技术特征,分别理解各个技术特征并开展翻译工作,就能化繁为简,重现德文原文所追求保护的技术方案。

(二) 从属权利要求

从属权利要求对于专利申请人而言,其重要程度虽不如独权,但在侵权以及无效程序中都有着极为重要的意义。这是因为中国无效宣告程序中专利文件的修改原则规定了发明或者实用新型专利文件的修改仅限于权利要求书,且修改方式仅限于权利要求的删除、技术方案的删除、权利要求的进一步限定、明显错误的修正。权利要求的删除是指从权利要求书中去掉某项或者某几项权利要求,例如独立权利要求或者从属权利要求。技术方案的删除是指从同一权利要求中并列的两种以上技术方案中删除一种或者一种以上技术方案。权利要求的进一步限定是指在权利要求中补入其他权利要求中记载的一个或者多个技术特征,以缩小保护范围。

由此可知,倘若在无效程序中独立权利要求因缺乏新创性而不得不缩窄保护范围时,从属权利要求是唯一的修改依据。从属权利要求的内容也是在申请专利之时就完成翻译并确定了其具体内容的,因此其译文对于生命期长达 20 年的发明专利而言就构成了抵御无效的第二道屏障。

从形式上来看,从属权利要求包括引用部分和特征部分。通常,从属权利要求也有且只有一个句号,在其中"dadurch gekennzeichnet, dass"或"wobei"之后的内容为特征部分。

从文本内容角度来看,从属权利要求(Unteranspruch)实质内容包含其所引用的独立权利要求的全部内容,例如:

权利要求 1 的文本是 A+B+C,权利要求 2 的文本是 D,权利要求 3 的文本是 E;
如果权 2 引用权 1,那么权利要求 2 的文本内容是 A+B+C+D;
如果权 3 引用权 2,那么权利要求 3 的文本内容是 A+B+C+D+E。

倘若 A+B+C 有 500 字,那么对于存在上百项权利要求的专利文本而言,单纯重复 A+B+C 就会导致五万字的冗余。为了节约篇幅,《专利法》专门规定了引用方式,利用短语"根据权利要求 1 所述的"来代替权 1 的真实内容 A+B+C。不难理解,对于多达数百项权利要求的专利或者层层嵌套的引用情形,这样的表述方式更为简要,也凸显了从权所引入的新特征,方便今后行政和司法程序的执行。

以下举例示出 EP1312974B1 的权利要求 6 的从属权利要求 7 和 8。

Anspruch 7 Elektronische Vorrichtung nach Anspruch 6,dadurch gekennzeichnet,dass das Displayschutzfenster (4) und der Lichtwellenleiter (6) einstöckig hergestellt sind.

Anspruch 8 Elektronische Vorrichtung nach Anspruch 6 oder 7,

dadurch gekennzeichnet,dass das Displayelement (11) ein Flüssigkristallelement ist.

其中引用部分为"Elektronische Vorrichtung nach Anspruch 6"和"Elektronische Vorrichtung nach Anspruch 6 oder 7"。一般翻译为:如权利要求 6 所述的电子设备,或者按照权利要求 6 或 7 所述的电子设备。也就是说,引用部分用于指出该从属权利要求隶属于在前的哪个权利要求。从属权利要求要与其所引用的独权主题保持一致,也就是说,不能将权 6 翻译为电子装置,而将权 7 翻译为电子设备。

从文本角度理解,引用部分旨在通过简洁的表达省略从属权利要求所包含的其他权利要求的全部内容,从而达到缩减篇幅的目的。例如权 7 的引用部分明确了权 7 的实质性内容等于权 6 的全部内容加上权 7 的全部内容,而权 6 本身也可能是其他权利要求的从属权利要求,由此就避免了冗长重复,便于阅读理解,也便于审查工作。

值得注意的是,由于欧洲专利法允许复杂的引用关系,所以德国专利文本经常出现引用两项以上权利要求的多项从属权利要求或引用在前的其他多项从属权利要求。而且为了表达从属权利要求的隶属关系,引用部分有时会出现更为复杂的表达方式,例如:根据优选涉及权利要求 1 的前述任一项权利要求所述的高压锅盖子,德文原文:Schnellkochtopfdeckel nach einem der vorhergehenden Ansprüche,bevorzugt bei Rückbezug auf Anspruch 1。

翻译人员通常仅需按德文表达进行直译,这种译文在形式上不符合中国《专利法实施细则》的相关规定,必然会因此收到补正通知书或者审查意见通知书,届时可依据相关程序规定对引用关系加以调整。除德文因 PCT 申请国家阶段的限制而不得不直译的情况之外,在处理此类文本时,翻译人员可以与专利申请人事先协商确定其真实引用关系,并按照中国《专利法》以择一引用的方式进行翻译。

从内容部分角度来看,从属权利要求的引用部分是铺垫,是为了明确特征部分的限定对象,即位于"dadurch gekennzeichnet"之后且以从句方式体现的特征究竟是对谁进行了进一步限定或补充,例如:

权 7 特征部分德文原文:dass das Displayschutzfenster (4) und der Lichtwellenleiter (6) einstückig hergestellt sind.

权 7 特征部分参考译文:该显示元件保护窗(4)和该光导(6)是一体制成的。

权 8 特征部分德文原文:dass das Displayelement (11) ein Flüssigkristallelement ist.

权 8 特征部分参考译文:该显示元件(11)是液晶元件。

此处,权 7 是对所引用的权利要求 6 所作的进一步限定,具体限定了该显示元件保护窗(4)与该光导(6)二者的连接关系为整体式。权 6 仅仅规定了该光导(6)是该显示元件保护窗(4)的一部分;权 7 具体规定了光导"如何"构成保护窗的一部分,即光导整合于保护窗之中,成为它的一体组成部分;权 6 还包括光导虽然构成保护窗的一部分,但仍然可拆分的情况。因此,权 7 是对权 6 特征的进一步细化描述,要求对更为下位的具体特征加以保护。

而权 8 不是单纯对权 6 和权 7 本身的进一步限定,事实上权 8 具有两个内容略有不同的特征,分别为：权6+权8和权6+权7+权8,这是因为权7本身的特征包含了权6+权7。为了简单起见,仅针对权6+权8的情形进行举例说明：权8规定了权6的显示元件是液晶元件,权6本身并未具体定义显示元件的类型,所以权8是对权6的进一步细化,要求对更为下位的具体特征(即液晶元件)加以保护。倘若权6被无效,以权8作为最终保护范围,则该专利最终保护范围将变成权6+权8的全部技术特征所限定的技术方案。

值得注意的是,并列独立权利要求本身也可能包含其他权利要求的技术方案；为避免重复,在后的并列独立权利要求有时也会以引用方式来纳入在先的权利要求,用以代替对重复特征的描述。因此,有些独立权利要求看起来也引用了在先的其他权利要求。但若详细分析就会看出,它们仅仅只是包含或利用了在先权利要求的全部特征,这些并列权利要求本身也是独立权利要求,因此不能单纯根据引用语句存在与否来判断其是否为从属权利要求。这种情况尤其多见于用途权利要求之中。下文将详细介绍方法、装置和用途权利要求之间的差别及其对翻译的影响。

当然,仅仅只是掌握了权利要求的表达与类型,还不足以做出高质量的翻译工作。故此,后文还将从权利要求的内涵和法律规定等方面详细展开。万变不离其宗,权利要求旨在保护技术方案,翻译人员只要能把握核心技术方案的主线,就能完成一份出色的权利要求翻译工作。

二、方法、装置及用途权利要求

下文根据翻译的常见类型,以举例方式介绍方法权利要求(Verfahren)、装置权利要求(Vorrichtung)和用途权利要求(Verwendung)的特点以及翻译注意事项。

(一) 方法权利要求

《专利法》所涉及的方法有两种情形,第一种情形下的方法是由时间上先后执行的一项或多项操作构成的,或者说一项方法是按照特定次序执行的一个或多个步骤之组合；第二种情形下的方法是通过描述某些操作步骤中的一项或多项参数条件来明确限定方法特征的。

步骤组合式方法权利要求

专利申请人为了按照专利法申请保护"时间上先后执行的一项或多项操作"或者说"按照特定次序执行的一个或多个步骤之组合",就需要申请方法专利。方法专利的保护范围由其方法权利要求书来限定,而方法权利要求书本质就是对一项或多项操作亦或一个或多个步骤之组合的描述。换而言之,步骤组合式方法权利要求的本质目的在于：保护一项方法发明的若干关键步骤。而方法发明步骤的本质是以动作为核心的一系列操作,例如常见的步骤表达："将某物质投入到某液体之中",该步骤的表达方式是典型的祈使句。

当然,在此类方法发明的文本中,步骤描述方式也可能是多种多样的。例如,可以在从句中采用主动句来描述,如：dass man ein Polymer in Partikelform mit einem flüssigen Quellmittel quillt,此德文句式为典型的主动陈述句。具体参见以下实例。

1. 方法权利要求例一

Anspruch 1. Verfahren zum Herstellen eines Polymeren, das geschlossene Zellen enthält, dadurch gekennzeichnet, dass man

a) ein Polymer in Partikelform mit einem flüssigen Quellmittel quillt,

b) dann in einem flüssigen Medium dispergiert, wobei das flüssige Medium entweder aus Monomeren oder aus einer Lösung eines Polymeren in einem Monomeren besteht,

c) das flüssige Medium in ein festes Polymer überführt und

d) dann das flüssige Quellmittel aus den dispergierten Polymerteilchen entfernt.

Anspruch 2. Verfahren nach Anspruch 1, dadurch gekennzeichnet, dass man

e) die im Verfahrensschritt b entstandene Dispersion in einer Suspensionsflüssigkeit, in der das flüssige Medium unlöslich ist, suspendiert und

f) die Suspensionsflüssigkeit nach der Überführung des flüssigen Mediums in ein festes Polymer (Verfahrensschritt c) ganz oder teilweise abtrennt.

Anspruch 3. Verfahren zum Herstellen eines Polymeren, das geschlossene Zellen enthält, dadurch gekennzeichnet, dass man

a) ein Polymer in Partikelform mit einem flüssigen Quellmittel quillt,

b) dann in einem flüssigen Medium dispergiert, wobei das flüssige Medium entweder aus Monomeren oder aus einer Lösung eines Polymeren in einem Monomeren besteht, und

e) die im Verfahrensschritt b entstandene Dispersion in einer Suspensionsflüssigkeit, in der das flüssige Medium unlöslich ist, suspendiert.

在以上举例给出的三项方法权利要求中：

1. Anspruch 1 就是所谓的独立权利要求 1(Hauptanspruch)，译文可以是：1. 一种用于生产聚合物的方法；其具体包括了四个方法步骤 a 到 d。可以认为，发明人对于生产聚合物提出了一种改进的工艺流程，其中包括了如上所述的四个步骤；而且发明人认为这四个步骤之组合属于全新的方法，能够达到比现有技术更佳的技术效果。

2. Anspruch 2 是该权利要求 1 的从属权利要求(Unteranspruch)，译文可以是：2. 如权利要求 1 所述的方法；其在 a 到 d 步骤的基础上，进一步增加了步骤 e 和 f。权利要求 2 引用了权利要求 1 的实质性含义是：权利要求 2 所要求保护的技术方案实质上有六个方法步骤：a、b、c、d、e 和 f。引用部分仅为了回避重复 a 到 d 的大量重复文字。此时，权利要求 2 的技术方案比权利要求 1 的技术方案更复杂，因为多了步骤 e 和 f。权利要求 2 的技术方案有赖于权利要求 1 的技术方案，所以从技术角度也能帮助我们理解从属的含义。

3. Anspruch 3 相对于权利要求 1 是并列关系，也就是所谓的并列独立权利要求(Nebenanspruch)，译文可以是：3. 一种用于生产聚合物的方法；其具体包括了三个方法步骤 a、b 和 e。

此处要注意：并列权利要求 3(a、b 和 e)与独立权利要求 1(a、b、c 和 d)相比是存在明显差异的技术方案。这是因为，虽然两者共享了步骤 a 和 b，但彼此有着完全不同的其他步骤，故此构成了彼此不同的技术方案，也必然解决了彼此有差异的技术问题，进而得到了彼此不同的技术效果。

该权利要求是典型的两段式权利要求，其前序部分为：Verfahren zum Herstellen eines Polymeren, das geschlossene Zellen enthält，在处理这段译文的介词"zum"时要特别注意，需要将其处理为 Verfahren 的定语，也就是说，一种用于制造聚合物的方法。此处，定语从句是以 das 为主语的，究竟是指代方法还是聚合物，就需要借助专业技术知识加以区分；由于方法是动作，不可能包含其他物质，所以必然选择聚合物作为定语从句的主语。但是，要准确理解这里的 Zelle 也是比较困难的，单纯借助权利要求 1 到 3 的内容难以领悟，例如究竟是细胞、空腔、电池中的哪个单词更为适当？

针对权利要求个别特征存在多义性的问题，首先应该在本发明的说明书和附图中进行求证，其次才是借助于其他工具。即便是该领域比较常见的词汇，也要首先留意说明书的内容，并以说明书的内容为准来确定权利要求书的措辞。这是因为《专利法》明确规定了，权利要求应当得到说明书支持。在说明书中针对权利要求的内容会出现百分百一致的表达，特别是出现在发明内容部分。在具体实施方式部分往往有更深入的解释和说明，通过对照阅读通常就能够排除技术上不合理的几种译文。

该权利要求的特征部分是对多个步骤的描述，在翻译时应当注意步骤的描述方式是过程描述，核心是动作和状态。例如在上面的例子中，步骤 a 可以采用祈使句来翻译，比如：

a）利用液态膨胀剂将颗粒状聚合物泡胀，

a）ein Polymer in Partikelform mit einem flüssigen Quellmittel quillt，

单独翻译这些步骤本身是对从句内容的翻译，但这些步骤之间是存在一定的逻辑关系的，例如 d）dann das flüssige Quellmittel aus den dispergierten Polymerteilchen entfernt. 这里的时间状语 dann 明确地限定了这个步骤的执行条件是以此前步骤为基础的。步骤描述中的时间状语或连词万万不可擅自增减，因为这些词语限定了明确的执行顺序，对方法权利要求的保护范围有着决定性影响。

在翻译例一的方法权利要求时，由于其特征部分的内容都给出了主语 man，所以步骤内容的语法结构为主动句，德文原文易于理解。但将其处理为中文时，德语主语是不必出现的，因为其实质上也仅仅是语法性质所需要的表达方式而已。其实质性内容仍然为对操作步骤本身的描述。

在真实案例中，以上这种主动句的情况并不多见，下面这个例子是更为常见的表达方式：

2. 方法权利要求例二（WO 2021/160219A1）

Anspruch 17. Verfahren zur Steuerung eines elektromagnetischen Angelköderantriebs umfassend die folgenden Schritte：

– Bereitstellung eines Köderkörpers（102）eines elektromagnetischen Angelköderantriebs nach einem der vorhergehenden Ansprüche 1 bis 13 in einer Körperhülle（100）eines künstlichen Angelköders oder in einer Körperhülle（100）eines toten natürlichen Angelköders，

– Anbringung einer Verbindungsschnur zu einem Angler an einem Befestigungsmittel des Köderkörpers（102）und/oder der Körperhülle（100），

– Herstellen einer elektrischen Verbindung von einer elektrischen Energiequelle（420）zu elektrischen Komponenten eines elektromagnetischen Pendelantriebs，

– Ausbringen der Körperhülle（100）in ein umgebendes Wasser（3）.

例二是典型的单段式权利要求，也是方法权利要求更为常见的形态。之所以单段式权利要求多见于方法权利要求，是因为难以区分现有技术与本发明的贡献，或者甚至现有技术的内容位于靠后的步骤之中，倘若颠倒来写就不利于理解。

在例二中，整个权利要求没有从句，甚至也没有动词。按照语法解析可以理解，Verfahren 包括"Bereitstellung""Anbringung""Herstellen"和"Ausbringen"这四个动名词，而这几个动名词分别也构成各个步骤的核心动作，即，本发明的权利要求应当理解为申请人要求保护一项包括"Bereitstellung""Anbringung""Herstellen"和"Ausbringen"四个步骤的方法。

下面以其中一个步骤为例给出翻译要求的建议：

— Herstellen einer elektrischen Verbindung von einer elektrischen Energiequelle（420）zu elektrischen Komponenten eines elektromagnetischen Pendelantriebs,

— 建立从电源（420）到电磁摆动驱动部的电子部件的电连接；

此处将动词"建立"前置，目的就在于以祈使句来表达动作，动作才是步骤的核心，对一系列动作的准备表达就构成了对一个方法的准确描述。此类步骤都可采用类似方式加以翻译。

方法步骤的典型句型有：

（祈使句，表示动作）将对象 A 按 X 方式连接至对象 B；
（祈使句，表示动作）将 O 数据与 P 数据相比较，并在 Y 状态下对 A 对象执行 Z 操作；
（祈使句，表示动作）使对象 A 与对象 B 发生 X 关系，进而达到 Z 效果；
（陈述句，表示动作）在 W 情况下，A 以 X 方式执行 Y 操作，从而达到 Z 效果；
（陈述句，表示动作）对象 A 以 X 方式执行 Z 操作，使得对象 B 进入 Y 状态；
（陈述句，状态描述）对象 A 是按 X 方式连接至对象 B 的；
（陈述句，状态描述）O 数据是与 P 数据相比较的，并且是在 Y 状态下对 A 对象执行 Z 操作的；
（陈述句，状态描述）对象 A 是与对象 B 发生 X 关系的，从而达到 Z 效果；
（陈述句，状态描述）A 是在 W 情况下以 X 方式执行 Y 操作的，从而达到 Z 效果；
（陈述句，状态描述）对象 A 是以 X 方式执行 Z 操作的，从而使对象 B 进入 Y 状态。

无论德文原文是采用陈述句还是祈使句，因为此类方法步骤的本质都是动作，所以翻译时特别要区分当前权利要求是描述动作还是描述状态。由于方法权利要求力求保护时间上先后执行的一项或多项操作，而"操作"的本质是动作，因此大多数情况下译文应以祈使句为佳。

参数描述式方法权利要求

不同于方法步骤对动作的强调，另一类方法权利要求着重于对状态的描述，或者说对参数条件的描述。例如 EP1312974B1 的权利要求 1：

Anspruch 1 Verfahren zum Steuern der Beleuchtung eines Displays einer elektronischen Vorrichtung,

wobei Umgebungslicht durch einen Lichtwellenleiter（6）an ein lichtempfindliches Bauteil（8）der Vorrichtung（1）geleitet wird, das lichtempfindliche Bauteil einen Displaybeleuchter（10）steuert, der das Display（2）auf der Grundlage des Umgebungslichts beleuchtet,

dadurch gekennzeichnet, dass

der Lichtwellenleiter（6）als ein Teil eines Displayschutzfensters（4）eingegliedert ist.

上述权利要求涉及一种用于控制电子装置显示器亮度的方法，其特征重点在于描述环境光线如何采集以及该电子装置为采集环境光线而做出的结构性创新设计。此处，方法权利要求的核心并非步骤，而是与采集环境光线相关的各项条件之描述。此类权利要求没有典型地以动词前置的方式来体现动作，而是以"wobei"来分隔各项状态或条件参数的描述。因其描述性质，故此译文应以陈述句为主。

值得注意的是层层递进的描述方式,第一段特征先描述了这是一项涉及电子装置显示屏亮度控制的方法,第二段特征描述了环境光线以何种方式改变显示屏的亮度,第三段特征描述了此方法权利要求所需要涉及到的电子装置本身的结构特征。这三段内容所描述的方法权利要求虽然没有任何方法步骤,但是它仍然描述了如何改变显示屏亮度的方法。通过阅读这段内容,移动通信领域的专业人员可以知晓如何达成对显示屏亮度的改变。

由此可见,参数描述式方法权利要求重在描述方法达成的客观条件或参数。

综上,在翻译方法权利要求时,首先需要把握方法专利翻译的对象是"对动作进行描述的语句",还是"对参数进行描述的语句"。前者表达方式更接近祈使句;后者是对状态和条件等参数的细节描述,例如限定设备参数或动作的方式、时机和条件。至于这些限定成分应以动作为核心来表达为祈使句,还是应当以陈述句来描述,除了根据上述分类方式来确定之外,还应根据具体技术场景来具体选择。

(二) 装置权利要求

在专利领域,限定具体实体对象的权利要求被称为装置权利要求。通常体现为 Vorrichtung, Einrichtung, Anordnung, Mittel, Einheit, Maschine 等。装置权利要求的特征通常为结构性描述、部件关系描述以及相互作用关系描述等。关系描述是技术方案以解决特定技术问题为导向的,这是因为装置类技术方案作为一个有机整体,必须利用结构和部件之间的某种特殊关系,才能解决特定的技术问题。因此在对装置类权利要求进行翻译时,注意权利要求之内各个特征的关系是尤为重要的。

下面从部件存在隶属关系和存在几何关系的两个维度分别举例说明此类权利要求的特点以及翻译注意事项,第三个例子以含有部件组合步骤的权利要求为例说明了在翻译含有方法步骤的权利要求时的注意事项。

1. 限定隶属关系的装置权利要求

阅读和翻译装置权利要求的其中一个核心要点就在于:确定部件彼此的隶属关系,例如发明主题(Eine Vorrichtung)所包括的子层级、子层级所包括的孙层级以及这些子层级和孙层级彼此之间的隶属关系。

装置类权利要求的主干通常体现为:

A 包括 B、C 和 D,其特征在于,B、C 和 D 以某种方式建立关系,以实现某项特征。

更常见的撰写框架可以是:

A,用于达成某功能,其包括:B、C 和 D;

其中,B 包括 B1、B2 和 B3,其中,B1、B2 或 B3 为了达成某项功能,而具备某项特征;

其中,C 包括 C1、C2 和 C3,其中,C1、C2 或 C3 为了达成某项功能,而具备某项特征;

其中,D 包括 D1、D2 和 D3,其中,D1、D2 或 D3 为了达成某项功能,而具备某项特征;

其特征在于,

B(B1、B2、B3)、C(C1、C2、C3)和 D(D1、D2、D3)以某种方式连接,从而达到了某个效果。

根据上述总结可知,此类权利要求在描述对象 A 之时,采用解析方式列出其子层级 B、C 和 D 或孙层级的具体细节如功能、结构或性质,在特征部分中还可能重点描写这些子层级或孙层级彼此之间存在的特殊关系。

例如 EP1312974B1 的权利要求 6 作为典型装置权利要求,其技术特征主要在于电子设备的子部件本身。只需要从技术表达准确的角度将原本用德文或英文表达的技术特征准确转换为中文即可。但要特别留意特征 M3 是以特征 M2 为基础的，而特征 M5 是以特征 M4 为基础的，特征 M6 又以特征 M5 为基础，特征 M7 是以特征 M6 为基础的。

其权利要求 6 的译文可以是：

（M1）Elektronische Vorrichtung, umfassend
一种电子设备，其包括：

（M2）ein Displayelement (11),
显示元件(11)；

（M3）ein Displayschutzfenster (4), das zum Schützen des Displayelements (11) angeordnet ist,
显示元件保护窗(4)，其设置用于保护所述显示元件(11)；

（M4）zumindest einen Displaybeleuchter (10),
至少一个显示元件照明装置(10)；

（M5）ein lichtempfindliches Bauteil (8), das zum Steuern der Beleuchtungsstärke des Beleuchters (10) auf der Grundlage des Umgebungslichts angeordnet ist,
光敏器件(8)，其设置用于根据环境光线来控制所述照明装置(10)的照明亮度；

（M6）einen Lichtwellenleiter (6), der das Umgebungslicht von der Umgebung der Vorrichtung (1) zu dem lichtempfindlichen Bauteil (8) überträgt,
光导(6)，其用于将该设备(1)周围的环境光线传送至所述光敏器件(8)；

dadurch gekennzeichnet, dass
其特征在于，

（M7）der Lichtwellenleiter (6) als ein Teil des Displayschutzfensters (4) eingegliedert ist.
所述光导(6)被归为所述显示元件保护窗(4)的一部分。

在进行隶属关系描述时，M1 通过第一分词"包括"（umfassend）就支配了 M2 到 M7，但 M2 与 M7 并非是彼此孤立的。例如特征 M3 定义的保护窗是针对 M2 描述的显示元件提供保护的，两者之间的位置关系和功能关系都在寥寥数语中得到了体现，即显示元件(11)和显示元件保护窗(4)都隶属于电子设备，而显示元件保护窗(4)是用于保护显示元件(11)的。

此外，专利律师在描述该专利所要求保护的电子设备时，为了清晰界定此发明需要保护的技术方案，尽量只列出与解决技术问题有关的必要技术特征。在上面这个例子中，该专利要解决的技术问题在于：在保持设备整体性的前提下，让电子设备具备随环境光线强弱来调节显示屏亮度的功能。因此对其描述的主干内容进行提炼，就能得到以下架构，其中发明主题（子层级）具体为："一种电子设备，其包括：显示元件、显示元件保护窗、显示元件照明装置、光敏器件和光导，其特征在于，光导与显示元件保护窗是整体式的。"通过分析就可以看出，在描述该电子设备的权利要求 1 中，完全没有涉及摄像头、麦克风、通信模组和存储元件等移动通信所必需的设备，这是因为本发明要解决的技术问题与其他功能组件没有关联性。

总之,限定隶属关系的权利要求旨在通过文字来描述所要求保护的技术方案内在的逻辑关系,特别是各个部件之间的联系,它们可能是时间上、空间上或者在信号方面的连接,只要理清各个部件与所要求保护的主题之间的隶属关系,在理解的基础上紧扣权利要求文字的语法,就能够得到一份有质量的译文。

2. 限定几何关系的装置权利要求

限定几何关系的装置权利要求通常涉及多个部件的位置关系,位置关系包括:上下左右、内外包含以及更为复杂的几何形态。虽然在语法表达上,各段特征都以连词"wobei"来区分,但仅正确拆分语句而不理解技术方案,在几何关系描述中依然会出现很多翻译失误。因此,在开展翻译工作之前,不仅要正确解读语法,还需要在对照附图理解具体实施方式的基础上,才可以开始翻译权利要求。

例如德文国际公开(WO 2011/064126 A1)和中国同族(CN 102656379 A)的权利要求1和附图如下:

图中:R 是旋转轴线;R_{a1} 是第二圈环3的径向部分的外径;R_{a2} 是第一圈环4的空心圆柱形部分的外径。R_i 是空心圆柱形部分的最大内径。其他附图标记:1 径向轴承的外侧轴承部分;2 径向轴承的内侧轴承部分。

首先需要具备初步读图能力。以上图为例,该图是沿半径剖视的半剖图,其中仅示出了旋转轴线 R 以上的部件,下半部分因关于轴线 R 对称而加以省略。

其次还需要掌握的是:描述相同或相似部件时,专利文本经常用到第一、第二这样的定语。这是因为在判断专利保护范围时,附图标记如1、2、3、4这样的阿拉伯数字仅用于辅助说明,而起到限定作用的内容大部分要依赖中文表达,因此第一圈环4和第二圈环3并非表示数学上的排序关系,而仅限于区分二者为彼此不同的圈环。

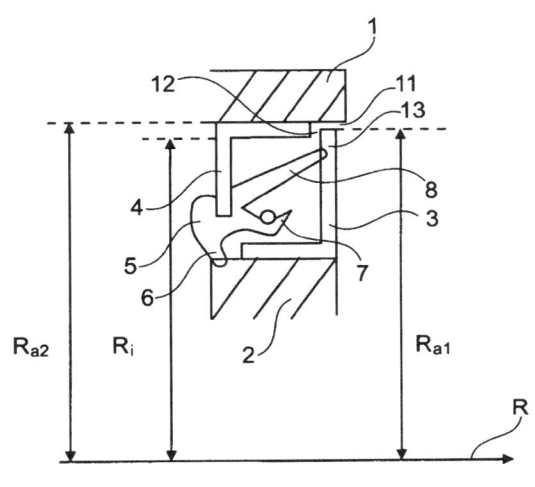

图 4.1 说明书附图示例

根据具体实施方式部分的内容可知,上图示出了本发明的匣式密封件。该匣式密封件由两个圈环3、4构成,它们安装在轴承外圈1与轴承内圈2之间。两个圈环3、4的径向部分之间存在轴向密封唇8。该轴向密封唇8由弹性部分5构成,弹性部分5又被第一圈环4的径向部分所承载。第一圈环4的径向部分位于图中左侧,而第二圈环3的径向部分位于图中右侧。

此外,如图所示,第二圈环3的径向部分的外径 R_{a1} 关于旋转轴线 R 位于第二外径 R_{a2} 与内径 R_i 之间,即 $R_{a2} > R_{a1} > R_i$。

翻译人员在对照附图理解了上文的内容之后,才可以对权利要求的内容进行翻译。

Anspruch 1.
权利要求1.

(M1) Kassettendichtung zur Abdichtung eines Radiallagers,
(M1) 用于密封径向轴承的匣式密封件,

在对该权利要求主题进行翻译时,难点在于多义名词如 Radiallager 以及组合式名词 Kassettendichtung。二者都需要结合说明书记载的内容来确定,而且必须优先结合说明书的内容来选择可能的译文，其次再参照字典，最后才是查找互联网资料。在查找互联网资料时，德文直接对应的中文可信度不高。建议先预设几种可能的中文表达，再去查找相同领域的中文论文，根据该领域专家学者的纯中文论文来确定更贴合的用语。例如，在特征 M1 中，限定了本发明的主题为匣式密封件。此术语显然采用了顺译直译方式，但笔者对其翻译方式持有保留态度；倘若在本领域论文中有其他更贴合的表达，那就应该将其作为首选。

（M2）wobei die Kassettendichtung zwei relativ zueinander bewegbare Ringe（3，4）aufweist und beide Ringe（3，4）einen hohlzylindrischen Teil und einen sich radial erstreckenden Teil aufweisen，

（M2）其中，所述匣式密封件具有两个能够彼此相对运动的圈环（3、4），并且两个圈环（3、4）具有空心圆柱形部分和径向延伸部分，

特征 M2 限定了匣式密封件包括两个圈环。此特征为隶属关系的描述。需要注意的是，第二处动词为复数"aufweisen"，用以限定两个圈环各自特征。当前译文没有体现这种隶属关系，因此不是最佳译文；建议将其改为"二者均具有空心圆柱形部分和径向延伸部分"，以进一步明确隶属关系。

此处术语"径向延伸"必须要结合附图才能理解，图中 R 是旋转轴线，因此 R 本身的延伸方向（即图中横向）就是轴向，而垂直于 R 的方向（即图中竖向）就是直径所在的方向，简称为径向。也就是说，圈环 3 和 4 在图中上下延伸的部分为径向延伸部分，横向延伸部分为轴向延伸部分。

（M3） wobei im Betriebszustand sich die hohlzylindrischen Teile radial und die sich radial erstreckenden Teile axial gegenüberliegen，

（M3）其中，在运行状态中，所述空心圆柱形部分在径向上相对置，并且所述径向延伸部分在轴向上相对置，

特征 M3 是对几何关系的描述，在明确了径向与轴向的基础上，完全可以理解：圈环 3 和 4 的轴向部分在实际立体图中将分别构成一个圆筒，圈环 3 和 4 的圆筒是彼此嵌套的，也就是说一个在内，另一个在外，而这就是"所述空心圆柱形部分在径向上相对置"想要表达的真实几何形态。

M3 中的另一个特征"所述径向延伸部分在轴向上相对置"是指：圈环 3 在图中呈 L 形的竖向部件与圈环 4 同样 L 形的竖向部件在横向上彼此相对。

请务必参照附图来理解以上两段内容。由此可见，需要先结合附图理解径向与轴向，才能准确理解几何位置关系，进而得到准确译文。

（M4） wobei der hohlzylindrische Teil des ersten Ringes（4）in Bezug auf die Rotationsachse einen größeren Außenradius（R_{a2}）als jeder andere hohlzylindrische Teil der Kassettendichtung zur Anordnung innerhalb eines Lagerteils des Radiallagers aufweist，

（M4）其中，所述第一圈环（4）的空心圆柱形部分与所述旋转轴线相关地比所述匣式密封件的任意其他的空心圆柱形部分具有更大的外径（R_{a2}），用以布置在所述径向轴承的轴承部分内部，

特征 M4 着重于说明第一圈环 4 的外径 R_{a2} 是最大的，以上主干内容建立在抓住主谓宾的基础上，即：主语为"der hohlzylindrische Teil des ersten Ringes"，谓语为"aufweist"，宾语为"einen größerer Außenradius"。

在技术文献翻译中很少出现反复限定的情况，例如本句中还存在很多限定语："与旋转轴线相关地"

"与……相比"以及"用以布置在……",下面逐一剖析这几处限定成分的翻译。

"与旋转轴线相关地(in Bezug auf die Rotationsachse)":是为了明确两个外径在进行尺寸对比时的基准。由于参照附图已经明确了轴向和径向,所以即便不这样描述也不会产生歧义。但考虑到圈环3和4本身是具有三维尺寸的立体部件,也还可能与其他旋转体发生关系,所以为明确起见,在比较二者外径尺寸时,将比较的基准明确为"与旋转轴线相关"。这里在"旋转轴线"之前加上限定语"所述"是更贴合德国专利律师原意图的更优译文。

"比所述匣式密封件的任意其他的空心圆柱形部分(als jeder andere hohlzylindrische Teil der Kassettendichtung)"是为了明确比较对象;此处如要避免把后续的目的状语"zur Anordnung..."误作为"jeder andere hohlzylindrische Teil"的定语,就需要回顾特征 M1:用于密封径向轴承的匣式密封件(Kassettendichtung zur Abdichtung eines Radiallagers)。此处结合附图可知,匣式密封件整体位于径向轴承之内;综上分析可知,特征"zur Anordnung innerhalb eines Lagerteils des Radiallagers"并非旨在单独限定"jeder andere hohlzylindrische Teil",而是应当理解为描述整句话的状语。

(M5) dadurch gekennzeichnet, dass ein Außenradius (R_{a1}) des sich radial erstreckenden Teils des zweiten Ringes (3) größer ist als ein Innenradius (R_i) des hohlzylindrischen Teils des ersten Ringes (4) und der Außenradius (R_{a1}) des sich radial erstreckenden Teils des zweiten Ringes (3) kleiner ist als der Außenradius (R_{a2}) des hohlzylindrischen Teils des ersten Ringes (4).

(M5) 其特征在于,所述第二圈环(3)的所述径向延伸部分的外径(R_{a1})大于所述第一圈环(4)的所述空心圆柱形部分的内径(R_i),并且所述第二圈环(3)的所述径向延伸部分的外径(R_{a1})小于所述第一圈环(4)的所述空心圆柱形部分的外径(R_{a2})。

德文权利要求在描述几何关系时经常会出现以上刻画入微的语句。而记载于权利要求1中的这些微小差异恰好就是本发明有别于现有技术的关键性差异,也是经专利律师与企业研发部门反复研究并根据检索分析共同敲定的核心文本,构成了该企业研发成果的最终载体。所以,在翻译此类细节文字时,翻译人员也要精益求精地按语法关系来拆分语句,抽丝剥茧式的具体语法分析将在本书第六章结合实例详细展开。例如,此处先将主干语句提取出来:

dass ein Außenradius (R_{a1}) größer ist als ein Innenradius (R_i) und
der Außenradius (R_{a1}) kleiner ist als der Außenradius (R_{a2}).

在按语法完成主干成分的翻译之后,再依次把各个句子成分的定语,以及整句的状语翻译出来。此处需要注意定语的处理方式:

ein Außenradius (R_{a1}) des sich radial erstreckenden Teils des zweiten Ringes (3)
所述第二圈环(3)的所述径向延伸部分的外径(R_{a1})

从语法上看,德语定语全部后置,而中文定语全部前置;外径(R_{a1})存在两个定语,即径向延伸部分和第二圈环(3),而第二圈环又构成了径向延伸部分的定语;对于此类层层递进的隶属关系就不宜在定语之间插入顿号,这是因为顿号表示前后成分为并列关系。此外,在翻译时把"径向延伸的部分(des sich radial erstreckenden Teils)"处理为一个整体是有利的,这是因为该术语在此专利中反复出现且均以该表达方式完整体现;此时甚至可将其翻译为一个整体,如:径向延伸部。

此外,在翻译比较句时,由于德文语法结构的完全套用可能会因为定语过长而无法表达,有时就需要二次改写,此处给出中文比较句的几种常见译法:

1) 与 A 相比,B 具有更……;
2) A 具有 X 性质;B 具有与之相比更……的 Y 性质;
3) B 具有与 X 性质的 A 相比更高的 Y 性质;
4) B 所具有的 Y 性质比之 A 所具有的 X 性质有着更……。

例如上面的特征就可以转译为:

1) 与第一圈环(4)的空心圆柱形部的内径(R_i)相比,第二圈环(3)的径向延伸部的外径(R_{a1})更大;
2) 第一圈环(4)的空心圆柱形部具有一内径(R_i),第二圈环(3)的径向延伸部具有比所述内径(R_i)更大的外径(R_{a1});
3) 第二圈环(3)的径向延伸部具有与第一圈环(4)的空心圆柱形部的内径(R_i)相比更大的外径(R_{a1});
4) 第二圈环(3)的径向延伸部的外径(R_{a1})比之第一圈环(4)的空心圆柱形部的内径(R_i)更大。

当然,限定几何关系的权利要求还可以按照其他方式进一步划分,比如按照内外嵌套关系、上下关系、运动方向的前后、方位关系等,实际物理对象的空间/时间几何关系多到难以胜数的程度。但对于翻译人员而言,只要能够先对照附图和具体实施方式加以理解,再对照附图来推敲权利要求所涉及的各个部件的相对或绝对方位、相对或绝对位置关系、相对或绝对运动方向关系,就能够抽丝剥茧各个击破每个特征的翻译,进而得到完整的权利要求书译文。

3. 含有方法步骤的装置权利要求

在描述结构、部件关系以及相互作用关系时,单纯依靠文字描述结构必然存在相当的局限性,所以时常需要借助于组装方法的描述来说明,当然也借助于附图来进一步支持。例如 WO 2005/066432 A1 的如下三项权利要求:

Anspruch 1. Verbindungsmittel (3, 4, 5, 6), die derart beschaffen sind, dass diese in zwei zueinander senkrechten Richtungen (7, 10; 20, 21) miteinander formschlüssig verbindbar sind.

Anspruch 2. Verbindungsmittel nach Anspruch 1, dadurch gekennzeichnet, dass das eine Verbindungsmittel (4, 6) die gleiche oder zumindest im Wesentlichen gleiche Geometrie aufweist wie das andere Verbindungsmittel (3, 5).

Anspruch 3. Verbindungsmittel nach Anspruch 1 oder 2, die so beschaffen sind, dass diese verbunden werden können, indem das eine Verbindungsmittel (3, 5) gegenüber dem anderen Verbindungsmittel (4, 6) abgesenkt wird und anschließend die Verbindungsmittel senkrecht zu der Absenkbewegung aufeinander zugeschoben werden.

虽然根据前文知识已经能够知晓,以上三项权利要求旨在保护一种连接装置(Verbindungsmittel)。权利要求 2 引用了权利要求 1,权利要求 3 引用了权利要求 1 或权利要求 2。单纯从文字转译的角度来执行翻译,权 1 的译文可能如下:一种连接装置(3、4、5、6),所述连接装置如此地制造:其可通过正配合而在两个彼此垂直的方向(7、10;20、21)上彼此连接。该译文即便结合附图也难以明确其含义,甚至完全无法理解。当然此处译文欠妥之处不仅仅在于术语"formschlüssig"的翻译错误,复数"diese"没有在中文加以体现,而且还把德文的方式状语描述的结构特征变成了单纯的方法步骤描述,导致该权利要求表达内容不清,难以理解其中文想要表达的含义。当然,单纯阅读德文权1,应该明确复数形式代词"diese"表明多个连接装置存在特殊连接关系,所以还需要对照下面这份专利附图来加以理解。

通过分析德文可知,在权利要求1和3中,分别以方式状语从句来限定连接结构的特征,而方式状语从句实质上是在描述连接步骤。

根据上面的附图并结合权1的德文表达可知,权利要求1描述了这种连接装置的首要特性在于:多个连接装置能够在彼此的垂直方向上(图中为方向7和方向10)采用形状配合的方式两两相连。由此可见,在翻译权利要求时,对照附图进行理解是必不可少的步骤;而且借助于计算机辅助翻译软件把语句拆分之后再进行翻译的方式也是非常不可取的做法,这经常会因欠缺对技术方案的整体理解而导致重大翻译失误。

此处,在结合附图理解该连接装置的两步式组装步骤之后,就可将以上翻译修改为:

建议译文1:一种连接装置(3、4、5、6),所述连接装置是按照能够通过形状配合在两个彼此垂直的方向(7、10;20、21)上彼此连接的方式实现的。

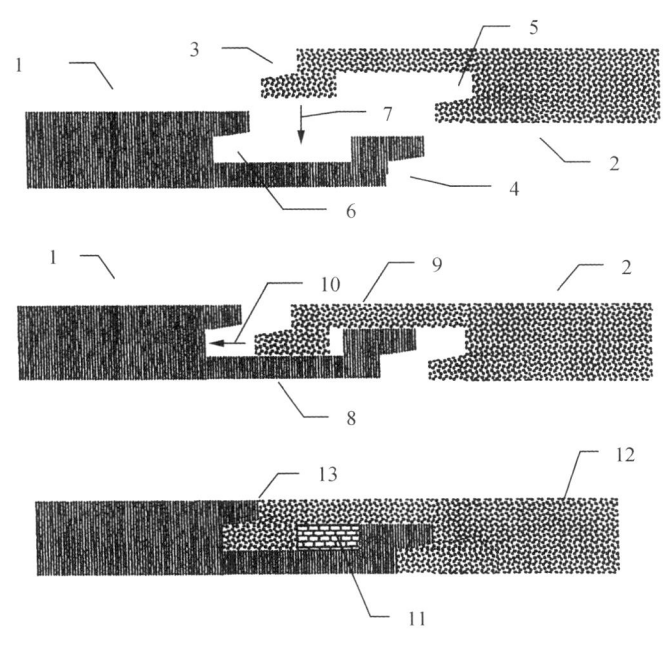

图 4.2　说明书附图示例

建议译文2:一种连接装置(3、4、5、6),所述连接装置是以下述方式实现的,即,若干连接装置能够通过在相互垂直的两个方向(7、10;20、21)上以形状配合方式彼此连接。

此处两个建议译文均采用了陈述句对连接装置的特性进行描述,建议译文1通过"按照……方式"这样的方式状语来表达两两相接的方式,而建议译文2采用顺译法,将方式状语从句如实译出。二者都通过陈述多个连接装置的连接方式来清晰确定这份专利所涉及的部件关系,即,该连接装置具有特定结构,用于彼此拼接组合。这种结构特点是通过连接步骤来间接描述的。

此外,根据以上建议译文可以看出,该权利要求的描述方式类似于名词解释,通过有逻辑地逐项列出发明主题的各个层级技术特征,从部件连接关系、部件自身结构特征以及部件隶属关系等方面,在整体上体现所要求保护的技术方案。在建议的权利要求1译文中,虽然发明人通过描述连接装置的配合连接步骤来间接表征了该连接装置的结构特点,但其仍然是一种结构描述。

引用权利要求1的权利要求2描述了能够两两相连的这种连接装置还彼此拥有相同的几何形状。也就是说,权利要求2是对连接装置本身的结构形状的进一步描述。

而权利要求3通过描述这种连接装置在两两相连时的步骤,间接地描述了这种连接装置所具备的连接特性,即,两个连接装置先执行相对下沉运动,再执行垂直于下沉运动方向上的横向运动。这两个相互垂直的运动针对权利要求1所述的两个彼此垂直方向进行了更为细致的描述,也能够在前面的两张附图中依次得到体现，这也进一步说明了翻译时对照附图的必要性。由此可知，权利要求3的连接步骤描述是对权利要求1的两个相互垂直方向上连接的进一步细化。综上，这三项权利要求分层地寻求保护一种具体实体对象，其中，权利要求3所表达的内容最细致，保护范围也最小。

在含有方法步骤的装置权利要求中，方法步骤是对结构性特征的间接描述，或者利用方法步骤将若干部件之间的必然关系间接表达出来，其核心仍然是装置本身。也就是说，在特征中所包含的方法步骤通常是为表达因某个结构性特点而不得不选择的另一种说法，因此对照附图来进行翻译是非常必要的。

总而言之，无论是限定隶属关系、限定几何关系还是含有方法步骤的装置权利要求，其翻译工作的关键首先都在于理清各个部件之间的从属关系，特别是由于装置类专利所描述的对象是具体部件的关系，不能单纯凭借文字进行翻译，而是需要翻译人员结合附图进行理解，把握各个部件连接关系以及部件自身的具体细节，最终准确执行翻译工作。

（三）用途权利要求

用途权利要求的表达方式旨在利用一组方式状语来限定"用途（Verwendung）"这个动名词。由于德文语法的特点是状语后置，而中文语法的特点是状语前置于动词，因此会出现语句末尾多次出现"用途"的情况。用途权利要求的限定方式显著不同于装置权利要求的描述方式，下面进行举例说明：

例一：WO 2010/072637 A1；CN 102325455 A

Anspruch 14. Verwendung der Mischkristalle nach den Ansprüchen 1 bis 10 zur Herstellung von Backwaren, als Säureregulator in Speisen, in Herstellung von Kosmetikprodukten, in der Synthese und Formulierung von Pharmaprodukten, sowie als Treibmittel in technischen Verfahren.

权利要求14．根据权利要求1—10中任一项的混合晶体在生产焙烤食品中的用途，作为食品中酸调节剂的用途，在生产化妆品中的用途，在合成和配制药物中的用途以及在工业工艺中作为发泡剂的用途。

特别要留意的是：在该中文译文中单独表达了五项用途，也就是说：X 成分在 A 中的用途，在 B 中的用途，在 C 中的用途，在 D 中的用途以及在 E 中的用途。事实上可以将其拆分为多个并列权利要求，例如：

Verwendung der Mischkristalle nach den Ansprüchen 1 bis 10 zur Herstellung von Backwaren.

Verwendung der Mischkristalle nach den Ansprüchen 1 bis 10 als Säureregulator in Speisen.

Verwendung der Mischkristalle nach den Ansprüchen 1 bis 10 in Herstellung von Kosmetikprodukten.

上面这份专利寻求保护混合晶体在生产焙烤食品中的用途，那么该专利在说明书中很可能也给出了具体原理说明以及用以证明技术效果的实验数据；同理，在食品、化妆品等领域也各有不同，说明书或附图也可能有对应的技术效果说明。译文的五个用途是强调保护将其应用于各自领域的用途。考虑到用途权利要求的重要性，当前这种扩展译法是值得推荐的，毕竟这可能关系到该组合物在多个领域的广泛应用是否能够得到相应保护。

此外，此处仔细观察"als Säureregulator in Speisen, in Herstellung von Kosmetikprodukten"就会得到两种翻译方式，其一：作为食品中酸调节剂的用途，在生产化妆品中的用途；其二：作为食品中酸调节剂的用途，作为酸调节剂在生产化妆品中的用途。这两种翻译方式究竟如何取舍，则应对照说明书内相应段落的描述来做选定,不能单纯依靠逗号分隔来草率决定,毕竟撰写专利的律师也可能存在粗心大意的情形。此处若有沟通渠道,也应当与专利申请人或其专利律师取得联系。

还有,此处另一短语的翻译"in der Synthese und Formulierung von Pharmaprodukten"就将德文的语带双关成功移植到了中文译文之中,其语带双关存在两种情形,其一:在合成和配制药物中的用途;其二:在配制药物中和在合成中的用途。由此可见,德文表达"A und B von C"在处理成中文时,较为安全的翻译表达是"C 的 B 和 A",这是因为后者中文也保留了语带双关,即,C 的 B 和 C 的 A;或者 A 以及 C 的 B。

此处需要注意一个细节,德文"nach den Ansprüchen 1-10"被处理为"根据权利要求 1—10 中任一项",这并不是一次翻译失误,而是有经验的翻译人员遵循中国专利法"择一引用"的规定而形成的惯用译文。事实上,对 1 到 10 的全部引用也大致等同于对 1 到 10 的单个引用。

例二:WO2017/157406 A1; CN 108463445 A

Anspruch 34. Verwendung einer Zusammensetzung gemäß einem der Ansprüche 1 bis 16 in Baumaterialien, insbesondere zu mindestens einem der folgenden:

— zum Flammschutz

— zur Wärmedämmung

— zur Wärmespeicherung

— zur Schalldämmung

— zur Abschirmung bzw. Abschwächung von radioaktiven und/oder elektromagnetischen Strahlen.

Anspruch 35. Verwendung einer Zusammensetzung gemäß einem der Ansprüche 1 bis 16 als Bohrlochbeschwerungsmittel.

Anspruch 36. Verwendung einer Zusammensetzung gemäß einem der Ansprüche 1 bis 16 als Geopolymer bzw. zur Herstellung von Geopolymeren, insbesondere mittels Kaliwasserglas.

权利要求 34. 将根据权利要求 1 至 16 之一的组合物用在建筑材料中且尤其是用于以下至少一种的用途:

— 防火;

— 隔热;

— 蓄热;

— 隔音;

— 屏蔽或削弱放射性辐射和/或电磁辐射。

权利要求 35. 将根据权利要求 1 至 16 之一的组合物用作钻井增重剂的用途。

权利要求 36. 将根据权利要求 1 至 16 之一的组合物用作矿物聚合物或尤其借助钾水玻璃制造矿物聚合物的用途。

例二是同一份专利中的三个并列权利要求,它们各自限定了一个完全不同的应用场合。特别要留意的是介词"in""zu""als"各有不同翻译方式:

(1) Verwendung einer Zusammensetzung in Baumaterialien.

将组合物用在建筑材料中的用途。

（2）Verwendung einer Zusammensetzung zu mindestens einem der folgenden：
将组合物用于以下至少一种的用途：

（3）Verwendung einer Zusammensetzung als Bohrlochbeschwerungsmittel.
将组合物用作钻井增重剂的用途。

综上，从德文权利要求可以看出，整个用途权利要求也是一个名词，即 Verwendung 是词干，后续文字都是对它的进一步修饰和说明。从语法角度更进一步观察就会发现 Verwendung 事实上并非名词，而是名词化的动词。也就是说，该短语要表达内容的核心是：将 X 方法用在特定工艺中的用途。所以，其全部后续句子成分应当理解为该用途的状语。

总体上，用途权利要求的表达方式大同小异，翻译时只需要把握其核心语句一般都为：一种将 X 成分或 Y 方法或 Z 设备用于特定领域的用途。至于究竟有多少用途以及限定所用的定语究竟修饰哪个用途，这些疑问都需要对照说明书的记载，才能更为准确地确定。

总而言之，用途权利要求的翻译工作关键点首先在于厘清在先限定的成分、方法或装置用在哪个领域，其次才是把握具体应用领域的具体细节。

实际上的分类方式更多，但只要把握新产品、新配方和新物质的翻译方式大多类似于装置权利要求，而方法权利要求的翻译大多都专注于具体步骤，应用权利要求集中于现有或本发明公开的装置、组合物或方法在新领域的应用；再进一步把握装置权利要求类似于名词解释，方法权利要求类似于步骤说明，应用权利要求描述现有或本发明的方法或设备在新领域的用途，就足以应对大多数的权利要求理解和翻译工作。

下面以 DE 102019135601A1（其中国同族公开号为 CN115003994A）为例进行解析。

其附图如下：

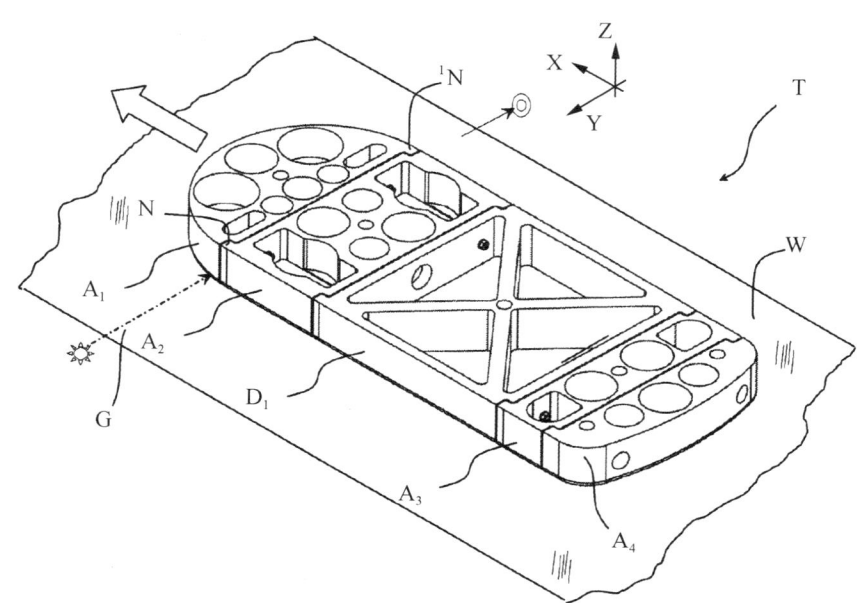

图 4.3　CN115003994A 说明书附图 1

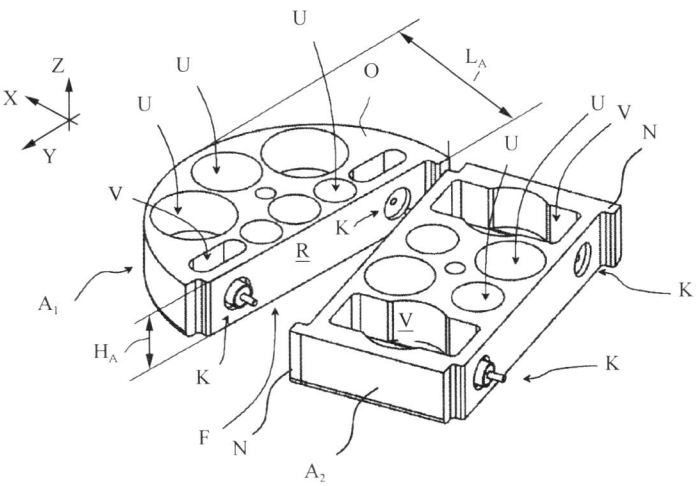

图 4.4　CN115003994A 说明书附图 2

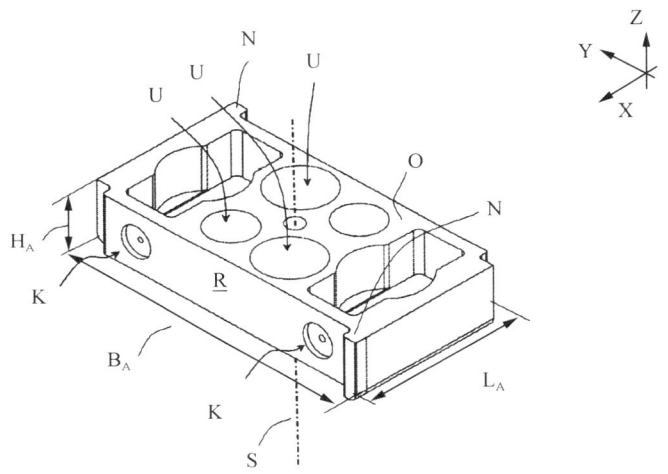

图 4.5　CN115003994A 说明书附图 3

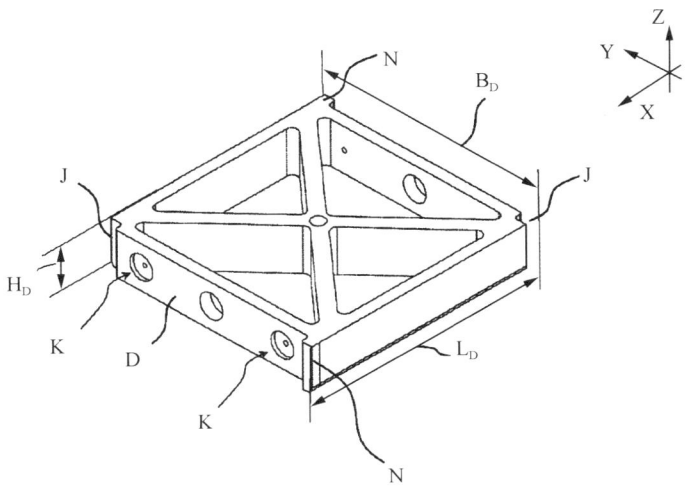

图 4.6　CN115003994A 说明书附图 4

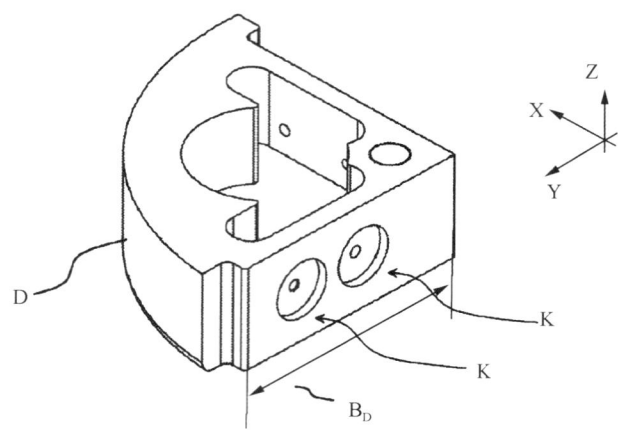

图 4.7 CN115003994A 说明书附图 5

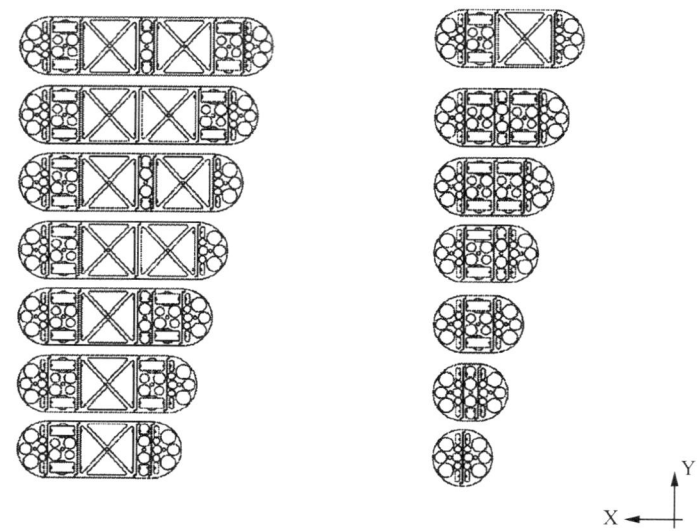

图 4.8 CN115003994A 说明书附图 6

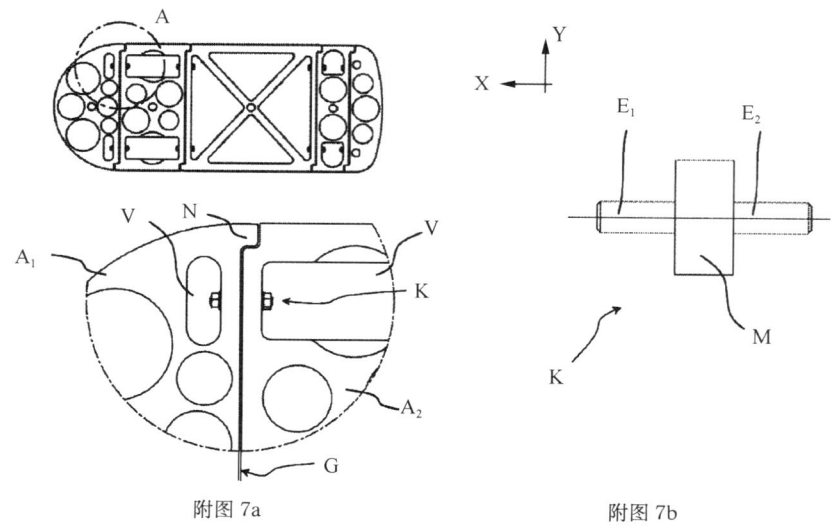

附图 7a   附图 7b

图 4.9 CN115003994A 说明书附图 7a 和附图 7b

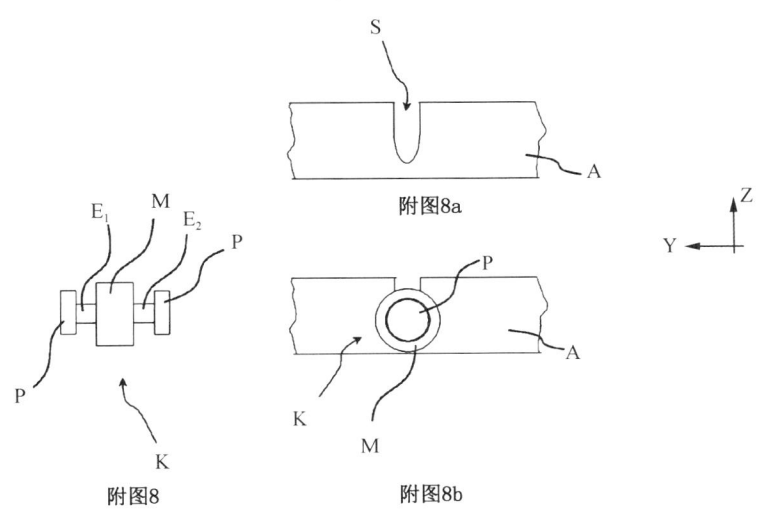

图 4.10　CN115003994A 说明书附图 8、附图 8a 和附图 8b

【权利要求书译例】

1. Prüfkörpersystem, umfassend wenigstens zwei miteinander koppelbare Elemente, die dabei in einer Längsrichtung (X) hintereinander und/oder in einer zur Längsrichtung (X) rechtwinkligen, vorzugsweise horizontalen Querrichtung (Y) nebeneinander anordenbar sind, um einen die wenigstens zwei Elemente umfassenden Zug (T) mit einer vorgebbaren Gesamtprüflast und/oder einer vorgebbaren X-Länge und/oder einer vorgebbaren Y-Breite auszubilden und über eine Oberfläche (W) eines Messsystems zu führen,

【参考译文】　一种试样系统,包括至少两个能相互连接的元件,这些元件能在纵向(X)上接连和/或在垂直于该纵向(X)的优选水平的横向(Y)上并排布置,以便形成包括所述至少两个元件的行列(T)并且以便引导该行列经过测量系统的一表面(W),其中,所述行列具有可预定的总试验负荷和/或可预定的 X 长度和/或可预定的 Y 宽度,

【重难点解析】　权利要求 1 采用第一分词"umfassend"来表明"wenigstens zwei miteinander koppelbare Elemente"是隶属名词"Prüfkörpersystem"的组成部分;而这些"Elemente"的连接关系是"能相互连接",位置关系则由"die"所引导的从句来明确,即,它们"能在纵向(X)上接连布置"和/或"在垂直于该纵向(X)的优选水平的横向(Y)上并排布置";另外,需要注意的是,在"in einer zur Längsrichtung (X) rechtwinkligen, vorzugsweise horizontalen Querrichtung"中,主体结构是"in einer Querrichtung","rechtwinklig"和"horizontal"都是用来修饰"Querrichtung",而"zur Längsrichtung"则是对"rechtwinklig"的进一步限定。

在翻译"um... zu..."引导的不定式时,需要首先明确两个不定式结构的宾语都是"Zug",无论是"wenigstens zwei Elemente umfassenden"还是后面介词"mit"引导的短语结构都是用来修饰"Zug"的;明确"mit"引导三个并列成分,即"einer vorgebbaren Gesamtprüflast""einer vorgebbaren X-Länge"和"einer vorgebbaren Y-Breite",翻译时切勿混淆或遗漏;另外,由于"mit"引导的短语结构太长,如果作为形容词放置在"行列"之前,可能会造成不必要的歧义,因此通过补充连词"其中"而在译文中将该短语结构后置,既能明确修饰关系,又能使行文更为简明流畅。

a) wobei wenigstens ein erstes Element der wenigstens zwei Elemente ausgebildet ist als Aufnahmeelement（A）, welches sich mit einer Länge（L_A）in Längsrichtung（X）, mit einer Breite（B_A）in Querrichtung（Y）und mit einer Höhe（H_A）in einer zur Längsrichtung（X）und zur Querrichtung（Y）orthogonal verlaufenden Höhenrichtung（Z）erstreckt, und eine Grundfläche（F）zur Auflage auf der Oberfläche（W）aufweist,

【参考译文】 其中,所述至少两个元件中的至少一个第一元件设计成容纳件(A),该容纳件以沿纵向(X)的长度(L_A)、沿横向(Y)的宽度(B_A)和沿正交于该纵向(X)和该横向(Y)二者延伸的高度方向(Z)的高度(H_A)延伸并具有用于安放在该表面(W)上的底面(F),

【重难点解析】 在德文权利要求中,各个技术特征通常采用连词"wobei"来引导,此时该连词仅起到语法上的分段作用,故建议将译文处理为"其中"的形式且各个特征均保持独立的段落,用以表明这些特征彼此之间存在逻辑上的独立性(可拆分/可合并性)。连词"其中"之后的逗号是必不可少的,用以区别于"其中"作为定语的情形。在翻译时可将"wobei"作为分割标记,将权利要求分成若干独立句子成分分别对待,这样一来不仅整体逻辑结构一目了然,而且单段式权利要求的整句长度也得到逻辑性分解,使得翻译人员能够针对相对短小的语句来逐一分析句子成分。

"wenigstens ein"在专利中很常见,用于限定部件的数量,通常合译为"至少一个"。

在"welches"引导的定语从句中,分别通过状语结构"mit einer Länge（L_A）in Längsrichtung（X）""mit einer Breite（B_A）in Querrichtung（Y）"和"mit einer Höhe（H_A）in einer zur Längsrichtung（X）und zur Querrichtung（Y）orthogonal verlaufenden Höhenrichtung（Z）"对延伸(erstrecken)的方式加以描述;而在三者中,"in Längsrichtung"和"in Querrichtung"分别对"Länge"和"Breite"作进一步限定,而对"Höhe"的限定更为复杂,因为在这里通过状语结构"zur Längsrichtung（X）und zur Querrichtung（Y）orthogonal"对"Höhenrichtung"本身的延伸方式进行说明。

b) und wobei wenigstens ein weiteres Element（A, D）der wenigstens zwei Elemente ausgebildet ist

【参考译文】 并且其中,所述至少两个元件中的至少另一个元件(A,D)被设计成

【重难点解析】 此处的"und"表明"wobei"所引导的特征与前文中"wobei"引导的特征是并列关系,因此在译文中不能省略。

此句与下文中 b_1) 与 b_2) 引导的内容是有关联的,因此在翻译时应注意保持译文句子的完整性与通顺度。

b_1) als weiteres Aufnahmeelement（A）, dessen Dimensionsabmessungen mit denen des ersten Aufnahmeelements（A）übereinstimmen oder sich in wenigstens einer Abmessung davon unterscheiden, oder

【参考译文】 另一容纳件(A),其设定尺寸与该第一容纳件(A)的设定尺寸一致或在至少一个尺寸上与之不同,或者

【重难点解析】 为明确"dessen"和"denen"各自的指代关系,译文中最好将原文缺省的成分补充完整,例如将"denen des ersten Aufnahmeelements（A）"增译为"该第一容纳件(A)的设定尺寸"。

留意状语"in wenigstens einer Abmessung"与动词"sich — unterscheiden"之间的修饰关系,用以限定两

者的"Dimensionsabmessungen"究竟有何区别或者说就哪一点而言彼此不同。

b_2)als Distanzelement(D),welches sich mit einer Länge(L_D)in Längsrichtung(X),mit einer Breite(B_D)in Querrichtung(Y)und mit einer Höhe(H_D)in Höhenrichtung(Z)erstreckt;

【参考译文】 间隔件(D),其以沿纵向(X)的长度(L_D)、沿横向(Y)的宽度(B_D)和沿高度方向(Z)的高度(H_D)延伸;

【重难点解析】 本句中同样采用状语结构来明确修饰关系。
译文应尽量遵守德文的分段和排版方式,例如句首缩进,以正确表达隶属关系或并列关系。

c)wobei jedes als Aufnahmeelement(A)oder Distanzelement(D)ausgebildete Element(A,D)Koppelmittel(K)aufweist,um zwei in X-Richtung oder Y-Richtung unmittelbar hintereinander bzw. nebeneinander angeordnete Elemente(A,D)lösbar miteinander koppeln zu können,

【参考译文】 其中,每个设计为容纳件(A)或间隔件(D)的元件(A,D)具有连接机构(K),以便能将两个在X方向或Y方向上前后紧接的或并排紧邻的元件(A,D)可分离地相互连接,

【重难点解析】 本句中需要注意的是"unmittelbar"一词对"hintereinander"和"nebeneinander"作进一步限定,表明两个在X方向或Y方向上接连或者并排布置的元件之间并没有设置其它元件,因此在这里分别译作"前后紧接"和"并排紧邻"。
"lösbar miteinander koppeln"在这里表示两个元件相互连接,而这种连接并非是永久性的,而是可以再次解除的。翻译"koppeln"一词时,定词要谨慎,因为该词在不同领域的译法颇多,例如在电子及电信领域通常译为"耦合",而在光学领域通常涉及光的射入和射出(einkoppeln/auskoppeln)。但在这里,由于并未明确其连接手段,因此在翻译时为避免造成限制,因此优选采用上位概念,直接译为"连接"。

d)und wobei jedes Aufnahmeelement(A)einen Grundkörper(R)mit einer oder mehreren Taschen(U)aufweist,wobei wenigstens eine Tasche(U)zur temporären Aufnahme eines Prüfgewichts(G)ausgebildet ist.

【参考译文】 并且其中,每个容纳件(A)具有带有一个或多个凹处(U)的主体(R),其中,至少一个凹处(U)设计用于暂时容纳测试砝码(G)。

【重难点解析】 "mit einer oder mehreren Taschen"是对"Grundkörper"的限定,因此在译文中作为形容词放置在"主体"之前;"einer oder mehreren"是对"Taschen"数量可能性的说明,故译为"一个或多个"。
"Aufnahme"一词涉及到动词"Aufnehmen"的用法,该动词通常译为"容纳"或者"接纳",这两种译法虽然都表示"容放",但又有所区别:"容纳"表示"内置",而"接纳"则内外皆可;在这里,由权利要求书和说明书可知,"Tasche"用于将测试砝码容放在其内部,因此"Aufnahme"在这里译为"容纳"。

2. Prüfkörpersystem nach Anspruch 1,ferner umfassend wenigstens ein Distanzelement(D),um einen Zug(Z)aus mehreren hintereinander und/oder nebeneinander angeordneten und miteinander gekoppelten Elementen(A,D)in einer vorgebbaren Gesamtlänge und/oder Gesamtbreite zusammenstellen zu können,wobei Distanzelemente(D)des Prüfkörpersystems nicht zur Aufnahme vom Prüfgewichten vorgesehen sind.

【参考译文】　根据权利要求1所述的试样系统,还包括至少一个间隔件(D),以便能按照可预定的总长度和/或总宽度由多个接连和/或并排布置的且相互连接的元件(A,D)构成一个行列(Z),其中,该试样系统的间隔件(D)并非设置用于容纳测试砝码。

【重难点解析】　权利要求2为从属权利要求,包括引用部分和特征部分,其中,引用部分用于指出此从属权利要求隶属于在前的哪项权利要求,故这里按照惯例译为"根据权利要求1所述的试样系统";而特征部分则对引用部分的技术特征作进一步限定,根据文本内容,此权利要求中的特征部分为"ferner umfassend wenigstens ein Distanzelement (D), um…"。"um… zu…"结构用于对间隔件的用途/功能进行具体描述,这部分的句子结构相对复杂,具体拆分如下:根据"aus"与"zusammenstellen"的搭配可知,句子主体为"以便能由多个元件构成一个行列",构成行列的方式由状语"in einer vorgebbaren Gesamtlänge und/oder Gesamtbreite"来限定,而形容词短语"hintereinander und/oder nebeneinander angeordneten"和"miteinander gekoppelten"则对元件的位置关系和连接关系予以说明。
翻译 wobei 引导的从句时,要注意"nicht"在译文中的位置,"间隔件并非设置用于容纳测试砝码"和"间隔件设置用于不容纳测试砝码"这两种表达的区别相当大,前者否定了"间隔件被用于容纳测试砝码",而后者则表示"间隔件被用于阻止容纳测试砝码"。

3. Prüfkörpersystem nach Anspruch 1 oder 2, dadurch gekennzeichnet, dass die Koppelmittel (K) der Aufnahmeelemente (A) gleich ausgebildet sind wie die Koppelmittel (K) der Distanzelemente (D), um wahlweise zwei Distanzelemente (D) oder zwei Aufnahmeelemente (A) oder ein Aufnahmeelement (A) und ein Distanzelement (D) eines Zuges (T) unmittelbar miteinander zu koppeln.

【参考译文】　根据权利要求1或2所述的试样系统,其特征是,该容纳件(A)的连接机构(K)设计成与该间隔件(D)的连接机构(K)相同,以便选择性地将一个行列(T)的两个间隔件(D)或两个容纳件(A)或一个容纳件(A)和一个间隔件(D)直接相互连接。

【重难点解析】　牢记专利中的常见表述"dass A gleich ausgebildet sind wie B",通常译为"A设计成与B相同",这有助于明确句子的成分关系。
"wahlweise"多译为"选择性地",用于表示从两种以上的实施方式中进行选择,例如在这里可以选择"两个间隔件(D)相互连接"或者"两个容纳件(A)相互连接"或者"一个容纳件(A)和一个间隔件(D)相互连接"。
"unmittelbar"译为"直接地",而"mittelbar"译为"间接地",就连接而言区别在于是否借助其它中间媒介(元件、机构等)来产生连接。

4. Prüfkörpersystem nach einem der vorigen Ansprüche, dadurch gekennzeichnet, dass der Grundkörper (R) der Aufnahmeelemente (A) eine der Grundfläche (F) abgewandte Oberseite (O) aufweist, wobei sich die Taschen (U) senkrecht zur Oberseite (O) und/oder entlang der Höhenrichtung (Z) in den Grundkörper (R) hinein erstrecken.

【参考译文】　根据前述权利要求之一所述的试样系统,其特征是,该容纳件(A)的主体(R)具有背对该底面(F)的顶侧(O),其中,所述凹处(U)以垂直于该顶侧(O)和/或沿该高度方向(Z)的方式向着该主体(R)之内延伸。

【重难点解析】 在专利文献中,用"abgewandt"和"zugewandt"表示方位(取向)关系是很常见的,一般分别译为"背对……"和"朝着/面向……",而在这里作为形容词,其前面与之搭配的名词为第三格。在wobei引导的从句中,"senkrecht zur Oberseite（O）und/oder entlang der Höhenrichtung（Z）in den Grundkörper（R）hinein"整体作为方式状语修饰"erstrecken",其中,"in＋名词第四格＋hinein"的用法表示动作取向与趋势,而非静态的状态描述,因此译为"向着该主体（R）之内延伸"。

5. Prüfkörpersystem nach einem der vorigen Ansprüche, dadurch gekennzeichnet, dass die Höhe（H_A, H_D）der Aufnahmeelemente（A）und/oder der Distanzelemente（D）im Verhältnis zur Länge（L_A, L_D）und/oder zur Breite（B_A, B_D）gering ausfällt, so dass die Elemente（A, D）einen vorzugsweise flachen Körper bilden, wobei vorzugsweise gilt

a)（L_A, L_D）＞（H_A, H_D）und/oder（B_A, B_D）＞（H_A, H_D）, vorzugsweise（L_A, L_D）＞5（H_A, H_D）und/oder（B_A, B_D）＞3（H_A, H_D）und/oder

b) $H_A = H_D$ und/oder

c) $B_A = B_D$.

【参考译文】 根据前述权利要求之一所述的试样系统,其特征是,与该长度（L_A, L_D）和/或该宽度（B_A, B_D）相比,所述容纳件（A）的和/或所述间隔件（D）的高度（H_A, H_D）相对小,因此所述元件（A, D）形成优选扁平的物体,其中,优选适用的是：

a)（L_A, L_D）＞（H_A, H_D）和/或（B_A, B_D）＞（H_A, H_D）,优选（L_A, L_D）＞5（H_A, H_D）和/或（B_A, B_D）＞3（H_A, H_D）,和/或

b) $H_A = H_D$,和/或

c) $B_A = B_D$。

【重难点解析】 德文中以"A im Verhältnis zur B"表示对比关系时,为了避免逻辑混乱,译文中通常会将B单独提前,采用"与B相比,A……"或者"比之B,A……"的表述方式。
"ausfallen"一词在这里意为"in bestimmter Weise geartet",表示具有某种性质或特征,因此无需专门译出。
注意区分"flach""flächig"和"eben","flach"通常译为"扁平的","flächig"译成"平面的",而"eben"多译为"平坦的"。

6. Prüfkörpersystem nach einem der vorigen Ansprüche, dadurch gekennzeichnet, dass das wenigstens eine Distanzelement（D）einen Distanzelementkörper aufweist, der zur Gewichtsreduzierung als Wabe oder Stabwerk ausgebildet ist und/oder wenigstens eine Aussparung aufweist, die den Distanzelementkörper in Z-Richtung teilweise oder vollständig durchdringt.

【参考译文】 根据前述权利要求之一所述的试样系统,其特征是,该至少一个间隔件（D）具有为了减轻重量而被设计成蜂窝或杆系的间隔件本体和/或具有至少一个在Z方向上部分或完全穿过间隔件本体的凹口。

【重难点解析】 权利要求6中主句结构为A具有B和/或C,在这里,A是间隔件,B是间隔件本体,而C则是凹口。"der"引导的前一个定语从句用于修饰间隔件本体,其中,"zur Gewichtsreduzierung"是"als Wabe oder Stabwerk ausgebildet"的目的;"die"引导的后一个定语从句则用于修饰凹口,"in Z-Richtung"和"teilweise oder vollständig"都是对"durchdringen"的限定,分别描述方向和程度。

7. Prüfkörpersystem nach einem der vorigen Ansprüche, dadurch gekennzeichnet, dass zwei in X-Richtung unmittelbar aneinander gekoppelte Elemente（A，D）eines Zuges（T）einander in Y-Richtung teilweise überdecken.

【参考译文】 根据前述权利要求之一所述的试样系统,其特征是,一个行列(T)的两个在X方向上直接相连的元件(A,D)在Y方向上相互部分重叠。

【重难点解析】 在权利要求7中,形容词短语"in X-Richtung unmittelbar aneinander gekoppelte"表明两个元件的连接关系,而状语结构"einander in Y-Richtung teilweise"则限定"überdecken"的方向与程度。

8. Prüfkörpersystem nach einem der vorigen Ansprüche, dadurch gekennzeichnet, dass ein Element（A，D）einen X-Y-Außenquerschnitt aufweist

a) mit der Form eines regelmäßigen oder unregelmäßigen Vielecks mit einer Breite（B_A，B_D）und einer Länge（L_A，L_D），und/oder

b) mit einem wenigstens teilweise gerundeten Abschnitt, der sich über die Breite（B_A，B_D）erstreckt und die Form eines Klöpperbodens oder eines Kreisbogens, insbesondere eines Viertelkreises oder eines Halbkreises, aufweist.

【参考译文】 根据前述权利要求之一所述的试样系统,其特征是,一个元件(A,D)具有X-Y外截面,该外截面具有

a) 正多边形或非正多边形的具有宽度(B_A,B_D)和长度(L_A,L_D)的形状,和/或

b) 至少部分倒圆的部分,该部分延伸经过该宽度(B_A,B_D)并且具有球冠或圆弧、尤其是四分之一圆或半圆形的形状。

【重难点解析】 定词时应注意德文对应的释义,同时查证中文译文,例如此处的"regelmäßiges Vieleck"和"unregelmäßiges Vieleck"不能想当然地译为"有序多边形"和"无序多边形",而应采用对应的固定译法:"正多边形"和"非正多边形"。

"Klöpperboden"在中文中通常译为"封头",是一种用以封闭容器端部使其内外介质隔离的元件。但封头具有多种形状,在这里若直接沿用该译法,可能会造成误解。因此,通过结合说明书及附图可知,"Klöpperboden"在这里意为"abgeflachte Halbkugelform",因此可译为"球冠"或"半球形"。

9. Prüfkörpersystem nach einem der vorigen Ansprüche, dadurch gekennzeichnet, dass die jeweils zwei Elemente miteinander koppelnden Koppelmittel（K）dazu ausgebildet sind, Zug-und/oder Schub-und/oder Druckkräfte zwischen den zwei Elementen zu übertragen, wobei die Koppelmittel elastisch sind, um unter Beibehaltung der Kopplung

a) ein biegeschlaffes Verkippen der miteinander gekoppelten Elemente（A，D）relativ zueinander innerhalb vorgebbarer Toleranzen zuzulassen, insbesondere um eine in Längsrichtung（X）oder Querrichtung（Y）oder Höhenrichtung（Z）verlaufende Kippachse, und/oder

b) eine translatorische Bewegung der zwei Elemente relativ zueinander zuzulassen, und/oder

c) die Übertragung von Stößen zwischen den zwei Elementen zu dämpfen und/oder zu federn.

【参考译文】 根据前述权利要求之一所述的试样系统,其特征是,连接相应两个元件的连接机构(K)被设计

成在这两个元件之间传递拉力和/或推力和/或压力,其中,该连接机构是弹性的,用以在保持连接的情况下

a) 允许这些相互连接的元件(A,D)彼此相对地在可预定的公差内以柔性弯曲的方式倾转,尤其是绕沿纵向(X)或横向(Y)或高度方向(Z)延伸的倾转轴线,和/或

b) 允许所述两个元件彼此相对平移运动,和/或

c) 抑制或缓冲在所述两个元件之间的冲击之传递。

【重难点解析】 "die jeweils zwei Elemente miteinander koppelnden Koppelmittel"在这里建议译为"连接相应两个元件的连接机构被设计成……";若译为"将各自两个元件相连的连接机构设计成……",则有可能理解成:将"两个元件各自相连的连接机构"设计成……。

"Schubkraft"在中文中有多种译法,在定词时应综合考虑,以避免不必要的误解,故这里应译为"推力",而非"剪切力"。

翻译a)项时,应注意的是,"biegeschlaff"和"relativ zueinander innerhalb vorgebbarer Toleranzen"都是对"verkippen"这一动作的限定,其中,"biegeschlaff"表示元件倾转时能够柔性弯曲,而非应力或张紧程度减小,因此不得译为"松弛地"。

翻译c)项时,须明确"dämpfen"和"federn"的对象均为"Übertragung von Stößen",因此要抑制或缓冲的是"冲击之传递",而非"冲击"本身。

10. Prüfkörpersystem nach einem der vorigen Ansprüche, dadurch gekennzeichnet, dass zwei unmittelbar miteinander gekoppelte Elemente(A,D)zwischen sich einen Abstand, insbesondere einen Spalt, bilden, um eine direkte Kontaktierung der zwei Elemente(A,D)auch bei deren Relativbewegungen zueinander weitgehend oder vollständig zu vermeiden.

【参考译文】 根据前述权利要求之一所述的试样系统,其特征是,两个直接相连的元件(A,D)在彼此间形成间距、尤其是间隙,以便在其彼此相对运动时也基本上或完全避免这两个元件(A,D)的直接接触。

【重难点解析】 这里的"sich"并不是与动词"bilden"搭配,而是与"zwischen"连用,表示间距形成在两个元件之间,故译为"在彼此间形成间距"。

11. Prüfkörpersystem nach einem der vorigen Ansprüche, dadurch gekennzeichnet, dass Elemente（A,D）mit unterschiedlichen Längen（L_A, L_D）bzw. Breiten（B_A, B_D）vorgesehen sind,wobei die Längen bzw. Breiten nach einem Rastermaß ausgebildet sind,bei dem die Länge（L_A, L_D）bzw. Breite（B_A, B_D）eines Elementes（A,D）gebildet wird durch ein vorzugsweise ganzzahliges Vielfaches einer Basislänge bzw. Basisbreite, und wobei ein kürzestes bzw. schmälstes Element（A,D）die Basislänge bzw. Basisbreite oder ein Vielfaches der Basislänge bzw. Basisbreite aufweisen kann.

【参考译文】 根据前述权利要求之一所述的试样系统,其特征是,设有具有彼此不同的长度(L_A, L_D)或宽度(B_A, B_D)的元件(A,D),其中,所述长度或宽度按照度量网格形成,在该度量网格中,一个元件(A,D)的长度(L_A, L_D)或宽度(B_A, B_D)按照优选整数倍的基本长度或基本宽度形成,并且其中,最短或最窄元件(A,D)能具有所述基本长度或基本宽度或所述基本长度或基本宽度的多倍。

【重难点解析】 "Rastermaß"在用于光栅时译为"栅距",表示相邻光栅之间的距离;但在这里,它被用来描述长度和宽度,由"基本长度"和"基本宽度"呈网格状拼接形成,按照"基本长度"和"基本宽度"的数量(倍数)进行度量,故译为"度量网格"。

12. Prüfkörpersystem nach einem der vorigen Ansprüche, ferner umfassend maschinenlesbare Kennmittel, um innerhalb eines Zuges (T) für wenigstens ein Element (A, D)

a) eine am Element (A, D) vorgesehene Elementidentifikation, und/oder

b) dessen Position innerhalb des Zuges (T) relativ zu wenigstens einem weiteren Element (A, D), und/oder

c) dessen Abmessung in Längsrichtung (X) und/oder in Querrichtung (Y) und/oder Höhenrichtung und/oder dessen Leergewicht, und/oder

d) die Bestückung mit Prüfgewichten nach Art und Position der Prüfgewichte innerhalb des Aufnahmeelements (A), und/oder

e) dessen Gesamtgewicht und/oder Gewichtsverteilung in Längsrichtung (X) und/oder Querrichtung (Y) manuell oder automatisch erfassen zu können.

【参考译文】 根据前述权利要求之一所述的试样系统，还包括机读标识机构，以便能以人工或自动的方式在一个行列(T)内针对至少一个元件(A,D)来检测

a) 设置在该元件(A,D)上的元件标识，和/或

b) 其在该行列(T)内相对于至少另一个元件(A,D)的位置，和/或

c) 其空重和/或其沿纵向(X)和/或横向(Y)和/或高度方向的尺寸，和/或

d) 测试砝码的装载，按照所述测试砝码的类型和在该容纳件(A)之内的位置，和/或

e) 其总重和/或沿纵向(X)和/或横向(Y)的重量分布。

【重难点解析】 权利要求12中的a)~e)项在语法上是"um...zu..."结构的组成部分，确切来说是动词"erfassen"的宾语，因此在翻译时应注意保持译文句子的关联性与通顺度。

要明确b)、c)及e)项中"dessen"的指代对象均为"wenigstens ein Element"，即"至少一个元件"。

c)项中"in Längsrichtung (X) und/oder in Querrichtung (Y) und/oder Höhenrichtung"限定的是"尺寸"，而e)项中"in Längsrichtung (X) und/oder Querrichtung (Y)"限定的是"重量分布"，因此c)及e)项中分别将"空重"和"总重"前置，以避免歧义。

d)项中检测的是"测试砝码的装载"，而后面的"nach Art und Position der Prüfgewichte innerhalb des Aufnahmeelements (A)"则用于明确检测的具体"装载"参数，在这里是"所述测试砝码的类型"和"在该容纳件(A)之内的位置"。

13. Zug (T), gebildet durch eine Anordnung von wenigstens zwei Elementen (A, D) eines Prüfkörpersystems nach einem der vorigen Ansprüche, mit wenigstens einem Aufnahmeelement (A), welches in X-Richtung und/oder Y-Richtung mit einem unmittelbar angrenzenden weiteren Element (A, D) gekoppelt ist.

【参考译文】 一种行列(T)，其由根据前述权利要求之一的试样系统的至少两个元件(A,D)排布形成，该行列具有至少一个容纳件(A)，该容纳件在X方向和/或Y方向上连接至紧邻的另一个元件(A,D)。

【重难点解析】 权利要求13与权利要求1同为装置权利要求，同时存在于此专利之中，彼此构成并列关系，故称之为并列独立权利要求。并列独立权利要求本身也可能包含其他权利要求的技术方案；为避免重复，在后的并列独立权利要求有时也会以引用方式来纳入在先的权利要求，例如此处的"根据前述权利要求之一的试样系统"。

要明确的是"gebildet durch eine Anordnung von..."与"mit wenigstens einem Aufnahmeelement"都是用来描述"Zug"的特征,二者是并列的关系,而"welches"引导的定语从句则修饰"Aufnahmeelement",这从词性上可以区分。

"Anordnung"在这里采取了巧妙的转译,按照德文原句,"行列"是由"至少两个元件"的"Anordnung"形成的。因此本质上"行列"是由"至少两个元件"形成的,这也可从前述权利要求中得到佐证;而形成的方式则是对"至少两个元件"进行"Anordnung",即"排布",故译为"由至少两个元件排布形成"。

14. Verfahren zur Prüfung von Messsystemen unter Nutzung eines Prüfkörpersystems nach einem der vorigen Ansprüche, umfassend folgende Schritte:

a) Bildung eines Zuges (T) mit wenigstens zwei miteinander gekoppelten, in X-Richtung hintereinander liegenden und/oder in Y-Richtung nebeneinander liegenden Elementen (A, D), von denen wenigstens ein Element ein Aufnahmeelement (A) ist;

b) Bestücken einer Anzahl (n) der Taschen (U) der Aufnahmeelemente (A) mit Prüfgewichten (G) zur Ausbildung einer Gesamtprüflast des Zuges (T), wobei gilt $n > 0$;

c) Bewegen des Zuges in X-Richtung durch bzw. entlang des Messsystems

d) Erfassen und Auswerten von Messwerten, welche das Messsystem im Zusammenhang mit wenigstens einer physikalischen Größe des Zuges, insbesondere seines Gesamtgewichts und/oder seiner Gewichtsverteilung, erfasst.

【参考译文】 一种用于利用根据前述权利要求之一的试样系统测试测量系统的方法,包括以下步骤:

a) 形成一个行列(T),其具有至少两个相连的、在X方向上前后接连和/或在Y方向上并排的元件(A,D),其中的至少一个元件是容纳件(A);

b) 给所述容纳件(A)的多个(n)凹处(U)装载测试砝码(G)以形成该行列(T)的总测试负荷,其中,$n>0$;

c) 使该行列在X方向上运动经过该测量系统或沿该测量系统运动;

d) 采集并评估由该测量系统测得的与该行列的至少一个物理参数、尤其是其总重和/或其重量分布相关的测量值。

【重难点解析】 权利要求14为方法权利要求,亦为权利要求1的并列独立权利要求。此权利要求为典型的单段式权利要求,这也是方法权利要求较为常见的形态。其中,通常采用名词短语和动名词短语来描述各个步骤的核心动作,而非状态,因此在翻译时建议采用祈使句。按照语法解析,这里的Verfahren包括"Bildung""Bestücken""Bewegen"和"Erfassen und Auswerten"这四个步骤。

翻译b)项时,要注意的是标记"(n)"在译文中的位置。由于n是凹处U的数量,而在译文中与凹处数量对应的表达是"多个",因此标记"(n)"应该紧跟在"多个"后面。同时,还要明确"A mit B bestücken"的用法,译为"给A装载B",而在这里,A是"所述容纳件(A)的多个(n)凹处(U)",而B是"测试砝码(G)"。

c)项中的动作是"Bewegen durch bzw. entlang des Messsystems",动作的对象是"Zug",而"in X-Richtung"限定的是运动方向,而非"Zug"本身。

d)项中welche引导的定语从句用于修饰"Messwerten",该定语从句的主体结构是"测量系统测得测量值",由此得到译文中的形容词结构"由该测量系统测得的测量值";而"im Zusammenhang mit"引导的状语结构则将测量值的测量对象具体限定为"wenigstens einer physikalischen Größe des Zuges",尤其是"Gesamtgewicht"和"Gewichtsverteilung",由此得到译文中的形容词结构"与该行列的至少一个物理参数、尤其是其总重和/或其重量分布相关的"。

15. Verfahren nach dem vorhergehenden Anspruch, dadurch gekennzeichnet, dass durch die Bestückung der Taschen（U）eine vorgebbare Gewichtsverteilung entlang der Gesamtlänge（L_T）und/oder der Gesamtbreite（B_T）des Zuges（T）nachgebildet wird.

【参考译文】 根据前述权利要求之一所述的方法，其特征是，通过对所述凹处（U）进行装载来模拟沿该行列（T）的总长度（L_T）和/或总宽度（B_T）的可预定的重量分布。

【重难点解析】 权利要求15同样描述步骤的核心动作，由于德文采用完整的从句，故译文中建议使用陈述句。在这里，"durch die Bestückung der Taschen（U）"为方式状语，用于表示动作"nachbilden"的方式；动作的对象是"Gewichtsverteilung"，而"entlang der Gesamtlänge（L_T）und/oder der Gesamtbreite（B_T）des Zuges（T）"则是对"Gewichtsverteilung"的进一步限定。

第四节　涉及权利要求书的其他翻译工作

在中国从专利申请到专利审查、从行政确权到司法维权的过程中，各方作出行政或司法决定的基础文本主要是中文文本，其中关键内容大都涉及权利要求书的中文内容，包括：

一、涉及分案的权利要求翻译工作

在德国，分案申请（Teilanmeldung）的法律基础为《德国专利法》第三十九条。《欧洲专利公约》第七十六条也有着如下规定：

Eine europäische Teilanmeldung ist nach Maßgabe der Ausführungsordnung unmittelbar beim Europäischen Patentamt einzureichen. Sie kann nur für einen Gegenstand eingereicht werden, der nicht über den Inhalt der früheren Anmeldung in der ursprünglich eingereichten Fassung hinausgeht; soweit diesem Erfordernis entsprochen wird, gilt die Teilanmeldung als an dem Anmeldetag der früheren Anmeldung eingereicht und genießt deren Prioritätsrecht.

与之相应，《中国专利法实施细则》第四十三条规定：依照本细则第四十二条规定提出的分案申请，可以保留原申请日，享有优先权的，可以保留优先权日，但是不得超出原申请记载的范围。由此可见，分案申请在欧洲、德国和中国都存在相同的限制条件，即，不得超出原申请记载的范围（中国）；der nicht über den Inhalt der früheren Anmeldung in der ursprünglich eingereichten Fassung hinausgeht（欧洲）。

另外，《欧洲专利局审查指南》规定：

Die europäische Patentanmeldung darf nur eine einzige Erfindung enthalten oder eine Gruppe von Erfindungen, die untereinander in der Weise verbunden sind, dass sie eine einzige allgemeine erfinderische Idee verwirklichen.

也就是说：在欧洲也有着一项专利只保护一项发明的相关规定，多项发明合案申请的前提是它们需要拥有彼此相同的发明思想。倘若审查员指出专利申请不满足单一性的要求（Erfordernis der

Einheitlichkeit der Erfindung),那么有可能会要求申请人将当前的专利申请分成两个独立的申请,这也就是所谓的分案申请(Teilanmeldung)。

例如:德文国际公开(WO 2011/064126 A1)和中国同族(CN 102656379 A)的两项并列权利要求1和9内容如下:

Anspruch 1. Kassettendichtung zur Abdichtung eines Radiallagers, wobei die Kassettendichtung zwei relativ zueinander bewegbare Ringe (3,4) aufweist und beide Ringe (3,4) einen hohlzylindrischen Teil und einen sich radial erstreckenden Teil aufweisen, wobei im Betriebszustand sich die hohlzylindrischen Teile radial und die sich radial erstreckenden Teile axial gegenüberliegen, wobei der hohlzylindrische Teil des ersten Ringes (4) in Bezug auf die Rotationsachse einen größeren Außenradius (R_{a2}) als jeder andere hohlzylindrische Teil der Kassettendichtung zur Anordnung innerhalb eines Lagerteils des Radiallagers aufweist, dadurch gekennzeichnet, dass ein Außenradius (R_{a1}) des sich radial erstreckenden Teils des zweiten Ringes (3) größer ist als ein Innenradius (R_i) des hohlzylindrischen Teils des ersten Ringes (4) und der Außenradius (R_{a1}) des sich radial erstreckenden Teils des zweiten Ringes (3) kleiner ist als der Außenradius (R_{a2}) des hohlzylindrischen Teils des ersten Ringes (4).

权利要求 1. 用于密封径向轴承的匣式密封件,其中,所述匣式密封件具有两个能够彼此相对运动的圈环(3、4),并且两个圈环(3、4)具有空心圆柱形部分和径向延伸部分,其中,在运行状态中,所述空心圆柱形部分在径向上相对置,并且所述径向延伸部分在轴向上相对置,其中,所述第一圈环(4)的所述空心圆柱形部分与旋转轴线相关地比所述匣式密封件的任意其他的空心圆柱形部分具有更大的外径(R_{a2}),用以布置在所述径向轴承的轴承部分内部,其特征在于,所述第二圈环(3)的所述径向延伸部分的外径(R_{a1})大于所述第一圈环(4)的所述空心圆柱形部分的内径(R_i),并且所述第二圈环(3)的所述径向延伸部分的外径(R_{a1})小于所述第一圈环(4)的所述空心圆柱形部分的外径(R_{a2})。

Anspruch 9. Installationsverfahren einer Kassettendichtung in ein Radiallager, bei dem eine radiale Dichtlippe (7) von einem ersten Ring (4) der Kassettendichtung getragen wird und auf einem hohlzylindrischen Teil eines zweiten Ringes (3) der Kassettendichtung während eines Einpressvorgangs dichtend anliegt, dadurch gekennzeichnet, dass ein Einpresswerkzeug (9) mit einer konischen axialen Außenfläche (14) die Kassettendichtung mittels axialer Kraftübertragung vom zweiten Ring (3) auf den ersten Ring (4) eingepresst.

权利要求 9. 将匣式密封件安装到径向轴承中的方法,其中,径向密封唇(7)由所述匣式密封件的第一圈环(4)承载并且在压入过程中密封地靠置在所述匣式密封件的第二圈环(3)的空心圆柱形部分上,其特征在于,压入工具(9)以圆锥形轴向外部面(14)借助从所述第二圈环(3)到所述第一圈环(4)上的轴向力传递而将所述匣式密封件压入。

根据以上权利要求1和权利要求9的技术特征可以得知,这两个技术方案彼此之间几乎没有任何相同内容。针对这种情形,中国专利局审查员主动要求进行分案,最终该专利申请在分案后分别通过了审查,成为了两份独立的专利,即 CN102656379B 和 CN104314990B。

除了应专利局要求进行分案之外,在第一次提出专利申请之后,倘若专利申请文件的权利要求书文本内容偏离了预期目标，申请人也可主动从最初申请专利的文本内容中提取关键技术特征，重新进行排列组合，以得到不同于在先申请（frühere Anmeldung，也称之为母案，德语 Stammanmledung）的保护范围。当然，通过特征重新排列得到的技术方案需要能够得到在先申请的支持，还需要满足一定的时间要求（即符合提出分案申请的时机），才能通过实质性审查，成为授权专利。

在这里要特别注意的是，中国审查部门不主动核查母案的外文表达，而是基于中文母案的内容来判断分案申请是否超出原申请记载的范围。所以，在处理分案申请翻译时，不能偏离母案的中文文本自由翻译，而是要尽量遵循母案的原始译文表达。也就是说，对于分案权利要求书的翻译任务，必须严格参照母案译文，从术语到文字表达都要尽量与母案保持一致。

二、涉及权利要求修改的翻译工作

权利要求最初由申请人主观采用描述的技术方案；在随后的申请程序中，为了取得合理保护范围，申请人可以主动修改权利要求，也可能为满足审查要求而在审查或复审程序中被动修改权利要求；授权后，权利要求也可能在无效程序中再次得到主动/被动修改。

具体而言，权利要求书的翻译不限于申请阶段的翻译工作如对国际公布文本的翻译以及国际阶段修改的翻译，也包括在审查意见答辩过程中对权利要求所做修改的翻译，还包括在无效阶段对权利要求或技术方案的合并与删除之翻译。此外也涉及权利要求修改说明的翻译，这些内容不仅包括权利要求勘误，还包括新引入特征的出处及相关依据。

涉及 PCT 申请的修改与翻译

根据《专利合作条约》第十九条、二十八/四十一条和三十四条的规定，申请人可以对权利要求书、说明书和附图进行修改。这些修改在进入中国时需要提交中文译文。

Artikel 19 - Änderung der Ansprüche im Verfahren vor dem Internationalen Büro

《专利合作条约》(PCT)第十九条　向国际局提出对权利要求书的修改

(1) Nach Eingang des internationalen Recherchenberichts ist der Anmelder befugt, einmal die Ansprüche der internationalen Anmeldung durch Einreichung von Änderungen beim Internationalen Büro innerhalb der vorgeschriebenen Frist zu ändern. Er kann gleichzeitig eine kurze, in der Ausführungsordnung näher bestimmte Erklärung einreichen, mit der er die Änderungen erklären und ihre Auswirkungen auf die Beschreibung und die Zeichnungen darlegen kann.

一、申请人在收到国际检索报告后，有权享受一次机会，在规定的期限内对国际申请的权利要求向国际局提出修改。申请人可以按细则的规定同时提出一项简短声明，解释上述修改并指出其对说明书和附图可能产生的影响。

(2) Die Änderungen dürfen nicht über den Offenbarungsgehalt der internationalen Anmeldung im Anmeldezeitpunkt hinausgehen.

二、修改不应超出国际申请提出时对发明公开的范围。

(3) In einem Bestimmungsstaat, nach dessen nationalem Recht Änderungen über den Offenbarungsgehalt

der Anmeldung hinausgehen dürfen, hat die Nichtbeachtung des Absatzes 2 keine Folgen.

三、如果指定国的本国法准许修改超出上述公开范围，不遵守本条第二款的规定在该国不应产生任何后果。

根据 PCT 第十九条的规定，修改仅限于权利要求，修改不能偏离原始公开文本记载的内容。如图 4.11 所示的 WO 2014/106792，中文同族 CN104919075 如图 4.12 所示。

WO 2014/106792　　　　PCT/IB2013/061225

1

GEÄNDERTE ANSPRÜCHE
beim Internationalen Büro eingegangen am 13 August 2014 (13.08.2014)

1. Verfahren zur Herstellung zumindest einer Schicht (32) für feststoffbasierte Dünnschichtbatterien (100) vermittels eines Plasma-Pulver-Sprühers (1) mit einem Plasmaerzeugungsbereich (10) und mit mindestens einem örtlich davon getrennten Mischbereich (20), umfassend die Schritte:
   - Erzeugen eines Plasmagasstroms (13) aus einem Zündgasstrom (12) im Plasmaerzeugungsbereich (10);
   - Erzeugen eines Pulver-Aerosolstroms (44) aus einem Trägergasstrom (41) aus einem Trägergasreservoir (42) und Pulverpartikeln (48) aus einem Pulverreservoir (43), wobei die Pulverpartikel (48) unter Beimischung von Trägergas (42) in das Pulverreservoir (43) derart entnommen werden, dass im Pulver-Aerosolstrom (44) über einen Entnahmezeitraum hinweg ein konstanter Massenstrom dM/dt an Pulverpartikeln (48) und ein konstantes Mischungsverhältnis von Pulverpartikeln (48) und Trägergas (42) eingestellt wird;
   - Einbringen des Pulver-Aerosolstroms (44) und des Plasmagasstroms (13) in den mindestens einen Mischbereich (20), so dass ein Plasma-Pulver-Aerosol (24) entsteht;
   - Richten eines Plasma-Pulver-Aerosolstroms (34) aus dem mindestens einen Mischbereich (20) auf ein in einem Beschichtungsbereich (30) angeordnetes Substrat (33); und
   - Abscheiden einer Schicht (32) auf dem Substrat (33) aus Pulverpartikeln (48), die im mindestens einen Mischbereich (20) und/oder im Plasma-Pulver-Aerosolstrom (34) und/oder im Beschichtungsbereich (30) oberflächlich angeschmolzen oder in ihrer Kristallstruktur geändert werden.

2. Verfahren nach Anspruch 1, wobei der Pulver-Aerosolstrom (34) durch eine Einrichtung geführt wird, die ihn auf eine für die Prozessführung erforderliche Temperatur bringt.

GEÄNDERTES BLATT (ARTIKEL 19)

图 4.11　修改权利要求书(德文)

```
                          权  利  要  求  书        19条修改标记页
        1.一种用于借助等离子体-粉末喷枪(1)制造基于固体的薄膜电池(100)的
    至少一个层(32)的方法，该等离子体-粉末喷枪包括等离子体产生区(10)和至
    少一个在局部与所述等离子体产生区分开的混合区(20)，该方法包括以下步
  5 骤：
        • 在所述等离子体产生区(10)内由点燃气流(12)产生等离子体气流(13)；
        • 由来自载气储藏容器(42̶26)的载体气流(21̶41)和来自粉末储藏容器(27̶43)
    的粉末颗粒(23̶48)产生粉末-气溶胶流(44)，其中，所述粉末颗粒(48)在载气
    (42)混入该粉末储藏容器(43)中的情况下被如此取出，即在所述粉末-气溶胶
 10 流(44)中在取出期间调节出粉末颗粒(48)的恒定质量流 dM/dt 和粉末颗粒(48)
    和载气(42)的恒定混合比；
        • 将所述粉末-气溶胶流(44)和等离子体气流(13)引入所述至少一个混合区
    (20)，从而出现等离子体-粉末-气溶胶(24)；
        • 使来自所述至少一个混合区(20)的等离子体-粉末-气溶胶流(34)被引向
 15 设置在涂覆区(30)内的基材(33)；和
        • 在该基材(33)上由改性的粉末颗粒(23̶48)沉积出一层(32)，所述粉末颗
    粒在所述至少一个混合区(20)内和/或在所述等离子体-粉末-气溶胶流(34)内和
    /或在所述涂覆区(30)内被在表面熔化或其晶体结构发生改变改性。
        2.根据权利要求 1 的方法，其中，所述粉末颗粒(23)在载气(12)混入该粉
 20 末储藏容器(43)中的情况下被如此取出，即在所述粉末-气溶胶流(44)中在取
    出期间调节出粉末颗粒(23)的恒定质量流 dM/dt 和粉末颗粒(23)和载气(42)的
    恒定混合比。
        2̶3.根据权利要求 1 或 2 的方法，其中，该粉末-气溶胶流(34)被引导经过
    一机构，该机构将该粉末-气溶胶流引领至工艺控制所需的温度。
 25     4̶3.根据前述权利要求 1 至 3 之一的方法，其中，该基材(33)通过基材支
    座(39)的基材加热器(36)被加热。
        5̶4.根据前述权利要求 1 至 4 之一的方法，其中，通过调整系统(50)来调
    整在所述等离子体-粉末喷枪(1)和基材(33)之间的距离(38)和/或相对运动。
        6̶5.根据前述权利要求 1 至 6 之一的方法，其中，为了将结构化的层(32)
 30 沉积在该基材(33)上，将结构化元件(37)以静态方式或通过调整系统(50)以可
```

图 4.12　修改权利要求书(中文)

在上述例子中,针对德文公布的国际申请所做的修改虽然没有给出修订标记,但在进入中国时需要保留(添加)修订标记,便于中国审查部门判断修改是否脱离原申请的范围。必要时,还需要说明修改依据。

除了依据 PCT 第十九条修改权利要求之外,申请人还可以在国际初步审查期间对国际申请的权利要求书、说明书及附图进行修改,其修改法律依据为:

Artikel 34 – Das Verfahren vor der mit der internationalen vorläufigen Prüfung beauftragten Behörde

《专利合作条约》(PCT)第三十四条　国际初步审查单位的程序

(2) b) Der Anmelder hat das Recht, die Ansprüche, die Beschreibung und die Zeichnungen in der vorgeschriebenen Weise und innerhalb der vorgeschriebenen Frist vor der Erstellung des internationalen vorläufigen Prüfungsberichts zu ändern. Die Änderung darf nicht über den Offenbarungsgehalt der internationalen Anmeldung im Anmeldezeitpunkt hinausgehen.

二(二)在国际初步审查报告作出之前,申请人有权依规定的方式,并在规定的期限内修改权利要求书、说明书和附图。这种修改不应超出国际申请提出时对发明公开的范围。

除了以上国际条约对修改时机和内容进行规定之外,中国《专利法》第三十三条也有着相似规定,其中涉及修改内容的核心均为修改不得超出原记载的范围。所以,当翻译国际申请时,特别是当国际申请作出了修改之时,不仅需要保留修改标记,还应当就修改依据进行阐述。这种修改说明可以采取以下形式:

根据专利合作条约第 34 条的修改

中国国家知识产权局 PCT 处:

本文本是申请人根据PCT第34条及国际申请进入中国国家阶段的规定对其国际申请号为PCT/EP2017/070345的申请文件在原始国际申请的基础上作出的进一步修改。

其修改之处为:

1. 用修改后的权利要求书第1—24项替换原权利要求书第1—24项。
2. 权利要求1所增加限定"相互混合"是全文可循的技术描述。
3. 在权利要求 24 中增加了原权利要求 1 的特征,用以代替原前序部分,该修改是文字性替换,没有超出原记载的范围。
4. 在权利要求书中增加了附图标记。

上述修改均未超出原国际申请公开的范围,符合专利合作条约及中国专利法的相关规定。

具体修改之处请参见所附修改标记页。

图 4.13 修改说明

此处需要注意:《修改标记页》与《修改替换页》均需要提交给中国专利局,而专利局审查基础为《修改替换页》,因此需要格外注意其准确性。

在进入中国国家阶段之时,申请人仍有多次修改时机,但也分别需要遵循不同的法律规定,例如:

Artikel 28 - Änderung der Ansprüche, der Beschreibung und der Zeichnungen im Verfahren vor den Bestimmungsämtern

《专利合作条约》(PCT)第二十八条 向指定局提出对权利要求书、说明书和附图的修改

一、申请人应有机会在规定的期限内，向每个指定局提出对权利要求书、说明书和附图的修改。除经申请人明确同意外，任何指定局，在该项期限届满前，不应授予专利权，也不应拒绝授予专利权。

（1）Dem Anmelder muss die Möglichkeit gegeben werden, die Ansprüche, die Beschreibung und die Zeichnungen im Verfahren vor dem Bestimmungsamt innerhalb der vorgeschriebenen Frist zu ändern. Kein Bestimmungsamt darf ohne Zustimmung des Anmelders ein Patent erteilen oder die Erteilung eines Patents ablehnen, bevor diese Frist abgelaufen ist.

二、修改不应超出国际申请提出时对发明公开的范围，除非指定国的本国法允许修改超出该范围。

（2）Die Änderungen dürfen nicht über den Offenbarungsgehalt der internationalen Anmeldung im Anmeldezeitpunkt hinausgehen, sofern es das nationale Recht des Bestimmungsstaats nicht zulässt, dass sie darüber hinausgehen.

三、在本条约和细则所没有规定的一切方面，修改应遵守指定国的本国法。

（3）Soweit der Vertrag und die Ausführungsordnung keine ausdrückliche Regelung treffen, müssen die Änderungen in jeder Hinsicht dem nationalen Recht des Bestimmungsstaats entsprechen.

四、如果指定局要求国际申请的译本，修改应使用该译本的语言。

（4）Verlangt das Bestimmungsamt eine Übersetzung der internationalen Anmeldung, so müssen die Änderungen in der Sprache der Übersetzung eingereicht werden.

举例：WO 2014/096380 和 CN104903037

Patentansprüche

1. Werkzeughalter (1) mit einer Werkzeugaufnahme (3) zum reibschlüssigen Einspannen eines Werkzeugschafts, wobei die Werkzeugaufnahme (3) aus mehreren voneinander beabstandeten, ringförmigen Spannflächen (12) besteht, die dazu bestimmt sind, den Werkzeugschaft kraftschlüssig zu halten und die am Innenumfang einer Hülsenpartie (4) ausgebildet sind, wobei die Hülsenpartie (4) eine Materialaussparung zur Beeinflussung ihrer Spannwirkung besitzt, ~~dadurch gekennzeichnet, dass~~ und die Materialaussparung durch mehrere in Umfangsrichtung verlaufende, ringförmige Kanäle (9) gebildet wird, die von der Werkzeugaufnahme (3) jeweils durch einen federnden Wandabschnitt (10) abgetrennt sind, welcher auf seiner dem Kanal (9) abgewandten Seite die jeweilige Spannfläche (12) ausbildet, <u>dadurch gekennzeichnet, dass die in radialer Richtung gemessene Tiefe des jeweiligen Kanals < 0,1 mm ist.</u>

图 4.14　德文权利要求 1 修改标记页

```
                权  利  要  求  书  (修改)

     1.一种刀夹(1),其具有刀夹槽(3)用于摩擦配合装夹刀柄,其中,该刀夹
   槽(3)包括多个相互间隔的环形夹紧面(12),这些夹紧面被指定用于以力配合
 5 方式保持该刀柄并且这些夹紧面在套筒部段(4)的内周面上形成,其中,所述
   套筒部段(4)具有用于影响其夹紧作用的材料空缺部,
     其特征是,  并且
     该材料空缺部由多个在周向上延伸的环形槽道(9)构成,这些槽道分别通
   过弹性壁部(10)与该刀夹槽(3)分隔开,该弹性壁部在其背对该槽道(9)的一侧
10 构成相应的夹紧面(12)。,
     其特征在于,
     各槽道的在径向上测量的深度小于0.1mm。
```

图 4.15　进入国家阶段时的修改标记页

```
                权  利  要  求  书  (修改)

     1.一种刀夹(1),其具有刀夹槽(3)用于摩擦配合装夹刀柄,其中,该刀夹
   槽(3)包括多个相互间隔的环形夹紧面(12),这些夹紧面被指定用于以力配合
 5 方式保持该刀柄并且这些夹紧面在套筒部段(4)的内周面上形成,其中,所述
   套筒部段(4)具有用于影响其夹紧作用的材料空缺部,并且
     该材料空缺部由多个在周向上延伸的环形槽道(9)构成,这些槽道分别通
   过弹性壁部(10)与该刀夹槽(3)分隔开,该弹性壁部在其背对该槽道(9)的一侧
   构成相应的夹紧面(12),
10   其特征在于,
     各槽道的在径向上测量的深度小于0.1mm。
```

图 4.16　进入国家阶段时的修改替换页

由于根据 PCT 第二十八条和第四十一条的修改仅针对进入国家阶段,所以这些修改内容无需向国际局提出,自然在国际局网站上也就没有相关记载。

三、审查及复审程序中涉及修改的翻译工作

根据中国专利实践,在申请过程中,申请人有多次机会修改权利要求书,其中分为主动修改和为克服审查意见通知书指出的问题所进行的被动修改。在此将以 PCT/EP2014/001781 为例,从主动修改到审查意见答辩修改,分别阐述涉及修改的翻译工作要点。

图 4.17 是 PCT/EP2014/001781 国际原始公开的权利要求,进入中国国家阶段时应当对其进行全文翻译:

```
WO 2015/000576                          4                    PCT/EP2014/001781

Ansprüche:

1. Werkstück mit Beschichtung welche Beschichtung zumindest eine TiB₂ Schicht umfasst,
dadurch gekennzeichnet, dass die TiB₂-Schicht eine Härte von mindestens 50 GPa aufweist.

2. Werkstück nach Anspruch 1 dadurch gekennzeichnet, dass die TiB2-Schicht eine Textur
aufweist, welche im XRD – Spektrum zu deutlichen Peaks führen die eine ausgeprägte
(001)- Ausrichtung anzeigen.

3. Werkstück nach einem der Ansprüche 1 oder 2, dadurch gekennzeichnet dass die
Oberfläche des Werkstücks unmittelbar nach der Beschichtung Rauheitswerte Ra aufweist,
die maximal 0.14µm, bevorzugt maximal 0.115µm und besonders bevorzugt maximal
0.095µm beträgt, sofern der Beitrag der unbeschichteten Werkstückoberfläche abgezogen
wird.

4. Werkstück nach einem der Ansprüche 1 bis 3, dadurch gekennzeichnet, dass die
Oberfläche des Werkstücks unmittelbar nach der Beschichtung Rauheitswerte Rz aufweist,
die maximal 0.115µm, bevorzugt maximal 0.095µm und besonders bevorzugt maximal
0.05µm beträgt, sofern der Beitrag der unbeschichteten Werkstückoberfläche abgezogen
wird.

5. Verfahren zur Beschichtung eines Werkstücks mit einer TiB₂ umfassenden Schicht mit
folgenden Schritten:
- Bestücken einer Beschichtungskammer mit dem zu beschichtenden Werkstück
- Durchführen eines nichtreaktiven Sputterverfahrens durch wechselweises beaufschlagen
zumindest zweier TiB₂ Targets mit der Leistung einer DC Leistungsquelle von grösser 20kW,
welche zeitweise auf den Targets zu einer Stromdichte von lokal grösser 0.2A/cm2 führt,
wobei die Targets im zeitlichen Mittel eine Leistung von nicht mehr als 10kW verarbeiten
müssen.
```

图 4.17　PCT/EP2014/001781 国际原始公开的权利要求

图 4.18 为进入中国国家阶段时的原始公开翻译:

权　利　要　求　书

1.一种具有涂层的工件,所述涂层包括至少一个 TiB_2 层,其特征是,所述 TiB_2 层具有至少 50GPa 的硬度。

2.根据权利要求 1 的工件,其特征是,所述 TiB_2 层具有以下织构,该织构在 XRD 图谱中造成显示出鲜明的(001)取向的、明显的峰。

3.根据权利要求 1 或 2 的工件,其特征是,该工件的表面在涂覆之后随即具有最大为 0.14μm、优选最大为 0.115μm 且尤其优选最大为 0.095μm 的表面粗糙度 Ra,如果减去未涂覆的工件表面的贡献。

4.根据权利要求 1 至 3 之一的工件,其特征是,该工件的表面在涂覆之后随即具有最大为 0.115μm、优选最大为 0.095μm 且尤其优选最大为 0.05μm 的表面粗糙度 Rz,如果减去未涂覆的工件表面的贡献。

5.一种用包含 TiB_2 的层涂覆工件的方法,其包括以下步骤:
给涂覆室装入待涂覆的工件,
如下执行非反应性溅射法:对至少两个 TiB_2 靶交替施以高于 20kW 的直流功率源的功率,所述功率源有时在靶上导致局部大于 $0.2A/cm^2$ 的电流密度,其中,所述靶按时间平均来说必须耗用不超过 10kW 的功率。

6.根据权利要求 5 的方法,其特征是,为了溅射,至少有时候维持不低于 0.2Pa、优选不低于 0.4Pa 且尤其优选不低于 0.75Pa 的工作气体分压。

7.根据权利要求 6 的方法,其特征是,该工作气体至少包含氩气。

图 4.18　进入中国国家阶段时的原始公开翻译

该申请在进入中国国家阶段时，申请人依据 PCT 第二十八/四十一条进行了主动修改：

权 利 要 求 书（28/41 条修改）

1. 一种具有涂层的工件，所述涂层包括至少一个 TiB_2 层，其特征是，所述 TiB_2 层具有至少 50GPa 的硬度。

2. 根据权利要求 1 的工件，其特征是，所述 TiB_2 层具有以下织构，该织构在 XRD 图谱中造成显示出鲜明的(001)取向的、明显的峰。

3. 根据权利要求 1 或 2 的工件，其特征是，该工件的表面在涂覆之后随即具有最大为 $0.14\mu m$、优选最大为 $0.115\mu m$ 且尤其优选最大为 $0.095\mu m$ 的表面粗糙度 Ra，如果减去未涂覆的工件表面的贡献。

4. 根据权利要求 1 至 3 之一的工件，其特征是，该工件的表面在涂覆之后随即具有最大为 $0.115\mu m$、优选最大为 $0.095\mu m$ 且尤其优选最大为 $0.05\mu m$ 的表面粗糙度 Rz，如果减去未涂覆的工件表面的贡献。

5~~1~~. 一种用包含 TiB_2 的层涂覆至少一个工件的方法，其包括以下步骤：

给涂覆室装入待涂覆的工件，

所述包含 TiB_2 的层是通过在含工作气体的气氛中的非反应性溅射法并通过作用于 TiB_2 靶来施加的，

其特征是，

如下执行非反应性溅射法：~~:~~ 对至少两个 TiB_2 靶交替施以高于 20kW 的直流功率源的功率，以便所述功率密度源有时在靶上导致局部大于 $0.2A/cm^2$ 的电流密度，其中，所述靶按时间平均来说必须耗用不超过 10kW 的功率。

2. 根据权利要求 1 的方法，其特征是，所述直流功率源的所述功率高于 20kW。

3. 根据权利要求 1 或 2 的方法，其特征是，所述包含 TiB_2 的层的粗糙度能够通过所述工作气体分压的调节而得到干预。

6~~4~~. 根据权利要求 ~~5~~ 3 的方法，其特征是，为了溅射，至少有时候维持不低于 0.2Pa、优选不低于 0.4Pa 且尤其优选不低于 0.75Pa 的工作气体分压。

5~~7~~. 根据权利要求 ~~4~~ 6 的方法，其特征是，该工作气体至少包含氩气。

6. 一种具有涂层的工件，所述涂层包括至少一个包含 TiB_2 的层，其特征是，所述包含 TiB_2 的层是根据前述权利要求 1 至 5 之一制造的，并且与通过传统溅射法制造的层相比，所述包含 TiB_2 的层具有更高的密度。

图 4.19 权利要求修改标记页 1

03410 权利要求修改标记页
January 3, 2016

7. 根据权利要求 6 的具有涂层的工件，其特征是，所述包含 TiB_2 的层具有至少 50GPa 的硬度。

8. 根据权利要求 6 或 7 的具有涂层的工件，其特征是，所述 TiB_2 层具有以下织构，该织构在 XRD 图谱中造成显示出鲜明的(001)取向的、明显的峰。

9. 根据前述权利要求 6 至 8 之一的具有涂层的工件，其特征是，该工件的表面在涂覆之后随即具有最大为 $0.14\mu m$、优选最大为 $0.115\mu m$ 且尤其优选最大为 $0.095\mu m$ 的表面粗糙度 Ra，如果减去未涂覆的工件表面的贡献。

10. 根据前述权利要求 6 至 9 之一的工件，其特征是，该工件的表面在涂覆之后随即具有最大为 $0.115\mu m$、优选最大为 $0.095\mu m$ 且尤其优选最大为 $0.05\mu m$ 的表面粗糙度 Rz，如果减去未涂覆的工件表面的贡献。

图 4.20 权利要求修改标记页 2

在进入实质审查之后,第一次审查意见通知书(图 4.21)指出:修改后的权利要求 1(对应原始公开权利要求 5)删除的特征超出了原记载的范围,见下文:

中华人民共和国国家知识产权局

第 一 次 审 查 意 见 通 知 书

(进入国家阶段的 PCT 申请)

申请号:2014800383134

本申请涉及 TiB_2 层及其制造,经过审查,提出以下审查意见:

1、权利要求 1、6-10 的修改不符合专利法第 33 条的规定

权利要求 1 在原权利要求 5 的基础上删去了"直流功率源的所述功率高于 20kW"这一特征,超出了原申请文件记载的范围。说明书第 0007 和 0008 段记载了"根据本发明,这些层借助溅射法来产生,此时出现功率源的始终高的功率输出;没有使用脉冲发生器;当这样的方法在以陶瓷靶诸如 TiB_2 靶作为溅射阴极运行时,做到了生成具有很好机械性能的可再现的层膜。"可见,申请人认为本发明没有脉冲发射器,是通过高功率实现其声称的技术效果,因此功率特征是原权利要求 5 的必要技术特征。修改后的权利要求 1 删除该特征后,对功率范围不做限定,则本领域技术人员无法知晓在其他功率范围内能否实现本发明的技术效果。

权利要求 6-10 均包含"所述包含 TiB_2 的层是根据前述权利要求 1 至 5 之一制造的,并且与通过传统溅射法制造的层相比,所述包含 TiB_2 的层具有更高的密度"这些特征,超出原申请文件记载的范围。首先,原申请文件中没有记载"与通过传统溅射法制造的层相比,包含 TiB_2 的层具有更高的密度"这一特征。申请人在根据专利合作条约第 28 条或 41 条的修改的声明中认为"本发明制造的 TiB_2 层的方法与传统溅射相比,TiB_2 层具有更好地硬度,从而可以直接地、毫无疑义地得出本发明制造的包含 TiB_2 的层具有更高地密度"。然而,膜层的硬度和密度是两个没有直接关联的属性,硬度的提高并不必然带来密度的提高,本领域技术人员不能通过硬度的变化直接地、毫无疑义地得密度的相应变化,更无法得出与传统技术相比具有更高的密度。其次,原权利要求书第 1-4 项记载了一种具有涂层的工件,原权利要求 5-7 项记载了一种用包含 TiB_2 的层涂覆至少一个工件的方法。但原申请文件未记载原权利要求 1-4 要求的产品是通过权利要求 5-7 的方法制备得出的,而新的权利要求 7-10 在原权利要求 1-4 的基础上增加了该制备方法的特征,超出了原申请文件记载的范围。因此,原申请文件中没有记载也无法直接地、毫无疑义地得出新的权利要求 6-10 所要求保护的技术方案。

图 4.21　审查意见通知书

在答复审查意见通知书时,通过恢复该申请进入中国时主动删除的特征,使得审查文本的权利要求 1 又返回到原始权利要求 5 的范围,见图 4.22:

1. 一种用包含 TiB_2 的层涂覆至少一个工件的方法,其包括以下步骤:
给涂覆室装入待涂覆的工件,

所述包含 TiB_2 的层是通过在含工作气体的气氛中的非反应性溅射法并通过作用于 TiB_2 靶来施加的,

其特征是,

对至少两个 TiB_2 靶交替施以<u>高于 20kW</u> 的<u>直流功率源</u>的功率,以便功率密度有时在靶上导致局部大于 $0.2A/cm^2$ 的电流密度,其中,所述靶按时间平均来说必须耗用不超过 10kW 的功率。

图 4.22　答复审查意见通知书

对于依据《巴黎公约》向中国专利局提出的专利申请,主动修改通常是在提出实审之时或在收到《进入实质性审查阶段通知书》后三个月内完成的。被动修改一般是在收到《第×次审查意见通知书》之后,根据审查员指出的问题完成的。

对于主动修改和答复审查意见通知书时所做的修改,此类翻译工作包括如下基本步骤:

第一步　确认作业文本,即,确认修改所针对的文本版本。

例如在针对《第一次审查意见通知书》进行答复时,修改所基于的文本可能是最初向中国专利局提出申请时所提交的文本,也可能是在提出实审时的主动修改文本。

第二步　在确认新增内容出处的基础上完成翻译。

根据《专利法》第三十三条规定,修改不能超出原记载的范围。因此在翻译时,需要核实申请人主动提出的修改内容是否能够在说明书中找到相同或大致相同的表达。倘若能够找到相同或相似的内容,则尽量沿用原说明书相应语句的翻译。

对于无法从原说明书中找到出处的语句,翻译人员需要尽量根据说明书相关语句来"拼凑"出较为贴近原始译文的内容。

第三步　制作修改说明

通常提交给专利局的修改文件包括:修改标记页、修改替换页和修改说明。修改说明是为便于审查员理解而指出修改所依据的说明书内容。对于复杂的修改情形,还需要结合说明书甚至附图等多处内容来组合推导出修改后的内容并论证其合理性。

例1:答复审查意见通知书所进行的主动修改

下面是针对前述 PCT 进入中国国家阶段后的 CN201480038313.4 所进行的修改以及相关的修改说明:

一、修改说明

1. 将原权利要求 1 中的技术特征"对至少两个 TiB_2 靶施以直流功率源的功率"修改为"对至少两个 TiB_2 靶交替施以高于 20 kW 的直流功率源的功率"。

2. 删除原权利要求 2。

3. 删除原权利要求 4 中的技术特征"优选不低于 0.4 Pa 且尤其优选不低于 0.75 Pa",并基于该特征

图 4.23　权利要求书修改对照页 1

```
PP1590088 答一通 修改对照页
2017年6月19日
                的峰。
          910.根据前述权利要求7或86至8之一的具有涂层的工件,其特征是,
        该工件的表面在涂覆之后随即具有最大为0.14μm、优选最大为0.115μm
        且尤其优选最大为0.095μm的表面粗糙度Ra,如果减去未涂覆的工件表面
    5   的贡献。
          11.根据前述权利要求7或8的具有涂层的工件,其特征是,该工件的
        表面在涂覆之后随即具有最大为0.115μm的表面粗糙度Ra,如果减去未涂
        覆的工件表面的贡献。
          12.根据前述权利要求7或8的具有涂层的工件,其特征是,该工件的
   10   表面在涂覆之后随即具有最大为0.095μm的表面粗糙度Ra,如果减去未
        涂覆的工件表面的贡献。
          1013.根据前述权利要求7或86至9之一的工件,其特征是,该工件
        的表面在涂覆之后随即具有最大为0.115μm、优选最大为0.095μm且尤
        其优选最大为0.05μm的表面粗糙度Rz,如果减去未涂覆的工件表面的贡
   15   献。
          14.根据前述权利要求7或8的工件,其特征是,该工件的表面在涂覆
        之后随即具有最大为0.095μm的表面粗糙度Rz,如果减去未涂覆的工件表
        面的贡献。
          15.根据前述权利要求7或8的工件,其特征是,该工件的表面在涂覆
   20   之后随即具有最大为0.05μm的表面粗糙度Rz,如果减去未涂覆的工件表
        面的贡献。
```

图 4.24 权利要求书修改对照页 2

增加了新的权利要求 4 和 5。

4. 删除原权利要求 6 中的技术特征"并且与通过传统溅射法制造的层相比,所述包含 TiB$_2$ 的层具有更高的密度"。该修改克服了权利要求 6 修改超范围的缺陷。

5. 删除原权利要求 9 中的技术特征"优选最大为 0.115 μm 且尤其优选最大为 0.095 μm",并基于该特征增加了新的权利要求 11 和 12。

6. 删除原权利要求 10 中的技术特征"优选最大为 0.095 μm 且尤其优选最大为 0.05 μm",并基于该特征增加了新的权利要求 14 和 15。

7. 适应性地调整了权利要求的编号和引用关系。

上述修改均可以从原说明书和权利要求书的记载中直接而毫无疑义地确定,因此未超出原说明书和权利要求书记载的范围,符合《专利法》第三十三条的规定。

二、关于修改后的权利要求 1 和 7—15

1. 修改后的权利要求 1 已经补充了"高于 20 kW 的直流功率源的功率"这一技术特征,克服了前次修改超范围的缺陷。

2. 修改后的权利要求 7 已经删除了"并且与通过传统溅射法制造的层相比,所述包含 TiB$_2$ 的层具有更高的密度"这一超范围的特征。

在本发明的申请文件已经公开了权利要求 1—5 所述制备方法的基础上,必然已经公开了由该方法

制备出的工件,因此,修改后的权利要求 7 并没有超出原申请文件记载的范围。

根据本申请公布文本说明书第 1—2 页第【0010】—【0011】段的记载,可以证明采用本发明权利要求 1—5 限定的方法可以制备出新的权利要求 7—15 的技术方案所限定的工件。

而新的权利要求 7—15 所限定的产品是在原始权利要求 1—4 所限定技术方案的基础上通过原权利要求 5—7 的制备方法进行了进一步限定,相当于技术方案的合并,缩小了原权利要求 1—4 的范围。

因此申请人认为,新的权利要求 7—15 可以从原申请文件直接而毫无疑义地获得,并没有超出原申请文件记载的范围。

例 2:需要进行综合论述的修改说明以及修改超范围的应对

在 PCT/EP2014/001781 进入中国国家阶段时,对原始公开权利要求 1 的文字(图 4.25)进行了修改,并将其调整为权利要求 6(图 4.26)。

> 1.一种具有涂层的工件,所述涂层包括至少一个 TiB_2 层,其特征是,所述 TiB_2 层具有至少 50GPa 的硬度。

图 4.25　权利要求 1

> 6.一种具有涂层的工件,所述涂层包括至少一个包含 TiB_2 的层,其特征是,所述包含 TiB_2 的层是根据前述权利要求 1 至 5 之一制造的,并且与通过传统溅射法制造的层相比,所述包含 TiB_2 的层具有更高的密度。

图 4.26　修改后的权利要求 6

其修改说明已经根据说明书多处内容来推导修改依据,具体如下:

> 新的权利要求 6 对应原权利要求 1,其中添加了特征"与通过传统溅射法制造的层相比,所述包含 TiB_2 的层具有更高的密度"。说明书最后一段记载了"该方法导致具有迄今未知的硬度还伴随有很低的表面粗糙度的 TiB_2 层。这尤其与应用在滑动表面上的用途相关地是很让人感兴趣的。迄今的传统 PVD 溅射法不允许制造如此坚硬的 TiB_2 层。",因此可以得出本发明制造 TiB_2 层的方法与传统溅射法相比,TiB_2 层具有更高的硬度,从而可以直接地、毫无疑义地得出本发明制造的包含 TiB_2 的层具有更高的密度。

图 4.27　修改说明

然而在审查过程中,第一次审查意见通知书指出上述修改超出原始公开的范围,具体见图 4.28:

> 权利要求 6-10 均包含"所述包含 TiB_2 的层是根据前述权利要求 1 至 5 之一制造的,并且与通过传统溅射法制造的层相比,所述包含 TiB_2 的层具有更高的密度"这些特征,超出原申请文件记载的范围。首先,原申请文件中没有记载"与通过传统溅射法制造的层相比,包含 TiB_2 的层具有更高的密度"这一特征。申请人在根据专利合作条约第 28 条或 41 条的修改的声明中认为"本发明制造的 TiB_2 层的方法与传统溅射相比,TiB_2 层具有更好地硬度,从而可以直接地、毫无疑义地得出本发明制造的包含 TiB_2 的层具有更高地密度"。然而,膜层的硬度和密度是两个没有直接关联的属性,硬度的提高并不必然带来密度的提高,本领域技术人员不能通过硬度的变化直接地、毫无疑义地得出密度的相应变化,更无法得出与传统技术相比具有更高的密度。其次,原权利要求书第 1-4 项记载了一种具有涂层的工件,原权利要求 5-7 项记载了一种用包含 TiB_2 的层涂覆至少一个工件的方法。但原申请文件未记载原权利要求 1-4 要求的产品是通过权利要求 5-7 的方法制备得出的,而新的权利要求 7-10 在原权利要求 1-4 的基础上增加了该制备方法的特征,超出了原申请文件记载的范围。因此,原申请文件中没有记载也无法直接地、毫无疑义地得出新的权利要求 6-10 所要求保护的技术方案。

图 4.28 审查意见

由此可见,并非所有修改说明都必然得到认可。在本案中,申请人在第一次审查意见答辩阶段中,删除了原权利要求 6 中的技术特征"并且与通过传统溅射法制造的层相比,所述包含 TiB_2 的层具有更高的密度",从而克服了权利要求 6 修改超范围的缺陷。具体见图 4.29:

> 6 7.一种具有涂层的工件,所述涂层包括至少一个包含 TiB_2 的层,其特征是,所述包含 TiB_2 的层是根据前述权利要求 ~~1 至 5~~ 1 至 6 之一制造的,~~并且与通过传统溅射法制造的层相比,所述包含 TiB_2 的层具有更高的密度~~。

图 4.29 修改权利要求

当然,除了通过 PCT 进入中国的专利申请之外,外国申请人还可能依据《巴黎公约》向中国专利局提出专利申请。无论是依据《巴黎公约》,还是根据 PCT 进入中国,在专利审查过程中,申请人为克服文本缺陷或为使得文本更明显地有别于现有技术,都需要对权利要求书进行修改。

此外,专利申请有可能因不符合《专利法》及其实施细则的规定而被驳回;在驳回之后,申请人可以向专利局复审和无效审理部提出复审请求。在提出复审请求和对复审通知书进行答复时,申请人可以对申请文件进行修改,其法律依据为《专利法实施细则》第六十一条:请求人在提出复审请求或者在对专利复审委员会的复审通知书作出答复时,可以修改专利申请文件;但是,修改应当仅限于消除驳回决定或者复审通知书指出的缺陷。修改的专利申请文件应当提交一式两份。除此之外,涉及复审修改的具体工作要求与此前审查意见答辩举例没有实质性区别。

四、涉及诉讼的权利要求翻译工作

行使专利权的重要行动是确定涉嫌侵权的对象并诉诸法律措施,这就是所谓的侵权诉讼程序(Verletzungsverfahren)。以德国为例,典型的侵权诉讼(Verletzungsklage)由作为专利权人的原告(Kläger/in)委托诉讼代理人(Prozessbevollmächtigte,通常为某律师事务所)和共同代理人(Mitwirkende,通常为某专利事务所)针对被告(Beklagte)发起;而争议额(Streitwert)有时高达数百万欧元。在侵权诉讼中,原告可能主张:(1)请求停止侵权(Unterlassungsanspruch);(2)请求提供第三人信息和交易单据(Anspruch auf Drittauskunft und Rechnungslegung);(3)请求销毁(Vernichtungsanspruch);(4)请求损害赔偿(Schadensersatzanspruch)。

值得注意的是,在德国诉讼程序中的工作语言为德语,而中国诉讼程序中的工作语言为中文。由于本书内容仅涉及德语到中文的专利翻译工作,故此本章节内容主要提供涉及德国侵权诉讼程序的介绍,其中涉及的翻译工作内容主要包括:

(1)涉案专利(Klagepatent)的文本内容,特别是权利要求书的全文;

(2)鉴定报告(Gutachten);

(3)证据材料(Beweis);

(4)起诉书(Klageantrag)。

涉案专利的权利要求翻译工作可参见本书前几章节内容来完成。鉴定报告与证据材料充当事实,用于支撑起诉书所记载的理由,通常为纯技术性的描述性内容。在起诉书中,除了程序性说明之外,最关键的部分是事实说明(Sachverhalt),该部分内容可以理解为以特征对比为主线,结合证据(鉴定报告也可视为证据)论证侵权行为的说明性文字。这段说明性文字构成侵权判断的基础材料。而它本身又基于权利要求特征对比(Claim-Charts:eine Gegenüberstellung der Merkmale des Klagepatents mit den Produktmerkmalen)。在启动诉讼程序之前,通常专利律师会把涉案的独立权利要求特征解析为可检索的单个特征,而后再将各特征的文字与涉嫌侵权产品的描述进行比照。解析有多种方式,其中之一仍然是文字解析的方式,例如EP1312974B1的权利要求6:

(M1) Elektronische Vorrichtung, umfassend

(M1) 一种电子设备,其包括:

(M2) ein Displayelement (11),

(M2) 显示元件(11);

(M3) ein Displayschutzfenster (4), das zum Schützen des Displayelements (11) angeordnet ist,

(M3) 显示元件保护窗(4),其设置用于保护所述显示元件(11);

(M4) zumindest einen Displaybeleuchter (10),

(M4) 至少一个显示元件照明装置(10);

(M5) ein lichtempfindliches Bauteil (8), das zum Steuern der Beleuchtungsstärke des Beleuchters (10) auf der Grundlage des Umgebungslichts angeordnet ist,

(M5) 光敏器件(8),其设置用于根据环境光线来控制所述照明装置(10)的照明亮度;

(M6) einen Lichtwellenleiter (6), der das Umgebungslicht von der Umgebung der Vorrichtung (1) zu dem lichtempfindlichen Bauteil (8) überträgt,

(M6) 光导(6),其用于将该设备(1)周围的环境光线传送至所述光敏器件(8);

(M7) der Lichtwellenleiter (6) als ein Teil des Displayschutzfensters (4) eingegliedert ist.

(M7) 所述光导(6)被归为所述显示元件保护窗(4)的一部分。

这段权利要求的解析会出现在起诉书的最前面,用于表明权利人所主张的权利。对于专利权人、涉嫌侵权方以及司法或行政执法单位而言,准确判断专利权与涉嫌侵权对象之间的关系有赖于授权文本与涉嫌侵权对象的描述内容之对比。故此,解析之后的权利要求特征需要逐个精准翻译,用以区分是直接采用了发明内容，还是等同实现了发明内容（zwischen der wortsinngemäßen Benutzung und der äquivalenten Verwirklichung des Erfindungsgegenstandes zu unterscheiden）。但单纯的权利要求文字描述还不足以判断侵权情况，还需要与涉嫌侵权产品进行比对。所以，在审理案件中常用的解析比对方式见图4.30：

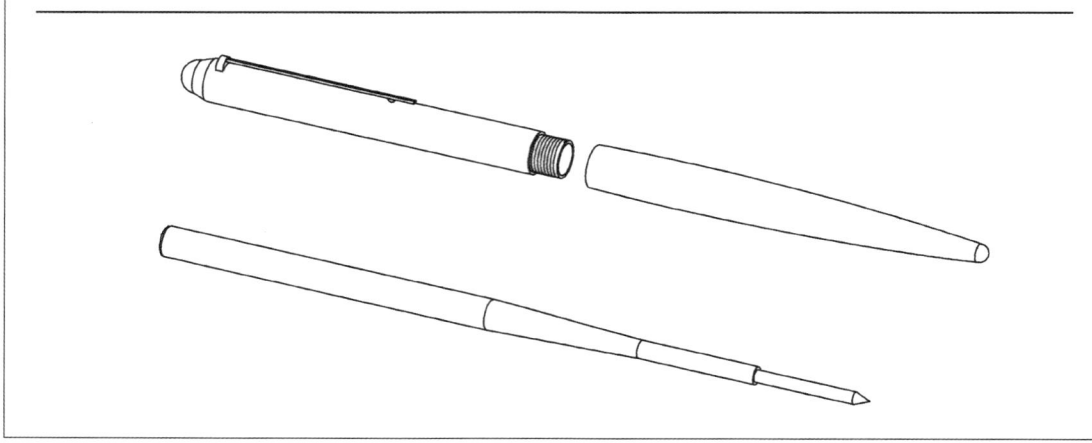

图4.30　专利案例

无论采取何种比对方式，权利要求特征的准确翻译都是必要前提。

与德国侵权诉讼时所涉及的主体内容相似，在中国，根据《最高人民法院关于审理专利纠纷案件适用法律问题的若干规定》（2015年修正）第十七条规定：《专利法》第五十九条第一款所称的"发明或者实用新型专利权的保护范围以其权利要求的内容为准，说明书及附图可以用于解释权利要求的内容"，是指专利权的保护范围应当以权利要求记载的全部技术特征所确定的范围为准，也包括与该技术特征相等同的特征所确定的范围。等同特征，是指与所记载的技术特征以基本相同的手段，实现基本相同的功能，达到基本相同的效果，并且本领域普通技术人员在被诉侵权行为发生时无需经过创造性劳动就能够联想到的特征。以上规定明确了，在对涉嫌侵权的对象是否存在与授权专利相应特征相等同的特征进行判断时，需要从手段、功能、效果以及是否显而易见四个方面进行综合判断。相比于直接落入保护范围的情况，等同侵权更有赖于主观判断。故此，为判断是否构成侵权，在相关权利要求翻译工作中，需要对各特征进行直译，不得进行任何形式的转译或修饰。即使是不合语法规则以至前言不搭后语的表达，也需要严格按语法规则进行重新表达；原文中的错别字或明显笔误也需要予以保留，翻译人员可备注原文表达或说明书相应段落，便于专利代理师/律师开展后续专业专利特征比对工作。

此外，侵权诉讼本身会持续很长时间，往往还伴随着复杂的无效程序。以下是德国的侵权及异议/无效程序图：

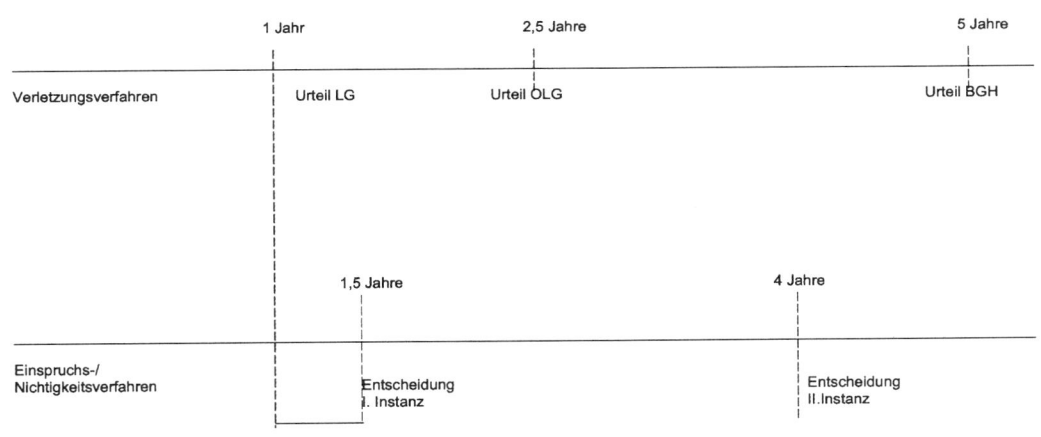

图 4.31　德国的侵权及异议/无效程序图

Verletzungsverfahren 侵权诉讼　　　　　　　　　　Urteil LG（Urteil Landesgericht）州法院判决
Urteil OLG（Urteil Oberlandesgericht）州高等法院判决　　Urteil BGH（Urteil Bundesgerichtshof）联邦最高法院判决
Einspruchs-/Nichtigkeitsverfahren 异议程序/无效程序　　Entscheidung Ⅰ. Instanz 一审决定
Entscheidung Ⅱ. Instanz 二审决定　　　　　　　　　Jahr(e)：年

五、涉及无效及异议程序的翻译工作

由前文可知,侵权诉讼往往会伴随着无效程序(Nichtigkeitsverfahren),这是因为侵权诉讼中的被告往往会对专利权提出无效请求;为了避免陷入侵权纠纷,有些竞争对手也会在欧洲专利授权之后合理利用异议程序(Einspruchsverfahren)。无效与异议的核心目标都是对授权权利要求的保护范围提出不同意见,都将涉及权利要求的修改。

此类修改工作类似中国专利审查程序的修改要求,例如申请人可以在答复审查意见通知书和复审通知书时根据相关通知书所指出的缺陷对申请文件进行修改。对于已经授权的中国专利,由于中国没有异议程序,一般仅在无效程序中才能进行修改。而且,中国发明或实用新型专利文件的修改仅限于权利要求书。中国《专利审查指南》所确定的修改原则是:

(1) 不得改变原权利要求的主题名称。

(2) 与授权的权利要求相比,不得扩大原专利的保护范围。

(3) 不得超出原说明书和权利要求书记载的范围。

(4) 一般不得增加未包含在授权的权利要求书中的技术特征。

另外,外观设计专利的专利权人不得修改其专利文件。

由此可知,在中国修改权利要求书的具体方式一般限于权利要求的删除、合并和技术方案的删除。因此,在无效程序中对于权利要求修改的翻译,应当以授权权利要求书的内容为准,采取合并与删除的方式。

无效修改的举例

某公司(下称请求人)针对国家知识产权局于 2008 年 6 月 11 日授权公告的 200310121557.2 号发明专利提出无效请求。其发明名称为链轮组件,申请日为 2003 年 12 月 22 日,优先权日为 2002 年 12 月 21

日。请求人提交了如下证据：

证据1：公开号为CN1284462A的中国发明专利申请公开说明书复印件，其公开日为2001年2月21日，共8页；

证据2：授权公告号为CN1072787C的中国发明专利申请公开说明书复印件，其授权公告日为2001年10月10日，共18页。

涉案专利授权公告时的权利要求如下，部分权利要求采取中德对照的方式进行展示：

1. 一种链轮组件，其包括至少三个具有不同齿数的链轮，该链轮组件包括：

Anspruch 1. Zahnkranzpaket mit mindestens drei Zahnkränzen, die unterschiedliche Zähnezahlen aufweisen, wobei das Zahnkranzpaket Folgendes umfasst：

一个链轮托架，包括一个具有用于传递正转矩的驱动元件的轮毂环，多个从轮毂环径向延伸出来的托架臂，该托架臂具有一个第一接收表面和一个与第一接收表面相反的第二接收表面；

einen Zahnkranzträger mit einem Nabenring, der einen Mitnehmer zur Drehmomentübertragung und mehrere sich von dem Nabenring radial erstreckende Tragarme aufweist, die eine erste Aufnahmefläche und eine zweite Aufnahmefläche gegenüber der ersten Aufnahmefläche aufweisen；

分别安装在第一和第二接收表面上的第一和第二链轮，其中第一链轮安装在第一接收表面上，第二链轮安装在第二接收表面上，第一和第二链轮被共同的紧固元件安装到所述链轮托架上；以及

einen ersten und einen zweiten Zahnkranz, die mit einem gemeinsamen Befestigungselement an den Tragarmen angebracht sind, an der ersten bzw. der zweiten Aufnahmefläche angebracht sind, wobei der erste Zahnkranz an der ersten Aufnahmefläche und der zweite Zahnkranz an der zweiten Aufnahmefläche angebracht ist； und

一个设置在第一和第二链轮之间的第三链轮，该第三链轮连接到第二链轮上。

einen dritten Zahnkranz, der zwischen dem ersten und dem zweiten Zahnkranz angeordnet ist und an dem zweiten Zahnkranz befestigt ist.

2. 如权利要求1所述的链轮组件，其特征在于，第一链轮包括多个第一安装孔，第二链轮包括多个第二安装孔，托架臂包括多个第三安装孔，该第三安装孔与第一和第二链轮的多个第一和第二安装孔对齐，第一和第二链轮由一个共同的紧固元件安装到托架臂上。

Anspruch 2. Zahnkranzpaket nach Anspruch 1, wobei der erste Zahnkranz mehrere erste Befestigungsöffnungen enthält, der zweite Zahnkranz mehrere zweite Befestigungsöffnungen enthält, die Tragarme mehrere dritte Befestigungsöffnungen, die auf die mehreren ersten und zweiten Befestigungsöffnungen des ersten und des zweiten Zahnkranzes ausgerichtet sind, enthalten, wobei der erste und der zweiten Zahnkranz durch ein gemeinsames Befestigungselement an den Tragarmen angebracht sind.

3. 如权利要求2所述的链轮组件，其特征在于，第一链轮包括多个第一径向向内延伸安装凸片，所述安装凸片包含有该多个第一安装孔，第二链轮包括多个第二径向向内延伸安装凸片，所述安装凸片包含该多个第二安装孔。

4. 如权利要求 2 所述的链轮组件,其特征在于,所述的紧固元件为一个螺栓或铆钉。

5. 如权利要求 2 所述的链轮组件,其特征在于,第一和第二链轮分别包括用于安装到所述托架臂上的多个第一和第二安装孔,并且第二链轮包括用于将第三链轮安装到该第二链轮上的多个第四安装孔。

Anspruch 5. Zahnkranzpaket nach Anspruch 2, bei dem der erste und der zweite Zahnkranz mehrere erste bzw. mehrere zweite Befestigungsöffnungen zur Befestigung an den Tragarmen enthalten, und wobei der zweite Zahnkranz mehrere vierte Befestigungsöffnungen zur Befestigung des dritten Zahnkranzes am zweiten Zahnkranz enthält.

6. 如权利要求 3 所述的链轮组件,其特征在于,利用紧固元件和置于其间的间隔件将附加链轮安装到第一和第二链轮的安装凸片上。

7. 如权利要求 1 所述的链轮组件,其特征在于,第三链轮具有比第一链轮低、而比第二链轮高的齿数。

8. 如权利要求 1 所述的链轮组件,其特征在于,托架臂具有一个根部区域和一个端部区域,所述臂在根部区域中包含轴向延伸的切去部分。

9. 如权利要求 8 所述的链轮组件,其特征在于,托架臂的宽度在根部区域中比在端部区域中窄,托架臂的厚度等于链轮间距加上第三链轮的厚度。

10. 如权利要求 1 所述的链轮组件,其特征在于,托架臂具有一个根部区域和一个端部区域,托架臂的宽度在根部区域中比在端部区域中窄,托架臂的厚度等于链轮间距加上第三链轮的厚度。

此处需要注意权利要求之间的隶属关系,例如权利要求 5 的全部特征包括了权利要求 1、2 和 5 的全部内容;还需要注意权利要求 9 的全部特征包括了权利要求 1 和 8,而权利要求 10 的全部特征只包括权利要求 1,但与权利要求 8 和 9 没有逻辑联系。

请求人向专利复审委员会提出无效宣告请求,其认为:涉案专利权利要求 1 的所有技术特征都已被证据 1 公开,二者适用的技术领域、解决的技术问题以及采用的技术手段均相同,故本专利权利要求 1 不具备新颖性,不符合《专利法》第二十二条第二款的规定;即使考虑到本专利权利要求 1 的某些技术特征在文字表述上与证据 1 稍有不同,根据证据 1 公开的内容,本领域的技术人员无需经过创造性劳动即可得到本专利权利要求 1 的技术方案,因此,本专利权利要求 1 不具备创造性,不符合《专利法》第二十二条第三款的规定;权利要求 2、4、5、7 的附加技术特征已被证据 1 公开,同时权利要求 7 所限定的各链轮齿数设计属于常规技术手段,故上述权利要求也不具备新颖性和创造性;权利要求 3、4、8 的附加技术特征已被证据 2 公开,权利要求 9、10 的前部分附加技术特征已被证据 2 公开,而后部分附加技术特征可由证据 1、2 结合而很容易得出,故权利要求 3、4、8—10 相对于证据 1、2 不具备创造性;权利要求 6 限定的附加链轮具体指向哪一链轮并不清楚,不符合《专利法实施细则》第二十条第一款的规定;如果权利要求 6 中所述的附加链轮是指除第一、二、三链轮外的第四链轮或多个其他链轮,其文字表述应为"附加链轮分别安装在第一或第二链轮的安装凸片上,或分别安装在第一和第二链轮的安装凸片上"。如果权利要求 6 中所述的附加链轮是指第三链轮,那么证据 1 附图 1 的齿轮 5B 就对应于上述附加链轮,齿轮 5B 在通过固定件 12 连接到齿轮 5A 时,中间间隔有一具有一定宽度的台阶,其目的即是提供齿轮间足够的间隙,从而确保链轮之间的正常转动,该台阶相当于权利要求 6 中的间隔件。另外,在链轮之间设置一间隔件以提供齿轮间足够的间隙和使用紧固元件将其紧固为一体从而确保链轮间的正常转动,也是本领域技术人员常规使用的技术手段,如证据 2 说明书第 6 页第 5—7 行和附图 1 中即公开了环形板状链轮 3a、

3b、3c 通过环状间隔物 4 隔开,并通过连结螺丝 5 连为一体。因此,本专利权利要求 6 相对于证据 1 或证据 1 和 2 的结合不具备创造性。

针对以上无效请求,专利权人提交了意见陈述书,其中附有修改的权利要求书。在无效程序中修改后的权利要求书如下:

1. 一种链轮组件,其包括至少三个具有不同齿数的链轮,该链轮组件包括:

一个链轮托架,包括一个具有用于传递正转矩的驱动元件的轮毂环,多个从轮毂环径向延伸出来的托架臂,该托架臂具有一个第一接收表面和一个与第一接收表面相反的第二接收表面;

分别安装在第一和第二接收表面上的第一和第二链轮,其中第一链轮安装在第一接收表面上,第二链轮安装在第二接收表面上,第一和第二链轮被共用的紧固元件安装到所述链轮托架上;以及

一个设置在第一和第二链轮之间的第三链轮,该第三链轮连接到第二链轮上,

第一链轮包括多个第一安装孔,第二链轮包括多个第二安装孔,托架臂包括多个第三安装孔,该第三安装孔与第一和第二链轮的多个第一和第二安装孔对齐,第一和第二链轮由一个共同的紧固元件安装到托架臂上,

第一和第二链轮分别包括用于安装到所述托架臂上的多个第一和第二安装孔,并且第二链轮包括用于将第三链轮安装到该第二链轮上的多个第四安装孔。

2. 如权利要求 1 所述的链轮组件,其特征在于,第一链轮包括多个第一径向向内延伸安装凸片,所述安装凸片包含有该多个第一安装孔,第二链轮包括多个第二径向向内延伸安装凸片,所述安装凸片包含该多个第二安装孔。

3. 如权利要求 1 所述的链轮组件,其特征在于,所述的紧固元件为一个螺栓或铆钉。

4. 如权利要求 2 所述的链轮组件,其特征在于,利用紧固元件和置于其间的间隔件将附加链轮安装到第一和第二链轮的安装凸片上。

5. 如权利要求 1 所述的链轮组件,其特征在于,第三链轮具有比第一链轮低而比第二链轮高的齿数。

6. 如权利要求 1 所述的链轮组件,其特征在于,托架臂具有一个根部区域和一个端部区域,所述臂在根部区域中包含轴向延伸的切去部分。

7. 如权利要求 6 所述的链轮组件,其特征在于,托架臂的宽度在根部区域中比在端部区域中窄,托架臂的厚度基本链轮间距加上第三链轮的厚度。

8. 如权利要求 1 所述的链轮组件,其特征在于,托架臂具有一个根部区域和一个端部区域,托架臂的宽度在根部区域中比在端部区域中窄,托架臂的厚度等于链轮间距加上第三链轮的厚度。

专利权人认为:

(1)上述权利要求的修改都是原权利要求书中技术方案的合并或删除,符合《专利法》《实施细则》以及《审查指南》的相关规定。

(2)请求人指出证据 1 中的齿轮 5A 相当于本专利的"第二链轮",齿轮 5B 相当于本专利的"第三链轮",但证据 1 中齿轮 5B 是连接在齿轮架 4 上,并没有连接在齿轮 5A 上。

修改后的权利要求 1 与证据 1 相比至少具有以下区别特征:"该第三链轮连接到第二链轮上","第二链轮包括用于将第三链轮安装到第二链轮上的多个第四安装孔"。即证据 1 中的齿轮全部都是直接连接在齿轮架上,而本专利的第三链轮是连接在第二链轮上,不是连接在链轮托架上。由于本专利不是每个链轮都必须安装在链轮托架上,这使得可以将至少一个链轮安装到另外的链轮上,实现更为紧凑的结构。

因此修改后的权利要求1与证据1相比具有新颖性和创造性。

（3）证据2公开的技术方案是一种两个链轮的结构，并没有给出第三链轮的技术启示。与证据2相比，本专利具有最少三个链轮的链轮托架，其轴向长度较长并且更加稳定。因此，本专利权利要求1的技术方案相对于证据1和2具有创造性。在权利要求1具有新颖性和创造性的前提下，其从属权利要求也具有新颖性和创造性。

（4）专利权人此后又更正了上述修改后的权利要求书中的文字错误：将权利要求1第8行的"共用"改为"共同"，将权利要求7第2行的"基本"改为"等于"。

针对专利权人的以上答复，请求人随后又提交了意见陈述书，其认为：不能确定修改后的权利要求1两处限定的"第一安装孔"、"第二安装孔"分别具体指同一孔还是不同的孔，导致权利要求1不能清楚简要地表述请求保护的范围，不符合《专利法实施细则》第二十条第一款的规定。基于权利要求1的上述不清楚问题，其从属权利要求2—8也不符合《专利法实施细则》第二十条第一款的规定。同时权利要求4还存在"附加链轮"以及"附加链轮安装到第一和第二链轮的安装凸片上"不清楚的问题；权利要求6—8"根部区域"指向的区域范围不清楚；权利要求7、8中"托架臂的宽度、厚度"界定不清楚。权利要求4中"将附加链轮安装到第一和第二链轮的安装凸片上"的技术方案在说明书中没有记载且不可从说明书公开的内容中概括得出，因此，权利要求4得不到说明书的支持，不符合《专利法》第二十六条第四款的规定。在假设权利要求1中限定的"第一安装孔"、"第二安装孔"均分别指同一孔的情况下，由于权利要求1仅限定"第三链轮连接到第二链轮上"，并未限定该连接是直接连接还是间接连接，而根据证据1的附图1可明显看出，齿轮5A包括用于将齿轮5B安装到齿轮5A上的多个第四安装孔，齿轮5B正是通过一对中阶梯和该第四安装孔连接到齿轮5A上。另外，证据2公开了一包括两个子组件的链轮组件，其中公开了一两侧分别安装有第一和第二链轮的星形轮，通过该设置实现了链轮组件的轻量化，基于该启示，本领域的技术人员很容易想到将其与证据1结合进而得到权利要求1的技术方案。因此，权利要求1相对于证据1不具备新颖性，相对于证据1或证据1、2的结合不具备创造性。权利要求2、6—8的附加技术特征已被证据2公开，权利要求3—5的附加技术特征已被证据1或2公开，因此权利要求3、5相对于证据1不具备新颖性，权利要求2—8也不具备创造性。

在随后的口头审理中，合议组指出，虽然权利要求2—8出现了合并修改，但是请求人所提出的有关权利要求1、6—8不清楚的问题不属于合并后新出现的缺陷，故对请求人提出的权利要求1、6—8不符合《实施细则》第二十条第一款规定（不能清楚简要地表述请求保护的范围）的具体理由不予考虑；仅审查权利要求4是否符合《专利法》第二十六条第四款和《专利法实施细则》第二十条第一款的规定；由于权利要求1是原权利要求5，故请求人增加的用证据1、2结合评价权利要求1的创造性的方式不予考虑。请求人表示坚持其提出的具体无效理由。请求人对专利权人提交的经修改的权利要求的修改方式无异议，专利权人对证据1、2的真实性无异议，合议组当庭告知双方当事人以修改后的权利要求为基础进行审查。双方当事人就具体无效理由进行了充分的辩论。至此，合议组认为该案事实清楚，可以作出审查决定。

在审查决定中，复审委指出：由于权利要求1是原权利要求5，并不是以合并方式修改的权利要求，故合议组对请求人增加的用证据1、2结合评价权利要求1的创造性的方式、新提出的权利要求1不符合《专利法实施细则》第二十条第一款规定及由此派生出的权利要求2—8也不符合《专利法实施细则》第二十条第一款规定的无效宣告理由不予考虑。虽然权利要求6—8是以合并方式修改的权利要求，但是请求人所提出的有关权利要求6—8不清楚的问题涉及"根部区域""托架臂的宽度"和"托架臂的厚度"表述的含义不清楚,这些表述在授权公告的权利要求书中也存在,并不属于合并后新出现的缺陷,故合议组对请求人提出的权利要求6—8不符合《实施细则》第二十条第一款规定的具体理由不予考虑。

在该真实案例中,无效请求人提出了如下四项不清楚的问题:

1. "第一安装孔""第二安装孔"不清楚;
2. "附加链轮"以及"附加链轮安装到第一和第二链轮的安装凸片上"不清楚;
3. "根部区域"指向的区域范围不清楚;
4. "托架臂的宽度、厚度"界定不清楚。

事实上,单独阅读权利要求的德文或中文都无法理解其表达含义,而是必须要结合200310121557.2的附图来理解,才能知晓以上所谓的不清楚是否存在。因此,承担无效翻译作业的翻译人员,在按照审查指南进行技术方案的合并和删除过程中,也应当对技术方案进行理解,把可能存在的风险点提前标示出来,便于顺利推进后续案件进程。

小结

无论是方法、装置还是用途权利要求,一件专利申请都至少有一个独立权利要求,从属权利要求是对独立权利要求的进一步限定,而若干并列独立权利要求通常均拥有共同的必要技术特征(wesentliche Merkmale)。必要技术特征是指发明或者实用新型为解决其技术问题所不可缺少的技术特征,其总和足以构成发明或者实用新型的技术方案,使之区别于背景技术中所述的其他技术方案。根据《专利审查指南》(2020年修订版)第二部分第一章,技术方案是对要解决的技术问题所采取的利用了自然规律的技术手段的集合。技术手段通常是由技术特征来体现的。

在翻译专利之前,应当首先参考说明书附图,详读说明书中的具体实施方式章节,以便掌握该专利所要求保护的核心技术方案。技术方案是由技术特征构成的,技术特征又由为解决技术问题而产生逻辑关联的术语构成。

发明或者实用新型的说明书应当按照上述方式和顺序撰写,并在每一部分前面写明标题,除非其发明或者实用新型的性质用其他方式或者顺序撰写能够节约说明书的篇幅并使他人能够准确理解其发明或者实用新型。

发明或者实用新型说明书应当用词规范、语句清楚,并且不得使用"如权利要求……所述的……"一类的引用语,也不得使用商业性宣传用语。

发明专利申请包含一个或者多个核苷酸或者氨基酸序列的,说明书应当包括符合规定的序列表。

第五章

译文校对与质检

在一般科技文献的翻译工作中，校对与质检对于保证和提高译文质量有着举足轻重的作用，这是因为任何翻译人员都有自身局限性，容易出现认知偏差而不自知，所以需要借助于校对和质检来提升译文质量。

专利校对又不同于传统语言服务商所定义的查缺补漏，这是因为在专利申请行政程序中以及在审理侵犯发明或者实用新型专利权的纠纷案件时需要确定专利权保护范围，而专利权保护范围不仅取决于权利要求的中文译文，也受到说明书、附图以及序列表等文件的影响。因此，校对需要通篇考虑整个专利申请文件，在高水平译文的基础上，校对人员应采取术语、单个特征和单个段落之上的视角，以提供符合逻辑性和因果关系的译文，从而确保专利技术方案的高水准表达。

本着以上目的，本章介绍探讨了译文校对与质检的原则与方法、校对实例解析、质检的内容和要求，也包括说明书附图的质检。

第一节 校对的技术性原则及实例

发明或者实用新型专利权保护范围以权利要求书记载的技术特征所确定的内容为准，但也包括与所记载的技术特征相等同的技术特征所确定的内容，此处"权利要求书记载的技术特征所确定的内容"就是所谓的技术方案，而"与所记载的技术特征相等同的技术特征所确定的内容"是对技术方案保护的外延边界做了限定，在对"外延边界"进行解释时，又要依赖说明书和附图的内容。也就是说，由若干技术特征构成的技术方案不仅构成了权利要求的保护对象，而且也是说明书的描述对象。换而言之，以中文表述的技术特征（权利要求的文字记载）及其等同内容（说明书和附图给予的外延解释支持）对于专利权人行使权利是至关重要的。因此可以说，校对的技术性原则即：准确把握要求保护的技术方案。

技术方案是发明创造的核心，也构成了专利的核心，翻译与校对人员应始终将准确表达技术方案视为核心工作。因此，无论从法律还是科技角度，专利文献特别是专利申请文件的权利要求翻译首先要求中文术语选择的准确性，其次还要求技术特征表达的合理性，最后要求技术方案描述的逻辑性。权利要求所要求保护的技术方案是由技术特征构成的，这些技术特征又由为解决技术问题而产生逻辑关联的术语构成，而说明书还要更进一步解释说明这些技术特征。

下文就围绕术语、技术特征表达等若干角度来介绍专利校对的技术性原则和方法。

一、术语选择的原则

在翻译德文专利时，需要进行中文造词的情况可谓比比皆是，几乎每一份专利都会遇到一定数量的德文自造词。因此，一份优秀的专利申请文件翻译，绝非依靠字典就能完成的，就算德汉、德英字典齐上阵也有相当数量的术语需要译者进行造词。而造词本身需要注意若干原则和方法。此处仍以此前研究过的例子来说明审慎选定术语的一些原则和方法。

本着得到与专利原文严格一致的译文之目的，专利翻译人员会根据个人知识结构，先入为主地针对德文术语给出主观表达。校对人员需要对术语进行证伪，才能确保准确性。

选择中文术语的首要原则在于：**尽量重现德文专利律师想要表达的内容**。

在向欧洲专利局提出申请时，示例的专利申请人为了让发明专利能够尽量涵盖尽可能多的同类产品，描述中尽量采用上位概念，例如下面举例给出的电子设备本质上是一部手机。

举例：EP1312974A1 和 EP1312974B1 的权利要求

（M1）Elektronische Vorrichtung, umfassend

（M2）ein Displayelement（11），

（M3）ein Displayschutzfenster（4），das zum Schützen des Displayelements（11）angeordnet ist，

（M4）zumindest einen Displaybeleuchter（10），

（M5）ein lichtempfindliches Bauteil（8），das zum Steuern der Beleuchtungsstärke des Beleuchters（10）auf der Grundlage des Umgebungslichts angeordnet ist，

（M6）einen Lichtwellenleiter（6），der das Umgebungslicht von der Umgebung der Vorrichtung（1）zu dem lichtempfindlichen Bauteil（8）überträgt，

dadurch gekennzeichnet，dass

（M7）der Lichtwellenleiter（6）als ein Teil des Displayschutzfensters（4）eingegliedert ist.

手机的上位概念可以是5G移动通信设备，也可以是通信设备，还可以是用电器等。但如果仔细观察不难发现，5G移动通信设备的定义范围较窄，因为它至少排除了4G通信设备，也完全排除了有线通信设备比如固定电话。通信设备虽然可以涵盖各类手机、固定电话，甚至卫星以及各类通信基站，但通信设备排除了平板电脑、电动汽车等。用电器虽然能够涵盖各类通信设备、各类家用消费电子产品，但其涵盖范围更贴近于诸如微波炉之类的耗能设备。因此需要阅读本发明说明书和附图，从而认识到当前发明人原本只是针对手机进行的改进，在专利代理师笔下最终经过考虑和筛选，其外文表达变成了电子设备（Elektronische Vorrichtung）。在翻译人员面对该术语时，Vorrichtung自身的多义性肯定也给予了译员多个选项，比如电子设备、电子装置或电子仪器。在当前例子中，这三个单词并无显著差异；但在处理译文时，也要考虑其主要涵盖对象为移动通信设备，而移动通信设备的上位概念更多采用的术语就是电子设备。

也就是说，校对人员需要针对关键术语设定多种可选项，结合本领域的公知常识，从多个可选项中选出最贴合原德文专利撰写人员表达目的的术语。

在中文文本中进行术语表达时，除了关注原文本的目的之外，还需要考虑中国同领域的表达习惯。

所以，选择中文术语的次要原则在于：**结合同领域的专业文献来确定合理的术语**。

在上面的举例中，该电子设备特征M3是Displayschutzfenster，专利代理师显然是针对显示外屏进行了上位概括；因此，作为译者在阅读说明书领悟其原始意图、采用合理的措辞给予合理的范围时，译者仍可将特征M3翻译为显示保护屏、显示元件保护窗、显示器保护窗或显示外屏。这几者措辞不同，其保护范围必然存在细微差距；例如显示外屏必然是与内屏一体构成显示器的，所以这个措辞的保护范围可能相对较窄，但很具体精准；显示器保护窗可能是加装在外部的保护措施，甚至可能是不透光的部件；显示保护屏则明显是为保护屏幕本身而设置的额外部件，既可以是与原显示器一体构成的部件，也可以是加装件，且从其语义明显可以看出，它是透明的。

所以,译者在处理专利的术语时,需要结合该领域常识、文献和互联网信息加以对比和区分。此时特别要注意资料来源的可靠性,往往德文和中文同时出现的网页资料并不可靠,其中不少是机器翻译和新手的作品。译者应当以中国厂商宣传材料、各类教材以及论文等为准。

此处要提醒翻译初学者,在翻译专利文献时,中文术语翻译绝不能单纯以字典为准。例如 Lithographie 在很多字典中都解释为石印术或平版印刷术,但实际上欧美早就将其转用为光刻术,而字典更新速度过慢,已经导致了不少翻译错误;又如 Flugzeit 在字典中是飞行时间,但对于激光测距而言,翻译成渡越时间是明显更为贴切的表达,这就必须要对当前专利所在领域的文献进行深入研究。

也就是说,校对人员不仅需要研究待翻译的专利文献,还需要进行同领域的调研,才能从术语的多种表达中确定出最适合当前场景的表达。

选择中文术语的第三个原则在于:**结合本发明的说明书和附图来确定合理的术语**。

例如在本权利要求中,特征 M6 所涉及的 Lichtwellenleiter 对应字典解释是光纤,在本领域文献中也多称之为光纤;然而在说明书和附图中明显可以看出,德国专利律师选择该术语是选择了光导体这个更宽泛的意思。即便在光导和光导体之间,二者不存在明显差异,但如果对照两种译文:

(1) 所述光导(6)被归为所述显示元件保护窗(4)的一部分。

(2) 所述光导体(6)被归为所述显示元件保护窗(4)的一部分。

不难发现其中差异,光导是功能性描述,它甚至可以体现为空洞(例如可体现为玻璃上的钻孔);而光导体是实体部件,它肯定不会是显示元件保护窗中开设的空洞。对照本发明的附图可知,Lichtwellenleiter(6)翻译为光导体是更优的选择。

由此可见,在确定权利要求内的术语时,即便是熟悉的术语,也仍然需要对照说明书和附图来加以推敲,否则容易出现刻舟求剑的错误。翻译人员容易陷入具体语句难以自拔,特别是对照德文与中文进行遣词造句时,很难超脱出来。

此时就要求校对人员从整体技术方案的角度进行多维度思考,特别是对照待翻译的专利文献上下文和附图,才能得到更合理的术语表达。

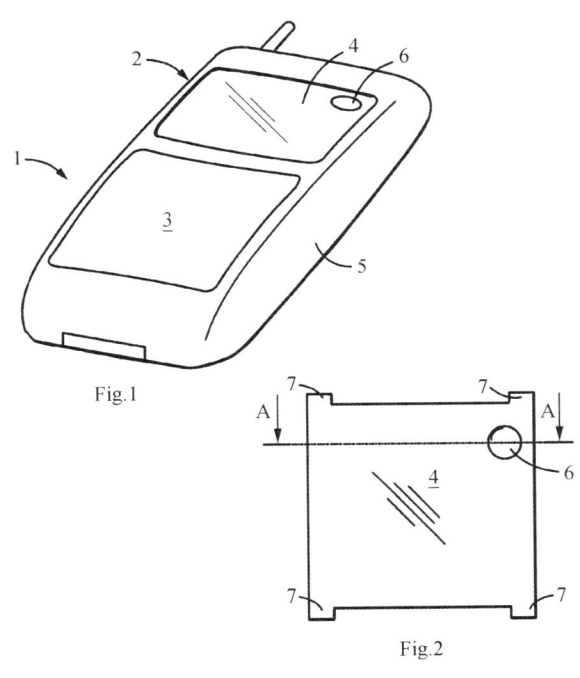

图 5.1　说明书附图示例

选择中文术语的第四个原则在于:**按照中国科技工作者能够理解的方式来选择性造词**。

德国在很多工业领域拥有自成体系的理论体系,进而也有自成体系的术语体系,特别是光学、机械制造、纺织、造纸以及电子通信领域。很多术语都要回溯德文原始资料去理解,再用中文进行二次表达。

例如,在德国机械制造领域定义了三种类型的连接(Verbindung),而这也是德国机械制造领域的公知常识,即三类连接方式(drei Verbindungsarten):

-formschlüssige Verbindung,

-kraftschlüssige Verbindung,

-stoffschlüssige Verbindung.

遗憾的是，在中国机械制造领域没有相似的连接分类方式，而且因为德国机械制造自成体系且与英美并不完全一致，所以在英文中也没有相应单词可供参考。此时就要求翻译人员务必深究每个单词在本领域的含义，例如：

Formschlüssige Verbindungen entstehen durch das Ineinandergreifen von mindestens zwei Verbindungspartnern. Dadurch können sich die Verbindungspartner auch ohne oder bei unterbrochener Kraftübertragung nicht lösen.

通过上述德文释义可知，此处所限定的连接方式是指：至少两个部件在没有外力作用的情况下也能相互咬合的情形。凭借 Form 词根，可想到的措辞有：形状锁合连接、形状配合连接或形锁合连接。

Kraftschlüssige Verbindungen setzen eine Normalkraft auf die miteinander zu verbindenden Flächen voraus. Ihre gegenseitige Verschiebung ist verhindert，solange die durch die Haftreibung bewirkte Gegen-Kraft nicht überschritten wird.

通过上述德文释义可知，此处所限定的连接方式是指：通过作用于相互连接的两个表面上的法向力，使得两个有待连接的表面之间存在摩擦阻力，进而达成二者连接。凭借 Kraft 词根，可想到的措辞有：力锁合连接、力配合连接或传力锁合连接。

Stoffschlüssige Verbindungen werden alle Verbindungen genannt，bei denen die Verbindungspartner durch atomare oder molekulare Kräfte zusammengehalten werden.

通过上述德文释义可知，此处所限定的连接方式是指：若干连接对象通过原子间或分子间作用力来保持的情形。凭借 Stoff 词根，可想到的措辞有：材料锁合连接或材料配合连接。

值得注意的是，formschlüssig、kraftschlüssig 和 stoffschlüssig 不仅可以是形容词，还可以是副词，作为副词其译文可以是：按照形状配合的方式，按照力锁合的方式或按照材料配合的方式。

二、术语翻译校对举例

术语翻译对于德文译文准确表达极为重要，为了避免机械套用字典或生搬硬套德文申请文件的英文版本，以下列举了若干常见易错术语和多义术语，它们都是经常被误译或不当翻译的高频词汇，需要校对人员谨慎对待。

本章还汇总部分常见易错单词如下：

- spanlose Bearbeitung 无切削加工（错），无切屑加工（正确）；
- Kunststoff 塑性材料（严重错误），塑料（正确）；
- sich verjüngen 有变窄（多种含义的择一选择，偏颇）、变薄、变细等多种译法；
- sich verschmälern 变窄；
- Lithographie 石版印刷术（极为罕见），光刻术（常见）；
- rundlaufend 圆周运动地（罕见），平稳运行地（常见）；
- 化学元素 Cerium（铈）与 Caesium（铯）易混淆；
- formschlüssig 形状配合；
- kraftschlüssig 力配合；
- stoffschlüssig 材料配合；
- vertikal 译为垂直在很多情况下都是错误的，因为垂直是相对概念；而其原意应当为竖直，即相对地面垂直；

- parallel 平行仅为几何方面的较窄含义，很多情况是并行或同时；
- linear 有两个含义：线性的，直线的；线性用于描述大致均匀的变化趋势，而直线用于描述方向性和几何性质；
- Position 有"位置"和"姿态"两种情况，需要适应性采用；
- Lage 有"位置"和"层"两种完全不同的意思，需要反复确认文本内容；
- Dichte 有"浓度""厚度""密度"和"比重"等多种完全不同的意思；
- Motor 有发动机、引擎和电动机等多种译法，需要适应性采用；
- Ausnehmung 有凹部、缺口、孔、洞等多种译法，必须对照附图给予准确翻译；
- koppeln 连接、链接、耦合；
- ein/auskoppeln 入射、出射；
- Fluchten 有对齐、齐平、对准、调正、轴线平行等多种译法；
- passiv/aktiv 有被动/主动、无源/有源等多种译法，应谨慎选用。

【例】 "formschlüssig"例句

德文：Eine solche Halterung kann beispielsweise aus einer Nut in dem Führungsrohr bestehen, in der das Umformmittel formschlüssig aufgenommen ist.

译文：该保持部例如可以包括位于导引管中的槽，变形器件以正配合的方式保持在该槽中。

【校对要点】 建议修改中文术语：该保持部例如可以包括位于导引管中的槽，变形器件以**形状配合**的方式保持在该槽中。

【例】 "lithografisch, Lithografie"例句

德文：Aluminiumband für lithografische Druckplattenträger und dessen Herstellung

译文：用于石版印刷印版载体的铝带及其制造

【校对要点】 建议修改中文术语：用于**光刻**印刷印版载体的铝带及其制造

德文：Insbesondere kann der 3D-Druck mit fuidischen Materialien die sogenannte Stereolithografie（SLA）umfassen.

译文：特别地，使用流体材料进行的 3D 打印可以包括所谓的立体石版印刷术（SLA）。

【校对要点】 由于术语明显不当，因此校对仅需要将其修改为适当术语，例如：**尤其是，借助**流体材料的 3D 打印可以包括所谓的**立体光刻印刷术**（SLA）。

德文：Die Grundplatte wird durch reaktives Ionenätzen, durch Galvanoformung oder bei Kunststoffen nach dem LIGA-Verfahren durch Lithographie, Galvanoformung und Abformung hergestellt.

译文：底板可由反应离子蚀刻法、电镀成形法制造，在采用塑料材料的情况，按照 LIGM 工艺过程，也可由石版印刷术、电镀成形术和铸模方法制造。

【校对要点】 LIGA 明显就是由 Lithographie、Galvanoformung 和 Abformung 三者组合而成的术语，所以在塑料情况下的 LIGA 加工方法实际上与三者是同位语关系，此处校对时可以改为：底板可由

反应离子蚀刻法、电镀成形法制造，或者在塑料的情况下，按照 **LIGA 工艺通过光刻、电镀成形和铸模来制造**。

【例】 "Fluchten"例句

德文：Zudem sollten die mit der Bodenfläche 114 bzw. der Unterseite der Polplatte 120 zusammenwirkenden Stirnflächen der Abstandshülse exakt senkrecht zu den betreffenden Flächen ausgebildet sein, so dass die Abstandshülse exakt senkrecht zur Bodenfläche 114 bzw. Fluchten mit der Längsachse der Schraube positioniert wird.

译文：另外，与底面114或极板120底侧配合的间隔套端面应该正好垂直于相关表面构成，使得该间隔套正好垂直于底面114地、或对准螺钉纵轴线地就位。

【校对要点】 此处"Fluchten"用于表征**圆筒与轴线的几何关系**，即，间隔套（Abstandshülse）是空心圆筒，其轴线与螺钉纵轴线**彼此对准或者说共线**。在大部分情况下，Fluchten都应当处理为**齐平**，特别是表达两个平面对接后的平整对接状态。此外，在"Fluchten"涉及到**若干轴线彼此关系之时**，该术语有时需要处理为"**平行**"，**而并非"对准"**，这是因为"**轴线对准**"是表达两根轴线共线的含义。

【例】 "linear"例句

德文：Der restliche Teil des Schraubenhalses weist eine glatte Oberfläche auf, wodurch die Schulterschraube 117 in einem Schraubenloch linear bewegbar ist.

译文：螺钉颈的余部具有光滑的表面，由此凸肩螺钉117可以在螺纹孔内线性运动。

【校对要点】 "线性"旨在表达**变化趋势的均匀性**，比如线性增长，意味着数量均匀增大。此处，与之不同，"直线"旨在限定**运动方向的不变性**，比如沿水面直线运动。上面的例子中，"光滑表面"使得螺钉不用在螺纹孔内旋转，而是可以进行滑动。由此可知，在此类表达语境下的"直线"与"线性"是两种含义完全不同的译文，需要特别谨慎对待。此处校对时可以改为：螺钉颈的余部具有光滑的表面，由此凸肩螺钉117可以在螺纹孔内**沿直线运动**。

【例】 "Linearbewegung"例句

德文：Die Bewegung des Zahnrades 8 ist dabei über das dazwischenliegende kleinere Zahnrad 7, das nicht in die Zahnstangenbereiche 22, 42 eingreift, mit der Bewegung des Zahnrades 6 gekoppelt, sodass bei einer durch das Linearantriebselement 50 hervorgerufenen Linearbewegung des Mittelfingerelements 3 gegenüber dem Trägerelement 2 das Endfingerelement 4 eine Linearbewegung durch Abrollen der äußeren Zahnräder 6, 8 in die Richtung der Linearbewegung des Mittelfingerelements 3 ausführt.

译文：在此，齿轮8的运动，通过未接合到齿杆区域22、42中的放在中间的较小齿轮7来与齿轮6的运动连接，从而使得在中间指梁元件3相对于承载元件2通过线性驱动元件50引起的线性运动中，端部指梁元件4通过外齿轮6、8的滚动沿中间指梁元件3的线性运动的方向实施线性运动。

【校对要点】 某些中文科技论文也将直线电机称为线性电机，但实际上这都是刻舟求剑的翻译方式导致的，Linearantrieb就是**有别于旋转式电机的往复式电机**，其关键点就在于电力驱动装置的直线运动，所以此处Linearantriebselement翻译为**直线驱动元件**为较佳选择，虽然线性驱动元件是该领域工作人员能够理解的术语。而 Linearbewegung 应当**按照组合名词来翻译**，直译为**直线运动**，而没有第二种解释，即**不应理解为**形容词 lineare + 名词 Bewegung 的形式。

【例】 "Position"和"Lage"例句

德文：Anspruch 1. Werkstückbearbeitungsanlage （10），mit mindestens einem rotierenden Werkzeug （38） und einer Leiteinrichtung （54），welche mindestens einen Teil von Partikeln，die bei der Werkstückbearbeitung durch das rotierende Werkzeug （38） in einem Bearbeitungsbereich （70） erzeugt werden und sich von dem Bearbeitungsbereich （70） in einer ersten Flugrichtung （72） weg bewegen，aus der ersten Flugrichtung （72） mindestens mittelbar in eine zweite Flugrichtung （74） lenkt，wobei eine Position und/oder Lage der Leiteinrichtung （54） mittels einer Einstelleinrichtung （62，67） einstellbar ist，dadurch gekennzeichnet，dass die Position und/oder Lage der Leiteinrichtung （54） abhängig von einer Werkzeugeigenschaft und/oder einer Werkstückeigenschaft einstellbar ist.

译文：权利要求1. 一种工件加工设备(10)包括至少一个旋转工具(38)和引导装置(54)，所述引导装置将颗粒的至少一部分从第一飞离方向(72)至少间接地偏转到第二飞离方向(74)，所述颗粒在通过旋转工具(38)进行工件加工时在加工区域(70)中产生并且沿着第一飞离方向(72)运动离开所述加工区域(70)，其中能够借助调节装置(62,67)调节所述引导装置(54)的位置和/或姿态，其特征在于能够根据工具特性和/或工件特性来调节引导装置(54)的位置和/或姿态。

【校对要点】 此处由于 Lage 与 Position 同时出现，迫使翻译人员采用了不同词汇来**区别表达**。但 Position 究竟是**姿态**还是**位置**，要根据此处技术方案的实际场景来加以选择。

【例】 "Ausnehmung"例句

德文：Der Ringmagnet 112 besitzt eine zentrale，koaxiale Ausnehmung，durch welche eine Befestigungseinrichtung 118 für eine von der Magneteinheit 110 weiterhin umfasste Polplatte 120 ragt，die，ebenso wie die Befestigungseinrichtung 118，im Wesentlichen berührungslos zu dem Permanentmagneten 112 im Innenraum 108 des Gehäuses 106 angeordnet ist.

译文：环形磁体112具有中心同轴孔洞，用于极板120（其也属于磁体单元110）的紧固机构118穿过该孔洞而突出，极板也像紧固机构118一样按照基本不接触永磁体112的方式安置在罐体106的内腔108中。

【校对要点】 Ausnehmung 有凹部、缺口、孔、洞等多种译法，例如凹部不一定贯通，缺口形状可能不规则等，需要**考虑具体应用细节**才能准确选择。

【例】 "Vertikale"例句

德文：Im Allgemeinen kann jedoch zum Betrieb der Anordnung auch eine anderweitige Ausrichtung des ersten optischen Elements 1 gegenüber der Vertikalen vorgesehen sein.

译文：但是，为了该装置的操作，一般也可以规定第一光学元件1相对于垂线以其他形式取向。

【校对要点】 此处"Vertikale"究竟是否为垂线是需要通过**对照**此案的附图来确认的，它有可能是**垂线**（注意：垂线可能是假想辅助线），也有可能是一个**实体部件**。仅当读者明确参考对象为水平面时，垂线才很可能是比较好的表达。

【例】 "parallel"例句

德文：Die Erfindung bezieht sich auf einen Webstoff für ein Fahrzeuginneres, aufweisend zumindest zwei parallele optische Fasern, die in der Lage sind, Licht zu emittieren, und sich in einer Längsrichtung erstrecken, zumindest ein Bündel aus parallelen Drähten, die sich in der Längsrichtung erstrecken und zwischen den zumindest zwei parallelen optischen Fasern angeordnet sind, und zumindest einen weiteren Faden, der sich in einer Querrichtung im Wesentlichen senkrecht zu der Längsrichtung erstreckt. Der zumindest eine weitere Faden ist zwischen den zumindest zwei parallelen optischen Fasern und dem zumindest einen Bündel aus parallelen Drähten verflochten, wobei das zumindest eine Bündel aus parallelen Drähten zumindest zwei Drähte aufweist.

译文：本发明涉及一种用于车辆内部的编织物，包括至少两个能够发射光并沿纵向方向延伸的平行光纤，至少一束沿纵向方向延伸的平行导线，其被布置在至少两根平行光纤之间，以及至少一根在基本垂直于纵向方向的横向方向上延伸的另外的线。所述至少一根另外的线在至少两根平行光纤和至少一束平行导线之间交织，并且所述至少一束平行导线包括至少两根导线。

【校对要点】 "平行"在汉语中是**几何概念**，用于**表达两条线或线与面之间的位置关系**，而"并行"除了**几何上的相互位置关系**之外，还能够表达**功能上的同向而行**，有时也能够表达**时间上的同步性**。此处，"平行"用于修饰导线或光纤至少是**用词搭配不当**。

通过广泛查阅资料来确定当前技术方案内的术语当前含义，对于翻译记载了最新技术的专利申请文件而言是非常关键的步骤，也是准确再现权利要求保护范围的前提。

三、技术特征表达的合理性

在校对专利文献时，除了要注意上述术语，以使权利要求书的保护范围遵循专利律师原本意图，符合说明书及附图所记载的技术方案，且能够为中国科技及法律工作者所理解之外，还需要注重语句的表达。说明书和权利要求中的语句也是所谓的技术特征，其翻译校对也需要注意满足权利要求保护范围的要求。

对于专利申请文件翻译而言，由于专利文件权利归结于译文本身，也因为知识产权保护实务工作对于专利权保护范围的极度重视，故此除了需要字斟句酌地对待中文所表达的每一个技术术语之外，校对人员更要重视技术特征中文表达的合理性，以便高精度重现外文专利申请所记载的技术方案，尤其是要关注文字逻辑性、技术特征之间的因果关系以及措辞的合理上位概括。

（一）逻辑性

专利首先要注意原记载文字的逻辑性。专利申请是由技术特征构成的技术文本，每一项技术特征都应当符合该专利技术方案的技术性要求。也就是说，译文表达的逻辑性要符合技术方案的逻辑性。技术方案的逻辑性除了当前正在面对的特征之外，说明书与附图构成了非常重要的参考内容。

例如德文：Zudem sollten die mit der Bodenfläche 114 bzw. der Unterseite der Polplatte 120 zusammenwirkenden Stirnflächen der Abstandshülse exakt senkrecht zu den betreffenden Flächen ausgebildet sein, so dass die Abstandshülse exakt senkrecht zur Bodenfläche 114 bzw. Fluchten mit der Längsachse der Schraube positioniert wird.

为了符合逻辑地表达这段德文技术特征,翻译和校对人员需要观察其附图2(如图5.2)。

由于图5.2中明确了120与114是完全隔开的独立部件,作为第二格的"der Polplatte 120"就不会构成"Bodenfläche 114"的后置定语。由此还能够得知此段特征的主语"die mit der Bodenfläche 114 bzw. der Unterseite der Polplatte 120 zusammenwirkenden Stirnflächen"的复数个端面实质上就是两个端面(Stirnflächen),它们分别在图5.2的上方垂直于极板120底侧,并且在下方垂直于底面114。

此外,根据说明书其他段落可知,间隔套的附图标记为202与螺钉的附图标记为204。通过观察作为剖视图的图5.2

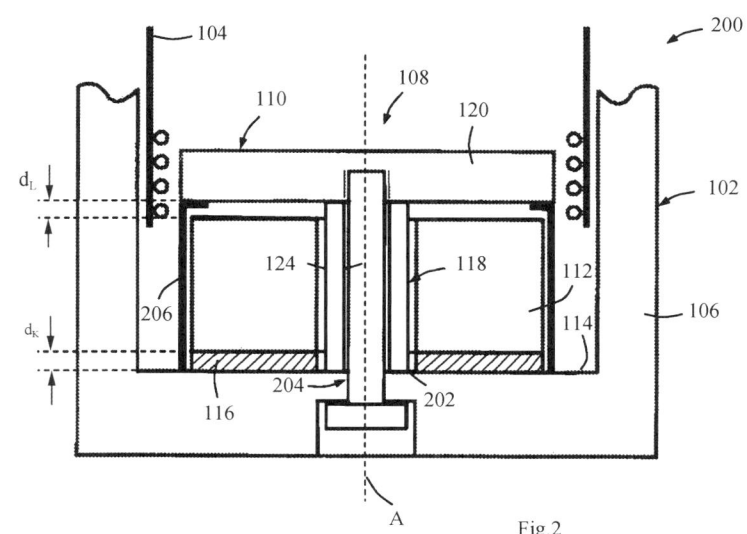

图5.2　说明书附图示例

可以得知,间隔套202与螺钉204的几何关系是前者在周向上同轴地包围后者,而间隔套202在轴线方向上是垂直于底面114的。

通过以上技术性分析,就能够得到如下建议译文:另外,与底面114或极板120底侧配合的间隔套端面应该正好垂直于相关表面构成,使得该间隔套正好垂直于底面114地或对准螺钉纵轴线地就位。

校对人员还需要注意的是,在追求每个技术特征都符合逻辑性的同时,还需要从更高的视角去审视说明书各段落、附图所记载的技术方案以及权利要求所要求保护的技术方案,使得说明书、附图和权利要求的技术方案在逻辑上彼此支持,从而让整个专利申请文件具备内在的逻辑性。

(二)因果关系

专利技术方案由一系列彼此关联的技术特征构成,其中最核心的关联关系就是因果关系。翻译人员在处理文本时,容易陷入具体术语和措辞的细节之中,反而出现因果倒置、错配的情况,这就要求校对人员从因到果进行梳理,从而确保译文符合原专利申请文件所暗含的因果关系。

1. 因果关系与代词的指代对象

由于因果关系在撰写原专利申请的专利代理律师心中是默认存在的,原文作者在表达时反而会有所忽略,而翻译人员往往就顺着语法进行处理,不会深度思考是否存在矛盾,因此要求校对人员从因果关系的角度去理解和把握,特别是代词指代对象。由于代词指代对象不是宾语就是主语,会对技术方案有着极为重要的影响,需要特别注意。

在判断指代对象时,主要通过利用因果关系来排除不可能的对象,这主要体现在语法上两者皆可能的情况。

例如德文:Anspruch 1. Werkstückbearbeitungsanlage（10）, mit mindestens einem rotierenden Werkzeug（38）und einer Leiteinrichtung（54）, welche mindestens einen Teil von Partikeln, die bei der Werkstückbearbeitung durch das rotierende Werkzeug（38）in einem Bearbeitungsbereich（70）erzeugt werden und sich von dem Bearbeitungsbereich（70）in einer ersten Flugrichtung（72）weg bewegen, aus der ersten Flugrichtung (72) mindestens mittelbar in eine zweite Flugrichtung (74) lenkt, wobei eine Position und/oder Lage der Leiteinrichtung (54) mittels einer Einstelleinrichtung (62, 67) einstellbar ist, dadurch gekennzeichnet, dass die Position und/oder Lage der Leiteinrichtung (54) abhängig von einer Werkzeugeigenschaft und/oder einer Werkstückeigenschaft einstellbar ist.

该权利要求 1 的特征"welche mindestens einen Teil von Partikeln aus der ersten Flugrichtung (72) mindestens mittelbar in eine zweite Flugrichtung (74) lenkt,"就需要单独判断"welche"究竟是指代同为阴性的两个名词"Leiteinrichtung (54)"还是"Werkstückbearbeitungsanlage (10)"。在当前译文中,翻译人员从语法角度直接选定为引导装置(54)。虽然事实上这也是正确的选择,但校对人员需要结合说明书和附图来二次确定:"引导装置(54)是否确实用于引导颗粒从一个方向转向另一个方向。"当然,单纯此处从引导装置的命名中就可以确定这种可能性是非常高的。

在上面的例子中,通过因果关系可以选出直接的动作施加者(即主语),排除了关系较远的其他各方,虽然它们在语法上也是符合的。

因果关系在判断施加动作者(主语)和承受动作者(宾语)时,能够在语法之外给出另一个筛选条件,能够有效避免翻译时单一依靠语法,从而选择出更为合理的代词指代对象。

2. 因果关系与介词支配格

根据德语语法,介词支配第三格表示状态,介词支配第四格表示动作方向。对于专利翻译人员而言,只需要遵循语法进行处理即可。但对于校对人员而言,还需要额外根据因果关系来判断是否如此,毕竟原文中也可能存在笔误。

例如该权利要求 1 的特征"die bei der Werkstückbearbeitung durch das rotierende Werkzeug (38) **in einem Bearbeitungsbereich (70)** erzeugt werden und sich von dem Bearbeitungsbereich (70) **in einer ersten Flugrichtung (72)** weg bewegen,"中的两个介词"in"均支配第三格。

其中第一处"in einem Bearbeitungsbereich (70)"按照语法应翻译为"在加工区域(70)中",但其究竟是整个句子的状语、"bei der Werkstückbearbeitung"的状语,还是旋转工具(38)的定语,并不确定,即,存在以下三种可能性:

A. 所述颗粒在通过旋转工具(38)进行工件加工时在加工区域(70)中产生;
B. 所述颗粒在通过在加工区域(70)中的旋转工具(38)进行工件加工时产生;
C. 所述颗粒在通过旋转工具(38)在加工区域(70)中进行工件加工时产生。

这个问题就必须依靠因果关系来判断,此处必须要结合附图并依靠阅读说明书相应段落来判断,从以上三种表达中选择符合因果关系的一种。

其中第二处"in einer ersten Flugrichtung (72)"也存在如下两种理解,而且按照语法第二种理解也是完全合理的:

A. {所述颗粒}沿着第一飞离方向(72)运动离开所述加工区域(70);
B. {所述颗粒}运动离开在第一飞离方向(72)上的所述加工区域(70)。

根据因果关系判断,很可能认为此处第三格介词用法是原文撰写不当,而是应该理解为 A,也就是说该介词 in 应该支配第四格即表示运动方向。

总之,校对人员在考虑译文时要超越语法,站在更高角度,至少从因果关系出发,结合说明书和附图对介词支配关系进行判断。

(三) 合理概括

德文专利申请文件中的术语和技术特征本身就是对客观对象的人为德文表达。在进行翻译时，翻译人员很难从更高角度去体会表达所用到的德文概念（术语）和措辞（技术特征）所要涵盖的范围，而是至多从技术方案理解的角度或者说至多按照是否符合技术方案的因果关系去判断措辞和概念的合理性。

因此，校对人员在对翻译文件进行校对时，还需要从原文作者和译文读者这两个不同角度来判断术语和特征对客观对象的覆盖，力求得到对中文术语和技术特征的合理概括。

1. 术语合理概括

每一个德文术语都可能有若干对应的中文可供选择，翻译人员可能遵从某个字典或资料来源选定了其中一个译文；校对人员需要从已经选定的译文出发，设想其他若干可能的译文，并从中选择最符合德文原文术语涵盖范围的中文术语。

例如德文：Eine solche Halterung kann beispielsweise aus einer Nut in dem Führungsrohr bestehen, in der das Umformmittel formschlüssig aufgenommen ist.

针对此段特征的可选译文至少包括如下三种：
A. 该保持部例如可以包括位于导引管中的槽，变形器件以形状配合的方式保持在该槽中；
B. 该保持部例如可以由位于导引管中且形状配合地保持变形器件的槽构成；
C. 该保持部例如可以由槽构成，该槽位于导引管中且该槽形状配合地保持变形器件。

此处动词"bestehen aus"分别被翻译人员处理为"包括"和"由……构成"。从概念涵盖范围的角度看，中文术语"包括"是开放式的，即保持部除了槽之外，还可以是凹口或者其他形式的安装部。而中文术语"由……构成"是封闭式的，即保持部只能是槽，不可以是其他形式的。对于专利申请而言，把封闭式的"bestehen aus"翻译成"包括"，事实上是扩大了概念覆盖范围，通常有利于机电类专利保护范围。但对于化学或生物类专利申请而言，把封闭式的"bestehen aus"翻译成"包括"，很可能因为过度扩大概念覆盖范围而造成专利权利不稳定，存在很大隐患。

例如德文以及图 5.2：Der Ringmagnet 112 besitzt eine zentrale, koaxiale Ausnehmung, durch welche eine Befestigungseinrichtung 118 für eine von der Magneteinheit 110 weiterhin umfasste Polplatte 120 ragt, die, ebenso wie die Befestigungseinrichtung 118, im Wesentlichen berührungslos zu dem Permanentmagneten 112 im Innenraum 108 des Gehäuses 106 angeordnet ist.

译文：环形磁体 112 具有中心同轴孔洞，用于极板 120（其也属于磁体单元 110）的紧固机构 118 穿过该孔洞而突出，极板也像紧固机构 118 一样按照基本不接触永磁体 112 的方式安置在罐体 106 的内腔 108 中。

在以上举例给出的说明书段落中，每一个德文术语都可能有若干对应的中文可供选择，例如：

Ringmagnet：环形磁体，磁环；
Ausnehmung：孔洞，凹口，缺口；
Befestigungseinrichtung：紧固机构，固定装置，固定部；
Magneteinheit：磁体单元，磁性部件；
Permanentmagnet：永磁体，永磁部；

Gehäuse：罐体，壳体。

从术语（概念）所涵盖的范围来考虑，就可以发现除了"Gehäuse"和"Ausnehmung"之外，其他若干中文可选项基本都覆盖了大体上相同的范围，例如紧固机构、固定装置和固定部都描述了一种用于固定的部件或装置。

"孔洞""凹口"和"缺口"覆盖了不完全相同的范围，孔洞表征了贯穿洞，凹口表征了向内或向下的形变区域，缺口表征了某个区域的缺失；此处之所以选择了更为少见的"孔洞"，是因为紧固机构118需要穿过该孔洞，所以其必须是贯通的。倘若选择"凹口"，不仅会出现因果错配，也造成了与德文概念覆盖范围相比的偏差。

"壳体"与"罐体"是典型的上下位概念。壳体是更为上位的概念，罐体是下位的具体概念。具体来说，壳体包括罐体、球体、立方体等一系列几何形状，所以单纯根据此处记载的覆盖范围角度看，当前译文选择并非最贴合德文原文的概念覆盖范围。之所以选择当前术语，很可能是因为该翻译文本参考了该专利申请文件的其他段落，由此作出了综合判断。

综上，校对人员需要从中文术语与德文术语各自涵盖范围的角度去思考译文所选术语的合理性，从更符合原文覆盖范围的角度出发选择更为妥当的术语，还需要注意术语调整涉及专利申请文件的全文，因此不能单独根据某个特征就作出调整术语译文的决定，还需要结合附图和说明书其他记载来综合判断。最终要达到的目的是，中文术语涵盖范围与德文术语涵盖范围大体相当。

2. 技术特征合理概括

申请专利请求保护的技术方案是由若干技术特征构成的，技术特征之组合限定了技术方案的保护范围。因此，精确理解专利代理师撰写时的措辞意图，并以合理中文加以表达，体现原先寻求保护的范围，就是非常重要的工作。

例如德文：Anspruch 1. Werkstückbearbeitungsanlage （10），mit mindestens einem rotierenden Werkzeug （38）und einer Leiteinrichtung （54），welche mindestens einen Teil von Partikeln，die bei der Werkstückbearbeitung durch das rotierende Werkzeug （38）in einem Bearbeitungsbereich （70）erzeugt werden und sich von dem Bearbeitungsbereich （70）in einer ersten Flugrichtung （72）weg bewegen，aus der ersten Flugrichtung （72）mindestens mittelbar in eine zweite Flugrichtung （74）lenkt，wobei eine Position und/oder Lage der Leiteinrichtung （54）mittels einer Einstelleinrichtung （62，67）einstellbar ist，dadurch gekennzeichnet，dass die Position und/oder Lage der Leiteinrichtung （54）abhängig von einer Werkzeugeigenschaft und/oder einer Werkstückeigenschaft einstellbar ist.

译文：权利要求1. 一种工件加工设备(10)包括至少一个旋转工具(38)和引导装置(54)，所述引导装置将颗粒的至少一部分从第一飞离方向(72)至少间接地偏转到第二飞离方向(74)，所述颗粒在通过旋转工具(38)进行工件加工时在加工区域(70)中产生并且沿着第一飞离方向(72)运动离开所述加工区域(70)，其中能够借助调节装置(62,67)调节所述引导装置(54)的位置和/或姿态，其特征在于能够根据工具特性和/或工件特性来调节引导装置(54)的位置和/或姿态。

在前文分析中已经知道这段翻译在语法上是没有瑕疵的，但如果单独观察与"颗粒"有关的定语从句，就会发现因果关系的倒置。因为引导装置并非把所有颗粒都从第一方向偏转到第二方向，而是由定语从句特别定义这些颗粒，从这个角度来看，此处特征的中文译文处理绝非完美。倘若修改为以下表达：

所述引导装置将在通过旋转工具(38)加工工件时在加工区域(70)中产生并沿第一飞离方向(72)离开所述加工区域(70)的颗粒的至少一部分从第一飞离方向(72)至少间接地偏转到第二飞离方向(74)。

此时虽然存在定语从句前置带来的阅读困难，但是考虑到只有这些特殊颗粒才是本发明要应对的问题核心所在，此等校对调整应该是优选。此处可读性的损失带来了更贴合原文保护范围的译文，也就是说更符合专利代理师撰写时的措辞意图。

当然，也可以采用更为复杂的表达方式来解决原文与译文的特征表达范围等同问题，例如：所述引导装置将<u>如下所述的</u>至少部分颗粒从第一飞离方向(72)至少间接地偏转到第二飞离方向(74)，所述颗粒是<u>在通过旋转工具(38)加工工件时在加工区域(70)中产生并沿第一飞离方向(72)离开所述加工区域(70)</u>的。此处译文凭空增加了形式性定语"如下所述的"，旨在表达并非所有颗粒，而是本发明定义的特定颗粒。由此，得到了形式上不贴合原文但覆盖范围更符合专利代理师撰写时的措辞意图的译文。

另一方面，在翻译人员从语法角度确保德文得到准确表达的基础上，校对人员不仅需要从技术特征所表达的范围角度出发去更深入地思考，还需要考虑上下文的联系。

例如德文：Eine solche Halterung kann beispielsweise aus einer Nut in dem Führungsrohr bestehen, in der das Umformmittel formschlüssig aufgenommen ist.

针对此段特征的可选译文至少包括如下三种：

A. 该保持部例如可以包括位于导引管中的槽，变形器件以形状配合的方式保持在该槽中；
B. 该保持部例如可以由位于导引管中且形状配合地保持变形器件的槽构成；
C. 该保持部例如可以由槽构成，该槽位于导引管中且该槽形状配合地保持变形器件。

其中 A 选项是采用顺译法得到的译文，在语法和逻辑性角度上都是符合德文原文的。

其中 B 选项采取了将德文后置定语改写成中文前置定语的翻译方式，德文定语从句中的位置状语在译文中被处理为主语，满足了汉语阅读需要。

其中 C 选项为了照顾汉语读者，将长句变成了短句，对德文定语从句也进行了意译。

校对人员需要从这段技术特征的三种译文中选择涵盖范围变化最小的译文。此处 B 选项由于定语前置，汉语表达变得更为简练而易于理解，单纯从该特征来看是可选项之一。然而，从德文表达角度来看，若结合上下文判断认为："定语从句是强调特征或与接续的在后特征有上下文关联关系"，则应考虑选择 A 选项。

(四) 总结(逻辑性、因果关系与概括)

从语言学角度来看，专利翻译与校对不仅有着法律翻译的准确性要求，同时也具备科技性很强的特点。在法律要求方面，专利校对人员要根据现行专利法、细则和指南的规定，对译文中不符合中国专利法要求的内容给予增补、删减或修改。在科技性方面，专利翻译的任务在于准确性，准确性主要针对技术特征。然而翻译人员容易陷入"只缘身在此山中"的困境，即，每一项准确的技术特征表达也可能会导致技术方案表达出现严重错误。而这就是专利校对所要解决的多项技术特征之间的关联性问题，特别是合理概括、逻辑性和因果性问题。只有遵守逻辑性并符合因果关系地翻译校对多项技术特征，才能得到专利技术方案的合理中文表达。校对人员通过采取术语、单个特征和单个段落之上的视角，确保专利技术方案的高水准表达，即提供符合逻辑性和因果关系的译文。

总而言之，权利要求是保护技术方案的核心文字段落，记载了一项专利申请的核心技术方案，用于在从申请、授权到无效再到诉讼的全过程中判断一项专利的保护范围。这段文字要历经 20 年的多重考验，因此需要撰写人员从技术理解的角度出发，通过文字表达给出准确的保护范围，也需要翻译人员从技术理解的角度出发，给出最为贴近撰写人员思想的表达，以准确还原撰写人员所追求的保护范围。

四、校对需要关注的法律规定

通过前面的学习,我们已经认识到,对于来自其他国家申请人的外文专利而言,其中国专利核心内涵是译文所体现的"技术方案";从该核心内涵合理延伸的范围仍然要以译文所体现的技术方案为中心。为了保护技术方案,发明人在权利要求中给予了充分概括,而在背景技术中详细解释了产生该技术方案的动机或者说发明任务(其中提出了技术问题),发明内容围绕该技术问题给出解决方案,而在具体实施方式部分中围绕解决方案给出了最优实施例以及若干优选实施例。可以说,任何一份专利都是围绕所要求保护的技术方案展开的,无论是"权利要求书记载的技术特征所确定的内容",还是"与所记载的技术特征相等同的技术特征所确定的内容",毫无疑问都是以通过翻译得到的中文文本为准来确定或解释的。

然而,对于通常作为专利代理师的校对人员而言,还需要知道,在中国按照行政程序申请专利以及按照司法程序主张专利权时,都需要遵循中国的相关规定。例如,中国《专利法》第二十六条第四款规定:权利要求书应当以说明书为依据,清楚、简要地限定要求专利保护的范围。另外,中国《专利法》第五十九条第一款规定:发明或者实用新型专利权的保护范围以其权利要求的内容为准,说明书及附图可以用于解释权利要求的内容。

中欧德在清楚、简要以及得到说明书支持的法律规定方面并没有实质性区别,例如《欧洲专利公约》第八十四条:

Die Patentansprüche müssen den Gegenstand angeben,für den Schutz begehrt wird. Sie müssen deutlich und knapp gefasst sein und von der Beschreibung gestützt werden.

权利要求书应当记载要求保护的对象。权利要求应当清楚、简要,并得到说明书支持。

就专利权利要求的法律作用而言,世界主要专利局都有着与欧专局相似的规定。例如根据德国法律规定,权利要求有两项功能:其一用于体现满足一项专利授权条件的技术特征组合[①];其二根据该技术特征组合来限定该专利的保护范围[②]。以德语撰写专利申请文本时,申请人通常遵循了欧洲专利局和德国专利局的相关规定。

对比以上法律规定可以发现,中欧德关于权利要求的法律规定存在较高相似性。因此,在大多数情况下翻译文本时,翻译和校对人员可更多地关注技术内容本身,而不需要在法律层面进行文本调整。

(一)清楚(deutlich)和简要(knapp)

由前文涉及权利要求的法律规定可知,中欧德均对权利要求作出了清楚和简要的规定,而且在审查过程中对于清楚与简要也有相似的审查尺度。但在实际工作中,原文为德语的申请文件在中国实质审查中仍然经常出现不清楚的缺陷。有鉴于清楚与简要这样的最基础法律概念反而难以用正向方式给予准确定义,以下将以举例方式给出典型的不清楚(Unklarheit)情况,作为反面案例。

1. 权利要求引用关系不清楚

【例】 DE102017202401A1,中国同族 CN110430793A,权利要求 4

德文:Schnellkochtopfdeckel nach einem der vorhergehenden Ansprüche bei Rückbezug auf

---

[①] 参见德国专利法 PatG § 34(3)3
[②] 参见德国专利法 PatG § 14

Anspruch 1, dadurch gekennzeichnet, dass die Kochdruckregeinrichtung（1）und das Funktionselement（2）nicht nur in Richtung der Drehachse（3R）gesehen auf derselben Höhe（H），sondern auch auf einander gegenüberliegenden Seiten（3-1，3-2）des drehbaren Maschinenelements（3）angeordnet sind.

译文：根据涉及权利要求1的前述任一项权利要求所述的高压锅盖子，特征在于，所述烹饪压力控制装置(1)和所述功能元件(2)不仅布置在从旋转轴线(3R)方向观察时的相同高度(H)处，而且布置在所述可旋转的机械元件(3)的对侧(3-1,3-2)上。

分析：就该例子而言，因为涉及权利要求1的权利要求可能存在各种复杂引用关系，不符合择一引用的中国法律规定，所以中国审查部门一般情况下不会接受以下表达："根据涉及权利要求1的前述任一项权利要求所述的"；而是会通过下发《审查意见通知书》来指出该项权利要求不清楚，需要申请人通过修改来克服此项缺陷。在本例中，中国审查部门需要指向明确的择一引用关系，例如可以接受的表达方式为：根据权利要求1所述的。

【例】 DE102017202401A1，中国同族 CN110430793A，权利要求5

德文：Schnellkochtopfdeckel nach einem der vorhergehenden Ansprüche, bevorzugt bei Rückbezug auf Anspruch 1

译文：根据优选涉及权利要求1的前述任一项权利要求所述的高压锅盖子

分析：该权利要求5作为从属权利要求引用了权利要求1至4之一，而且前面的权利要求4引用了权利要求1至3之一，这就意味着权利要求1到5存在1+5、1+2+5、1+2+3+5以及1+2+3+4+5等各种复杂情况，客观上导致保护范围过于繁复而难以厘清。故这种撰写方式并不为中国《专利法》及其相关规定所接受，申请人可利用克服形式性缺陷的相关程序，通过修改该权利要求的文字表达来满足中国《专利法》的形式性要求。此外，这种形式性问题不会对专利权产生不良影响，反而会给今后修改留下依据，所以作为翻译人员，可以简单直接地将德文引用关系如实转换为中文。

除了以上多项引用的问题之外，"优选涉及权利要求1"的表述意味着该权利要求的引用关系还存在进一步的限定，这种形式性问题也将留待在今后的程序中克服，以满足中国《专利法》的形式性要求。

2. 文字表达引起的不清楚

德语表达方式与中文存在巨大差异，例如中文与德语在组词方面允许将两个单词联合成新的单词，这种组词造字方式不限于名词，也包括了形容词和动词，使得专利文献中经常出现无资料可供参考的自造词，致使单纯语言工作者难以理解。

（1）德英中转译引起

德语到英文再翻译成中文的专利文本数量占比不低，对此类译文进行校对，对德汉校对人员提出了更高的挑战。一方面，要揣测中文表达所基于的英文形态，另一方面还需要照顾德文原始公开的技术特征。

每一次文本翻译都会带来信息的失真，只是程度多寡之别。德文到英文的翻译本身就蕴含风险，不少英译文甚至本身就是错误的。校对人员必须以德文原始文本为唯一原始信息来源进行调整。

【例】 德文国际公开 WO 2006/045635 A1，中国同族 CN101102921B，美国同族 US 7,862,070 B2

此处涉及的是一份要求德国优先权并已进入中国国家阶段的 PCT 专利，其专利权人为一家德国公司。目前该专利已在中国授权，在其中文授权文本的摘要和权利要求书中多次出现"塑性材料"这个概

念,如:

>……气囊盖板(1)包括至少80% 重量的第一*塑性材料*,支架(2)包括至少80% 重量的第二*塑性材料*……

在基于其国际公布号检索到的德语申请(由 EPO 公开)的德文摘要中,对应的表达为:... *Der Airbagdeckel（1）besteht mindestens zu 80 Gewichtsprozent aus einem ersten Kunststoff，der Träger（2）besteht mindestens zu 80 Gewichtsprozent aus einem zweiten Kunststoff...*

在基于其国际公布号检索到的美国同族申请(由 USPTO 公开)的英文摘要中,对应的表达为:

... The airbag cover comprises at least up to 80 percent by weight of a first plastic material，the carrier comprises at least up to 80 percent by weight of a second plastic material ...

可以看出,"mindestens zu"中译文含义不清也是由英文转译引发歧义导致的。但德文专利本意很清楚地表达了<u>气囊盖板(1)至少80%的重量是由第一塑性材料构成的</u>。

但本节关注的是:涉嫌引发歧义的是"塑性材料"这个中文术语。毕竟德文原文中的 Kunststoff 一词特指塑料或者合成材料。为了厘清"塑性材料"与"塑料"两个概念的差异,可以利用全国科学技术名词审定委员会所提供的术语在线服务。根据查询结果,塑性的定义是:固体物质受外力作用变形后,能完全或部分保持其变形的性质。塑料的定义是:玻璃化温度或结晶聚合物熔点在室温以上,添加辅料后能在成型过程中塑制成一定形状的高分子材料。由此可知,塑料为塑性材料的一种,塑性材料包括但不仅限于塑料,金属也应该被视为塑性材料。所以,倘若把原文中的"塑料"误译为"塑性材料",那么就意味着该专利所记载的气囊盖板为包括但不限于塑料、金属或合金的材质。

从技术角度分析,这一不妥的译法也存在着自相矛盾的问题。具体而言,气囊触发时,若盖板由塑性材料中的金属构成,则其可能发生变形但却难以破碎,极大可能阻碍内部气囊弹出;与之相反,若盖板为塑料材质,则其在此可以完全破碎,以便气囊在极短时间内高速向外膨胀,保证人员安全。由此可见,德文专利发明人没有采用"plastisches Material(对应英文为 plastic material,对应中文为"塑性材料")",而是采用了 Kunststoff 一词,其本意就是采用"塑料",而绝非"塑性材料"。因此可以认为,此处翻译脱离或者至少是偏离了原发明人或原作者本意,除非专利权人或其代理人旨在扩大保护范围而故意为之。

如果要从语言角度分析译文偏离原文本意之原因,编者推测,中译文是以英文文本为蓝本进行了转译,将 plastic material 一词译作了"塑性材料",而非从原始的德文文本中的 Kunststoff 一词进行翻译。为了进一步说明英文文本中 plastic material 和德文文本中的 Kunststoff 的词义区别,我们做一个简单的词义对比:

通用的在线词典 Linguee(https://www.linguee.de)上对德文 Kunststoff 这一名词的英文释义为:

- plastic 名

不常见:

- synthetic 名

- synthetic material 名

- plastic material 名

英文中 plastic 既可作名词也可作形容词,作名词时仅单纯释义为"塑料",其对应的德文词为 Kunststoff;作形容词时其意义层次更多,除了指"塑料的",也可以指"塑性的、可变形的"。因此上述释义表明,德文词 Kunststoff 可译作中文的"塑料"或"合成材料",plastic material 在此处也应理解为"塑料材料",而非"塑性材料"。

德文原本含义明确的 Kunststoff，在译作英文文本时为何没有使用含义更明确的 plastic（名词），而采用了 plastic material 这个存在二义性的概念，其原因我们无从考证。但是在转译到作为目的语的中文之后，就将出现两种译文，一种是"塑料"，另一种是"塑性材料"。而正如前文分析，后者偏离甚或脱离了原发明本意。

为了研究转译所引发的错译现象，编者调研了中国专利库，对该错误所涉及的专利数量进行了查证和统计。首先把申请人地址限定为"德国""瑞士""卢森堡""奥地利"或列支敦士登"，然后以"塑性材料"为关键字在 2019 年 8 月通过检索专利库，得到 817 项专利文件。考虑到热塑性是材料本身固有的性质或加工工艺常用技术，所以在二次检索时，将"热塑性"作为负面关键字予以排除。这样得到共 121 件专利申请，共涉及 91 家企业，既有已深耕中国市场多年的跨国公司如西门子、巴斯夫和空中客车，也有奢侈品牌如欧米茄的制造商伊塔瑞士钟表制造股份有限公司，所涉及的行业涵盖了运输、农业、化学、机械工程、物理、电学、固定建筑物以及纺织造纸。

在欧洲专利局网站查询了这些申请的德语申请文本之后，我们对误将德语原文中的 Kunststoff（塑料）一词错译成"塑性材料"的案例进行了查证和统计。通过分析截止到 2019 年 8 月公开的专利文献，得出的结果是：德语区来中国的专利中，独立权利要求含有塑料的，合计 7 000 多个；而不完全统计下，误把塑料翻译为塑性材料的，合计也有 71 个，这就意味着仅考虑 Kunststoff 这一个单词，独立权利要求就存在接近 1% 的**差错率**。这样的错误甚至出现在某专利申请中，其将电绝缘塑料译成了"塑性材料"，而根据常识，电绝缘材料只可能是塑料，而不可能是金属。

德文词 Kunststoff（塑料）因转译被误译的现象在公开文本中还有同类例子。同时，编者在调查过程中，还注意到在基于西班牙语、法语和意大利语的优先权文件进入中国的专利申请中，也存在数量不可忽略的"塑性材料"表述。因自己的语言专业之故，编者对此没有展开详细研究。但可以估测，其中也存在一定比例的将塑料误译为塑性材料的情况。

由此可见，相比起英语，以德语为代表的非通用语种在科技翻译和专利翻译领域始终处于较弱的局面，这迫使部分专利申请以英文译文为蓝本进行二次转译。而在此过程中，难免出现语义歧解。同时，因为中国《专利法》对申请文件存在修改限制，错译不仅有可能给申请人带来较大的风险，使申请人或专利权人蒙受损失，甚至造成专利被宣告无效，也可能因错译而不当地损害公众利益。

【例】 国际公开 WO 2005/066432 A1，美国同族 US 2007/0107361 A1，中国同族 CN 1902367 A，权利要求 1

德文国际公开：

Verbindungsmittel（3，4，5，6），die derart beschaffen sind，dass diese in zwei zueinander senkrechten Richtungen（7，10；20，21）miteinander **formschlüssig** verbindbar sind.

美国公开文本：

Connecting means（3，4，5，6），made in such a way that：they can be connected with each other **in a positive fit** in two directions（7，10；20，21）that are perpendicular relative to each other.

中文公开文本：

一种连接装置（3、4、5、6），所述连接装置如此地制造：其可通过正配合而在两个彼此垂直的方向（7、10；20、21）上彼此连接。

在这个例子中，中文表达为"通过正配合"，其很可能直接来自于该申请的英译文"in a positive fit"，而不是德文"formschlüssig"。英文偏离了最初以德文公开的国际公布文本,进而导致了独立权利要求的保护范围也不同于原始公开文本。

在中国机械制造领域,常规配合关系为:间隙配合、过渡配合和过盈配合。"正配合"属于没有定义的术语,其含义的不确定性必然导致保护范围的不确定。这种不确定带来了不清楚的问题。事实上,倘若把"正配合"反译为德文,德文也不会体现为"formschlüssig",而是将以其他方式来体现,也一样会给德文权利要求带来不清楚的缺陷。

在处理以德文为优先权或原始公开为德文的专利文件时,应尽量以原始公开文本为基础开展翻译,并充分研究关键术语在中文和德文中的表达与含义,而不能简单从作为中间文本的英文文本出发进行文本转换。

(2)错译引起

错译的典型情况是翻译人员错误解读原文的语法结构,特别容易出现的典型问题是修饰对象错误,尤其是定语的修饰对象错误。

例如:"wobei der Airbagdeckel mindestens zu 80 Gewichtsprozent aus einem ersten Kunststoff besteht"被翻译为"气囊盖板包括至少80%重量的第一塑性材料"。

此处德文"mindestens zu 80 Gewichtsprozent"不是"Kunstoff"的定语,但中文翻译将其表达为定语。对比不同的两个技术特征翻译所带来的中文覆盖范围差异:①气囊盖板至少80%重量是由第一塑性材料构成的;②气囊盖板包括至少80%重量的第一塑性材料。前者限定了动词"构成"的程度,即,在构成气囊盖板时,第一塑性材料占比达到重量的80%及以上;后者限定了第一塑性材料的重量百分比,但究竟与谁相比是不明确的。

由此可见,因为定语限定对象的改变,其译文特征所覆盖的范围必然不同于德文原文。针对修饰对象的变化,比如状语改为定语或定语修饰对象不同于德文的情况,校对人员就需要特别谨慎对待。

错译带来的不利后果例如是导致保护范围不当扩大。在侵权诉讼中,专利权人需要依据授权文本所确定的保护范围来提起侵权诉讼。"塑料"的保护范围仅限于塑料。当涉嫌侵权产品的相关部分也为塑料时,前面举例的中文授权文本的保护范围能够准确提供保护。然而,"塑性材料"的覆盖范围,不仅包括塑料,还包括金属或合金。换而言之,在专利保护范围方面,此项误译甚至还致使专利保护范围不当扩大。在某些情况下,这种不当扩大也会对公众利益造成妨碍。

显而易见的是,错译会给专利申请带来一系列问题,即使是已经授权的专利,也存在被无效请求的风险,或是引起权利不当扩大。例如根据《专利法》第四十五条:

自国务院专利行政部门公告授予专利权之日起,任何单位或者个人认为该专利权的授予不符合本法有关规定的,可以请求国务院专利行政部门宣告该专利权无效。

这就意味着,任何人都可以作为专利无效宣告请求人,对已经公告授权的专利提出无效宣告请求,也包括针对已经终止、放弃(自申请日放弃的除外)或者已被部分无效的专利提出无效宣告请求,并且提交支持其无效宣告请求的证据。

针对前面的例子,在无效宣告程序中,无效请求人可以动用的法律条款例如是:

《专利法》第二十六条三款对于"能够实现"有着具体法定要求。某些错译会导致发明技术方案自相矛盾,比如本文举例提到的独权技术方案就必然存在:"气囊因挡板为塑性材料而无法弹出的问题"。

《专利法》第二十六条第四款规定:"权利要求书应当以说明书为依据,清楚、简要地限定要求专利保护的范围。"针对错译的特征,不仅审查员可以指出权利要求不清楚,或者指出权利要求存在"得不到说明书支持"的缺陷,对于授权后的专利,任何人都可以因不符合此项规定而提出无效请求。

《专利法》第三十三条规定:"申请人可以对其专利申请文件进行修改,但是,对发明和实用新型专利申请文件的修改不得超出原说明书和权利要求书记载的范围,对外观设计专利申请文件的修改不得超出原图片或者照片表示的范围。"

根据该规定,对于进入中国国家阶段的 PCT 申请,申请人有机会依据原始 PCT 公开将"塑性材料"修改为"塑料";而当其专利授权后,是否能基于 PCT 原始公开来更正译文错误就属于有争议的问题。

另外需要注意的是,在中国专利审查阶段、复审、无效及侵权诉讼阶段,优先权文件一般都不会被认为是原始公开。这就意味着,通过《巴黎公约》途径进入中国的申请文本本身即是构成今后修改基础的原始公开,其译文自然不会被认为是"错误",而是构成专利审查之基础。在这种情况下,含有"塑性材料"的中文申请文本更难以在审查过程中更正为"塑料"。

在译文错误的情况下,能够支持无效宣告理由的证据的检索范围也发生变化,专利权的稳定性也随之产生变化。上述例子中,"塑料"的 IPC 分类范围为涉及塑料制品的 B29 大类。翻译后的"塑性材料"所涉及的分类范围明显扩大,不仅涉及本身的 B29 大类,还涉及 A61、B65、B60 等多达 19 项分类,即错误的文本转译将使得人们在无效过程中面对其他领域的更多对比文件,致使原本不属于"塑料"但属于"塑性材料"的金属或合金也可被纳入无效证据之内。这种情况下,支持无效宣告理由的证据检索范围明显被数倍放大,支持无效请求的证据出现的概率增加,授权专利被无效的风险从而被放大,专利稳定性变差。

错译有另一种最简单的体现方式,也就是译文所选择的术语或表达为本领域技术人员所无法理解。

例如德文:Diese Verbindungsmittel sind in zwei zueinander senkrechten Richtungen miteinander formschlüssig verbindbar.

译文:连接装置可通过正配合而在两个彼此垂直的方向上彼此连接。

改进建议:这些连接装置能够在两个彼此垂直的方向上按照形状配合方式相互连接。

在此例中,由于正配合并非本领域技术人员常用的术语,审查部门就有可能要求给予解释,以明确其保护范围。事实上,这个术语虽然没有直接对应的中文译文,但在德语专利翻译中已经存在一种约定俗成的译法,即形状配合。顾名思义,它表达了通过形状彼此形成的配合关系。即便如此,审查部门偶尔也可能因不熟悉此等特殊译法而指出存在不清楚的缺陷;此时,往往也只能结合附图和说明书的其他内容来加以解释,而不必通过修改来克服所谓的缺陷。

(3)中文德文语法冲突

毋庸置疑,中文与德文在语法上存在相当程度的差异。使用母语的专利律师专注于用精准语言概括专利申请文件的技术方案,不会顾及因语法差异而给中文翻译带来的困难。下面仍然以举例方式来介绍几种典型情况。

德文:

Anspruch 1. Verbindungsmittel(3,4,5,6),die derart beschaffen sind, dass diese in zwei zueinander senkrechten Richtungen(7,10;20,21)miteinander formschlüssig verbindbar sind.

Anspruch 2. Verbindungsmittel nach Anspruch 1, dadurch gekennzeichnet, dass das eine

Verbindungsmittel (4，6) die gleiche oder zumindest im Wesentlichen gleiche Geometrie aufweist wie das andere Verbindungsmittel (3，5).

Anspruch 3. Verbindungsmittel nach Anspruch 1 oder 2，die so beschaffen sind，dass diese verbunden werden können，indem das eine Verbindungsmittel（3，5）gegenüber dem anderen Verbindungsmittel（4，6）abgesenkt wird und anschließend die Verbindungsmittel senkrecht zu der Absenkbewegung aufeinander zugeschoben werden.

译文：

权利要求 1. 一种连接装置(3、4、5、6)，所述连接装置如此地制造：其可通过正配合而在两个彼此垂直的方向(7、10；20、21)上彼此连接。

权利要求 2. 如权利要求 1 所述的连接装置，其特征在于：所述一个连接装置(4、6)的几何构造与另一个连接装置(3、5)相同或至少是基本上相同的。

权利要求 3. 如权利要求 1 或 2 所述的连接装置，所述连接装置如此地制造：其可通过相对于另一个连接装置(4、6)降低一个连接装置(3、5)、然后沿一个与所述降低运动垂直的方向朝向彼此推动连接装置而连接起来。

要点 A：单复数语法有差异，使得从德文到中文的转译中存在信息丢失，进而出现不清楚的风险

在上面这段文字中，通过德文单数和复数的表达差异，可以看出权利要求 1 提到了若干个连接装置，相同的这些连接装置能够在两个方向上彼此连接；而中文译文会对"连接装置如何在两个方向上彼此连接"存在疑问。此时较佳的译文应当采取"这些连接装置"的表达方式。

权利要求 2 所提出的附加技术特征是这些连接装置彼此形状相同，德文采用 das eine 和 das andere 这种表达方式，旨在表达这一类连接装置普遍存在两两相同的情况。

而权利要求 3 旨在限定两两相同的连接装置采取两步法装配方式。但由于语言表达的习惯问题，采用德文母语撰写专利时所采用的 das eine 和 das andere 这种表达方式，在变换为中文表达方式时没有得到直接体现，需要读者反复阅读，以揣摩发明人的本意。无论是权利要求 2 的"所述一个连接装置"，还是权利要求 3 的"一个连接装置"都没有准确体现出两两相同、两两配合的关系，而德文本身实际上是清楚明了的。

要点 B：定冠词与不定冠词会带来不清楚的风险

尤其应当指出：ein 作为不定冠词时，没有数量词"一个"之意。在前例中不应将非特定的 das eine Verbindungsmittel 翻译为所述一个连接装置，因为 das eine 并非特指前文所指出的某个特殊连接装置。此处为清楚起见（Klarheit），可考虑将权利要求 2 的相关表达处理为"其中一个连接装置"与"其中另一个连接装置"，更细致的处理方式是建议权利要求 1 用复数方式来表达 Verbindungsmittel（德文单复数同形，但通过谓语能体现出复数）。

要点 C：从句嵌套会带来不清楚的风险

事实上，不仅德文语法中的不定冠词、冠词和单复数给翻译工作制造了细节上的表达困难，而且其各类从句表达也都是翻译难点。比如同样是该专利的权利要求 3 中所用的"so"和"indem"彼此嵌套的表达方式也给中文表达造成了障碍。本发明的作者原本想要表达的意思是：这些连接装置是按照它们能够连接的方式来实现的，连接方式如下：将其中一个连接装置(3、5)相对其中另一个连接装置(4、6)降低，然后垂直于该降低运动地相向推动两者。原译文精确地再现了德文中的每一个单词,但却不能让本领域技术人员直接理解两步法的步骤与对象,而是将准确理解其含义(保护范围)的任务留给了专利审查部门和社会公众。

根据以上示例可以看出,翻译人员在处理此类表达时,主要应考虑中文表达是否能够准确传递发明人的原本意图,真实体现发明思想;而且还要尽量贴合德文表达,符合德文及中文语法要求。由此可知,专利翻译是技术性很强的文字转换工作,需要勤加练习。

(4) 中德科技体系不兼容、发展不平衡

在翻译科技文献时需要理解技术方案,而理解技术方案与理解关键术语又互为关键前提。然而,专利文献所要求的新颖性和创造性决定了专利文件经常会记载前所未有的全新技术术语。为顺应科技爆炸带来的海量新增技术术语,需要新造很多单词,如扫码支付、Time-of-Flight 等,此类词汇的译文往往首次出现在专利文献中,而后经过反复大量使用而得到广泛认同。因此专利翻译在跨语言技术传播中往往扮演关键的"首译"角色。

此外,人们有时也会借用在历史长河中消逝的技术术语来表达全新的科技内容,例如,过去人们用 lithography(英)/Lithographie(德)来表示石版印刷术,这是一项艺术创作中偶尔还在采用的印刷技法;然而,随着半导体行业发展,该词汇现在已经被借用于表达光刻技术。然而因为各种语言发展存在不同步的情况,一个单词在一种语言中含义的转变,不会自动地同步迁移到另一种语言。中文字典与英文字典中,对同一术语的解读存在时间维度上的差异。基于"落伍"的英汉词典权威解释,不少中文专利文献沿用了石版印刷的陈旧含义。于是乎,大名鼎鼎的荷兰 ASM 光刻公司在中国曾被翻译为 ASM 石版印刷公司。以相同方式被"复古"地更名为石版印刷公司的企业还包括:徕卡微系统和肖特这两家国际光学巨头公司。倘若在翻译之前先完成少量外文资料查阅,就能够知晓这些术语的内在含义早已发生转变。

最为棘手的事实在于,中德科技虽然交流广泛,但总体上仍然分别自成体系,在不少基础领域存在明显互不兼容的体系。从最基础的分类开始就存在显著差异。例如在德国机械领域中定义了三种基本连接类型(Verbindungsarten),分别是 formschlüssig, kraftschlüssig 和 stoffschlüssig。这种连接关系的定义并未被中国机械领域所接受。所以,目前中国专利领域的从业人员生搬硬套地将这三个单词翻译为:

— 形状配合(formschlüssig),例如齿轮咬合、键与槽的连接等;
— 力配合(kraftschlüssig),例如通过夹紧力、磁性力等引发的摩擦所产生的连接关系;
— 材料配合(stoffschlüssig),例如材料彼此融合产生的连接关系,如黏合和焊接。

【例】 国际公开 WO 2005/066432 A1,美国同族 US 2007/0107361 A1,中国同族 CN 1902367 A,权利要求 1

德文国际公开:

Verbindungsmittel (3, 4, 5, 6), die derart beschaffen sind, dass diese in zwei zueinander senkrechten Richtungen (7, 10; 20, 21) miteinander **formschlüssig** verbindbar sind.

美国公开文本:

Connecting means (3, 4, 5, 6), made in such a way that: they can be connected with each other **in a positive fit** in two directions (7, 10; 20, 21) that are perpendicular relative to each other.

中文公开文本:

一种连接装置(3、4、5、6),所述连接装置如此地制造:其可通过正配合而在两个彼此垂直的方向(7、

10；20、21)上彼此连接。

在前文关于因转译引发的问题的探讨中，formschlüssig 之所以被翻译为"通过正配合"的另一个关键原因在于中德科技体系在很多方面各成体系，由此产生了完全不同的技术语言。这三种连接关系的定义是德国机械制造领域的必修课，广泛出现于加工制造领域的专利和技术文献之中。其含义在德文中是明确的，进而其专利保护范围在德国和欧洲也是清楚的，符合德国《专利法》和《欧洲专利公约》的相关规定。然而，中国机械制造领域没有类似的划分方式，不仅字典中没有相关条目，而且在相关领域文献中也找不到详细解释。

此类翻译问题需要引起特别注意，这是因为有可能因临时借用或新创设的术语含义不同于发明人希望表达的含义，使得专利保护范围偏离发明初衷，以致无法限制他人仿冒。幸运的是，如果权利要求中存在某些全新术语或自造单词导致本领域技术人员(也包括审查员)难以理解，申请人仍然有机会根据说明书记载的内容来修改权利要求，或至少根据说明书记载的内容来解释权利要求的技术方案。

(二) 以说明书为依据(von der Beschreibung gestützt)

上文已经提到，在处理权利要求翻译时，也需要考虑说明书的翻译。中国《专利法》第二十六条四款规定，权利要求书应当以说明书为依据，清楚、简要地限定要求专利保护的范围。也就是说，按中国法律规定，权利要求书不能脱离说明书的内容，更不能与说明书记载的技术方案相互抵触，而是应当对说明书所记载的技术方案给予合理概括，用以主张适当的保护范围。

与之相应，《欧洲专利公约》第八十四条也有相似规定，权利要求书应当得到说明书的支持。这意味着，权利要求的内容应当能够得自于说明书，并且不得要求保护未记载的内容。

从法律角度看，以说明书为依据(von der Beschreibung gestützt)的规定旨在规定权利要求的保护范围应当以说明书实际公开的技术内容相对于现有技术的贡献为限。从技术角度看，说明书应公开实施该发明所需要用到的技术细节，而权利要求是从所公开的技术细节中概括出的核心技术方案，这种概括也需要与本发明相对于现有技术所作出的贡献相适应。为便于理解，下面举例进行阐述。

德文国际公开(WO 2006/045635 A1)，中国同族(CN101102921A)

Anspruch 1. Airbagklappensystem, enthaltend einen Airbagdeckel (1) mit einer zu einem Innenraum hin richtbaren sichtseitigen Stirnfläche (1a), und einem Träger (2), wobei der Airbagdeckel mindestens zu 80 Gewichtsprozent aus einem ersten Kunststoff besteht, und wobei der Träger mindestens zu 80 Gewichtsprozent aus einem zweiten Kunststoff besteht, und der erste Kunststoff ein niedrigeres elastisches Biegemodul aufweist als der zweite Kunststoff, und der Airbagdeckel eine zumindest bereichsweise in den Träger hineinragende Umrandung aufweist, und die Umrandung (3) des Airbagdeckels von dem Träger ober- und unterseitig abgedeckt ist.

权利要求 1. 一种气囊活门系统，包括气囊盖板(1)和支架(2)，气囊盖板带有可朝向内部空间的能见侧端面(1a)，气囊盖板包括至少80%重量的第一塑性材料，并且支架包括至少80%重量的第二塑性材料，第一塑性材料具有低于第二塑性材料的弹性弯曲模量，气囊盖板具有至少部分嵌入支架内的环绕边，并且气囊盖板的环绕边(3)的上面和底面由支架(2)覆盖。

为了满足法律规定，该技术方案应当得到说明书的支持，因此参考 WO 2006/045635 A1 德文原始公开第14页到15页如下内容：

> Figur 1 zeigt skizzenhaft einen Querschnitt eines Airbagklappensystems nach der Lehre der Erfindung. Ein Airbagdeckel (1) mit einer dem Innenraum hingerichteten ebenen Stirnfläche (1a) aus 100 Gewichtsprozent thermoplastischen Polyester-Elastomer mit einem elastischen Biegemodul von 600 MPa und einem linearen thermischen Ausdehnungskoeffizienten $14*10^{-5}$ $°C^{-1}$ wird randseitig umschlossen von einem Träger (2) aus 70 Gewichtsprozent Polypropylen und 30 Gewichtsprozent Glasfaseranteil, wobei dieses aus Polypropy-
>
> WO 2006/045635   PCT/EP2005/011705
>
> 15
>
> len und Glasfaser gebildete Kunstharz ein elastisches Biegemodul von 3500 MPa und einen thermischen Ausdehnungskoeffizienten von $2,5*10^{-5}$ $°C^{-1}$ hat.
>
> Der Airbagdeckel (Länge 312mm, Breite 216mm) weist eine als Steg geformte Umrandung (3) (Breite längsseitig des Airbagdeckels: 28mm, Breite breitseitig des Airbagdeckels: 32mm) auf, die in den Träger hineinragt, und ober- und unterseitig vom Träger bedeckt ist. In der Umrandung befinden sich mittig gesetzte

图 5.3　WO 2006/045635 A1 德文原始公开文本

根据图 5.3 第一段内容可以看出,权利要求所记载的"erster Kunststoff"弹性弯曲模量为 600 MPa,而"zweiter Kunststoff"弹性弯曲模量为 3 500 MPa,具体模量对应于权利要求所记载的特征的下位具体数字,对权利要求描述的内容提供支持。此外,第 15 页第二段内容记载:气囊盖板的环绕边嵌入支架,并在上面和底面被支架覆盖。由此可知,权利要求 1 所要求保护的技术方案在这两段中得到了更为具体的描述,即权利要求能够得到说明书支持。

需要指出,在权利要求撰写中采用"第一""第二"这样的表述,并非为了表示顺序,而是为了区分两个名称相同或相似的对象。例如此处"erster Kunststoff"是对"Polyester-Elastomer"的上位概括,而"zweiter Kunststoff"是对"dieses aus Polypropylen und Glasfaser gebildete Kunstharz"的上位概括。

根据以上分析可以得出结论,该德文权利要求的内容能够得到说明书支持。然而,德文互相印证的关系并非必然传递给中文译文,但中国专利局在审查中仅仅只考虑中文权利要求是否能够得到中文说明书的支持。例如在此 CN101102921A 中,Kunststoff 出乎意料地被错误翻译为"塑性材料",而塑性材料除了包括塑料之外,也包括几乎所有的金属,只要满足可塑的特性。可惜,通读说明书全文都能明显看出,"塑性材料"是对合成树脂等类似物的概括。而概括之后得到的塑性材料不仅涵盖了树脂,还涵盖了金属等各种可塑材料,这显然与说明书所公开的技术不一致。仅就这些段落而言,该中文权利要求的翻译是得不到说明书支持的。

幸运的是,该专利德文撰写文本中还保留了如下一段内容:

Unter „Kunstharz" wird vorliegend eine Reinform eines Kunstharzes oder eine Mischung mehrerer Kunstharze verstanden, wobei der Reinform bzw. der Mischung auch Additive bzw. Zuschläge beigefügt sein können, welche ebenfalls als zu dem „ersten" bzw. „zweiten" „Kunstharz" gewichtsprozentmäßig zugehörig angesehen werden. Des Weiteren wird der Begriff „Kunstharz" Synonym zu dem Begriff „Kunststoff" verwendet.

译文："合成树脂"主要是指一种合成树脂的纯形式或者多种合成树脂的混合物，其中，纯形式或混合物也可以附加添加剂或附加物，它们同样视为按重量百分比属于"第一"或"第二""合成树脂"。此外，概念"合成树脂"与概念"塑性材料"作同义词使用。

更为幸运的是，在此份专利中，中译文自始至终都把"塑料"错译为"塑性材料"，使得权利要求上位概括的"塑性材料"在说明书中能够找到根据，即等同于"合成树脂"。倘若权利要求书错译为塑性材料，而说明书正确翻译为塑料，那么当前权利要求1所要求保护的技术方案是否能够得到说明书支持就很难说了。

根据以上举例说明可以清楚看出，权利要求的翻译校对与说明书的翻译校对并不是彼此割裂的两个独立工作，而是应当联合考虑；特别是在技术问题、技术手段和技术效果三者的关联性方面，翻译校对需凸显说明书支撑权利要求，权利要求概括自说明书的文本逻辑。

从翻译人员角度出发，很难兼顾上下文与同类文献，这就要求校对人员要更有全局观，从更高角度审视整个译文。

五、涉及修改翻译的校对

由技术特征所构成的权利要求内容是专利全生命周期的核心关键所在，该核心基础文本将经历从专利申请（撰写）到审查阶段（反复修改）再到授权（与审查部门沟通协调的结果）以及无效、侵权诉讼的全过程，在这个过程中该核心基础文本通常将以说明书为基础经历多次修改。这种修改有时是专利申请人根据技术方案保护的需求而主动提出的，有时是为了克服申请行政程序中审查员所指出的缺陷，还有时是在无效或异议程序中被动进行的修改。

对于修改后文本的翻译工作而言，翻译人员需要如实准确地体现出修改之处并保留修改标记，而校对人员应当根据原始译文全文来判断译文可用性，此时可能会与德国专利代理师协商确定对德文修改本身的调整范围，在最简单的情况下仅需对中文措辞进行调整。

对专利申请文件或专利文件进行修改的工作，通常由掌握技术与法律双重知识的专利校对人员来负责。例如此类翻译工作至少要求符合中国《专利法》第三十三条的规定：申请人可以对其专利申请文件进行修改，但是，对发明和实用新型专利申请文件的修改不得超出原说明书和权利要求书记载的范围，对外观设计专利申请文件的修改不得超出原图片或者照片表示的范围。"修改不得超范围"的规定是中国、欧洲和德国专利法共同遵循的法律规定，下面结合本章节前面已引用的欧专局实例来解释其翻译校对原则。

仍以前文多次举例引用的EP1312974B1的权利要求6为例，在对其进行翻译时，只需要从技术表达准确的角度将原本用德文或英文表达的技术特征准确转换为中文即可。该权利要求6的具体译文如下：

Elektronische Vorrichtung, umfassend
一种电子设备，其包括：

ein Displayelement (11),
显示元件(11);

ein Displayschutzfenster (4), das zum Schützen des Displayelements (11) angeordnet ist,
显示元件保护窗(4),其设置用于保护所述显示元件(11);

zumindest einen Displaybeleuchter (10),
至少一个显示元件照明装置(10);

ein lichtempfindliches Bauteil (8), das zum Steuern der Beleuchtungsstärke des Beleuchters (10) auf der Grundlage des Umgebungslichts angeordnet ist,
光敏器件(8),其设置用于根据环境光线来控制所述照明装置(10)的照明亮度;

einen Lichtwellenleiter (6), der das Umgebungslicht von der Umgebung der Vorrichtung (1) zu dem lichtempfindlichen Bauteil (8) überträgt,
光导(6),其用于将该设备(1)周围的环境光线传送至所述光敏器件(8);

dadurch gekennzeichnet, dass
其特征在于,

der Lichtwellenleiter (6) als ein Teil des Displayschutzfensters (4) eingegliedert ist.
所述光导(6)被归为所述显示元件保护窗(4)的一部分。

(一) 修改翻译的举例(EP1312974B3 的权利要求 5)

通过比较 2003 年 5 月 21 日首次公布的申请文本 EP1312974A1 以及 2004 年 6 月 23 日公布的授权文本 EP1312974B1,可以清楚看出:申请人最初主观认为应当由权利要求 6 进行保护的技术方案,最终经欧专局判定符合实质性条件,进而权利得到了确认。具体地,EP1312974A1(2003 年)的权利要求 6 是提出申请时申请人希望得到保护的技术方案,而 EP1312974B1(2004 年)的权利要求 6 是经过欧洲专利局审查之后认为与现有技术相比有显著的进步,没有发现驳回理由,进而授予了专利权。这两份文本内容没有差异。

然而,该申请人事后利用欧洲专利局的程序,主动申请缩小了保护范围。主动缩小保护范围的修改于 2015 年 1 月 14 日重新公布,公布号为 EP1312974B3。将 B3 文本与申请及授权文本 A1 和 B1 相比较,可以清楚看出:申请人最初主观认为应当由权利要求 6 进行保护的技术方案,虽然中间经欧专局判定符合实质性条件并于 2004 年得到了权利确认,但是在十年后的主动修改程序中得到了"裁剪",即增加了一些限定特征,进而缩小了保护范围。

(M1) Elektronische Vorrichtung <u>in Form einer Mobilstation</u>, umfassend
(M1) 一种电子设备,<u>呈移动设备的形式</u>,其包括:
(M2) ein Display (2) mit einem Displayelement (11) <u>zum Bilden der visuellen Informationen des Displays (2)</u> und <u>mit einem Displaybeleuchter (10)</u>,
(M2) <u>显示器(2),其具有显示元件(11)</u>和至少一个显示元件照明装置(10),<u>所述显示元件用于形成</u>

该显示器(2)的视觉信息，

(M3) ein Displayschutzfenster (4), das zum Schützen des Displayelements (11) angeordnet ist, wobei das Display (2) unter dem Displayschutzfenster (4) angeordnet ist,

(M3) 显示元件保护窗(4)，其设置用于保护所述显示元件(11)，其中，所述显示器(2)设置在显示元件保护窗(4)之下；

(M4) ein lichtempfindliches Bauteil (8), das zum Steuern der Beleuchtungsstärke des Beleuchters (10) auf der Grundlage des Umgebungslichts angeordnet ist,

(M4) 光敏器件(8)，其设置用于根据环境光线来控制所述照明装置(10)的照明亮度；

(M5) einen Lichtwellenleiter (6), der das Umgebungslicht von der Umgebung der elektronischen Vorrichtung (1) zu dem lichtempfindlichen Bauteil (8) überträgt,

(M5) 光导(6)，其用于将该设备(1)周围的环境光线传送至所述光敏器件(8)；

(M6) dadurch gekennzeichnet, dass das Display (2) ein berührungsempfindlicher Bildschirm ist, und

(M6) 其特征在于，所述显示器(2)是触摸屏，并且

(M7) der Lichtwellenleiter (6) als ein Teil des Displayschutzfensters (4) eingegliedert ist, und

(M7) 所述光导(6)被归为所述显示器保护窗(4)的一部分，并且

(M8) der Lichtwellenleiter (6) am Rande des Displayschutzfensters (4) angeordnet ist.

(M8) 所述光导(6)位于显示元件保护窗(4)的边缘。

在处理此类译文时，需要在最初申请文本(EP1312974A1)中寻找上面划线的这些特征，如果有在先申请的中文文本，则应尽量全面地沿用其原始译文，以符合《专利法》第三十三条的规定，这是因为该条款在实际执行层面可能会被解读为具体术语与特征表达的完全一致。所以，在实际工作中为避免修改超出原始记载的范围，校对人员需要根据原始译文甚至附图来调整文字表达。因此，修改后权利要求的翻译与修改后权利要求的校对就存在不同的工作要求。

例如，从文字角度来看(翻译人员)，以上修改后的权利要求仅仅是增加了显示器以及与显示器相关的细节；但从法律角度来看(校对人员)，需要判断新增的特征"显示器"，实质性改变了电子设备包括的各对象的层级结构。具体地，在修改后的权利要求中，电子设备并不直接具备显示元件，而是具有一个显示器，其又包括显示元件及其保护窗。

此处需要指出，此项修改实质上是对专利保护范围的"裁剪"。"裁剪"不同于通常理解的文字删除而是正好相反，即"保护范围的裁剪"是通过对权利要求"增加特征"来达成的。例如：Elektronische Vorrichtung(A1和B1文本)在后续程序中经过"文字增加式"保护范围裁剪而变成了Elektronische Vorrichtung in Form einer Mobilstation。两者文字上的区别在于，前者为电子设备，而后者明确为Mobilstation形式的电子设备；前者在保护范围上可以涵盖从电视、音响到航天飞机的所有电子设备，而后者的保护范围缩减到Mobilstation形式的电子设备。这是因为，根据全面覆盖原则，权利要求的技术特征越多，其保护范围越小。由以上分析可知，权利要求书是由申请人依据主观愿望用语言描述的技术方案，该技术方案最初是由申请人描述的；在随后的申请程序中需要经专利局实质性审查过程的"保护范围裁剪"，仅当符合专利实质条件的情况下才能得到授权(即获得专利权的保护)；授权后的权利要求也可能因其他程序(如无效程序)而进一步受到"裁剪"，而在维权过程中需要由法官对授权后(裁剪后)的技术方案进行解读，这种解读也仍然是基于文本分析来完成的。值得一提的是，在中国专利授权之后是没有

主动修改程序的,而是只能在无效程序中开展修改工作。

校对此类文本通常都是给海外诉讼程序提供支持,因此校对人员需要查阅此专利的审查记录,根据说明书记载的内容进行综合判断,而不能单纯地根据修改进行字面翻译。尤其是,外文文本给出修改标记的情况下,也要特别小心,外文文本的修订标记很可能并非最终版本。因此,中文文本也需要通过校对来避免遗漏部分修改内容的情况。

对于修改翻译的校对而言,更为常见的工作是国际申请进入中国国家阶段时的主动修改或者在中国答复审查意见期间的被动修改。这些修改都是由外方律师事务所或专利申请人给予指示、由中国专利事务所完成的。在针对修改内容进行翻译时,翻译人员需留意之处主要在于语法、术语和特征,以及对全文统一性的综合考虑,特别是要考虑不超范围以满足《专利法》第三十三条的规定。

(二)修改翻译的校对举例(WO 2014/096380 和 CN104903037)

下面首先给出的德文权利要求1修改标记页是由德国律师事务所提供的,其中的修订标记也是外方预先修订的结果。由于这是独立权利要求而且对专利价值意义重大,因此校对之前需要先核对德文全文并与修改之前的原始公开对比,以确定外方提供的修订文本是否存在修订标记的遗漏。

Patentansprüche

1. Werkzeughalter (1) mit einer Werkzeugaufnahme (3) zum reibschlüssigen Einspannen eines Werkzeugschafts, wobei die Werkzeugaufnahme (3) aus mehreren voneinander beabstandeten, ringförmigen Spannflächen (12) besteht, die dazu bestimmt sind, den Werkzeugschaft kraftschlüssig zu halten und die am Innenumfang einer Hülsenpartie (4) ausgebildet sind, wobei die Hülsenpartie (4) eine Materialaussparung zur Beeinflussung ihrer Spannwirkung besitzt, ~~dadurch gekennzeichnet, dass~~ und die Materialaussparung durch mehrere in Umfangsrichtung verlaufende, ringförmige Kanäle (9) gebildet wird, die von der Werkzeugaufnahme (3) jeweils durch einen federnden Wandabschnitt (10) abgetrennt sind, welcher auf seiner dem Kanal (9) abgewandten Seite die jeweilige Spannfläche (12) ausbildet, <u>dadurch gekennzeichnet, dass die in radialer Richtung gemessene Tiefe des jeweiligen Kanals < 0,1 mm ist.</u>

图 5.4　德文权利要求1修改标记页

在确定修订标记无误的前提下,对翻译人员提供的《进入国家阶段时的修改标记页》进行校对,其中《进入国家阶段时的修改标记页》对于审查员快速确定修改之处以及专利代理师撰写修改说明是有利的,很多情况下审查部门会强制要求提交修改标记页,其例见图5.5。此项修改是翻译人员根据说明书记载而新增的特征,也就是说下划线标出的新增内容在字句对应性上与说明书中的相关记载完全一致。此类修改就满足了《专利法》第三十三条的规定,校对人员可以认为其符合作业要求。

```
                  权 利 要 求 书 （修改）

        1.一种刀夹(1),其具有刀夹槽(3)用于摩擦配合装夹刀柄,其中,该刀夹
     槽(3)包括多个相互间隔的环形夹紧面(12),这些夹紧面被指定用于以力配合
   5 方式保持该刀柄并且这些夹紧面在套筒部段(4)的内周面上形成,其中,所述
     套筒部段(4)具有用于影响其夹紧作用的材料空缺部,
        其特征是, 并且
        该材料空缺部由多个在周向上延伸的环形槽道(9)构成,这些槽道分别通
     过弹性壁部(10)与该刀夹槽(3)分隔开,该弹性壁部在其背对该槽道(9)的一侧
  10 构成相应的夹紧面(12)。
        其特征在于,
        各槽道的在径向上测量的深度小于0.1mm。
```

图 5.5　权利要求修改标记页

但此处要注意格式问题,特别是对照下文的《修改替换页》就不难发现,前序部分中的"该材料空缺部由多个……,"这段特征在逻辑上不应该另起一段,而是应该紧跟在前文之后。这种形式性问题是校对人员需要特别注意之处。

在制作进入国家阶段时的《修改替换页》时,需要特别谨慎,因为它才是最终审查员审查的文本,也很可能成为最终授权文本。在校对时,不仅要注意术语和特征的表达,也要特别小心数字和数学符号,这是因为德文的小数点与千分位正好与中英文是相反的。

```
                  权 利 要 求 书 （修改）

        1.一种刀夹(1),其具有刀夹槽(3)用于摩擦配合装夹刀柄,其中,该刀夹
     槽(3)包括多个相互间隔的环形夹紧面(12),这些夹紧面被指定用于以力配合
   5 方式保持该刀柄并且这些夹紧面在套筒部段(4)的内周面上形成,其中,所述
     套筒部段(4)具有用于影响其夹紧作用的材料空缺部,并且
     该材料空缺部由多个在周向上延伸的环形槽道(9)构成,这些槽道分别通
     过弹性壁部(10)与该刀夹槽(3)分隔开,该弹性壁部在其背对该槽道(9)的一侧
     构成相应的夹紧面(12),
  10    其特征在于,
        各槽道的在径向上测量的深度小于0.1mm。
```

图 5.6　权利要求修改替换页

在《修改替换页》的页眉区域应增加"修改"字样,以使当前权利要求有别于原始公开文本的译文。

除了 PCT 条约给予了额外修改机会之外,进入国家阶段的主动修改与审查意见答辩期间的修改并没有实质性区别,都需要遵循《专利法》有关修改超范围的规定。校对人员除了关注翻译作业文本本身的正确性之外,还需要将其与原始译文进行比较,以判断修改内容是否能够得到原始公开的支持。

第二节 专利翻译的实质性质检

专利翻译的过程大体而言包括三步,即①翻译,②校对,③质检。在对高水平翻译成果进行校对之后,译文肯定已经完美达到完整性和准确性的要求。

译文的完整性质检包括检查是否存在原文版本错误、漏译错译等情况。通常由于校对(一次校对和二次校对)已经解决了诸如由于意译、增删重组等而对原文进行的调整之处,因此质检重点只是判断是否存在明显疏漏,特别是文本版本错误,需逐项核对权利要求书、附图、序列表、说明书、摘要和摘要附图。

由于存在概念不能覆盖事实发生的多样性这种客观规律,原文与译文之间必然存在覆盖范围不同的情况。因此为了让译文与原文尽量涵盖相同的范围,译文的准确性质检不仅仅针对我们平时所说的忠实表达原文,事实上其准确度远高于我们所"想",应当客观而有根据地贴合于德文原文的表达和概念涵盖范围(需要重点考虑原发明人希望表达的技术内涵)。由于专利翻译和校对阶段已经对译文准确性提出了极高要求,在通过严格校对后,译文表述的技术方案能够通过其技术术语、术语间相互关系的特征表达得到清楚、完整、可实现的描述。因此,质检人员不必对全文进行逐字逐句的阅读,而是应当对照相应的说明书和附图来阅读独立权利要求,判断中文与德文在独立权利要求的保护范围上是否存在差异以及差异程度有多大。仅当质检人员认为中德权利要求保护范围彼此贴合时,准确性质检才算合格。因此,译文准确性质检并非对文字表达的检查,而是建立在对独立权利要求所要求保护的技术方案的理解基础上,从更高角度去理解中文技术方案与德文技术方案之间的差异性。

例如德文:Anspruch 1. Werkstückbearbeitungsanlage (10), mit mindestens einem rotierenden Werkzeug (38) und einer Leiteinrichtung (54), welche mindestens einen Teil von Partikeln, die bei der Werkstückbearbeitung durch das rotierende Werkzeug (38) in einem Bearbeitungsbereich (70) erzeugt werden und sich von dem Bearbeitungsbereich (70) in einer ersten Flugrichtung (72) weg bewegen, aus der ersten Flugrichtung (72) mindestens mittelbar in eine zweite Flugrichtung (74) lenkt, wobei eine Position und/oder Lage der Leiteinrichtung (54) mittels einer Einstelleinrichtung (62,67) einstellbar ist, dadurch gekennzeichnet, dass die Position und/oder Lage der Leiteinrichtung (54) abhängig von einer Werkzeugeigenschaft und/oder einer Werkstückeigenschaft einstellbar ist.

译文1:权利要求1. 一种工件加工设备(10)包括至少一个旋转工具(38)和引导装置(54),所述引导装置将颗粒的至少一部分从第一飞离方向(72)至少间接地偏转到第二飞离方向(74),所述颗粒在通过旋转工具(38)进行工件加工时在加工区域(70)中产生并且沿着第一飞离方向(72)运动离开所述加工区域(70),其中能够借助调节装置(62,67)调节所述引导装置(54)的位置和/或姿态,其特征在于能够根据工具特性和/或工件特性来调节引导装置(54)的位置和/或姿态。

译文2:权利要求1. 一种工件加工设备(10)包括至少一个旋转工具(38)和引导装置(54),所述引导装置将在通过旋转工具(38)加工工件时在加工区域(70)中产生并沿第一飞离方向(72)离开所述加工区域(70)的颗粒的至少一部分从第一飞离方向(72)至少间接地偏转到第二飞离方向(74),其中,所述引导装置(54)的位置和/或姿态是能够借助调节装置(62,67)调节的,其特征在于,所述引导装置(54)的位置和/或姿态是能够根据工具特性和/或工件特性来调节的。

负责实质性检查的质检人员需要在很短时间内判断以上两种不同译文的保护范围是否与德文原文

的保护范围一致。如果判断当前译文存在质量问题,质检人员应安排校对人员或其部门领导对权利要求书进行二次校对。以下结合一个案例进行更深度的剖析。

【实质性质检案例剖析】

Die Erfindung betrifft ein mehrere Elemente aufweisendes System zur Prüfung von Messsystemen,

【参考译文】 本发明涉及一种具有多个元件的用于测试测量系统的系统,

【实质性质检重点】 整体语句主干的关系正确,确保主语、谓语和宾语在译文与原文中处于相同的语法位置。例如上文中的第一分词"aufweisend"表示主动性,因此可知该动作是由其所修饰的名词"System"发出的,由此得出"具有多个元件"的"系统";而"zu"和"Prüfung"的冠词"der"构成复合形式,相当于介词für表示目的的用法,由此得出"用于测试测量系统"的"系统"。此处通过"aufweisend"和"zur"来确定修饰关系,进而确保了原文与译文的整体语法结构对应,进而满足了以信息不失真的方式翻译专利的目标。

mit dem ein Zug von mehreren hintereinander- und/oder nebeneinanderliegenden Aufnahmeelementen oder Distanzelementen gebildet werden kann,

【参考译文】 借此可以形成由多个相互接连和/或并排布置的容纳件或间隔件组成的行列,

【实质性质检重点】 "mit dem"引导的关系从句针对的是"ein mehrere Elemente aufweisendes System"而非"Messsystemen",这可从"dem"一词推导出;该从句的主语应为"Zug",而介词"von" + 形容词 + 名词构成的复合短语"von mehreren hintereinander- und/oder nebeneinanderliegenden Aufnahmeelementen oder Distanzelementen"则是对"Zug"一词的限定,其中,同样采用第一分词作为形容词,具体用法参见前文;另外,"介词 + einander"的用法在专利中同样常见,多用于表示两个或更多个对象之间的位置关系,具体译法视介词而定,故这里的"hintereinander"与"nebeneinander"分别表示"前后接连"和"并排相邻"。

wobei die Aufnahmeelemente Taschen aufweisen zur Aufnahme einzelner Prüfgewichte.

【参考译文】 其中,所述容纳件具有用于容纳单独的测试砝码的多个凹处。

【实质性质检重点】 德文中通常采用连词"wobei"来引导用于进一步限定的某项技术特征,故建议将译文处理为"其中",并且"其中"之后的逗号是必不可少的,用以区别于"其中"作为定语的情形;wobei 位置的准确确定对于特征的正确表达极为重要,因为它也蕴含着逻辑上的层级结构,例如:A 包括 B 和 C,B 具有特征 X,其中,特征 X 具有另一特征 D,其中,B 和 C 还共同具有另一个特征 E。此时,必须进行正确的排版才能体现原文的含义,例如:

A 包括 B 和 C,

B 具有特征 X,其中,特征 X 具有另一特征 D,

其中,B 和 C 还共同具有另一个特征 E。

此处,两处"其中"分别体现了特征 D 是对特征 X 的进一步限定,而特征 E 与特征 X 是并列关系。

另外,实质性质检还需要关注单复数问题,如本例从句中的宾语"Taschen"为复数形式,故译文中采用增译法,通过添加"多个"一词来加以明确。

总之,实质性质检是专利申请文件提交给专利局之前的最后一步对内容层级的审核,因此需要从准确性、逻辑性等多个角度对译文进行检查,以满足信息不失真的翻译要求。除此之外还有质检环节要特殊关注的一些形式性质检工作。当然,形式性质检工作也是完整性检查的一部分。

第三节 专利翻译的形式性质检

在完成专利文件的实质性质检之后,往往还需要对专利申请文件进行人工的形式性质检,以确保申请文件符合中国国家知识产权局对于专利文本的形式性要求。例如,需要检查专利申请文件字体,以确保其使用宋体、仿宋体或者楷体,而没有使用草体或者其他字体;并且字高在 3.5 毫米至 4.5 毫米之间,行距在 2.5 毫米至 3.5 毫米之间。

除了已知的字体、标点符号的规范使用、附图标记、术语的一致性检查以外。还应当检查文本中的以下内容。

一、发明名称的要求

对于发明专利申请的说明书而言,说明书第一页第一行应当写明发明名称,该名称应当与请求书中的名称一致,并左右居中。发明名称前面不得冠以"发明名称"或者"名称"等字样。发明名称与说明书正文之间应当空一行。

对于 PCT 国际申请进入中国国家阶段的发明名称而言,中文要求与国际公布文本扉页中记载的一致,且不受 25 字的数量限制。

国际公布文本扉页上记载的发明名称一般来自原始国际申请请求书,个别是由国际检索单位审查员确定的。对于经国际检索单位审查员确定的,进入声明中应当写该审查员确定的发明名称的译文。

进入国家阶段时请求修改发明名称的,应当以修改申请文件的形式提出,不得将修改后的发明名称直接填写在进入声明中,国家公布时不公布修改后的发明名称。

二、说明书的格式要求

说明书的格式应当包括以下各部分,并在每一部分前面写明标题:技术领域、背景技术、发明内容、附图说明、具体实施方式。说明书无附图的,说明书文字部分不包括附图说明及其相应的标题。说明书应当用阿拉伯数字顺序编写页码。

涉及核苷酸或者氨基酸序列的申请,应当将该序列表作为说明书的一个单独部分,并单独编写页码。申请人应当在申请的同时提交与该序列表相一致的计算机可读形式的副本,如提交记载有该序列表的符合规定的光盘或者软盘。

说明书文字部分可以有化学式、数学式或者表格,但不得有插图,包括流程图、方框图、曲线图、相图等,它们只可以作为说明书的附图。说明书文字部分写有附图说明的,说明书应当有附图。说明书中应当写明各幅附图的图名,并且对图示的内容作简要说明。附图不止一幅的,应当对所有附图作出图面说明。说明书中具体实施方式部分至少应给出一个优选方式,并且应当对照附图进行说明。

三、权利要求书

针对发明专利申请的权利要求书,权利要求书有几项权利要求的,应当用阿拉伯数字顺序编号,编号前不得冠以"权利要求"或者"权项"等词。权利要求中可以有化学式或者数学式,必要时也可以有表格,但不得有插图。权利要求书应当用阿拉伯数字顺序编写页码。

权利要求书应当符合下列形式要求:

(1) 权利要求书不得加标题。也就是说,如果外文在权利要求书最前面重复给出了发明名称,在译文中也要将其删除；或者将其纳入到说明书最前面，作为发明名称。

（2）每一项权利要求仅允许在权利要求的结尾处使用句号；一项权利要求可以用一个自然段表述，也可以在一个自然段中分行或者分小段表述，分行和分小段处只可用分号或逗号，必要时可在分行或小段前给出其排序的序号。

（3）权利要求书中有几项权利要求的，应当用阿拉伯数字顺序编号。权利要求中可以有化学式或者数学式，但不得有插图，通常也不得有表格。

（4）权利要求中的技术特征可以引用说明书附图中相应的标记，以帮助理解权利要求所记载的技术方案。这些标记应当用括号括起来，并放在相应的技术特征后面，权利要求中使用的附图标记，应当与说明书附图标记一致。对于没有括号的译文，质检人员应当提醒校对部门重新校对译文，添加相应的括号。

（5）权利要求书应当用阿拉伯数字顺序编写页码。质检人员要注意权利要求书是独立的章节，其页码是从 1 开始的，而不是接续于摘要或摘要附图。

四、说明书摘要

对于发明的说明书摘要，摘要文字部分应当写明发明的名称和所属的技术领域，清楚反映所要解决的技术问题、解决该问题的技术方案的要点以及主要用途。摘要文字部分不得使用标题，文字部分（包括标点符号）不得超过 300 个字，PCT 国际申请除外。

对于 PCT 国际申请进入中国国家阶段的专利申请而言，摘要译文应当与国际公布文本扉页记载的摘要内容一致。国际检索单位的审查员对申请人提交的摘要作出修改的，应当提交修改后摘要的译文。例如，国际检索报告不包含在首次公布的国际公布文本 A2 中，而在随后公布的国际公布文本 A3 中，并且国际公布文本 A3 与国际公布文本 A2 扉页记载的摘要内容不相同的，应当以国际公布文本 A3 中的摘要内容为依据译出。

国际公布中没有摘要的，进入国家阶段时，也应提交国际申请原始摘要的译文。

国际申请有摘要附图的，应当提交摘要附图副本。摘要附图副本应当与国际公布时的摘要附图一致。附图中有文字的，应当将其替换为对应的中文文字，并且重新绘制附图，以中文文字替换原文并标注在适当的位置上。首次公布不包括检索报告，并且首次公布的国际公布文本 A2 与随后公布的国际公布文本 A3 使用的摘要附图不一致的，应当以随后公布时的摘要附图为准。

五、摘要附图

说明书有附图的，应当提交一幅最能说明该发明技术方案主要技术特征的附图作为摘要附图。摘要附图应当是说明书附图中的一幅。摘要附图的大小及清晰度应当保证在该图缩小到 4 厘米×6 厘米时，仍能清楚地分辨出图中的各个细节。摘要中可以包含最能说明发明的化学式，该化学式可被视为摘要附图。

涉外专利经常有图 1a、图 1b 这样的附图，若将图 1 指定为摘要附图，则需要同时保留 a 与 b 两个分图。

六、说明书附图

附图总数在两幅以上的，应当使用阿拉伯数字顺序编号，并在编号前冠以"图"字，例如图 1、图 2。该编号应当标注在相应附图的正下方。

几幅附图可以绘制在同一张图纸上。一幅总体图可以绘制在几张图纸上，但应当保证每一张上的图都是独立的，而且当全部图纸组合起来构成一幅完整总体图时又不互相影响其清晰程度。附图的周围不得有与图无关的框线。

附图应当尽量竖向绘制在图纸上，彼此明显分开。当零件横向尺寸明显大于竖向尺寸、必须水平布置时，应当将附图的顶部置于图纸的左边。一页图纸上有两幅以上的附图，且有一幅已经水平布置时，该页上其他附图也应当水平布置。

附图标记应当使用阿拉伯数字编号。说明书文字部分中未提及的附图标记不得在附图中出现，附图中未出现的附图标记不得在说明书文字部分中提及。申请文件中表示同一组成部分的附图标记应当一致。

附图的大小及清晰度，应当保证在该图缩小到三分之二时仍能清晰地分辨出图中各个细节，以能够满足复印、扫描的要求为准。

同一附图中应当采用相同比例绘制，为使其中某一组成部分清楚显示，可以另外增加一幅局部放大图。附图中除必需的词语外，不得含有其他注释；但对于 PCT 国际申请而言，国际公布文本中的外文需要翻译为中文，而不论其是否为注释。附图中有文字的，应当将其中外文翻译替换为对应的中文文字，并且重新绘制附图，以中文文字替换原文并标注在适当的位置上。但对于附图中出现的计算机程序语言或作为屏幕显示图像的某些文字内容不必译成中文。

流程图、框图应当作为附图，并应当在其框内给出必要的文字和符号。一般不得使用照片作为附图，但特殊情况下，例如显示金相结构、组织细胞或者电泳图谱时，可以将照片贴在图纸上作为附图。

说明书附图应当用阿拉伯数字顺序编写页码。

形式性质检时要特别注意：说明书文字部分写有附图说明但说明书缺少相应附图的，应当通知校对人员检查是附图存在遗漏还是说明书附图说明存在错误，务必请求外方当事人在提交之前予以确认，或者补充相应附图。一旦出现补交附图的情况，专利局将以补交附图之日为申请日，这可能会导致优先权丧失。

下文以 EP3941981A1，其中文同族公开号 CN113631667A 的部分附图为例，简要介绍说明书附图的翻译及其注意事项。

由图 5.7 可见，附图图 1 中有大量文字，根据审查指南的相关要求，应当将其中的外文翻译替换为对应的中文文字，并且重新绘制附图，以中文文字替换原文并标注在适当的位置上。但对于附图中出现的计算机程序语言或作为屏幕显示图像的某些文字内容无须译成中文。

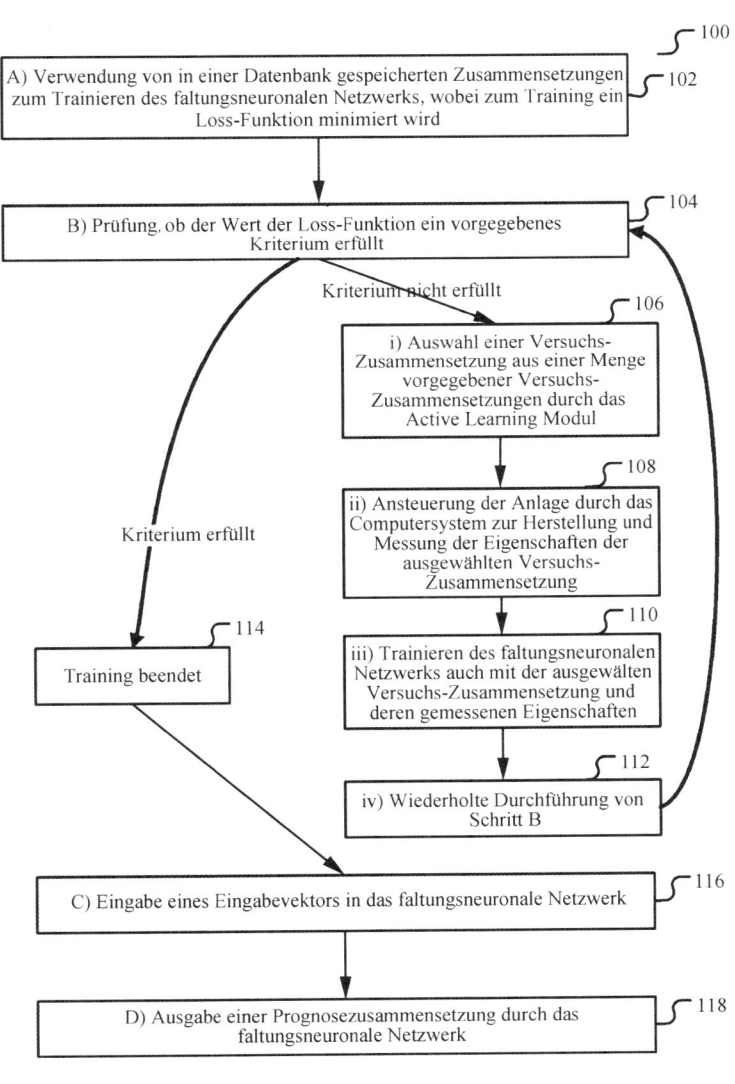

图 5.7　附图德文原版（图 1）

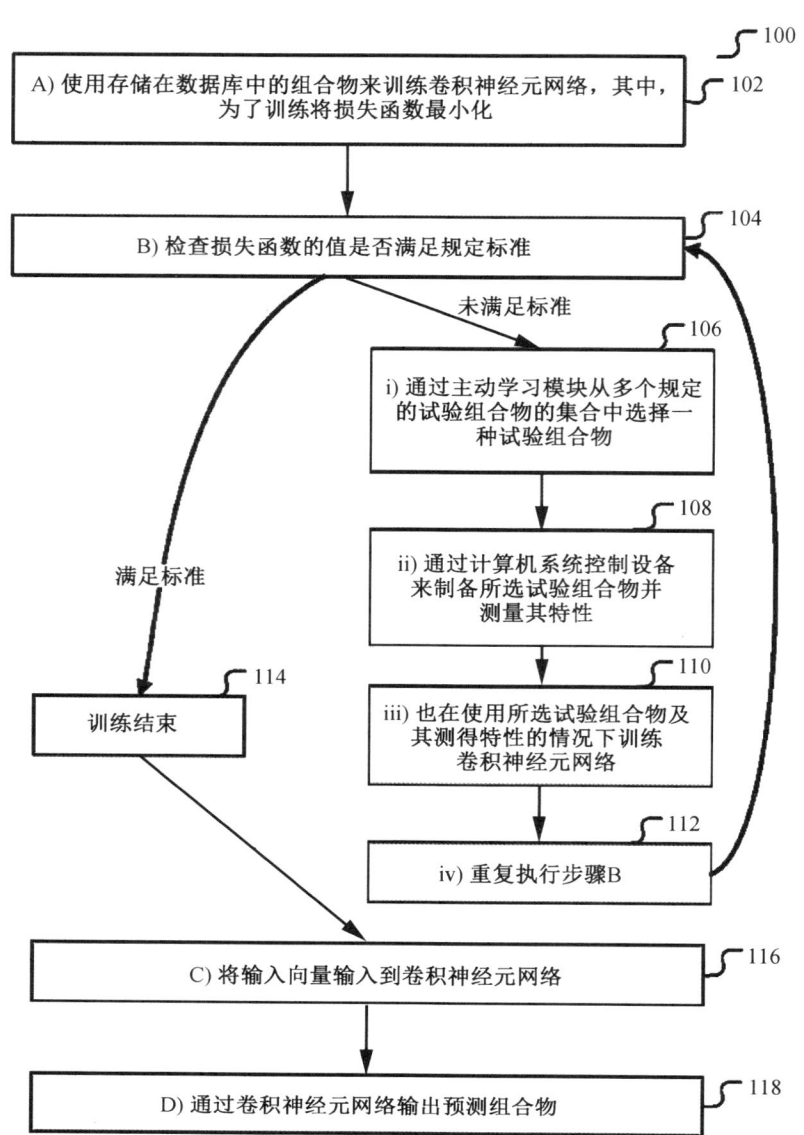

图 5.8 附图中文翻译(图 1)

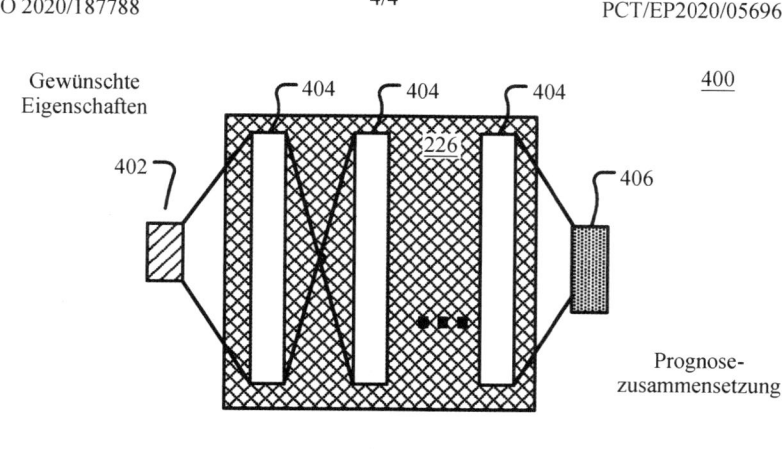

图 5.9 附图德文原版(图 4)

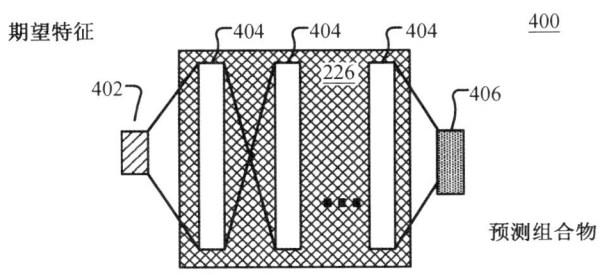

图 5.10　附图中文翻译（图 4）

对比图 4 的中德文附图，可见同一附图中需采用相同比例绘制，也需要保持相同的成图视角。为使其中某一组成部分清楚显示，可以另外增加一幅局部放大图。对于依据《巴黎公约》的中国专利申请而言，附图中除必需的词语外，不得含有其他注释（例如"Stand der Technik"应当直接删除，而不应翻译为"现有技术"）。但对于 PCT 国际申请而言，国际公布文本中的外文需要翻译为中文，而不论其是否为注释。

第六章
专利说明书翻译重难点解析

在申请专利时，为满足充分公开的法定要求，所有专利文本都需要对其发明创造性进行详细描述。由于约 90% 到 95% 的发明创造是由专利申请公开（Offenlegungsschrift）和专利授权文本（geprüfte Patentschrift）率先公开的，这意味着源自国外的大多数新技术的完整准确中文记载往往来自于专利申请翻译，即，中文专利文献将给出这些新技术语言体系的首次译例，很大程度上会影响、甚至确立一项新技术的中文表达体系。每年几十万件涉外专利中采用相同格式的说明书及其附图，记载了纷繁复杂的各类最新技术，这些译文对于相关领域的科研人员来说也是非常重要的参考资料。擅加修饰、增减或合并都会对新技术的关键信息造成干扰，导致科学研究的细微变化，由于关键技术的细微末节往往非常重要。所以，以信息不失真的方式翻译专利文献对于技术发展研究是非常重要的。

以信息不失真的方式翻译专利文献还有另一个法律缘故，即作为技术文献的专利文献是专利权人申请专利权时的基础文本，也构成今后授予专利权时的权利载体，涉外专利的中译文将作为判断第三方是否构成侵权的核心基准文字。为侵权判断之故，专利文本需要采取直译的翻译方式，将转译或修饰降低到最小程度，而增译、减译和合并通常都会对要求保护的范围产生细微甚或显著的影响，因此从法律角度看也是不允许的。也正是因此，有些专利申请人也会另外聘请第三方翻译机构执行反译（从中译到德文、英文的反向翻译），目的就在于判断信息复原的程度。

在某些特殊情况下，例如在 PCT 申请进入中国国家阶段的翻译中，即使是不合语法规则以至于前言不搭后语的表达（如包括外文排版失误导致的漏词、漏句、甚至漏段所引发的错误），也需要严格按语法规则进行重新表达。对于原文中的错别字或明显笔误，也需要遵循信息不失真的翻译方式，根据专利申请文件所表达的技术内容并结合前后内容的相关表达来推断，当且仅当能够直接且毫无疑义地（文内存在直接文字证据）确定为笔误时，才可以将其处理为正确的文字；考虑到法律翻译的特殊性，这些特殊情况最好也得到专利申请人的书面确认。在大多数情况下，不加理解的直译是需要避免的，在无法理解原文、无法通过语法拆分语句成分和辨明修饰关系的情况下，译者必然已在理解时存在信息失真，进而必然使表达更为失真。此时，最好先与外方发明人、专利代理机构进行沟通，确保中文表达能够准确体现发明创造的核心内容。

专利说明书和附图文本，全面记载了发明创造的核心内容，也构成支撑权利要求书的重要内容，通常要求包括下列内容：

（一）技术领域：德文通常为 Stand der Technik，其中记载了当前发明所属的技术领域；

（二）背景技术：德文通常为 Technischer Hintergrund，通常此处会引用其他对比文件，通常也要指出公开号如 DE 1234567 或 EP 1234567 等，用于体现做出本发明时的背景情况；

（三）发明内容：德文通常为 Aufgabe der Erfindung，此处写明发明或者实用新型所要解决的技术问题以及解决其技术问题采用的技术方案，并对照现有技术写明发明或者实用新型的有益效果；

（四）附图说明：需要对说明书各附图作简略说明，通常此处给出立体图、透视图、左视图、右视图、剖

视图或者局部剖视放大图等观察视角,便于读者理解;

(五)具体实施方式:详细写明实现发明或者实用新型的各个实施例(Ausführungsbeispiel)。

发明或者实用新型通常是按照以上顺序撰写说明书的,但德文专利并非严格按以上规定行文,对于《巴黎公约》进入中国的专利申请文件,需要翻译人员在说明书相应段落前面增加以上小标题;对于PCT进入中国国家阶段的申请,以上小标题可以不必额外增加。

下面将依据各类专利特点,通过实例单独介绍专利说明书翻译注意事项。

第一节 机械类专利翻译

一、机械类专利的特点

机械领域作为传统的技术领域,其技术涵盖面非常广,既包括传统机械如机械零部件、手动工具,也包括现代高精尖机械如数控机床、机器人、飞行器等。从技术类型来看,它主要涉及机械零件、机械设备、机械制造、机械控制、机械自动化等;从产品类型来看,它主要涉及通用零部件(如齿轮、轴、轴承、铰链等)、通用机械(如泵、风机、压缩机、减变速机、阀门等)、工程机械(如挖掘机、起重机、搅拌机、掘进机、推土机等)、仪器仪表(如检测仪表、控制仪表、执行仪表等)、交通工具(如自行车、摩托车、汽车、火车、轮船、飞机等)、机床(如车床、钻床、镗床、铣床、刨床、磨床等)等。因此翻译此类专利说明书需要具备一定的资料查阅能力,虽然可以查阅各类词典如德英字典、德汉词典等,但由于没有任何字典能够覆盖以上各类型的资料,译者仍然需要借鉴相关领域的中文权威材料如教科书、国家或行业标准、专家学者的论文等。

机械领域是发展时间最为悠久的技术领域,经过了无数的变迁与进步,时至今日已经形成了一个子领域众多、覆盖范围广泛的研究领域,从齿轮、轴等传统机械到机器人、飞行器等现代机械,整体上呈现技术跨度大、交叉学科多的特点。机械与各学科之间关系紧密,特别是技术含量高的精密机械,其不仅涉及机械本身的专业,还包含思维科学、哲学、智能科学以及心理学等多领域的研究成果,集结了现代物理学、现代应用数学以及应用化学等基础科学的重要理论,此外还包括机械电子学、控制理论与技术、检测技术和自动化领域的研究成果。尤其是计算机设备的广泛应用与现代信息技术的发展,为现代机械设计提供了宝贵的条件支持,造就了现代机械设计技术的理论方法体系,使机械领域的技术发展达到了全新的层次。因此翻译此类专利说明书的作业人员,一方面需要适应一百年历史的音译旧词(如纺织领域的罗拉、道夫、锡林);另一方面也需要具备学习新知识的能力,随时关注最新科技动态,持续增加关于交叉学科动态发展的知识。

机械领域发明创造的改进目的通常非常明确,一般都会涉及提高效率、提高精度、提高可靠性、提高安全性、延长寿命、缩小体积、维护方便、降低成本、降低能耗、降低排放等中的某一项或某几项,技术的创新往往是围绕这些目的展开。随着技术日新月异的发展,为达到相同的技术目的而可采用的技术路线不断增多,创新手段和创新模式也呈现出多样化发展的小局面。但在明确改进目标的前提下,技术人员的创新仍会遵循一定的设计路线,使得机械领域难以出现革命性的核心创新,多是在现有基础上的添补式或更替式改进,而一旦设计出基础性的核心创新,则对其产品的市场主导地位便会产生深远的影响。因此,在翻译此类专利说明书时,应当先阅读说明书以把握发明改进目标,由此才能遵循信息不失真的翻译方式;以此为前提的翻译将会避免很多重大理解失误。

机械领域专利申请突出的特点就是零部件多、连接关系复杂,对于这种零部件多、连接关系复杂的专利申请,尤其需要明确其各零部件的隶属关系、相互之间的位置关系和连接关系。

机械领域专利的另一个特点是,机械存在各个不同状态,在不同状态中各零部件的相互关系是不同的,并且在状态变化过程中,零部件相互关系同样会发生变化。机械领域的专利应当对各个技术特征之间的相互关联及其工作、运转方式作出清楚的说明。因此,在翻译此类专利说明书时,各机械部件的命名就是一项难点,还要用中文复刻德文理清各机械部件之间的连接关系并精确描述工作方式,达到信息不失真的翻译结果。

关于机械领域专利的权利要求绝大部分都需要上位化,这是因为机械专利目标是覆盖一类实际产品,倘若所撰写的专利文件仅涵盖这个产品所包含的具体部件和连接关系,类似专利申请则会因稍加改动就能被规避,而降低价值。然而,为了满足《专利法》对公开充分的要求,机械领域的专利说明书和附图需要对权利要求的上位概念进行具体阐释,这就带来了纷繁复杂的各种精细部件描述。机械类专利说明书翻译的重点就在于翻译精细部件时的命名,以及对部件位置关系、几何关系、连接关系的清晰阐述,除此之外还需要顾及权利要求对应特征的逻辑关联性。逻辑关联性是因果关系的核心内容,也是信息不失真的翻译所追求的关键部分。下文将结合案例来详细解释。

二、机械类专利翻译重难点解析

下面以 DE102013011074A1(其中国同族公开号为 CN105283577A)为例进行解析。其附图如下:

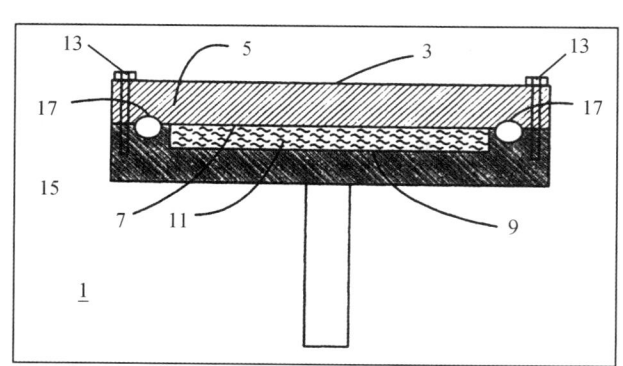

图 6.1　CN105283577A 说明书附图(图 1)

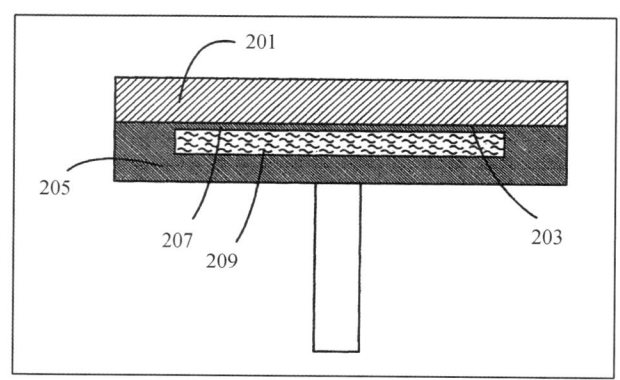

图 6.2　CN105283577A 说明书附图(图 2)

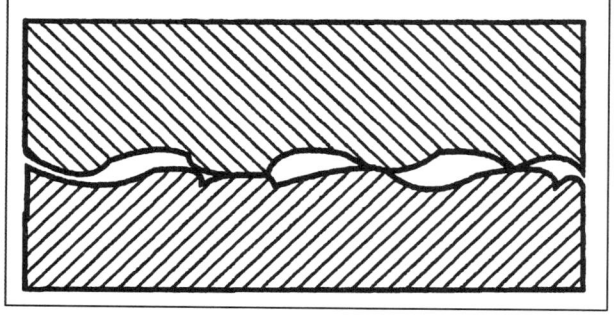

图 6.3　CN105283577A 说明书附图(图 3)

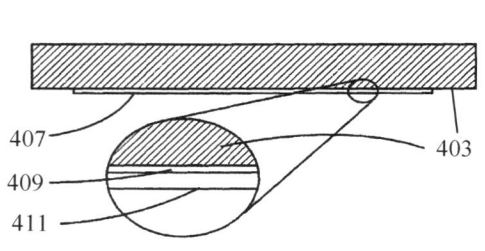

图 6.4　CN105283577A 说明书附图(图 4)

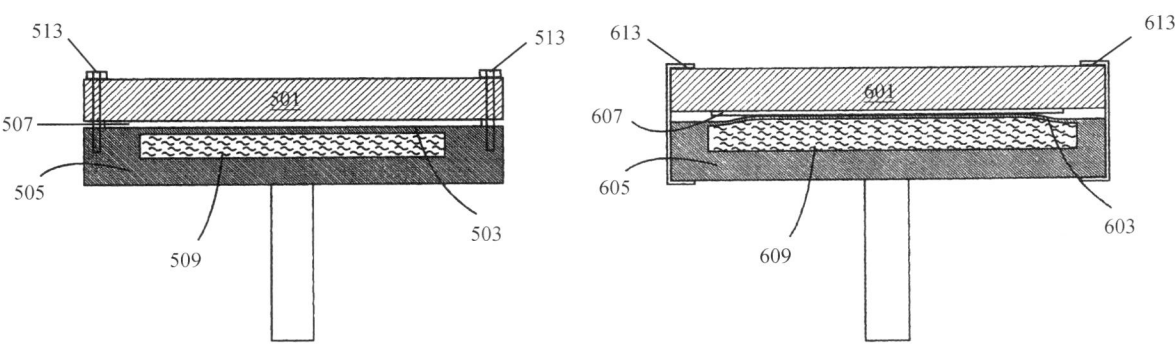

图 6.5　CN105283577A 说明书附图（图 5）　　　　图 6.6　CN105283577A 说明书附图（图 6）

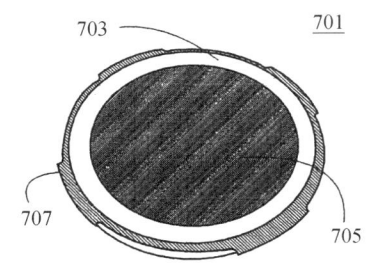
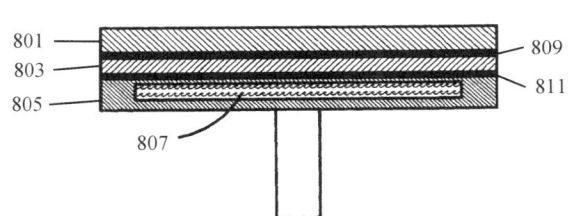

图 6.7　CN105283577A 说明书附图（图 7）　　　　图 6.8　CN105283577A 说明书附图（图 8）

【摘要】

Die Erfindung betrifft eine Vorrichtung zur Kühlung eines Targets mit einer Komponente welche einen Kühlkanal umfasst und einer weiteren wärmeleitfähigen Platte welche lösbar mit der Kühlseite der Komponente verbunden ist[2]，wobei die Kühlseite diejenige ist auf der der Kühlkanal seine Wirkung entfaltet[3]，dadurch gekennzeichnet，dass zwischen der weiteren wärmeleitfähigen Platte und der Kühlseite der Komponente eine erste selbstklebende Karbonfolie vorgesehen ist，welche großflächig selbstklebend auf die eine Seite der weiteren wärmeleitfähige Platte geklebt ist，die der Kühlseite zugewandt ist.

【参考译文】　本发明涉及一种靶冷却装置，其具有包括冷却通道的组成部分和另一个导热板，所述另一个导热板可分离地与所述组成部分的冷侧相连，其中，所述冷侧是所述冷却通道施展其作用的一侧，其特征是，在所述另一个导热板和所述组成部分的冷侧之间设有第一自粘碳膜，所述第一自粘碳膜大面积地自粘附到所述另一个导热板的朝向所述冷侧的一侧面上。

【重难点解析】

1. 本段为专利摘要部分，主干为"Die Erfindung betrifft eine Vorrichtung"。由于句子太长，翻译时经常需要重新组织语言，但注意重新断句和改变语序后不能改变句子总数，要保持该段落只有结尾处一个句号。

2. lösbar mit … verbinden：德语专利中的常见表达，意为"可分离地与……相连"。

3. 该部分实际应为两个部分，即"wobei die Kühlseite diejenige ist，auf der der Kühlkanal seine Wirkung entfaltet"，此处 diejenige 与 auf der 存在密切的语法和逻辑关系，倘若直译就会变成："冷侧

位于这样的一侧,在这一侧冷却通道施展其作用";通过将其简化表达为:"所述冷侧是所述冷却通道施展其作用的一侧",这一简化表达反而在提升易读性的同时,更保证了信息不失真。

【权利要求书】

1. <u>Vorrichtung zur Kühlung eines Targets</u>[1] mit einer Komponente welche einen Kühlkanal umfasst und einer weiteren wärmeleitfähigen Platte weiche lösbar mit der Kühlseite der Komponente verbunden ist, wobei die Kühlseite diejenige ist auf der der Kühlkanal seine Wirkung entfaltet, <u>dadurch gekennzeichnet, dass</u>[2] zwischen der weiteren wärmeleitfähigen Platte und der Kühlseite der Komponente eine erste selbstklebende Karbonfolie vorgesehen ist, <u>welche großflächig selbstklebend auf die eine Seite der weiteren wärmeleitfähige Platte geklebt ist, die der Kühlseite zugewandt ist</u>[3].

【参考译文】　1. 一种靶冷却装置,其具有:组成部分,其包括冷却通道;和另一个导热板,所述另一个导热板可分离地与所述组成部分的冷侧相连,其中,所述冷侧是所述冷却通道施展其作用的一侧,其特征是,在所述另一个导热板和所述组成部分的冷侧之间设有第一自粘碳膜,所述第一自粘碳膜大面积自粘附到所述另一个导热板的朝向所述冷侧的一侧面上。

【重难点解析】

1. 要正确理解 zu 和第二格这两个修饰成分的关系以组织语序:其中 zu 表示目的意图,意为"用于……",即主语"Vorrichtung zur Kühlung eines Targets"意为"用于靶的冷却的装置";此处将其作为一个整体概念简化为"靶冷却装置",旨在避免多重限定时存在嵌套指代不明的问题,例如"用于 X 的装置的部件用于……"。
2. 从语法角度看,"dadurch ... dass"引导方式状语从句,gekennzeichnet 表示被动的意义,但译成中文时需要遵循《专利法》相关规定将其转换成主动表达"其特征是……"。
3. welche 引导关系从句,修饰前面的 Karbonfolie;die 同样引导关系从句,修饰 Platte。语法辨析:welche/-es/-er 在引导关系从句时和关系代词 der/das/die 并无本质区别。此处要特别小心的是,welche 之前的阴性名词有 Kühlseite、Komponente 和 Karbonfolie 三个,并非最靠近的名词就是其指代对象。通常我们可以根据技术内容来排除不合理的指代对象,此处从句很清楚地说明了 welche 以自粘贴方式黏合到一块板上,无论是 Komponente 还是 Kühlseite 显然都不能达成自粘贴的方式,因此在排除了两种不可能的选项之后,才确定 welche 与 Karbonfolie 的对应关系。

2. Vorrichtung zur Kühlung eines Targets nach Anspruch 1, dadurch gekennzeichnet, dass auf der anderen Seite der weiteren wärmeleitfähigen Platte eine zweite selbstklebende Karbonfolie vorgesehen ist, welche großflächig selbstklebend aufgeklebt ist.

3. Vorrichtung nach einem der Ansprüche 1 und 2, dadurch gekennzeichnet, dass die weitere wärmeleitfähigen Plate Kupfer und/oder Molybdän umfasst.

4. Vorrichtung nach einem der vorhergehenden Ansprüche, dadurch gekennzeichnet, dass die weitere wärmeleitfähigen Platte so dick gewählt ist, dass sie der oder den selbstklebenden Karbonfolien Stabilität für ein einfaches Handling verleiht.

5. Vorrichtung nach Anspruch 4, dadurch gekennzeichnet, dass die weitere wärmeleitfähige Platte mindestens 3 Millimeter, vorzugweise mindestens 5 Millimeter und besonders bevorzugt mindestens 1 Zentimeter dick ist.

6. Target mit Kühlvorrichtung nach einem der vorangehenden Ansprüche, dadurch gekennzeichnet, dass das Target als Materialquelle für ein Sputtering-Verfahren und/oder für ein Funkenverdampfungsverfahren ausgebildet ist.

7. Vorrichtung nach einem der vorangehenden Ansprüche, dadurch gekennzeichnet, dass die Dicke der selbstklebenden Karbonfolie zwischen 0.125 mm und weniger als 0.5 mm beträgt und bevorzugt eine Dicke von 0.125 mm aufweist.

8. Beschichtungsquelle umfassend ein Target mit einer Vorrichtung gemäß einer der vorangehenden Ansprüche.

9. Beschichtungsquelle nach Anspruch 8, dadurch gekennzeichnet, dass der Umfang des Targets mit der Quellenhalterung in Form eines Bajonettverschlusses zusammenwirkt, wodurch ein hoher und homogener Anpressdruck verwirklicht ist.

【参考译文】 2. 根据权利要求1所述的靶冷却装置,其特征是,在所述另一个导热板的另一侧面设有第二自粘碳膜,所述第二自粘碳膜是以大面积自粘附的方式粘上的。

3. 根据权利要求1或2所述的装置,其特征是,所述另一个导热板包含铜和/或钼。

4. 根据前述权利要求之一所述的装置,其特征是,如此选择所述另一个导热板的厚度,即,它给一个或多个自粘碳膜提供用于简单操作的稳定性。

5. 根据权利要求4所述的装置,其特征是,所述另一个导热板的厚度为至少3毫米,最好至少5毫米,尤其最好至少1厘米。

6. 一种靶,其具有根据前述权利要求之一所述的冷却装置,其特征是,该靶被构成为材料源,用于溅射法和/或用于电火花气化法。

7. 根据前述权利要求之一所述的装置,其特征是,该自粘碳膜的厚度在0.125 mm到小于0.5 mm之间,最好具有0.125 mm的厚度。

8. 一种涂覆源,其包括靶,所述靶具有根据前述权利要求之一所述的装置。

9. 根据权利要求8所述的涂覆源,其特征是,该靶的外周与靶源支座采取卡口连接形式相互配合,由此实现均匀的高压紧力。

【重难点解析】

以上权利要求的内容在说明书中也存在相关表述,下文将进行详细解析。

需要注意权利要求3和4的 Vorrichtung zur Kühlung eines Targets 被简化为 Vorrichtung,译文也相应进行了简化,然而这并不符合中国《专利法》的相关规定。如果德文本身是依据《巴黎公约》进入中国的申请,则应统一处理为靶冷却装置;但本申请为PCT进入中国国家阶段的专利申请,故应严格遵循原文进行简化翻译。

还需要注意此专利有三个独立权利要求,分别为权利要求1、6和8。权利要求7虽然排列在权利要求6之后,但其仍然引用的是权利要求1到5中的一项。权利要求6和8在前序部分中通过引用在先权利要求表达方式,避免了对冷却装置特征的重复描述。

【说明书】

An[1] eine indirekte Kühlvorrichtung angepasstes Target mit Kühlplatte
适应于间接冷却装置的具有冷却板的靶

Die vorliegende Erfindung betrifft ein Target, dessen Oberfläche als Materialquelle im Rahmen von PVD Verfahren, insbesondere unter Vakuumbedingungen dient. Die Erfindung betrifft insbesondere solche Targets welche für das Sputtering (im Folgenden wird der Begriff „Sputtering" gleichbedeutend mit dem PVD „Verfahren Zerstäuben" verwendet). Ein solches Target wird in der Anwendung meist von einer Quellenhalterung gehalten[2], in der Mittel zur Kühlung des vorgesehen sind. Die Erfindung betrifft insbesondere eine Beschichtungsquelle welche ein solches Target umfasst.

【参考译文】 本发明涉及靶,靶表面作为尤其在真空条件下的 PVD 方法范围内的材料源。本发明尤其涉及用于溅射的靶,以下术语"溅射(Sputtering)"具有与 PVD 法"溅射(Zerstäuben)"相同的含义。这样的靶在使用中大多由靶源支座保持,在靶源支座中设有冷却装置。本发明尤其涉及包括这种靶的涂覆源。

【重难点解析】

1. 题目中的介词 an 可以支配不同的格,由其后冠词 eine 形式可以判断为第四格,这意味着 an 在此处具有方向性,意为"用到……上面去",即"适用于……"。

2. "Ein solches Target wird ... gehalten"是被动态,由介词 von 带出行为动作的发出者,而被动句译成中文时为了语义和逻辑通顺往往需要变换成主动句,或像译文那样以"由……"来代替"被……"的句式。

3. 翻译专利说明书时,建议不要采用从头到尾的方式进行翻译,即避免从发明名称开始,经过技术领域、背景技术到附图说明的翻译,直到最后才翻译具体实施方式的内容。这是因为首段内容是高度概括的抽象表达,即便是同领域专家也一时难以理清头绪。与之不同,从具体实施方式开始翻译,并对照附图进行理解,才是正确的说明书翻译方式。

Beim Sputtering wird unter Vakuumbedingungen die Oberfläche eines Targets mit Ionen bombardiert[1]. Durch das Bombardement wird Material aus der Targetoberfläche herausgeschlagen, welches sich auf dafür vorgesehene, im Sichtfeld der Targetoberfläche platzierte Substrate ablegen kann. Die dafür benötigten Ionen werden durch ein über der Targetoberfläche aufgebautes Plasma bereitgestellt. Durch Anlegen einer negativen Spannung an das Target werden die Ionen zu diesem hin beschleunigt. Je mehr Ionen pro Zeiteinheit fließen, umso höher wird die Beschichtungsrate[2]. Je höher die an das Target angelegte Spannung ist, umso höher ist die Auftreffgeschwindigkeit der Ionen auf der Targetoberfläche und umso höher energetisch ist das aus dem Target herausgeschlagene zerstäubte Material. Ein hoher Leistungseintrag ist daher wünschenswert. Außerdem sind Abhängigkeiten zwischen Ionisationsgrad des zerstäubten Materials und der Leistungsdichte bekannt. Diese Effekte werden im HIPIMS Verfahren genutzt.

【参考译文】 在溅射中,在真空条件下用离子轰击靶表面。通过轰击,从靶表面撞击出材料,该材料可被沉置在为此而设的安放在靶表面视界内的基材上。通过在靶面上形成的等离子体来提供为此所需的离子。通过施加负电压于靶,朝向该靶加速所述离子。单位时间内的离子流动越多,涂覆速率越高。施加于靶的电压越高，离子撞击靶表面的速度越高且从靶中撞击出的雾化材料越高能。因此，人们希望高功率输入。另外，雾化材料的离子化等级和功率密度之间的关系是已知的。该作用在 HIPIMS 法中被利用。

【重难点解析】
1. 本段描述了一段实验过程，首先的难点在于一些词汇如 bombardieren、ablegen 的翻译。首先，mit 存在两种可能性，一者为凭借（如文中译文），二者为具有（理解为 Target 的隶属部件）；正确表达需要借助技术理解来排除不合理的选项，例如靶具有离子是不符合此技术方案的，所以加以排除；其次，bombardieren 通常译作"轰炸"，而后者对应的中文意思很多。如何正确地选词和翻译，需要查阅一些类似的技术类文本，尤其是可以参照同一专利申请人的在先文本、网站宣传资料。
2. "Je ..., umso/desto ..."为一种特殊句式——比例从句，意为"越……就越……"，其中 je 所在的分句为从句语序，而 umso/desto 所在的为主句语序。
3. 由于此部分内容为专利背景技术介绍，此段译文可以更多考虑通顺性，以利于审查员理解。

Die mittlere Leistungsdichte, die an ein solches Sputtertarget angelegt wird, liegt in der Regel <u>im Bereich von</u>[1] 5 W/cm^2 bis 30 W/cm^2.

【参考译文】 施加于这种溅射靶的平均功率密度一般在 5 W/cm^2 到 30 W/cm^2 的范围内。

【重难点解析】
1. im Bereich von 表示一个范围区间。
2. 此处将主语从句"施加于这种溅射靶"前置的表达方式更利于理解。

Sputtering ist allerdings eine PVD Beschichtungsmethode mit geringer Energie-Effizienz. Dies bedeutet, dass ein großer Teil der bereitgestellten Energie im Target in Wärme umgesetzt wird und das Target sich erhitzt. Diese Wärme muss über eine Kühlung abgeführt werden. Hierfür gibt es gemäß <u>Stand der Technik</u>[1] unterschiedliche Ansätze, <u>die im Folgenden kurz skizziert werden sollen</u>[2].

【参考译文】 但是，溅射是一种能效比低的 PVD 涂覆法。就是说，所供能量中的大部分在靶中转化为热并且靶本身变热。这种热必须通过冷却装置被散走。为此，根据现有技术通常有如以下所简述的不同做法。

【重难点解析】
1. Stand der Technik：德语专利常用短语，意为"现有技术"。
2. 最后一句中，die 引导的关系从句是带有情态动词的被动态，其中 sollen 表示引述（情态动词的主观用法），在翻译时不用译出来。im Folgenden 为固定短语，意为"如下"。
3. 此段内容非常重要，它给出了本发明的核心任务：靶材变热，需要散热。译者在处理后文时，要时时刻刻想到这个关键点，因为后文中的关键特征都会与此有关。

a) direkt gekühltes Target

【参考译文】 a) 直接冷却的靶

Bei einem direkt gekühlten Target 1 wie in Figur 1 schematisch dargestellt wird die an der Targetoberfläche 3 in Wärme umgesetzte Leistung durch Wärmeleitung im Targetmaterial 5 zur

Targetrückseite 7 geleitet.¹ Die in einem Wasserkanal 9 fließende Kühlflüssigkeit 11 kann den Wärmefluss entsprechend deren Wärmekapazität und den Strömungsverhältnissen abführen. Es besteht ein sehr guter direkter Wärmekontakt zwischen Targetrückseite 7 und der Kühlflüssigkeit 11. In diesem Fall ist es allerdings notwendig, das Target z. B. über Schrauben 13 an den Grundkörper 15 anzubinden.² Außerdem muss eine Dichtung 17 vorgesehen werden, welche das Vakuum gegenüber der Kühlflüssigkeit 11, beispielsweise Wasser, abdichtet. In Figur 1 sind außerdem elektrische Zuleitungen 6 skizziert. Ansonsten ist die Zeichnung lediglich eine schematische Zeichnung. Weitere Komponenten beispielsweise zur Vakuumerzeugung, Isolation, Zuführung und Abführung der Kühlflüssigkeit sind dem Experten bekannt und auf ihre Darstellung wurde hier verzichtet.³

【参考译文】 在如图1所示的直接冷却的靶1的情况下,在靶表面3被转化为热的功率通过在靶材5中的热传递而被传导向靶背面7。在水冷通道9内流动的冷却液11可以根据其热容和流动状况散走该热流。在靶背面7和冷却液11之间存在很好的直接热接触。但在此情况下需要所述靶例如通过螺钉13被连接至基体15。另外须设置密封17,该密封相对于冷却液11(例如水)密封所述真空。在图1中还画出了供电导线6。在其它方面,该图只是示意图。例如用于产生真空、离子化、冷却液的供应和排出的其它组成部分对于专家而言是已知的,在此放弃了示出这些组成部分。

【重难点解析】

1. 该句的主干为:"Bei ... wird die ... Leistung durch ... zur ... geleitet.",意为"在……情况下,功率通过……被传导向……",其中 durch 引出方式状语。类似的长句可以通过去掉多余的修饰成分来使句子结构简单明了,便于理解。
2. 该句后半句为带 zu 不定式,作为整个句子的主语,而前面主句中的 es 只是形式主语。
3. 该句中"dem Experten"作为第三格形式表示"对……来说"或"向某人……",在德语中等同于"für + 第四格"的形式。
4. 如果段落中有附图标记,则翻译人员在进行翻译之前,务必将附图打开并放在可随时查看的手边位置。例如,此处可以结合图1来理解热传递的方向以及"通过螺钉13被连接至基体15"这一特征。

Dieses direkt gekühlte Target besticht zwar durch eine sehr gute Kühlleistung, hat aber wegen der Kühlmittel-Vakuum Dichtung und dem notwendigen Lösen des Wasser-Target Verbundes bei Targetwechsel entscheidende Nachteile.¹ So besteht zum Beispiel die Gefahr, Kühlflüssigkeitslecks zu generieren. Diese Gefahr ist dann besonders groß, wenn ein häufiger Wechsel des Targetmaterials benötigt wird.²

【参考译文】 虽然这种直接冷却的靶因冷却功率很高而深受好评,但因为冷却介质-真空密封以及在更换靶时需要解除水-靶结合而具有严重的缺点。因此存在例如产生冷却液泄漏的危险。于是,在需要频繁更换靶材时就更加危险了。

【重难点解析】

1. 该句中"zwar ..., aber ..."表示让步和转折,意为"虽然……,但是……",全句主干为"Dieses ... Target besticht zwar durch eine sehr gute Kühlleistung, hat aber ... entscheidende Nachteile.",意为"虽然深受好评,却有严重缺点"。介词 wegen 通常支配第二格,表示"由于",但要注意的是,它在此罕见地支配第三格,故"der Kühlmittel-Vakuum Dichtung"和"dem notwendigen Lösen des Wasser-Target

Verbundes bei Targetwechsel"均为其后随的原因状语。
2. 该句中,"wenn ein häufiger Wechsel des Targetmaterials benötigt wird"为条件状语从句,在德语中这样的条件句往往置于主句之后,而译成中文时,要按汉语逻辑将其提前,即"若……,则……"。

b) indirekt gekühltes Target

【参考译文】 b) 间接冷却的靶

Bei einem indirekt gekühlten Target,wie in Figur 2 dargestellt[1], wird das Target 201 mit seiner Rückseite 203[2] an einer Quellenhalterung 205 befestigt(z. B. geschraubt oder geklemmt),wobei in die Quellenhalterung 205 eine in sich geschlossene Kühlplatte 207[3] integriert ist. Die Kühlplatte 207 umfasst beispielsweise einen mit Kühlmittel durchflossenen Kühlkanal 209 über dessen bewegte Flüssigkeit die Wärme abgeführt wird.

【参考译文】 在如图 2 所示的间接冷却的靶的情况下,靶 201 以其背面 203 固定在靶源支座 205 上(例如螺钉固定或夹紧),其中,本身封闭的冷却板 207 被集成在靶源支座 205 中。冷却板 207 包括例如被冷却剂流过的冷却通道 209,流经其的液体用来散热。

【重难点解析】
1. 此处将"wie in Figur 2 dargestellt"处理为"间接冷却的靶"的定语,这种翻译方式从语言角度来看是可以接受的,但是从专利保护范围的角度来看,图 2 具体限定了间接冷却的具体形式。倘若今后需要对照此段说明书修改权利要求特征,图 2 内的全部特征都有可能会被审查部门视为是必不可少的特征,进而对权利范围产生不利影响。对于此类附图说明的插入语,在翻译时通常还是应该将其处理为独立的状语,而不是某个部件的定语。
2. 处理介词引导的短语"mit seiner Rückseite 203"之时,翻译存在两种可能性,即,"靶 201 具有其背面 203"或者"靶 201 借助于其背面 203"。此处必须要借助附图来进行判断。
3. "in sich geschlossene"是分词结构,作为定语修饰 Kühlplatte。

In diesem Fall wird der Kühlflüssigkeitskanal durch eine massive fixe Abdeckung begrenzt. Das Target wird zum Zweck der Kühlung und der elektrischen Kontaktierung an diese Abdeckung zum Beispiel mit Schrauben am Umfang oder gegebenenfalls in der Mitte des Targets befestigt.[1] Diese Methode führt unter anderem zu zwei Problemen:
Der Wärmeübergang wird durch die Oberfläche der Targetrückseite und die Oberfläche der Kühlplatte gebildet. Ohne besondere Maßnahmen bilden diese beiden Oberflächen eine Grenzfläche,die stark von einer idealen glatten Kontaktpaarung abweicht[2]. Eine solche Situation ist in Figur 3 dargestellt. Der Wärmeübergang ist in diesem Fall stark reduziert und erweist sich als druckabhängig. Anpressdruck kann aber beispielsweise nur über die Befestigungsschrauben eingeleitet werden,d. h. der Wärmeübergang kann nur lokal verbessert werden.[3]

【参考译文】 在此情况下,冷却液通道受到实心稳固的盖子的限制。所述靶为了冷却和导电接通例如用螺钉在靶周边处被固定在盖子上或者在必要时在靶中央被固定在盖子上。这种方式尤其导致两个问题:
热传递是通过靶背面的表面和冷却板的表面来构成的。在没有特殊措施的情况下,这两个表面形成界面,该界面截然不同于理想的平滑接触"配对"。这样的情况如图3所示。热传递在此情况下被明显减弱并且被证明是与压力相关的。但压紧力例如可能只通过固定螺钉来引起,即热传递可能只在局部被改善。

【重难点解析】

1. 该句主干为被动态"Das Target wird ... befestigt.",其中状语成分较多:"zum Zweck ..."表示目的,意为"为了……";"mit ..."表示方式,意为"用……";"am Umfang oder in der Mitte ..."为两个并列的地点状语,意为"在……边缘或中央"。此处还需要注意"mit Schrauben"的中文翻译保留了与德文完全相同的两种情况,即,用螺钉固定在边缘或中央,由此满足了信息不失真的专利翻译要求。
2. "von ... abweichen"表示"偏离,不同于……"。"配对"的引号是译者自行增译的,目的也是保证"Paarung"的含义得到如实体现。
3. 该句中需注意情态动词"kann"在此处不再是"可以/能够"的意思,而表示推测语气,意为"可能……"。

Diese Situation kann durch Vorsehen einer Kontaktfolie zwischen den beiden Oberflächen verbessert werden.[1] Diese kann z. B. aus Indium, Zinn, oder Graphit bestehen. Diese Folien können durch ihre Duktilität Unebenheiten zwischen der Targetrückseite und der Oberfläche der Kühlplatte ausgleichen. Außerdem kann der Anpressdruck gleichmäßiger über die Fläche aufgebracht werden.[2]

【参考译文】 这种情况可以通过在两个表面之间设置接触膜来改善。接触膜例如可以由铟、锡或石墨构成。该膜可以通过其延展性来补偿靶背面和冷却板表面之间的凹凸不平。另外,压紧力可以被均匀施加到所述表面。

【重难点解析】

1. 本段中有多个被动句,需要根据语义选择在中文译文中是否转换为主动句,例如在第一处划线句子中,"这种情况可以被改善"是不符合中习惯的,转换成主动句更加通顺;而在第二处划线句子中,其被动语序直接译成中文则是没有问题的。
2. 本段第二句译文"接触膜例如可以由铟、锡或石墨构成"中,存在把"例如"作为副词来限定动词"可以"的情况。原文作者希望通过此类表达来避免"接触膜"被唯一地理解为铟、锡或石墨三者之一,从而能够涵盖相似的物质。有鉴于此,这虽然不符合中文阅读习惯,但专利翻译人员应当严格依照原文的内容,对相关成分进行直译,这也适用于各类情态小品词的处理。

Ein Nachteil dieser Methode ist, dass die Montage einer Kontaktfolie, insbesondere bei senkrecht montierten Targets, schwierig und umständlich ist. Dies ist besonders dann relevant, wenn es zu häufigem Wechsel des Targetmaterials kommt.[1] Im Falle von Graphitfolien ist die laterale Wärmeleitfähigkeit zwar gut, die transversale Wärmeleitfähigkeit ist jedoch schlecht. Graphitfolien müssen daher einerseits dünn sein, damit deren schlechte transversale Wärmeleitfähigkeit den Kühlprozess nicht verhindern. Andererseits ist eine gewisse Foliendicke notwendig, um eine Beschädigung der Folie bei der Montage zu vermeiden. Es werden daher Graphitfolien mit einer Dicke nicht unter 0.5 mm verwendet.[2]

Es besteht daher ein Bedürfnis nach einer verbesserten Kühlvorrichtung für Targets[3], die insbesondere das Wechseln des Targetmaterials gegenüber den aus dem Stand der Technik bekannten Vorrichtungen verbessert.

第六章 专利说明书翻译重难点解析

【参考译文】 该方法的一个缺点是,接触膜的安装尤其在靶竖直安装情况下是困难且烦琐的。这尤其涉及靶材频繁更换之时。在石墨膜情况下,侧向导热能力虽然良好,但横向导热能力差。因此,石墨膜一方面必须薄,以使其弱横向导热性不妨碍冷却过程。另一方面,需要一定的膜厚度以避免安装时膜受损。因此采用厚度不小于 0.5 mm 的石墨膜。

因此,人们需要一种用于靶的改善的冷却装置,它尤其相比于从现有技术中知道的装置改善了靶材更换。

【重难点解析】

1. 该句后半部分为时间/条件从句,若直译则很可能会译为"当频繁更换材料时,这一点尤其相关",但这样的译文比较烦琐且不易理解,因此可以变换思维,采用如参考译文的处理方法。
2. 该句中 es 为占位词,没有语法功能,真正的主语为 Graphitfolien,这种情况常出现在德语被动句中,意在对 Graphitfolien 起到强调作用。
3. 该句中"nach einer verbesserten Kühlvorrichtung für Targets"充当"ein Bedürfnis"的定语,意为"对……的需求",整句话直译为"因此存在对用于靶的改善的冷却装置的需求",这样的译文非常烦琐,不易理解,因此需要重新组织语言,例如译为"因此,人们需要一种用于靶的改善的冷却装置"。此外,这也是为了区别于权利要求的差异化表达"Vorrichtung zur Kühlung eines Targets"。

Die Erfindung beruht auf einer Weiterentwicklung der oben skizzierten indirekten Kühlvorrichtung. Erfindungsgemäß wird die Aufgabe dadurch gelöst, dass[1] an der Rückseite des Targetkörpers eine selbstklebende Karbonfolie in fixem Verbund mit dem Targetkörper angebracht wird. Die Folie kann bei nicht montiertem Targetkörper mit der Rückseite des Targetkörpers gleichmäßig und ohne Zwischenräume verklebt werden. Ein sehr guter Wärmekontakt zwischen der Rückseite des Targetkörpers und der Karbonfolie ist somit gewährleistet.[2] Der Targetkörper kann dann in einfacher Art und Weise[3] an der Quellenhalterung montiert werden. Die am Target fixierte Karbonfolie hat nun zwischen der Oberfläche der Kühlplatte und der Rückseite des Targetkörpers die Wirkung einer Kontaktfolie.

【参考译文】 本发明基于对上述间接冷却装置的改进。根据本发明,如此完成该任务,在靶体背面上安置与靶体固定结合的自粘碳膜。该膜在靶体未装配时均匀而无间隙地与靶体背面粘接在一起。在靶体背面和碳膜之间的良好热接触因此得以保证。于是,靶体能以简单方式被安装在靶源支座上。现在,被固定在靶上的碳膜在冷却板表面和靶体背面之间具有接触膜作用。

【重难点解析】

1. "dadurch ..., dass"在专利文本中经常被处理为"如此……,即"的组合。尽管本句也能够被译为"本发明将完成该任务,使得在靶体背面上安置与靶体固定结合的自粘碳膜",但这种译文实质上把方式状语从句译成了结果状语从句。也就是说,出现了因果关系倒置,即,从"本发明采用何种方式来完成发明任务"变成了"本发明通过完成任务而达到了相关结果"。因此,虽然原译文的中文可读性较差,但这种中译文遵循了信息不失真的作业方式,如实再现了德文的方式状语从句。由于德文方式状语从句通常都非常冗长,甚至也有把结果状语从句误写为方式状语从句的情况,为了避免因果关系倒置,专利翻译行业已经约定俗成地采用了"如此……,即"的组合。
2. 该句中 somit 的作用类似于代副词 damit,指代上文内容,意为"以此方式,因此"。
3. Art und Weise:较为常见的组合,可直接译为"方式"。

203

Der Einsatz einer solchen selbstklebenden Karbonfolie ist im Bereich der Vakuumtechnologie nicht üblich. Da die für die Herstellung der selbstklebenden Karbonfolie verwendeten Kleber unter Vakuumbedingungen stark ausgasen und damit einen negativen Einfluss auf das Vakuum haben und die entsprechenden flüchtigen Bestandteile zur Kontamination der unter Vakuum zu behandelnden Substrate führt, kommen solche Substanzen nicht zum Einsatz.

【参考译文】 使用这种自粘碳膜在真空技术领域中并不常见。因为被用于自粘碳膜制造的胶在真空条件下强烈排气并因此对真空产生不利影响，并且相应的挥发性成分造成要在真空下处理的基材的污染，因此这种物质是不可用的。

【重难点解析】

该长句为原因从句，其主干为"Da die ... Kleber ... ausgasen und damit ... haben und ... zur ... führt, kommen solche Substanzen nicht zum Einsatz."，其从句中共包含了三个句子，分别为：胶排气，对真空不利，并造成污染。其中"der selbstklebenden Karbonfolie verwendeten Kleber"为一个扩展的二分词定语，修饰 Kleber；"unter Vakuumbedingungen"为状语成分，表示"在真空条件下"。"einen ... Einfluss auf etw. haben"为相对固定的短语，表示"对某事物具有……的影响"。"zu ... führen"表示"导致……，引起……"。"flüchtig"是多义词汇，有多达近十种不同的中文表达方式，需要借助真空涂覆的相关资料来确定，而不能从字典中自由地择一而定。

Demgegenüber haben die Erfinder zu ihrem Erstaunen festgestellt, dass die selbstklebenden Folien, wie oben beschrieben eingesetzt[1], nicht merkbar die skizzierten nachteiligen Effekte haben. Eine diesbezügliche Erklärung könnte darin liegen, dass[2] aufgrund des engen Kontaktes zur Rückseite der Targetoberfläche und aufgrund des Kontaktes der Karbonfolie zur Membran ein Ausgasen des Klebstoffs extrem verlangsamt und somit nicht relevant ist.

【参考译文】 与此相比，本发明人出乎意料地发现，如上所述所采用的自粘膜没有明显的上述不利效果。与此相关的解释可能在于，由于与靶表面的背面的紧密接触并且由于碳膜接触该膜极度减缓了胶材料的排气，且因此是不重要的。

【重难点解析】

1. 该句中"wie oben beschrieben eingesetzt"作为插入语对 Folien 一词进行修饰，因此译文中应放在被修饰名词前作定语。
2. "etw. liegt darin, dass ..."多用于提出原因或解释，意为"……的原因在于……"。

Die Erfindung wird nun im Detail mit Hilfe der Figuren und anhand verschiedener[1] Ausführungsbeispiele[2] erläutert.

Figur 1 zeigt eine herkömmliche[3] Beschichtungsquelle mit direkter Kühlung.

Figur 2 zeigt eine herkömmliche[3] Beschichtungsquelle mit indirekter Kühlung.

Figur 3 zeigt den begrenzten Wärmekontakt bei ein Beschichtungsquelle mit Kühlung gemäß Figur 2.

Figur 4 zeigt im Querschnitt eine Ausführungsform[2] des erfinderischen Targets mit angebrachter selbstklebender Karbonfolie.

Figur 5 zeigt das erfinderische Target integriert in eine Beschichtungsquelle mit indirekter Kühlung ir einer ersten Ausführungsform.

Figur 6 zeigt das erfinderische Target integriert in eine Beschichtungsquelle in einer zweiten Ausführungsform.

  现在将借助附图并结合不同的实施例来具体描述本发明。

  图 1 示出具有直接冷却装置的传统涂覆源；

  图 2 示出具有间接冷却装置的传统涂覆源；

  图 3 示出在根据图 2 的具有冷却装置的涂覆源中的受到限制的热接触；

  图 4 以横剖视图示出本发明的靶连同所安置的自粘碳膜的实施方式；

  图 5 示出集成在具有间接冷却装置的涂覆源中的本发明的靶的第一实施方式；

  图 6 示出集成在涂覆源中的本发明的靶的第二实施方式。

【重难点解析】

1. 形容词 verschieden 此处被译为"不同的"，此处也可以体现"若干、多种"的含义；但 verschieden 在表达"多种"含义时，与 unterschiedlich 是存在区别的。

2. 实施例 Ausführungsbeispiele 与实施方式 Ausführungsform 是上下位概念，一项发明可以有多个实施例，每个实施例还可能有若干实施方式。

3. 图 1 与图 2 中的定语"herkömmliche"清晰表明了这两张图并非展示了本发明，而是现有技术，即用于对照说明本发明的靶。

4. 以上段落为对图示的简单介绍，句子都比较短且相似度极高，属于极易出错且导致重大失误的翻译部分。由于翻译人员面对相似文本喜欢反复复制粘贴，加之目前流行的计算机辅助翻译软件（CAT）为了节约成本而就重复率高达 90% 以上的文本直接给出译文建议，倘若定稿人员漏看了"俯视图"与"仰视图"之别，就可能给翻译文本留下隐患。附图说明在整个专利中的重要程度仅次于权利要求书，不仅需要细细看每一个字，还需要对照所附的每一张图，确保原文作者没有写错。倘若原文作者本身就把左右视图写反了，在符合法律规定的前提下，应当进行主动修改，以满足信息不失真的作业要求。

Dementsprechend zeigt Figur 4a[1] ein Target 401[2], an dessen Targetrückseite 403[2] eine einseitig selbstklebende Karbonfolie 407[2] mit einer Dicke von zwischen 0.1 mm und weniger als 0.5[3] mm angebracht ist. Die bevorzugte und im Beispiel gewählte Dicke der Karbonfolie beträgt 0.125 mm. Im Beispiel wurde[4] eine Kontaktfolie der Firma Kunze mit der Produktidentifikationnummer KU-CB1205-AV eingesetzt.

【参考译文】 与此相应，图 4a 示出了靶 401，在其靶背面 403 安置单面自粘的碳膜 407，其厚度在 0.1 mm 到小于 0.5 mm 之间。优选且举例所选的碳膜厚度为 0.125 mm。例如采用 Kunze 公司的具有产品身份编号 KU-CB1205-AV 的接触膜。

【重难点解析】

1. 本段中出现了附图 4a，但如对照 PCT 文本的附图就会发现，德文原文根本就没有 4a，只有图 4。鉴于这是 PCT 进入中国的申请文件，且 4a 并不会引起误解，所以遵循原文保留其固有文字。

2. 附图标记 401、403、407 在图中都有对应的指代对象，需要对照附图去查看每一个对象所在的位置，根据附图 4a 来再次确定靶背面 403 与碳膜 407 是否彼此互相黏合。

3. 德文小数点与千分位不同于中文，此处德文小数点采用了英美体系的表达，由于可以断定其确实就是

0.5毫米,因此无须处理。但对于某些不确定情况,还是应该向发明人进行核实。
4. 过去式 wurde 在中文中并没有得到文字上的体现,但阅读文字可以清楚知道这是对已经完成的实验过程的描述。专利翻译时,除非是虚拟语气,否则通常以第三方客观角度用陈述句译出即可。

In Figur 4 ebenfalls gezeigt ist ein genauerer Ausschnitt der Grenzfläche Targetrückseite und selbstklebende Karbonfolie.[1] Die Karbonfolie umfasst dabei[2] einen Klebefilm 409 welcher die Karbonfolie zur selbstklebenden Folie macht, sowie einen Karbonfilm 411.

【参考译文】 在图4中也示出靶背面和自粘碳膜之间界面的具体局部。该碳膜在此包括胶膜409和碳膜411,胶膜使得碳膜成为自粘膜。

【重难点解析】
1. 该句采用主语后置的形式,若转换成符合中文习惯的语序,实际应为"Ein genauerer Ausschnitt der Grenzfläche Targetrückseite und selbstklebende Karbonfolie ist in Figur 4 ebenfalls gezeigt."。鉴于主语定语修饰成分较多,简化后句子主干为"Ein genauerer Ausschnitt ist in Figur 4 ebenfalls gezeigt.",即"图4中也示出了具体局部"。
2. dabei 不是情态小品词,但在很多译文中被作为情态小品词而予以忽略。在进行专利翻译时,为使信息不失真,需要结合具体内容来体会其具体含义,进行准确的中文表达处理。

Das Target gemäß Figur 4 lässt sich gut in eine Beschichtungsquelle mit indirekter Kühlung integrieren,[1] wie in Figur 5 gezeigt: Das Target 501 mit selbstklebender Karbonfolie 507 wird mit den Schrauben 513 an die Vorderseite einer Quellenhalterung 505 fixiert,[2] wobei in die Quellenhalterung eine Kühlplatte mit Kühlkanal 509 integriert ist und die Karbonfolie 507 auf die Rückseite 503 der Kühlplatte gepresst wird, wodurch ein guter Wärmekontakt zur Kühlplatten entsteht. Aufgrund der erfindungsgemäßen Tatsache, dass die Karbonfolie auf die Targetrückseite aufgeklebt ist, wird ein Targetwechsel sehr einfach, selbst wenn das Target in einer Beschichtungskammer vertikal montiert ist.[3]

【参考译文】 根据图4的靶可以良好地加入具有间接冷却装置的涂覆源中,如图5所示:具有自粘碳膜507的靶501用螺钉513被固定到靶源支座505的正面上,在这里,在靶源支座中集成有包括冷却通道509的冷却板并且碳膜507被压到该冷却板的背面503上,由此出现与冷却板的良好热接触。因为根据本发明的、碳膜被粘附到靶背面的事实,靶更换变得十分简单,即使该靶在涂覆室内竖向安装。

【重难点解析】
1. 该句中"sich lassen"相当于PⅡ + werden + können;介词 in 可支配不同的格,此处第四格体现出其动态的方向性,意为"把……加入/融入到……中去",第四格也避免了误把 mit 理解为 Beschichtungsquelle 与 Kühlung 的集成。
2. 注意这句话中的两个"mit"表示不同含义,第一个表示"具有……",做主语定语;第二个表示"用,借助,通过",做动词 fixieren 的支配对象。
3. 该句中"Aufgrund ..., dass ..."表示原因,意为"基于……,由于……";selbst wenn 或 auch wenn 引导让步状语从句,意为"即使……"。在"根据本发明的"之后采用顿号,是为了让其修饰对象指向"事实",而不是语法上更靠近的碳膜。

Eine verbesserte Variante der indirekten Kühlung ist die indirekte Kühlung mittels beweglicher Membrane, wie in Figur 6 gezeigt. <u>Der Aufbau ist ähnlich dem in der Figur 5 skizzierten mit Target 601 mit selbstklebender Karbonfolie 607, Quellenhalterung 605, Kühlkanal 609, wobei allerdings diejenige Wand der Kühlplatte, welche den Kühlkanal 609 von der Karbonfolie 607 trennt, in dieser bevorzugten Ausführungsform als flexible Membrane 603 ausgebildet ist.</u>[1] Das Kühlmittel kann beispielsweise Wasser sein. Beim Targetwechsel ist kein Lösen einer Wasserdichtung notwendig. <u>Wird das Target 601 auf der Quellenhalterung 605 durch geeignete Maßnahmen fixiert（z. B. mittels Klammern 613 oder Schrauben）, so wird aufgrund des im Kühlkanal 609 herrschenden hydrostatischen Drucks die Membrane 603 gleichförmig an die Targetrückseite und damit an die selbstklebende Karbonfolie 607 angedrückt und es kommt zu einem sehr guten, flächigen Wärmekontakt.</u>[2]

【参考译文】　间接冷却的一个改善变型方式是借助活动膜的间接冷却,如图6所示。该结构类似于图5所示的结构,其包括靶601(该靶具有自粘碳膜607)、靶源支座605和冷却通道609,但在这里,该冷却板的将冷却通道609与碳膜607分隔开的壁在此优选实施方式中以软膜603的形式构成。冷却剂例如可以是水。当更换靶时不用脱开防水密封。如果靶601通过适当措施被固定在靶源支座605上(例如借助夹子613或螺钉),则因为在冷却通道609存在的液静压而将膜603均匀压紧到靶背面和进而自粘碳膜607上,出现很好的热面接触。

【重难点解析】

1. 该句很长且结构比较难懂,其中"in der Figur 5 skizzierten"为分词结构作定语,其后省略了被修饰成分Aufbau,这里需要参照图5来理解,否则对dem的理解会影响对句子的理解。
2. 最后一句中"Wird das Target 601 ... fixiert,..."是省略引导词wenn后的条件状语从句,即可转换为"Wenn das Target 601 ... fixiert wird,..."。
3. 如第二处划线句子所示,文章中经常会有主从句之间不用逗号分隔的情况,翻译时需多加留意。

<u>Dass dabei die selbstklebende Karbonfolie eine wesentliche Rolle spielt dokumentiert die folgende Tabelle 1 in eindrucksvoller Weise,</u>[1] <u>bei der</u>[2] die Targettemperatur mit und ohne selbstklebende Karbonfolie für <u>unterschiedliche</u> Sputterleistungen und zwei <u>verschiedene</u>[3] Materialzusammensetzungen verglichen wird:

【参考译文】　以下的表1(表6.1)以令人难忘的方式记录下自粘碳膜扮演着重要角色,在这里,针对不同的溅射功率和两个不同的材料组成来对比带有和不带自粘碳膜的靶的温度。

【重难点解析】

1. 本段开头为一个较长的宾语从句,本义即"die folgende Tabelle dokumentiert, dass ...",译作中文时应转换成相应的主语在前的语序。其中"in ... Weise"是德语中较为固定的短语,表示"以……的方式",在句中作状语。
2. "bei der ..."为带有介词的关系从句,其中der指代Tabelle。
3. 此处unterschiedliche和verschiedene联合出现,均译为"不同",也能体现不同的溅射功率和两种材料组成之意。

表 6.1　德文示例表

Nr	Target Typ	Karbonfolie	Sputterleistung	Targettemperatur
1	AlCr(70∶30 at%)	Nein	5 kW	235℃
2	AlCr(70∶30 at%)	Ja	5 kW	132℃
3	AlCr(70∶30 at%)	Ja	7.5 kW	171℃
4	AlCr(70∶30 at%)	Ja	10 kW	193℃
5	AlTi(67∶33 at%)	Ja	5 kW	138℃
6	AlTi(67∶33 at%)	Ja	7.5 kW	182℃

表 6.2　德文示例表中文翻译

编号	靶类型	碳膜	溅射功率	靶温
1	AlCr(70∶30 at%)	否	5 kW	235℃
2	AlCr(70∶30 at%)	是	5 kW	132℃
3	AlCr(70∶30 at%)	是	7.5 kW	171℃
4	AlCr(70∶30 at%)	是	10 kW	193℃
5	AlTi(67∶33 at%)	是	5 kW	138℃
6	AlTi(67∶33 at%)	是	7.5 kW	182℃

【重难点解析】

1. 在专利翻译时，表格类翻译非常重要，尤其是此处给出了说明本发明效果的对比数据。通用的国际符号不需要翻译为中文，例如 at%这样的符号是本领域常识。由德国联邦物理技术研究院（PTB）发布的 *Die gesetzlichen Einheiten in Deutschland* 中收录了全部常用符号。

2. 但要注意的是，表格内如果有并非我国科技界所熟知的德文缩写，则需要翻译成中文或对应的常见英文缩写。

3. 表格排版时应特别注意左右边界的问题，专利文本的左右边界在审查指南中是有明确规定的，因超边界而遗失数据的情况是无法通过后续修改来弥补的重大失误。有时德文译出之后会造成表格排版混乱，这时可以先在第三方软件内制作表格，然后以图片方式插入到相应位置。

Ein Target ohne erfinderischer selbstklebender Karbonfolie wie in Messung Nr. 1 der Tabelle 1 kann aus mechanischen Gründen nur bis zu einer Sputterleistung von 2.5 kW sicher betrieben werden. Durch Verwendung eines erfindungsgemäßen Targets mit selbstklebender Karbonfolie wird die Leistungsverträglichkeit mehr als verdoppelt.

【参考译文】　不带有本发明自粘碳膜的靶如表 1（表 6.1）中的 1 号测试物可能因为力学缘故只能以最高 2.5 kW 的溅射功率来可靠运行。通过采用根据本发明的带有自粘碳膜的靶，功率相容性超过两倍。

【重难点解析】

该句较长，其主干为"Ein Target ... kann ... sicher betrieben werden."，其中"ohne ... wie ..."为超长的定语，修饰 Target 一词；"aus ... Gründen"表示"出于……原因"，充当原因状语；"bis zu ..."同样作为状语修饰动词 betreiben。另外，单纯从语法角度看，介词"bis zu"也可翻译为"高达"。然而，从"信息不失真"的角度看，此处明显是表达了上限，虽然没有采用"max."这样的字眼。

Bei anderen Targetmaterialien, d. h. bei anderen AlTi bzw. AlCr Verhältnissen und auch bei reinen

Aluminium, Titan und/oder Chromtargets zeigt sich qualitativ ein ähnliches Bild. <u>Die vorliegende Erfindung zeigt eine besonders gute Wirkung, wenn Targetdicken zwischen 6 mm und 18 mm verwendet werden.</u> Bevorzugt liegt die Targetdicke zwischen 6 mm und 12 mm.

【参考译文】 在其他靶材情况下,即在其它的 AlTi 或者 AlCr 情况下以及在纯铝、钛和/或铬靶情况下,定性示出相似的绘图。当采用在 6 mm 到 18 mm 之间的靶厚度时,本发明示出很好效果。靶厚度最好在 6 mm 到 12 mm 之间。

【重难点解析】
    该句中 wenn 引导的条件从句在主句之后,翻译时可以按照中文习惯调整语序,先说条件再说结果。然而,在复杂段落中调整语序虽使孤立语句通顺,但整个段落反而脱节,此时也要从"信息不失真"的角度去适应段落内容,进而确定中文表达的最优方式。

Gemäß einer besonders bevorzugten Ausführungsform der vorliegenden Erfindung ist das Target 701 als Target mit selbstklebender Karbonfolie 705 auf der Targetrückseite 703 und <u>Bajonett Profilierung 707</u>[1] <u>entsprechend Figur 7</u>[2] ausgeführt. Eine bevorzugte Beschichtungsquelle gemäß dieser Ausführungsform weißt die wie in Rahmen der Figur 6 beschriebene indirekte Kühlung mit Membrane und die für die Bajonett-Fixierung notwendigen Gegenstücke auf. Dadurch wird ein hoher und homogener Anpressdruck ermöglicht. Diese bevorzugte Ausführungsform ist speziell <u>im Zusammenhang mit</u>[3] pulvermetallurgischen Targets <u>von besonderem Vorteil</u>[4], weil diese ab einer Temperatur von 150℃ mechanisch geschwächt werden und die thermische Ausdehnung steigt. <u>Aufgrund der Reduktion der Targettemperatur und den durch die Bajonett-Fixierung gegebenen mechanischen Spielraum reduziert sich dieser thermische Stress erheblich.</u>[5] Für Chrom-Targets werden zum Beispiel Leistungsdichten bis 100 W/cm^2 möglich.

【参考译文】 根据本发明的一个尤其优选的实施方式,靶 701 被构成为在靶背面 703 具有自粘碳膜 705 并具有卡口结构 707 的靶,参见图 7。根据该实施方式的一个优选涂覆源具有如在图 6 的范围内所述的间接冷却装置,其包括膜和卡口固定所需要的配对件。由此允许获得均匀的高压紧力。该优选实施方式尤其与粉末冶金靶相关地是很有利的,这是因为它们从 150 摄氏度温度起在力学方面被削弱并且热胀增强。因为靶温降低且由卡口固定出现的机械游隙,该热应力明显减小。例如,对于铬靶达到 100 W/cm^2 的功率密度是可能的。

【重难点解析】
1. "Bajonett Profilierung"被处理为卡口结构是对照附图 7 的看图说话,存在一定意义的上位概括,而没有给出花纹或轮廓这样的具体下位概念。
2. 需要注意"entsprechend Figur 7"被处理为整句的状语,而不是 Profilierung 的定语,这是因为在审查意见答辩期间依据说明书修改权利要求时,图 7 中的细节就可能被解读为 Profilierung 的必要特征(尽管没有更细致的文字)。更多细节加入权利要求会实质性伤害保护范围,对发明人是不公平的,毕竟事实上图 7 也只是举例而已。
3. "im Zusammenhang mit ..."为固定短语,表示"与……相关"。
4. "von Vorteil/Nachteil sein"表示"有利的/有弊的"。
5. 该句主语后置,调整语序后句子主干应为"dieser thermische Stress reduziert sich erheblich aufgrund der ...",意为"该热应力由于……而明显减小"。

Es wurde ein Target offenbart, welches als Materialquelle für ein Abscheideverfahren aus der Gasphase ausgebildet ist mit einer Vorderseite und einer Rückseite, das dadurch gekennzeichnet ist, dass an der Rückseite eine selbstklebende Karbonfolie aufgeklebt ist.

【参考译文】 公开了一种靶,其作为用于气相沉积法的材料源来构成,具有正面和背面,其特点是,在该背面上粘有自粘碳膜。

【重难点解析】

本段中,welches 指代前句中的"ein Target",引导关系从句;"mit einer Vorderseite und einer Rückseite"作定语同样修饰前面的 Target。中文修饰关系与德文修饰关系一致,对于信息不失真是非常重要的。

Das Target kann als Materialquelle für ein Sputtering-Verfahren und/oder für ein Funkenverdampfungsverfahren ausgebildet sein. Die Dicke der selbstklebenden Karbonfolie kann beispielsweise zwischen 0.125 mm und 0.5 mm betragen und bevorzugt eine Dicke von 0.125 mm aufweisen.

Es wurde eine Beschichtungsquelle umfassend ein wie oben beschriebenes Target offenbart, welches an einer Quellenhalterung angeordnet ist, in die eine indirekte Kühlung mit Kühlkanal integriert ist. Bei der Beschichtungsquelle ist bevorzugt diejenige Wand, welche den Kühlkanal von der selbstklebenden Karbonfolie trennt, als flexible Membrane ausgebildet wodurch die selbstklebende Karbonfolie einen flächigen Kontakt mit der Membrane bildet[1].

Der Umfang des Targets der Beschichtungsquelle ist vorzugsweise so ausgebildet, dass er mit der Quellenhalterung in Form eines Bajonettverschlusses zusammenwirkt, wodurch ein hoher und homogener Anpressdruck verwirklicht ist.[2]

【参考译文】 该靶可以构成为用于溅射法和/或用于电火花气化法的材料源。自粘碳膜的厚度例如可以在 0.125 mm 至 0.5 mm 之间,优选具有 0.125 mm 厚度。

公开了一种包括如上所述的靶的涂覆源,其安置在靶源支座上,在靶源支座中集成有包括冷却通道的间接冷却装置。

在涂覆源中,将冷却通道与自粘碳膜分隔开的壁最好以软膜形式构成,由此,该自粘碳膜构成与该膜的面接触。

该涂覆源的靶外周最好如此构成,即它与呈卡口连接形式的靶源支座配合,由此实现了均匀的高压紧力。

【重难点解析】

1. 短语"einen Kontakt mit ... bilden"表示"与……构成接触"。
2. 该句中,句子主干为"Der Umfang ... ist ... so ausgebildet, dass er ...",dass 引导的从句作为状语说明 ausbilden 的方式。"zusammenwirken mit ..."表示"与……配合/合作"。本句中的 Umfang 被翻译成圆周或周长是最常见的错误,因为圆周仅为本体为圆形或圆柱体情况下的一个表达方式,周长更是具体的几何对象;毕竟长方体也存在 Umfang。Umfang 还存在外围与外周之别,外围已经是本体之外,而外周在本体之上,把握这些细节的原则就是信息不失真,对照附图来理解。还要注意由此衍生的一系列术语,如"周向 Umfangsrichtung""周面 Umfangsfläche""周向的 umfänglich",这些单词有很多灵活译法,都要根据具体情况结合附图来理解。

Bei einer indirekt gekühlten Beschichtungsquelle wäre es auch möglich, die selbstklebende Karbonfolie an diejenige Wand zu kleben, welche den Kühlkanal von der Rückseite eines Targets trennt.¹ Die gilt auch dann, wenn diese Wand als Membrane ausgebildet ist.² Dies hätte allerdings den Nachteil, dass bei Beschädigung der Folie, diese von der Quellenhalterung umständlich entfernt und erneuert werden müsste. Ist die selbstklebende Karbonfolie dünn genug, so ist es auch möglich diese sowohl an der Targetrückseite als auch an derjenigen Wand anzubringen, welche den Kühlkanal von der Rückseite des Targets trennt.³

【参考译文】 在间接冷却的涂覆源情况下也可行的是,将自粘碳膜粘在将冷却通道与靶背面分隔开的壁上。这也适用于该壁以膜形式构成时。但这样做的缺点是,当膜受损时必须烦琐地从靶源支座中取出膜并更换。如果自粘碳膜够薄,则不仅可将该膜安置在靶背面,而且可将该膜安置在冷却通道与靶背面分隔开的壁上。

【重难点解析】

1. 该句中"Bei ... wäre es auch möglich ..."为第二虚拟式形式,表示一种推测,而非单纯假设;其后的带 zu 不定式做句子的主语,"wäre es"中的 es 为形式主语。另外,代词 diejenige 与 welche 同指一个对象。
2. wenn 引导时间/条件状语从句,在中文译文中通常应将其置于主句之前,即"当……时,则……"。
3. 该句为德语中较为固定的句型,意为"若……,则……"。其中前面分句为省略 wenn 的条件从句,即"Wenn die selbstklebende Karbonfolie dünn genug ist, ist es auch ..."。其后的带 zu 不定式充当主句的主语,主句中的 es 为形式主语。

Gemäß einer weiteren Ausführungsform der vorliegenden Erfindung ist zwischen Target und derjenigen Komponente die einen Kühlkanal zum Abtransport der Wärme umfasst eine weitere Platte mit hoher Wärmeleitfähigkeit vorgesehen. Dies kann beispielsweise eine Molybdänplatte oder auch eine Kupferplatte sein. Die weitere Platte kann mit der den Kühlkanal umfassenden Komponente in lösbarem Kontakt¹ sein. Wichtig ist wiederum², dass großflächig ein sehr guter Wärmekontakt vorhanden ist. Erfindungsgemäß³ kann auf derjenigen Seite der weiteren Platte eine selbstklebende Karbonfolie vorgesehen sein. In diesem Fall ist es günstig, wenn auf der Targetrückseite wie oben beschrieben ebenfalls eine selbstklebende Karbonfolie vorgesehen ist. Vorzugsweise ist auf beiden Seiten der weiteren Platte eine selbstklebende Karbonfolie vorgesehen. Auf diese Weise wird großflächig für einen guten Wärmekontakt sowohl targetseitig gesorgt und es wird für einen guten Wärmekontakt zur den Kühlkanal umfassenden Komponente gesorgt. Die so ausgebildete weitere Platte ist somit auf beiden Seiten mit selbstklebender Karbonfolie bedeckt. Diese weitere Platte kann ohne weiteres so dick gewählt werden, dass sie genügend Stabilität aufweist, so dass das Handling beim Targetwechsel keinerlei Probleme bereitet. Diese Ausführungsform hat zudem den Vorteil, dass keine teuren Bauteile wie zum Beispiel die Kühlkanalkomponente oder das Target mit Folie beklebt werden müssen. Zumindest wenn als weitere Platte Kupfer eingesetzt wird, ist dies eine sehr kostengünstige Variante. Bei Beschädigung einer der beiden selbstklebenden Karbonfolien verursacht es nur geringe Kosten diese weitere Platte auszutauschen.⁴

【参考译文】 根据本发明的另一个实施方式,在靶和包括用于散热的冷却通道的组成部分之间设有具有高导热性的另一个板。它例如可以是钼板，或者也可以是铜板。所述另一个板可与包括冷却通道的组成部分可分离地接触。还重要的是，大面积存在很好的热接触。根据本发明，可在所述另一个板的那一侧设置自粘碳膜。在此情况下有利的是，在靶背面也如上所述设置自粘碳膜。最好在所述另一个板的两侧面设置自粘碳膜。通过这种方式，不仅在靶侧顾及到大面积的良好热接触，而且顾及到与包括冷却通道的组成部分的良好热接触。因此，如此构成的另一个板在两侧被覆以自粘碳膜。所述另一个板可以顺利地被选择成如此厚，即它具有足够的稳定性，因而在更换靶时操作绝不是问题。这个实施方式还有以下优点，不需要用膜粘附昂贵构件如冷却通道组成部分或靶。至少当铜被用作所述另一个板时，这是一种成本很有利的变型方式。当两个自粘碳膜之一受损时，只造成更换所述另一个板的低成本。

【重难点解析】

1. "in lösbarem Kontakt sein, lösbar" 意为"可以解开，可以分离"，所以表示"可分离地接触"。
2. wiederum 表示"再次"，那么"Wichtig ist wiederum"意为"再次重要的是"，但中文通常不这样表达，因此转译为"还重要的是"。
3. Erfindungsgemäß 是德语专利常用词，意为"根据本发明"。
4. 该句中带 zu 不定式作真正主语，es 则为形式主语。还需要注意表示程度的形容词"gering"，为通顺之故，也有人将其翻译为"较低"；但在专利翻译中要避免擅自增加比较级的用法，这是因为比较级要求存在一个比较对象，或者与自身过去相比，或者与可比对象相比，但对于单纯表达程度的形容词而言，则不应为阅读通顺而画蛇添足。

Figur 8 zeigt schematisch den entsprechenden Aufbau dieser Ausführungsform. <u>Gezeigt ist die Komponente 805 mit dem Kühlkanal 807 durch den die Wärme letztlich abgeführt wird.</u>[1] <u>Auf ihr liegt die weitere, wärmeleitende Platte 803 auf deren eine Seite eine erste selbstklebende Karbonfolie 811 und auf deren anderen Seite eine zweite selbstklebende Karbonfolie 809 aufgeklebt ist.</u>[2] Auf dieser ist wiederum das Target 801 angeordnet.

【参考译文】 图8示意性示出该实施方式的相应结构。示出了包括冷却通道807的组成部分805，通过该冷却通道最终散走热。该组成部分上有另一个导热板803，在所述另一个导热板的一侧粘附有第一自粘碳膜811并在另一侧粘附有第二自粘碳膜809。在该碳膜上又设置所述靶801。

【重难点解析】

1. 该句由一个主句和一个从句构成，其主句采用主语后置的形式，调整后的正常结构为"<u>die Komponente 805 mit dem Kühlkanal 807 ist gezeigt</u>"，虽然这是被动句，但翻译时通常考虑中文语言习惯而使用主动态。后半句为带有介词 durch 的关系从句，其中 den 指代前面的 Kühlkanal 807，意为"通过这个冷却通道……"。
2. 该句较长且原文的语法结构不甚清晰，翻译时必须注意仔细断句。其中包含两个并列的带有介词的关系从句，deren 为关系代词的第二格形式，与前面的 Platte 803 相关联，指"在它的一面……，在它的另一面……"。

【案例总结】

通过以上案例分析，需要总结说明书翻译的关键点总结如下：

1. 翻译作业流程应当从附图说明之后的具体实施方式开始，而不是从权利要求或者技术领域开始；

2. 在翻译开始之前，应当将附图与对应文字段落并排展示出来，以利于互相对照，建立对技术方案的初步理解，确保信息不失真的翻译；
3. 附图是说明书的关键组成部分，翻译时必须逐个细节对照理解。

第二节　电学类专利翻译

一、电学类专利的特点

电学类涉及到的技术领域可以划分为通信、电子、集成电路、计算机、互联网、大数据、人工智能、机电控制等。与机械类专利相比，电学类专利申请文本在以下方面存在自身的特点。

1．附图

除了传统的电子线路图、信号波形图以及硬件架构图之外，还经常遇到表示电子产品的隶属及连接关系的结构框图、表示节点之间连接关系的拓扑图、表示模块之间通信连接的架构示意图，以及表示工作流程的步骤示意图。这些附图中经常会出现单位符号、缩略语、描述性短语、表征步骤的说明文字等，在处理此类翻译时，除了要适应中国常用的物理单位和常用数学符号之外，文字内容的翻译尤其重要，涉及方法步骤的文字经常在图中有准确体现，需要与说明书、权利要求书的表达对应起来。

2．数学公式

电学类专利往往涉及利用复杂控制算法来实现某些功能，这些算法的核心就是一些数据公式。但由于申请人并不希望把保护范围具体限定到某种运算，因此采用了一套复杂的撰写范式，例如：

（a）针对 A 对象创建数学模型，其中

（i）该数学模型将 A 对象的状态 S 与物理参数 I 关联，

（ii）该数学模型定义了 A 对象的与物理参数 U 和物理参数 η 相关的物理参数 M，

这样的描述事实上等于把数学公式文字化，需要负责翻译的同事特别留意究竟是哪个参数根据（abhängig von）哪个参数，毕竟德文通常用被动态来表达，指代对象可能是相反的。

对电学类专利的分析过程或处理过程的描述，常见表达例如是：

（c）Bestimmung eines Näherungswertes SOC_{mod} für den tatsächlichen Ladezustand SOC der Batterie oder den damit in einem physikalischen Zusammenhang stehenden Parameter durch Messen der Batteriespannung U_{mess} und Berechnen des Näherungswertes SOC_{mod} unter Verwendung des parametrierten dynamischen mathematischen Batteriemodells.

（c）通过测量该电池电压 U_{mess} 并且在使用经过参数设置的动态数学电池模型的情况下计算近似值 SOC_{mod} 来确定用于该电池的当前荷电状态 SOC 或所述与之物理相关的参数的近似值 SOC_{mod}。

这里的"Bestimmung"是整句话的灵魂，翻译这句话时，需要先找到"确定（Bestimmung）"的根据是什么？也就是说去寻找介词"通过（durch）"。

实际上，将这段中文具体表述为公式，就得到如下这个抽象符号的集合：

$$U_{\text{mess}} = U^0(\text{SOC}_{\text{mod}}, T_{\text{mess}}, t) + \eta(l_{\text{mod}}, \text{SOC}_{\text{mod}}, T_{\text{mess}}, t)$$

下文将结合此类案例来深入介绍此类专利翻译的注意事项。

二、电学类专利翻译重难点解析

案例解析：德文公开号 **WO2021073690A2**，其中文同族公开号 **CN114585936A**。

其附图如下：

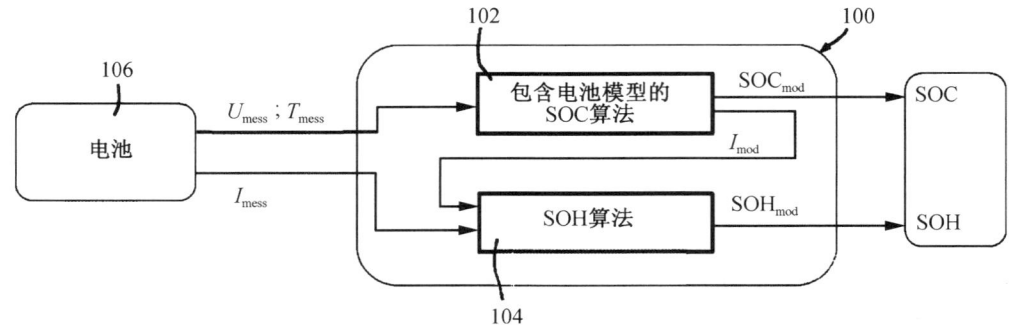

图 6.9　CN114585936A 说明书附图（图 1）

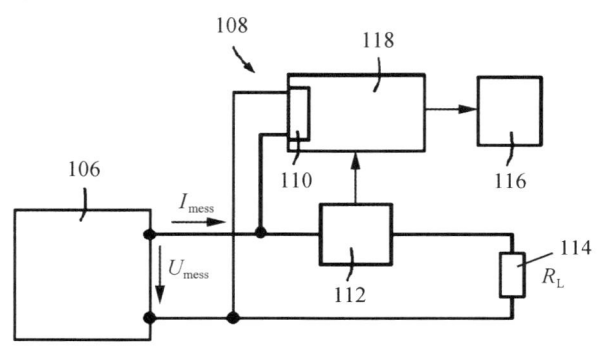

图 6.10　CN114585936A 说明书附图（图 2）

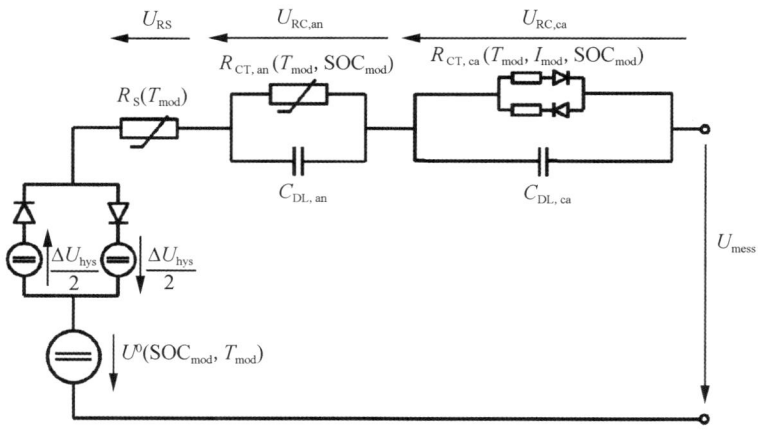

图 6.11　CN114585936A 说明书附图（图 3a）

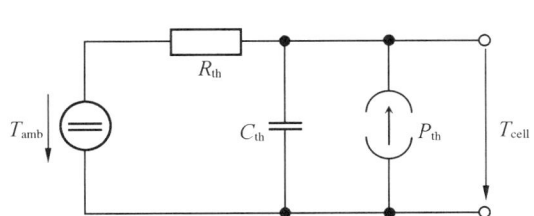

图 6.12 CN114585936A 说明书附图(图 3b)

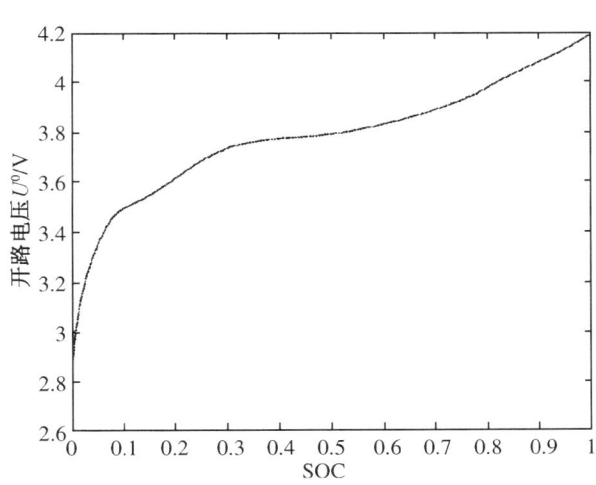

图 6.13 CN114585936A 说明书附图(图 4)

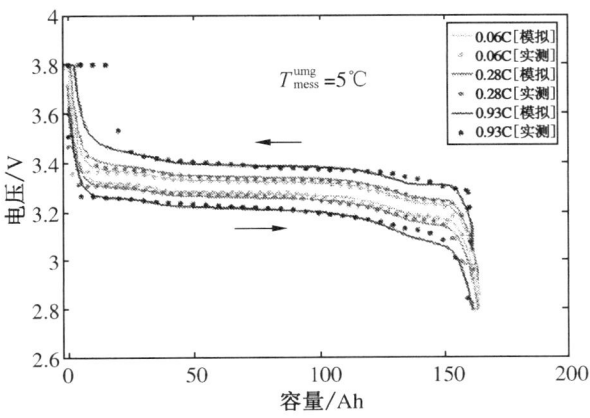

图 6.14 CN114585936A 说明书附图(图 5a)

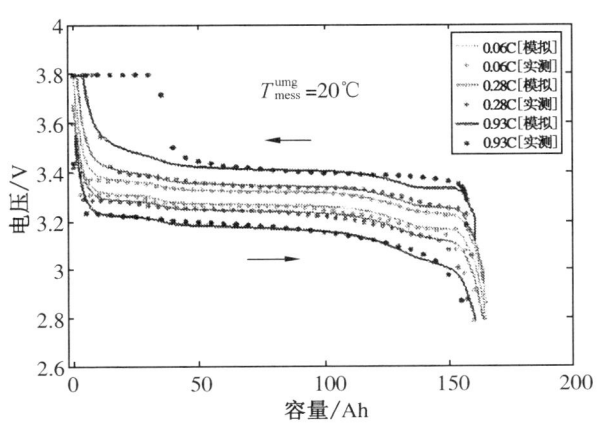

图 6.15 CN114585936A 说明书附图(图 5b)

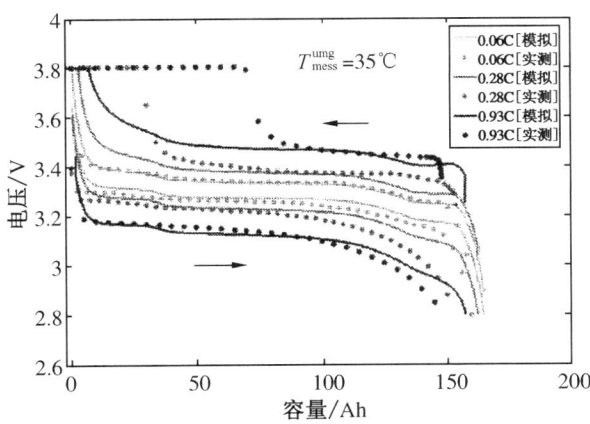

图 6.16 CN114585936A 说明书附图(图 5c)

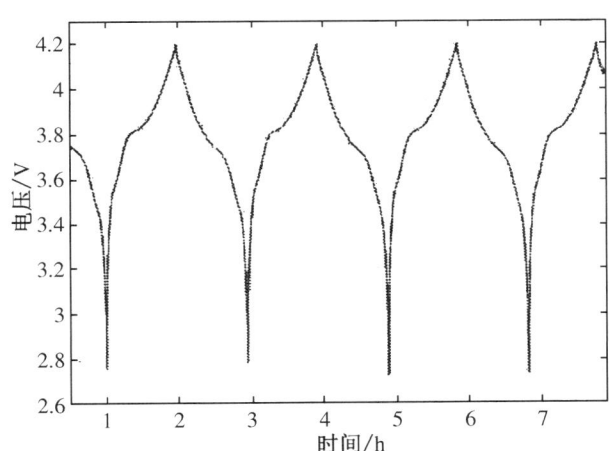

图 6.17 CN114585936A 说明书附图(图 6a)

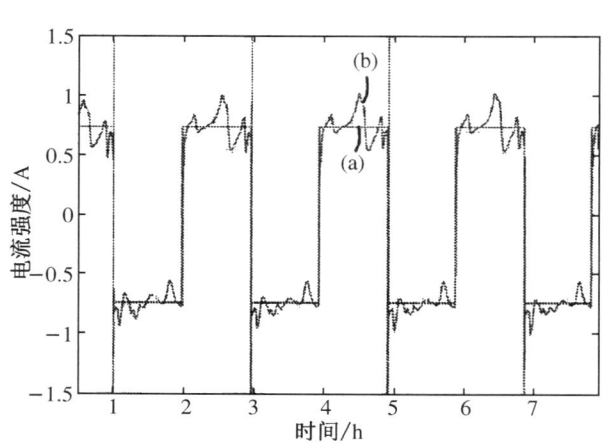

图 6.18 CN114585936A 说明书附图(图 6b)

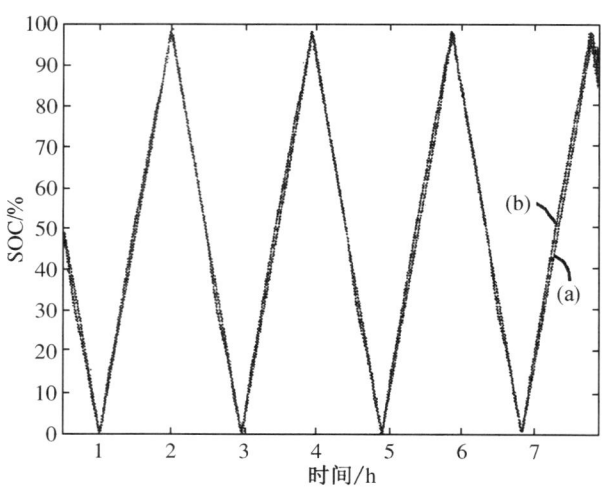

图 6.19 CN114585936A 说明书附图(图 7a)

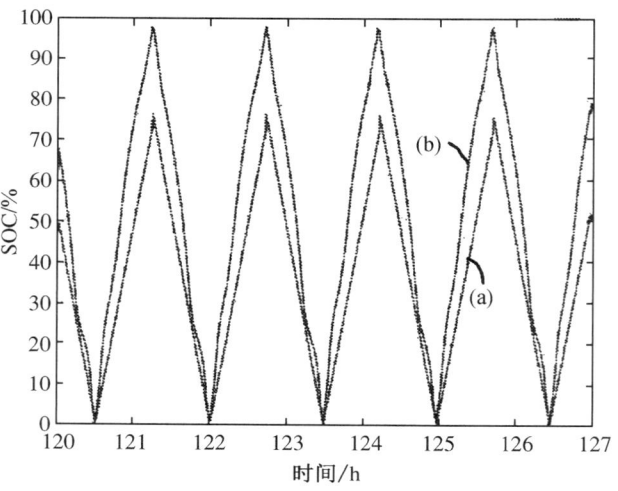

图 6.20 CN114585936A 说明书附图(图 7b)

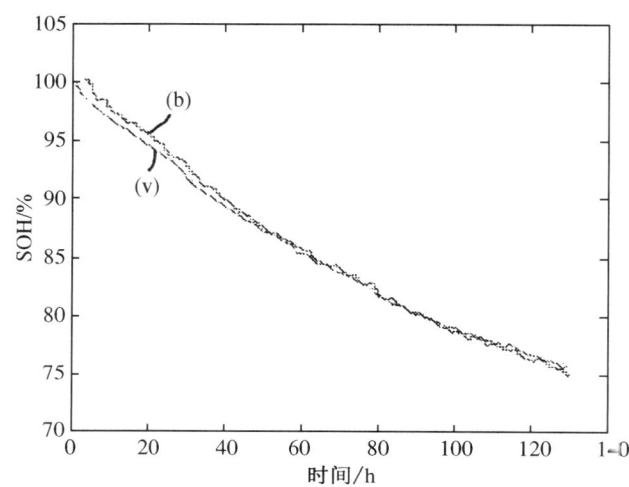

图 6.21 CN114585936A 说明书附图(图 8)

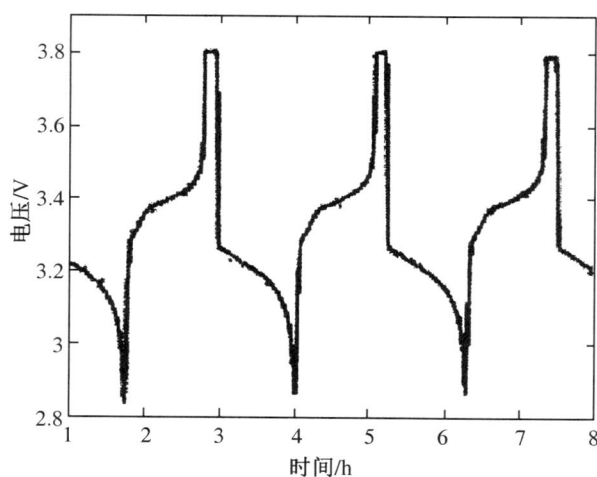

图 6.22 CN114585936A 说明书附图(图 9a)

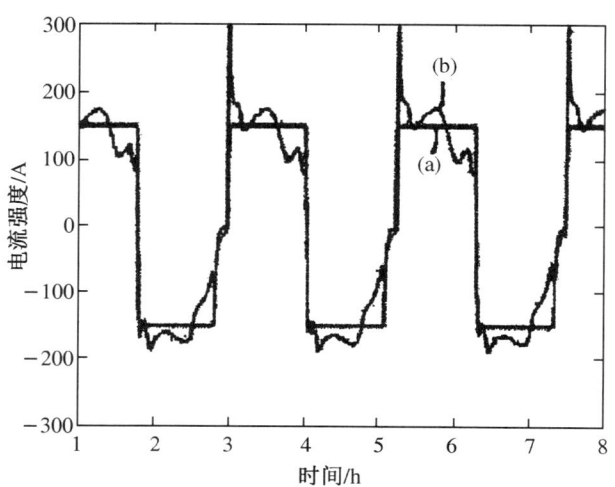

图 6.23 CN114585936A 说明书附图(图 9b)

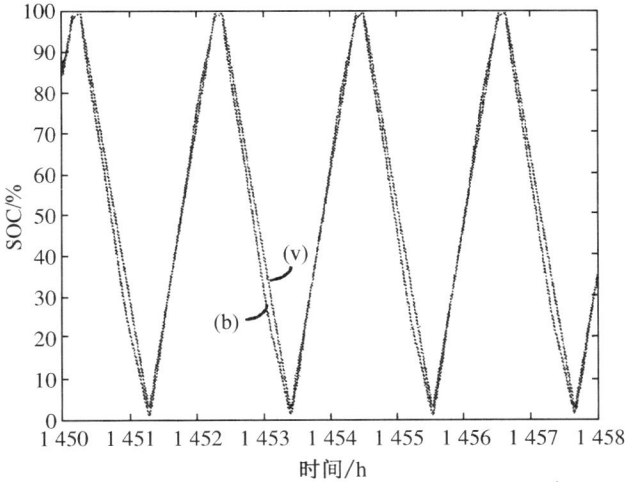

图 6.24　CN114585936A 说明书附图(图 10a)

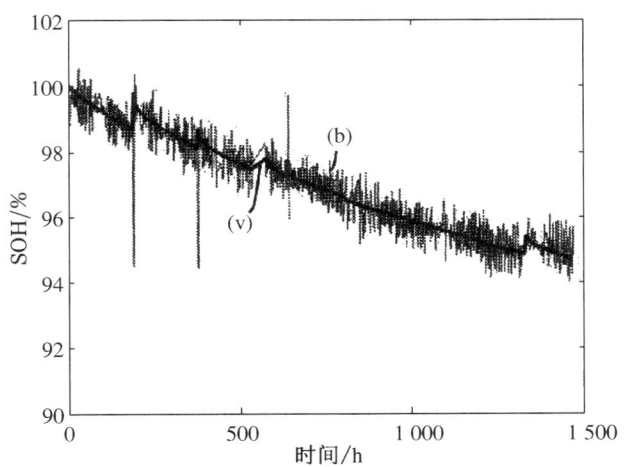

图 6.25　CN114585936A 说明书附图(图 10b)

【摘要】

Die Erfindung betrifft ein Verfahren und eine Vorrichtung zur Bestimmung des Ladezustandes（SOC）einer aufladbaren Batterie（106）eines vorgegebenen Batterietyps oder eines damit in einem physikalischen Zusammenhang stehenden Parameters, insbesondere einer in der Batterie enthaltenen Restladungsmenge Q, wobei das Verfahren mittels eines spannungsgeführten Batteriemodells（102）arbeitet, welches für die betreffende Batterie（106）oder einen entsprechenden Batterietyp parametriert wird. Es muss lediglich die Batteriespannung U_{mess} gemessen und dem Batteriemodell（102）als Eingangsgröße zur Verfügung gestellt werden. Weiterhin betrifft die Erfindung ein Verfahren und eine Vorrichtung zur Bestimmung des Gesundheitszustandes（SOH）einer Batterie（102）, wobei das Batteriemodell（102）, das auch zur Bestimmung des SOC verwendet wird, einen modellierten Batteriestrom I_{mod} liefert. Aus diesem können modellierte Ladungsmengen während Lade- und Entladephasen der Batterie（106）bestimmt und mit gemessenen Ladungsmengen, die aus dem gemessenen Batteriestrom I_{mess} bestimmt werden, verglichen werden. Da das Batteriemodell（102）nicht altert, kann hierdurch der SOH der Batterie bestimmt werden.

【参考译文】　本发明涉及一种用于确定规定电池类型的充电电池(106)的荷电状态(SOC)或与之物理相关的参数、特别是电池所含的剩余电量 Q 的方法和装置,其中,该方法借助电压控制的电池模型(102)工作,该电池模型针对相关电池(106)或相应电池类型被设置参数。只需测量电池电压 U_{mess} 并将其作为输入参数提供给电池模型(102)。本发明还涉及一种用于确定电池(102)的健康状态(SOH)的方法和装置,其中,也被用于确定 SOC 的该电池模型(102)提供模型化的电池电流 I_{mod}。由此可以确定在电池(106)的充电和放电阶段中的模型化的电荷量并将其与从测量的电池电流 I_{mess} 中确定的测量电荷量相比较。因为电池模型(102)不老化,故由此可确定电池的 SOH。

【重难点解析】　除进入国家阶段的 PCT 申请之外,摘要字数不可超过 300 字。

第一句为主从复合句,主句主语为"Erfindung",宾语为"ein Verfahren und eine Vorrichtung","zur Bestimmung ... Restladungsmenge Q"做定语修饰宾语。该定语可拆分为三部分,即"des

Ladezustandes（SOC）einer aufladbaren Batterie（106）eines vorgegebenen Batterietyps""eines damit in einem physikalischen Zusammenhang stehenden Parameters"和"einer in der Batterie enthaltenen Restladungsmenge Q",这三部分均为第二格做定语修饰"Bestimmung"。在第一个第二格宾语中"eines vorgegebenen Batterietyps"做定语修饰"Batterie","einer aufladbaren Batterie"做定语修饰"Ladezustand"。

在这个段落中存在"wobei"作为从句的连接词的情况,其仅起到语法上的分段作用,此时建议将其译为"其中",其后必须加逗号,用以区别于"其中"作为定语的情形。"welches"引导的关系从句限定"Batteriemodell",关系代词"welches"在从句中做主语。

"Die Erfindung betrifft ein(e)..."的固定译法为"本发明涉及一种……"。

【权利要求书】

1. Verfahren zur Bestimmung des Ladezustandes einer aufladbaren Batterie oder eines damit in einem physikalischen Zusammenhang stehenden Parameters, insbesondere einer in der Batterie enthaltenen Restladungsmenge Q, wobei das Verfahren folgende Schritte umfasst:

（a）Erstellen eines dynamischen mathematischen Batteriemodells für die Batterie oder einen vorgegebenen Batterietyp für die Batterie,

  （i）welches einen Ladezustand der Batterie SOC_{mod} oder den damit in einem physikalischen Zusammenhang stehenden Parameter mit einem Batteriestrom I_{mod} verknüpft, und

  （ii）welches eine zwischen den beiden Polen der Batterie gemessene Spannung U_{mess} in Abhängigkeit von einer Summe aus einer Leerlaufspannung U^0 der Batterie und einer Überspannung η definiert,

  （iii）wobei die Leerlaufspannung U^0 zumindest von der restlichen Ladungsmenge Q oder dem damit in einem physikalischen Zusammenhang stehenden Parameter und die Überspannung η zumindest von dem Batteriestrom I_{mod} abhängt;

（b）Parametrieren des dynamischen mathematischen Batteriemodells für die Batterie oder den vorgegebenen Batterietyp; und

（c）Bestimmung eines Näherungswertes SOC_{mod} für den tatsächlichen Ladezustand SOC der Batterie oder den damit in einem physikalischen Zusammenhang stehenden Parameter durch Messen der Batteriespannung U_{mess} und Berechnen des Näherungswertes SOC_{mod} unter Verwendung des parametrierten dynamischen mathematischen Batteriemodells.

【参考译文】 1. 一种用于确定充电电池的荷电状态或与之物理相关的参数、特别是该电池所含的剩余电量 Q 的方法,其中,该方法包括以下步骤:

（a）针对该电池或该电池用规定电池类型创建动态数学电池模型,

  （i）该动态数学电池模型将该电池的荷电状态 SOC_{mod} 或所述与之物理相关的参数与电池电流 I_{mod} 关联,并且

  （ii）该动态数学电池模型定义在该电池两极之间所测量的与该电池的开路电压 U^0 和过电压 η 之和相关的电压 U_{mess},

(ⅲ) 其中,该开路电压 U^0 至少取决于该剩余电量 Q 或所述与之物理相关的参数,而该过电压 η 至少取决于该电池电流 I_{mod};

(b) 对用于该电池或该规定电池类型的动态数学电池模型进行参数设置;并且

(c) 通过测量该电池电压 U_{mess} 并且在使用经过参数设置的动态数学电池模型的情况下计算近似值 $\mathrm{SOC}_{\mathrm{mod}}$ 来确定用于该电池的当前荷电状态 SOC 或所述与之物理相关的参数的近似值 $\mathrm{SOC}_{\mathrm{mod}}$。

【重难点解析】 权利要求分为"方法权利要求"与"装置权利要求",方法权利要求的常见表述为"一种用于……的方法,其包括……步骤,其中……";装置权利要求的常见表述为"一种用于……的装置,其由……构成,具有……"。

定冠词在专利文本中通常译为"该"(单数)或"所述"(单数/复数),因为在中文专利的权利要求书中,当前文已提及的术语再次出现时,必须在其之前加上"该"或者"所述",以明确"该"或"所述"后的名词与前文提及的名词为同一个或同一些。例如本段中"Batterie"首次出现在"einer aufladbaren Batterie",译为"充电电池",接着又出现在"einer in der Batterie enthaltenen Restladungsmenge Q",译为"该电池所含的剩余电量 Q"。再例如"Parameter"首次出现在"eines damit in einem physikalischen Zusammenhang stehenden Parameters",译为"与之物理相关的参数",接着又出现在"den damit in einem physikalischen Zusammenhang stehenden Parameter",译为"所述与之物理相关的参数"。

本段中"该方法"具体包括三个方法步骤 a、b、c,它们分别以动名词"Erstellen""Parametrieren"和"Bestimmung"+第二格的形式开头,在翻译时可将动名词处理为动词,第二格则做搭配该动词的宾语,构成动宾结构。

2. Verfahren nach Anspruch 1,dadurch gekennzeichnet,dass das dynamische mathematische Batteriemodell aus einem impliziten Gleichungssystem besteht oder hieraus entwickelt ist,welches folgende Gleichungen umfasst:

(a) $\dfrac{\mathrm{dSOC}_{\mathrm{mod}}}{\mathrm{d}t}=-\dfrac{I_{\mathrm{mod}}}{C_{\mathrm{N}}}$

(b) $U_{\mathrm{mess}}=U^0(\mathrm{SOC}_{\mathrm{mod}},T_{\mathrm{mess}},t)+\eta(I_{\mathrm{mod}},\mathrm{SOC}_{\mathrm{mod}},T_{\mathrm{mess}},t)$

wobei mit C_{N} eine vorgegebenen Nennkapazität der Batterie,mit T_{mess} eine gemessene Temperatur der Batterie und mit t die Zeit bezeichnet ist,wobei die Leerlaufspannung U^0 zwingend eine Abhängigkeit vom Ladezustand $\mathrm{SOC}_{\mathrm{mod}}$ zeigt,während die Abhängigkeit von der gemessenen Temperatur T_{mess} und der Zeit t optional ist,und wobei die Überspannung η zwingend eine Abhängigkeit vom Batteriestrom I_{mod} zeigt,während die Abhängigkeit vom Ladezustand $\mathrm{SOC}_{\mathrm{mod}}$ und der Zeit t optional ist.

【参考译文】 2. 根据权利要求 1 所述的方法,其特征在于,所述动态数学电池模型由隐式方程组组成或由其衍生而来,该方程组包括以下方程:

(a) $\dfrac{\mathrm{dSOC}_{\mathrm{mod}}}{\mathrm{d}t}=-\dfrac{I_{\mathrm{mod}}}{C_{\mathrm{N}}}$

(b) $U_{\mathrm{mess}}=U^0(\mathrm{SOC}_{\mathrm{mod}},T_{\mathrm{mess}},t)+\eta(I_{\mathrm{mod}},\mathrm{SOC}_{\mathrm{mod}},T_{\mathrm{mess}},t)$

其中,用 C_{N} 表示该电池的规定标称容量,用 T_{mess} 表示该电池的测量温度,用 t 表示时间,其中,该开路电压 U^0 与该荷电状态 $\mathrm{SOC}_{\mathrm{mod}}$ 的关系是必需的,而与该测量温度 T_{mess} 和该时间 t 的关系是可选的,且其中,该过电压 η 与该电池电流 I_{mod} 的关系是必需的,而与该荷电状态 SOC_{mod} 和该时间 t 的关系是可选的。

【重难点解析】 "vorgegebenen"是第二分词做定语,动词原形为"vorgeben",此处取"etwas ansetzen, festlegen, bestimmen（und als Richtwert verbindlich machen）"之意。"zwingend"此处取"unbedingt erforderlich"之意,译为"必需"。

"dadurch gekennzeichnet,dass"在专利文本中译为"其特征在于"或"其特征是"。

3. Verfahren nach Anspruch 2, dadurch gekennzeichnet, dass die Leerlaufspannung U^0 als ausschließlich vom Ladezustand SOC_{mod} abhängig vorausgesetzt wird, dass ein konstanter Innenwiderstand R_i der Batterie vorausgesetzt wird und dass eine Temperaturunabhängigkeit des Batteriemodells vorausgesetzt wird, so dass das Batteriemodell durch folgende Gleichungen definiert ist：

(a) $\dfrac{dSOC_{mod}}{dt} = -\dfrac{I_{mod}}{C_N}$

(b) $U_{mess} = U^0(SOC_{mod}) - R_i \cdot I_{mod}$,

wobei die Abhängigkeit der Leerlaufspannung U^0 vom Ladezustand SOC_{mod} insbesondere durch Messung, insbesondere als gemessene diskrete Werte oder als analytische Funktion, ermittelt wird.

【参考译文】 3. 根据权利要求2所述的方法,其特征在于,假设该开路电压 U^0 仅与该荷电状态 SOC_{mod} 相关,假设该电池的恒定内阻为 R_i 并且假设该电池模型与温度无关,因此该电池模型由以下方程式定义：

(a) $\dfrac{dSOC_{mod}}{dt} = -\dfrac{I_{mod}}{C_N}$

(b) $U_{mess} = U^0(SOC_{mod}) - R_i \cdot I_{mod}$,

其中,该开路电压 U^0 与该荷电状态 SOC_{mod} 的关系尤其通过测量、特别是作为测量的离散值或分析函数来确定。

【重难点解析】 "dadurch gekennzeichnet"后面接了三个dass从句,这三个dass从句为并列关系,做状语修饰"gekennzeichnet"。

4. Verfahren nach Anspruch 3, dadurch gekennzeichnet, dass die beiden Gleichungen durch analytische Inversion gelöst werden, wobei der Ladezustand SOC_{mod} aus den Gleichungen：

$$\dfrac{dSOC_{mod}}{dt} = -\dfrac{1}{R_i \cdot C_N} \cdot (U^0(SOC_{mod}) - U_{mess})$$

$$I_{mod} = \dfrac{1}{R_i}(U^0(SOC_{mod}) - U_{mess})$$

berechnet wird.

【参考译文】 4. 根据权利要求3所述的方法,其特征在于,所述两个方程都通过解析反演来求解,其中,该荷电状态 SOC_{mod} 由以下方程式计算：

$$\dfrac{dSOC_{mod}}{dt} = -\dfrac{1}{R_i \cdot C_N} \cdot (U^0(SOC_{mod}) - U_{mess})$$

$$I_{\text{mod}} = \frac{1}{R_i}(U^0(\text{SOC}_{\text{mod}}) - U_{\text{mess}})$$

【重难点解析】 "aus den Gleichungen berechnet wird"中的"aus"表示来源、出处。

5. Verfahren nach Anspruch 4, dadurch gekennzeichnet, dass die Spannung U_{mess} in Form von diskreten Spannungsmesswerten U_{mess}^i in einem vorgegebenen zeitlichen Abstand Δt oder zu vorgegebenen Zeitpunkten erfasst wird und dass der Näherungswert SOC_{mod} für den Ladezustand durch Diskretisierung der Gleichung gemäß Anspruch 4 unter Verwendung eines mathematischen Diskretisierungsverfahrens berechnet wird, insbesondere unter Verwendung der expliziten Vorwärts-Euler-Methode aus der Gleichung

$$\text{SOC}_{\text{mod}}^{i+1} = \text{SOC}_{\text{mod}}^i - \frac{\Delta t}{R_i \cdot C_N} \cdot (U^0(\text{SOC}_{\text{mod}}^i) - U_{\text{mess}}^i)$$

wobei mit i der Index für einen Zeitschritt bezeichnet wird.

【参考译文】 5. 根据权利要求4所述的方法，其特征在于，以预先规定的时间间隔 Δt 或在规定时刻以离散测量电压值 U_{mess}^i 的形式检测该电压 U_{mess}，且所述用于荷电状态的近似值 SOC_{mod} 通过使用数学离散化方法将根据权利要求4的方程式离散化来计算，特别是使用显式正向欧拉法由如下方程式来计算：

$$\text{SOC}_{\text{mod}}^{i+1} = \text{SOC}_{\text{mod}}^i - \frac{\Delta t}{R_i \cdot C_N} \cdot (U^0(\text{SOC}_{\text{mod}}^i) - U_{\text{mess}}^i)$$

其中，i是表示时间步长的下标。

【重难点解析】 "dadurch gekennzeichnet"后接两个并列的dass从句，在第二个dass从句中"für den Ladezustand"做定语修饰主语"Näherungswert"，"durch Diskretisierung der Gleichung gemäß Anspruch 4 unter Verwendung eines mathematischen Diskretisierungsverfahrens"和"insbesondere unter Verwendung der expliziten Vorwärts-Euler-Methode aus der Gleichung"做状语修饰谓语"berechnet wird"。其中，"gemäß Anspruch 4"介词词组作定语修饰"Gleichung"，"der Gleichung"为第二格做定语修饰"Diskretisierung"，"eines mathematischen Diskretisierungsverfahrens"为第二格做定语修饰"Verwendung"。

6. Verfahren nach Anspruch 4, dadurch gekennzeichnet, dass zusätzlich ein linearer Zusammenhang zwischen der Leerlaufspannung U^0 und dem Ladezustand SOC_{mod} vorausgesetzt wird und dass der Ladezustand aus den Beziehungen

$$\frac{d\text{SOC}_{\text{mod}}}{dt} = -\frac{1}{R_i \cdot C_N} \cdot ((U_L - U_E) \cdot \text{SOC}_{\text{mod}} + U_E + U_{\text{mess}})$$

$$I_{\text{mod}} = \frac{1}{R_i} \cdot ((U_L - U_E) \cdot \text{SOC}_{\text{mod}} + U_E - U_{\text{mess}})$$

berechnet wird, wobei mit U_L eine Ladeschlussspannung und mit U_E eine Entladeschlussspannung bezeichnet ist.

【参考译文】 6. 根据权利要求4所述的方法，其特征在于，还假设该开路电压 U^0 和该荷电状态 SOC_{mod}

之间有线性关系，并且由如下关系计算该荷电状态：

$$\frac{d\text{SOC}_{\text{mod}}}{dt} = -\frac{1}{R_i \cdot C_N} \cdot ((U_L - U_E) \cdot \text{SOC}_{\text{mod}} + U_E - U_{\text{mess}}) \text{ 和}$$

$$I_{\text{mod}} = \frac{1}{R_i} \cdot ((U_L - U_E) \cdot \text{SOC}_{\text{mod}} + U_E - U_{\text{mess}})$$

其中，用 U_L 表示充电结束电压，用 U_E 表示放电结束电压。

【重难点解析】 "dadurch gekennzeichnet"后接两个并列的 dass 从句，在第一个 dass 从句中"zusätzlich"做状语修饰谓语"vorausgesetzt wird"，为介词词组做定语修饰主语"ein linearer Zusammenhang"。

7. Verfahren nach Anspruch 6, dadurch gekennzeichnet, dass die Spannung U_{mess} in Form von diskreten Spannungsmesswerten U_{mess}^i in einem vorgegebenen zeitlichen Abstand Δt erfasst wird und dass der Näherungswert SOC_{mod} für den Ladezustand durch Diskretisierung der Gleichungen gemäß Anspruch 6 unter Verwendung eines mathematischen Diskretisierungsverfahrens berechnet wird, insbesondere unter Verwendung der impliziten Rückwärts-Euler-Methode aus den Gleichungen

$$I_{\text{Modell}}^{i+1} = \frac{1}{\frac{(U_L - U_E)}{C_N}\Delta t + R_i}((U_L - U_E) \cdot \text{SOC}_{\text{Modell}}^i + U_E - U_{\text{Messung}}^{i+1})$$

$$\text{SOC}_{\text{Modell}}^{i+1} = \text{SOC}_{\text{Modell}}^i - \frac{I_{\text{Modell}}^{i+1}}{C_N}\Delta t$$

wobei mit i der Index für einen Zeitschritt bezeichnet wird.

【参考译文】 7. 根据权利要求6所述的方法，其特征在于，按预先规定的时间间隔 Δt 以离散电压测量值 U_{mess}^i 形式检测该电压 U_{mess}，并且通过在使用数学离散化方法情况下的将根据权利要求6的方程离散化来计算所述用于荷电状态的近似值 SOC_{mod}，特别是使用隐式反向欧拉法由如下方程式算得：

$$I_{\text{Modell}}^{i+1} = \frac{1}{\frac{(U_L - U_E)}{C_N}\Delta t + R_i}((U_L - U_E) \cdot \text{SOC}_{\text{Modell}}^i + U_E - U_{\text{Messung}}^{i+1})$$

$$\text{SOC}_{\text{Modell}}^{i+1} = \text{SOC}_{\text{Modell}}^i - \frac{I_{\text{Modell}}^{i+1}}{C_N}\Delta t$$

其中，用 i 表示用于时间步长的下标。

【重难点解析】 "für einen Zeitschritt"介词词组做定语修饰"Index"。

8. Verfahren nach Anspruch 2, dadurch gekennzeichnet,

(a) dass als mathematisches Batteriemodell ein Äquivalenzschaltkreismodell verwendet wird, welches durch die Gleichungen gemäß den Merkmalen (a) und (b) des Anspruchs 2 beschrieben ist, wobei die Gleichung gemäß Merkmal (b) des Anspruchs 2 ersetzt wird durch das Gleichungssystem：

(i) $U_{\text{mess}} = U^0(\text{SOC}_{\text{mess}}, T_{\text{mod}}) + \Delta U_{\text{hys}}(I_{\text{mod}}) - U_{\text{RC, an}} - U_{\text{RC, ca}} - I_{\text{mod}} \cdot R_s(T_{\text{mod}})$

(ii) $\dfrac{\mathrm{d}U_{\mathrm{RC,\,an}}}{\mathrm{d}t} = \dfrac{1}{C_{\mathrm{DL,\,an}}(T_{\mathrm{mod}})}\left(I_{\mathrm{mod}} - \dfrac{U_{\mathrm{RC,\,an}}}{R_{\mathrm{CT,\,an}}(T_{\mathrm{mod}})}\right)$

(iii) $\dfrac{\mathrm{d}U_{\mathrm{RC,\,ca}}}{\mathrm{d}t} = \dfrac{1}{C_{\mathrm{DL,\,ca}}(T_{\mathrm{mod}})}\left(I_{\mathrm{mod}} - \dfrac{U_{\mathrm{RC,\,ca}}}{R_{\mathrm{CT,\,ca}}(T_{\mathrm{mod}},\,I_{\mathrm{mod}})}\right)$

(iv) $\dfrac{\mathrm{d}T_{\mathrm{mod}}}{\mathrm{d}t} = \dfrac{1}{C_{\mathrm{th}}}\bigg(I_{\mathrm{mod}}^{2}R_{\mathrm{s}}(T_{\mathrm{mod}}) + \dfrac{U_{\mathrm{RC,\,an}}^{2}}{R_{\mathrm{CT,\,an}}(T_{\mathrm{mod}})} + \dfrac{U_{\mathrm{RC,\,ca}}^{2}}{R_{\mathrm{CT,\,ca}}(T_{\mathrm{mod}},\,I_{\mathrm{mod}})} - \dfrac{T_{\mathrm{mod}} - T_{\mathrm{mess}}^{\mathrm{umg}}}{R_{\mathrm{th}}} + I_{\mathrm{mod}} \cdot (T_{\mathrm{mod}} - T^{0}) \cdot \dfrac{\mathrm{d}U^{0}(\mathrm{SOC}_{\mathrm{mod}})}{\mathrm{d}T}\bigg)$

wobei mit U_{RC} ein Spannungsabfall über ein RC-Element bezeichnet ist, mit R_{CT} ein Ladungstransferwiderstand, mit C_{DL} eine Doppelschichtkapazität, mit C_{th} eine Wärmekapazität, mit R_{th} ein Wärmeübergangswiderstand an der Batterieoberfläche, mit $\mathrm{d}U^{0}(\mathrm{SOC}_{\mathrm{mod}})/\mathrm{d}T$ eine Temperaturabhängigkeit der Leerlaufspannung, mit T^{0} eine zugehörige Referenztemperatur und mit $T_{\mathrm{mess}}^{\mathrm{umg}}$ eine gemessene Umgebungstemperatur der Batterie, wobei die Indizes „an" und „ca" auf eine Anode und eine Kathode der Batterie verweisen und wobei eine Asymmetrie der Leerlaufspannung U^{0} durch ΔU_{hys} beschrieben wird und eine Asymmetrie des Kathodenwiderstands durch eine Stromabhängigkeit von $R_{\mathrm{CT,\,ca}}$, und

(b) dass aus diesem Gleichungssystem der Wert für den Ladezustand $\mathrm{SOC}_{\mathrm{mod}}$ berechnet wird, vorzugsweise mittels eines oder mehrerer numerischer mathematischer Verfahren.

【参考译文】 8.根据权利要求2所述的方法,其特征在于,

(a)等效电路模型被用作数学电池模型,该等效电路模型由根据权利要求2的特征(a)和(b)的方程描述,其中,根据权利要求2的特征(b)的方程被如下方程组替代:

(i) $U_{\mathrm{mess}} = U^{0}(\mathrm{SOC}_{\mathrm{mess}},\,T_{\mathrm{mod}}) + \Delta U_{\mathrm{hys}}(I_{\mathrm{mod}}) - U_{\mathrm{RC,\,an}} - U_{\mathrm{RC,\,ca}} - I_{\mathrm{mod}} \cdot R_{\mathrm{s}}(T_{\mathrm{mod}})$

(ii) $\dfrac{\mathrm{d}U_{\mathrm{RC,an}}}{\mathrm{d}t} = \dfrac{1}{C_{\mathrm{DL,an}}(T_{\mathrm{mod}})}\left(I_{\mathrm{mod}} - \dfrac{U_{\mathrm{RC,an}}}{R_{\mathrm{CT,an}}(T_{\mathrm{mod}})}\right)$

(iii) $\dfrac{\mathrm{d}U_{\mathrm{RC,ca}}}{\mathrm{d}t} = \dfrac{1}{C_{\mathrm{DL,ca}}(T_{\mathrm{mod}})}\left(I_{\mathrm{mod}} - \dfrac{U_{\mathrm{RC,ca}}}{R_{\mathrm{CT,ca}}(T_{\mathrm{mod}},\,I_{\mathrm{mod}})}\right)$

(iv) $\dfrac{\mathrm{d}T_{\mathrm{mod}}}{\mathrm{d}t} = \dfrac{1}{C_{\mathrm{th}}}\bigg(I_{\mathrm{mod}}^{2}R_{\mathrm{s}}(T_{\mathrm{mod}}) + \dfrac{U_{\mathrm{RC,an}}^{2}}{R_{\mathrm{CT,an}}(T_{\mathrm{mod}})} + \dfrac{U_{\mathrm{RC,ca}}^{2}}{R_{\mathrm{CT,ca}}(T_{\mathrm{mod}},\,I_{\mathrm{mod}})} - \dfrac{T_{\mathrm{mod}} - T_{\mathrm{mess}}^{\mathrm{umg}}}{R_{\mathrm{th}}} + I_{\mathrm{mod}} \cdot (T_{\mathrm{mod}} - T^{0}) \cdot \dfrac{\mathrm{d}U^{0}(\mathrm{SOC}_{\mathrm{mod}})}{\mathrm{d}T}\bigg)$

其中,用 U_{RC} 表示RC元件上的电压降,用 R_{CT} 表示电荷转移电阻,用 C_{DL} 表示双层电容,用 C_{th} 表示热容,用 R_{th} 表示电池表面处的传热电阻,用 $\mathrm{d}U^{0}(\mathrm{SOC}_{\mathrm{mod}})\mathrm{d}T$ 表示该开路电压的温度关联性,用 T^{0} 表示相关的参考温度,用 $T_{\mathrm{mess}}^{\mathrm{umg}}$ 表示测量的电池环境温度,其中,下标"an"和"ca"是指该电池的阳极和阴极,并且其中,该开路电压 U^{0} 的非对称性由 ΔU_{hys} 描述,阴极电阻的非对称性由电流关联性 $R_{\mathrm{CT,ca}}$ 描述,并且

(b)该荷电状态 $\mathrm{SOC}_{\mathrm{mod}}$ 的值最好借助一种或多种数值算术法由该方程组计算。

【重难点解析】 "dadurch gekennzeichnet"所接的状语从句为(a)、(b)这两个dass从句。(a)句中

"welches"引导的关系从句限定"Äquivalenzschaltkreismodell","welches"在从句中做主语。"das Gleichungssystem"指的是(i)、(ii)、(iii)、(iv),为明确其指向而将其译为"如下方程组"。

9. Verfahren zur Bestimmung des Gesundheitszustandes einer aufladbaren Batterie eines vorgegebenen Batterietyps oder eines damit in einem physikalischen Zusammenhang stehenden Parameters, insbesondere einer aktuellen Kapazität C der Batterie, welche folgende Schritte umfasst:

(a) Bestimmung einer von der Batterie während eines ersten Beobachtungszeitraums aufgenommenen Ladungsmenge $Q_{in,mess}$ und/oder einer von der Batterie während eines zweiten Beobachtungszeitraums abgegebenen Ladungsmenge $Q_{out,mess}$ durch Messung und Integration eines von der Batterie abgegebenen oder aufgenommenen Batteriestroms I_{mess}, wobei der zweite Beobachtungszeitraum vorzugsweise identisch oder zumindest überlappend mit dem ersten Beobachtungszeitraum gewählt ist;

(b) Berechnung einer von der Batterie während des ersten Beobachtungszeitraums aufgenommenen Ladungsmenge $Q_{in,mod}$ und einer von der Batterie während des zweiten Beobachtungszeitraums abgegebene Ladungsmenge $Q_{out,mod}$ unter Verwendung eines spannungsgeführten für die Batterie oder den vorgegebenen Batterietyp parametrierten dynamischen mathematischen Batteriemodells gemäß Merkmal (a) des Anspruchs 1; und

(c) Bestimmung eines Näherungswertes SOH_{mod} für den tatsächlichen Gesundheitszustand SOH durch Berechnen eines Lade-Gesundheitszustandes SOH_{in} als Quotient aus der Ladungsmenge $Q_{in,mess}$ und der Ladungsmenge $Q_{in,mod}$ und/oder eines Entlade-Gesundheitszustandes SOH_{out} als Quotient aus der Ladungsmenge $Q_{out,mess}$ und der Ladungsmenge $Q_{out,mod}$ und Verwenden des Lade-Gesundheitszustandes SOH_{in} oder des Entlade-Gesundheitszustandes SOH_{out} oder eines hieraus berechneten Mittelwertes als Näherungswert SOH_{mod} für den tatsächlichen Gesundheitszustand SOH.

【参考译文】 9. 一种用于确定规定电池类型的充电电池的健康状态或与之物理相关的参数、特别是该电池的实际容量C的方法,其包括以下步骤:

(a)通过对由该电池输出或接纳的电池电流 I_{mess} 进行测量和积分来确定由该电池在第一观察时段所接纳的电荷量 $Q_{in,mess}$ 和/或由该电池在第二观察时段所输出的电荷量 $Q_{out,mess}$,其中,该第二观察时段优选被选择为与该第一观察时段相同或至少与该第一观察时段部分重叠;

(b)使用针对该电池或该规定电池类型经过参数设置的、电压控制的动态数学电池模型、根据权利要求1的特征(a)的动态数学电池模型来计算由该电池在该第一观察时段所接纳的电荷量 $Q_{in,mod}$ 和由该电池在该第二观察时段所输出的电荷量 $Q_{out,mod}$;并且

(c)通过计算作为该电荷量 $Q_{in,mess}$ 和该电荷量 $Q_{in,mod}$ 之商的充电健康状态 SOH_{in} 和/或作为该电荷量 $Q_{out,mess}$ 和该电荷量 $Q_{out,mod}$ 之商的放电健康状态 SOH_{out} 以及使用该充电健康状态 SOH_{in} 或该放电健康状态 SOH_{out} 或由此计算出的平均值作为用于实际健康状态 SOH 的近似值 SOH_{mod} 来确定所述用于该实际健康状态 SOH 的近似值 SOH_{mod}。

【重难点解析】 (a)、(b)、(c)是动词"umfasst"的宾语,这三句的句式结构类似,均为动名词+第二格+介词词组+wobei引导的关系从句。在翻译时可将动名词处理为动词,第二格则做搭配该动词的宾语,构成动宾结构,介词词组做状语修饰动名词,在翻译时可将其位置提前。

10. Verfahren nach Anspruch 9, dadurch gekennzeichnet, dass der erste und der zweite Zeitraum so gewählt werden, dass die während des betreffenden Zeitraums geladenen Ladungsmengen $Q_{\text{in,mess}}$ und/oder entladenen Ladungsmengen $Q_{\text{out,mess}}$ und/oder die Betragssumme hiervon größer sind als ein jeweils vordefinierter Wert, wobei der vordefinierte Wert vorzugsweise größer als die Nennkapazität C_N der Batterie ist.

【参考译文】 10. 根据权利要求9所述的方法，其特征在于，按如下方式选择所述第一和第二时段，即，在该相关期间内所充的电荷量 $Q_{\text{in,mess}}$ 和/或所放的电荷量 $Q_{\text{out,mess}}$ 和/或其值总和大于各自预先规定的值，其中，该规定值优选大于该电池的标称容量 C_N。

【重难点解析】 "... so ..., dass ..."可翻译为"……按/以如下方式……，即，……"。类似的还有 "derart/dadurch ..., dass ..." "dass ..., indem ..."。

11. Verfahren nach einem der Ansprüche 9 oder 10, dadurch gekennzeichnet, dass die Endzeitpunkte des ersten und zweiten Zeitraums so gewählt werden, dass an den Endzeitpunkten derselbe Ladezustand SOC_{ref} besteht wie an den Anfangszeitpunkten und/oder dass an den Endzeitpunkten dieselbe Stromrichtung des gemessenen Batteriestroms I_{mess} herrscht wie an den Anfangszeitpunkten.

【参考译文】 11. 根据权利要求9或10所述的方法，其特征在于，如此选择该第一时段的和该第二时段的结束时刻，即，在所述结束时刻存在与在开始时刻相同的荷电状态 SOC_{ref} 和/或在所述结束时刻存在与在所述开始时刻的测量工作电流 I_{mess} 相同的电流方向。

12. Verfahren nach einem der Ansprüche 9 bis 11, dadurch gekennzeichnet, dass die Ladungsmengen $Q_{\text{in,mod}}$ und $Q_{\text{out,mod}}$ durch Integration des aus dem dynamischen mathematischen Batteriemodell berechneten Batteriestroms I_{mod} berechnet werden.

【参考译文】 12. 根据权利要求9至11之一所述的方法，其特征在于，所述电荷量 $Q_{\text{in,mod}}$ 和 $Q_{\text{out,mod}}$ 通过对由该动态数学电池模型计算的电池电流 I_{mod} 进行积分来计算。

13. Verfahren nach einem der Ansprüche 9 bis 12, dadurch gekennzeichnet, dass das dynamische mathematische Batteriemodell aus einem impliziten Gleichungssystem besteht oder hieraus entwickelt ist, welches folgende Gleichungen umfasst：

(a) $\dfrac{\mathrm{d}SOC_{\text{mod}}}{\mathrm{d}t} = -\dfrac{I_{\text{mod}}}{C}$

(b) $U_{\text{mess}} = U^0(SOC_{\text{mod}}, T_{\text{mess}}, t) + \eta(I_{\text{mod}}, SOC_{\text{mod}}, T_{\text{mess}}, t)$

wobei mit T_{mess} die gemessene Temperatur der Batterie und mit t die Zeit bezeichnet ist, wobei die Leerlaufspannung U^0 zwingend eine Abhängigkeit vom Ladezustand SOC_{mod} zeigt, während die Abhängigkeit von der gemessenen Temperatur T_{mess} und der Zeit t optional ist, und wobei die Überspannung η zwingend eine Abhängigkeit vom Batteriestrom I_{mod} zeigt, während die Abhängigkeit vom Ladezustand SOC_{mod} und der Zeit t optional ist.

【参考译文】 13. 根据权利要求9至12之一所述的方法，其特征在于，所述动态数学电池模型由隐式方程组组成或由其衍化而来，其包括以下方程：

（a） $\dfrac{\mathrm{dSOC_{mod}}}{\mathrm{d}t} = -\dfrac{I_{\mathrm{mod}}}{C}$

（b） $U_{\mathrm{mess}} = U^0(\mathrm{SOC_{mod}}, T_{\mathrm{mess}}, t) + \eta(I_{\mathrm{mod}}, \mathrm{SOC_{mod}}, T_{\mathrm{mess}}, t)$

其中，用 T_{mess} 表示该电池的测量温度，用 t 表示时间，其中，该开路电压 U^0 与该荷电状态 $\mathrm{SOC_{mod}}$ 的关系是必需的，而与该测量温度 T_{mess} 和该时间 t 的关系是可选的，且其中，该过电压 η 与该电池电流 I_{mod} 的关系是必需的，而与该荷电状态 $\mathrm{SOC_{mod}}$ 和该时间 t 的关系是可选的。

【重难点解析】 "Leerlaufspannung"可译为"开路电压"或"空载电压"，"Leerlauf"在汽车领域可翻译为"怠速运转"或"空转"。

14. Verfahren nach Anspruch 13, dadurch gekennzeichnet, dass die Leerlaufspannung U^0 als ausschließlich vom Ladezustand $\mathrm{SOC_{mod}}$ abhängig vorausgesetzt wird, dass ein konstanter Innenwiderstand R_i der Batterie vorausgesetzt wird, dass eine Temperaturunabhängigkeit des Batteriemodells vorausgesetzt wird und dass der Batteriestrom I_{mod} berechnet wird aus der durch analytische Inversion gewonnenen Gleichung：

$$I_{\mathrm{mod}} = \dfrac{1}{R_i}(U^0(\mathrm{SOC_{mod}}) - U_{\mathrm{mess}})$$

wobei die Abhängigkeit der Leerlaufspannung U^0 vom Ladezustand $\mathrm{SOC_{mod}}$ insbesondere durch Messung, insbesondere als gemessene diskrete Werte oder als analytische Funktion, ermittelt wird.

【参考译文】 14. 根据权利要求13所述的方法，其特征在于，假设该开路电压 U^0 仅取决于该荷电状态 $\mathrm{SOC_{mod}}$，假设该电池的恒定内电阻为 R_i，假设该电池模型具有温度无关性，并且该电池电流 I_{mod} 由通过解析反演得到的方程计算出：

$$I_{\mathrm{mod}} = \dfrac{1}{R_i}(U^0(\mathrm{SOC_{mod}}) - U_{\mathrm{mess}})$$

其中，该开路电压 U^0 与该荷电状态 $\mathrm{SOC_{mod}}$ 的关系尤其通过测量特别是作为测量离散值或分析函数来确定。

15. Verfahren nach Anspruch 14, dadurch gekennzeichnet, dass die Spannung U_{mess} in Form von diskreten Spannungsmesswerten U^i_{mess} in einem vorgegebenen zeitlichen Abstand Δt erfasst wird und dass der Batteriestrom I_{mess} durch Diskretisierung der Gleichung gemäß Anspruch 14 unter Verwendung eines mathematischen Diskretisierungsverfahrens berechnet wird, insbesondere unter Verwendung der expliziten Vorwärts-Euler-Methode aus der Gleichung

$$I^i_{\mathrm{mod}} = \dfrac{1}{R_i}(U^0(\mathrm{SOC^i_{mod}}) - U^i_{\mathrm{mess}})$$

wobei mit i der Index für einen Zeitschritt bezeichnet wird.

【参考译文】 15. 根据权利要求14所述的方法，其特征在于，该电压 U_{mess} 按预先规定的时间间隔 Δt 以离散测量电压值 U^i_{mess} 形式被检测，并且该电池电流 I_{mess} 通过使用数学离散化方法将根据权利要求14的方程离散化来计算，特别是使用显式正欧拉法由如下方程算得：

$$I^i_{\text{mod}} = \frac{1}{R_i}(U^0(\text{SOC}^i_{\text{mod}}) - U^i_{\text{mess}})$$

其中，用 i 表示用于时间步长的下标。

16. Verfahren nach Anspruch 14, dadurch gekennzeichnet, dass zusätzlich ein linearer Zusammenhang zwischen der Leerlaufspannung U^0 und dem Ladezustand SOC_{mod} vorausgesetzt wird und dass der Batteriestrom aus den Beziehungen

$$\frac{d\text{SOC}_{\text{mod}}}{dt} = -\frac{1}{R_i \cdot C_N}((U_L - U_E) \cdot \text{SOC}_{\text{mod}} + U_E - U_{\text{mess}})$$

$$I_{\text{mod}} = \frac{1}{R_i} \cdot ((U_L - U_E) \cdot \text{SOC}_{\text{mod}} + U_E - U_{\text{mess}})$$

berechnet wird, wobei mit U_L eine Ladeschlussspannung und mit U_E eine Entladeschlussspannung bezeichnet ist.

【参考译文】 16. 根据权利要求 14 所述的方法，其特征在于，还假设在该开路电压 U^0 与该荷电状态 SOC_{mod} 之间的线性关系，并且该电池电流从以下关系计算：

$$\frac{d\text{SOC}_{\text{mod}}}{dt} = -\frac{1}{R_i \cdot C_N}((U_L - U_E) \cdot \text{SOC}_{\text{mod}} + U_E - U_{\text{mess}})$$

$$I_{\text{mod}} = \frac{1}{R_i}((U_L - U_E) \cdot \text{SOC}_{\text{mod}} + U_E - U_{\text{mess}})$$

其中，用 U_L 表示充电结束电压，用 U_E 表示放电结束电压。

17. Verfahren nach Anspruch 16, dadurch gekennzeichnet, dass die Spannung U_{mess} in Form von diskreten Spannungsmesswerten U^i_{mess} in einem vorgegebenen zeitlichen Abstand Δt oder zu vorgegebenen Zeitpunkten erfasst wird und dass der Näherungswert SOC_{mod} für den Ladezustand durch Diskretisierung der Gleichung gemäß Anspruch 16 unter Verwendung eines mathematischen Diskretisierungsverfahrens berechnet wird, insbesondere unter Verwendung der impliziten Rückwärts-Euler-Methode aus den Gleichungen

$$I^{i+1}_{\text{mod}} = \frac{1}{\frac{(U_L - U_E)}{C_N}\Delta t + R_i}((U_L - U_E) \cdot \text{SOC}^i_{\text{mod}} + U_E - U^{i+1}_{\text{mess}})$$

$$\text{SOC}^{i+1}_{\text{mod}} = \text{SOC}^i_{\text{mod}} - \frac{I^{i+1}_{\text{mod}}}{C_N}\Delta t$$

wobei mit i der Index für einen Zeitschritt bezeichnet wird.

【参考译文】 17. 根据权利要求 16 所述的方法，其特征在于，按预先规定的时间间隔 Δt 或在规定时刻以离散测量电压值 U^i_{mess} 形式检测该电压 U_{mess}，且所述用于荷电状态的近似值 SOC_{mod} 通过使用数学离散化方法将根据权利要求 16 的方程离散化来计算，尤其是使用隐式反向欧拉法由如下方程算得：

$$I_{\text{mod}}^{i+1} = \frac{1}{\frac{(U_L - U_E)}{C_N}\Delta t + R_i}((U_L - U_E) \cdot \text{SOC}_{\text{mod}}^i + U_E - U_{\text{mess}}^{i+1})$$

$$\text{SOC}_{\text{mod}}^{i+1} = \text{SOC}_{\text{mod}}^i - \frac{I_{\text{mod}}^{i+1}}{C_N}\Delta t$$

其中,用 i 表示用于时间步长的下标。

18. Verfahren nach Anspruch 13, dadurch gekennzeichnet,

(a) dass als mathematisches Batteriemodell ein Äquivalenzschaltkreismodell verwendet wird, welches durch die Gleichungen gemäß den Merkmalen (a) und (b) des Anspruchs 13 beschrieben ist, wobei die Gleichung gemäß Merkmal (b) des Anspruchs 13 ersetzt wird durch das Gleichungssystem:

(i) $U_{\text{mess}} = U^0(\text{SOC}_{\text{mess}}, T_{\text{mod}}) + \Delta U_{\text{hys}}(I_{\text{mod}}) - U_{\text{RC,an}} - U_{\text{RC,ca}} - I_{\text{mod}} \cdot R_s(T_{\text{mod}})$

(ii) $\dfrac{dU_{\text{RC,an}}}{dt} = \dfrac{1}{C_{\text{DL,an}}(T_{\text{mod}})}\left(I_{\text{mod}} - \dfrac{U_{\text{RC,an}}}{R_{\text{CT,an}}(T_{\text{mod}})}\right)$

(iii) $\dfrac{dU_{\text{RC,ca}}}{dt} = \dfrac{1}{C_{\text{DL,ca}}(T_{\text{mod}})}\left(I_{\text{mod}} - \dfrac{U_{\text{RC,ca}}}{R_{\text{CT,ca}}(T_{\text{mod}}, I_{\text{mod}})}\right)$

(iv) $\dfrac{dT_{\text{mod}}}{dt} = \dfrac{1}{C_{\text{th}}}\Bigg(I_{\text{mod}}^2 R_s(T_{\text{mod}}) + \dfrac{U_{\text{RC,an}}^2}{R_{\text{CT,an}}(T_{\text{mod}})} + \dfrac{U_{\text{RC,ca}}^2}{R_{\text{CT,ca}}(T_{\text{mod}}, I_{\text{mod}})} -$

$\dfrac{T_{\text{mod}} - T_{\text{mess}}^{\text{umg}}}{R_{\text{th}}} + I_{\text{mod}} \cdot (T_{\text{mod}} - T^0) \cdot \dfrac{dU^0(\text{SOC}_{\text{mod}})}{dT}\Bigg)$

wobei mit U_{RC} ein Spannungsabfall über ein RC-Element bezeichnet ist, mit R_{CT} ein Ladungstransferwiderstand, mit C_{DL} eine Doppelschichtkapazität, mit C_{th} eine Wärmekapazität, mit R_{th} ein Wärmeübergangswiderstand an der Batterieoberfläche, mit $dU^0(\text{SOC}_{\text{mod}})/dT$ eine Temperaturabhängigkeit der Leerlaufspannung, mit T^0 eine zugehörige Referenztemperatur und mit $T_{\text{mess}}^{\text{umg}}$ eine gemessene Umgebungstemperatur der Batterie, wobei die Indizes „an" und „ca" auf eine Anode und eine Kathode der Batterie verweisen und wobei eine Asymmetrie der Leerlaufspannung U_0 durch ΔU_{hys} beschrieben wird und eine Asymmetrie des Kathodenwiderstands durch eine Stromabhängigkeit von $R_{\text{CT,ca}}$,

(b) dass aus diesem Gleichungssystem der Batteriestrom I_{mod} berechnet wird, vorzugsweise mittels eines oder mehrerer numerischer mathematischer Verfahren und

(c) dass die Ladungsmengen $Q_{\text{in,mod}}$ und $Q_{\text{out,mod}}$ durch Integration des aus dem dynamischer mathematischen Batteriemodell berechneten Batteriestroms I_{mod} berechnet werden.

【参考译文】 18. 根据权利要求13所述的方法,其特征在于,

(a) 等效电路模型被用作数学电池模型,该等效电路模型通过根据权利要求13的特征(a)和(b)的方程描述,其中,根据权利要求13的特征(b)的方程由如下方程组代替:

(i) $U_{\text{mess}} = U^0(\text{SOC}_{\text{mess}}, T_{\text{mod}}) + \Delta U_{\text{hys}}(I_{\text{mod}}) - U_{\text{RC,an}} - U_{\text{RC,ca}} - I_{\text{mod}} \cdot R_s(T_{\text{mod}})$

(ii) $\dfrac{dU_{\text{RC,an}}}{dt} = \dfrac{1}{C_{\text{DL,an}}(T_{\text{mod}})}\left(I_{\text{mod}} - \dfrac{U_{\text{RC,an}}}{R_{\text{CT,an}}(T_{\text{mod}})}\right)$

(iii) $\dfrac{dU_{RC,ca}}{dt} = \dfrac{1}{C_{DL,ca}(T_{mod})} \left(I_{mod} - \dfrac{U_{RC,ca}}{R_{CT,ca}(T_{mod}, I_{mod})} \right)$

(iv) $\dfrac{dT_{mod}}{dt} = \dfrac{1}{C_{th}} \left(I_{mod}^2 R_s(T_{mod}) + \dfrac{U_{RC,an}^2}{R_{CT,an}(T_{mod})} + \dfrac{U_{RC,ca}^2}{R_{CT,ca}(T_{mod}, I_{mod})} - \dfrac{T_{mod} - T_{mess}^{umg}}{R_{th}} + I_{mod} \cdot (T_{mod} - T^0) \cdot \dfrac{dU^0(SOC_{mod})}{dT} \right)$

其中,用 U_{RC} 表示 RC 元件上的电压降,用 R_{CT} 表示电荷转移电阻,用 C_{DL} 表示双层电容,用 C_{th} 表示热容,用 R_{th} 表示在电池表面的传热电阻,用 $dU^0(SOC_{mod})/dT$ 表示该开路电压的温度关系,用 T^0 表示相关的参考温度,用 T_{mess}^{umg} 表示测量的电池环境温度,其中,下标"an"和"ca"是指该电池的阳极和阴极,并且其中,该开路电压 U^0 的非对称性由 ΔU_{hys} 描述,阴极电阻的非对称性由电流关联性 $R_{CT,ca}$ 描述,

(b) 优选通过一种或多种数值算术方法从该方程组计算该电池电流 I_{mod},并且

(c) 所述充电量 $Q_{in,mod}$ 和 $Q_{out,mod}$ 通过对从该动态数学电池模型计算的电池电流 I_{mod} 进行积分来计算。

【重难点解析】 (a)、(b)、(c)三句为"dadurch gekennzeichnet"的状语从句,(a)句"wobei mit U_{RC} ein Spannungsabfall über ein RC-Element bezeichnet ist, mit ..."中"mit U_{RC}"做"bezeichnet ist"的介词宾语,后面的句子为此句式的省略句。

19. Vorrichtung zur Durchführung des Verfahrens nach einem der Ansprüche 1 bis 8, mit einer Einheit zur Messung der Batteriespannung U_{mess}, vorzugsweise in äquidistanten zeitlichen Abständen Δt oder zu vorgegebenen Zeitpunkten, und mit einer Einheit zur Berechnung eines Näherungswertes SOC_{mod} für den tatsächlichen Ladezustand SOC der Batterie, welche zur Durchführung des Verfahrens nach einem der Ansprüche 1 bis 8 ausgebildet ist.

【参考译文】 19. 一种用于执行根据权利要求1至8之一所述的方法的装置,其具有用于优选以等距的时间间隔 Δt 或在规定时刻测量该电池电压 U_{mess} 的单元和用于计算用于该电池实际荷电状态SOC的近似值 SOC_{mod} 的单元,该装置设计成执行根据权利要求1至8之一所述的方法。

20. Vorrichtung zur Durchführung des Verfahrens nach einem der Ansprüche 9 bis 18 mit einer Einheit zur Messung der Batteriespannung U_{mess}, vorzugsweise in äquidistanten zeitlichen Abständen Δt, mit einer Einheit zur Messung des Batteriestroms I_{mess} und mit einer Einheit zur Berechnung eines Näherungswertes SOH_{mod} für den tatsächlichen Gesundheitszustand SOH der Batterie, welche zur Durchführung des Verfahrens nach einem der Ansprüche 9 bis 18 ausgebildet ist.

【参考译文】 20. 一种用于执行根据权利要求9至18之一所述的方法的装置,其具有用于优选以等距的时间间隔 Δt 测量该电池电压 U_{mess} 的单元、用于测量该电池电流 I_{mess} 的单元和用于计算用于该电池实际健康状态SOH的近似值 SOH_{mod} 的单元,该装置设计成执行根据权利要求9至18之一所述的方法。

【重难点解析】 在句子"Vorrichtung zur Durchführung ... mit einer Einheit zur Messung ..., mit einer Einheit zur Messung ... und mit einer Einheit zur Berechnung ..."中,三个"mit einer Einheit"做定语修饰"Vorrichtung","zur ..."做定语修饰它前面的名词。

说　明　书

Verfahren und Vorrichtung zur Bestimmung des Ladezustandes und des Gesundheitszustandes einer aufladbaren Batterie

【参考译文】　用于确定充电电池的荷电状态和健康状态的方法和装置

【重难点解析】　"Verfahren und Vorrichtung"是发明名称的核心，zur引导的成分都是其限定语。

Die Erfindung betrifft ein Verfahren zur Bestimmung des Ladezustandes einer aufladbaren Batterie eines vorgegebenen Batterietyps oder eines damit in einem physikalischen Zusammenhang stehenden Parameters, insbesondere einer in der Batterie enthaltenen Restladungsmenge sowie ein Verfahren zur Bestimmung des Gesundheitszustandes einer aufladbaren Batterie eines vorgegebenen Batterietyps oder eines damit in einem physikalischen Zusammenhang stehenden Parameters, insbesondere einer aktuellen Kapazität der Batterie. Weiterhin betrifft die Erfindung eine Vorrichtung zur Durchführung dieser Verfahren.

【参考译文】　本发明涉及一种用于确定预定电池类型的充电电池的荷电状态或与之物理相关的参数、特别是电池所含剩余电量的方法以及一种用于确定预定电池类型的充电电池的健康状态或与之物理相关的参数、特别是电池实际容量的方法。本发明还涉及一种用于执行所述方法的装置。

Der Ladezustand (State of Charge, SOC) einer aufladbaren Batterie ist definiert als

$$SOC = \frac{Q}{C}.$$

【参考译文】　充电电池的荷电状态(SOC)被定义为：

$$SOC = \frac{Q}{C}。$$

Der Gesundheitszustand (State Of Health, SOH) einer aufladbaren Batterie ist definiert als

$$SOH = \frac{C}{C_N}.$$

【参考译文】　充电电池的健康状态(SOH)被定义为：

$$SOH = \frac{C}{C_N}。$$

In diesen Gleichungen ist mit Q die restliche Ladungsmenge in der Batterie, mit C die Kapazität, d.h. die aus einer voll geladenen Batterie entnehmbare Ladungsmenge, und mit C_N die Nennkapazität, d.h. die Kapazität einer neuen Batterie, bezeichnet. SOC und SOH sind dabei als dimensionslose Größen zwischen 0 und 1 definiert. In der Praxis werden SOC und SOH häufig als Prozentwert angegeben.

【参考译文】 在这些方程式中,用 Q 表示电池剩余电量,用 C 表示容量、即可从充满电的电池中取用的电量,用 C_N 表示标称容量、即新电池的容量。SOC 和 SOH 在此被定义为在 0 到 1 之间的无量纲值。在实践中,通常以百分比形式给出 SOC 和 SOH。

Die SOC-Bestimmung wird heute in vielen Batteriesystemen von einem sogenannten Batteriemanagementsystem（BMS）durchgeführt，welches diese Information dem Benutzer zur Verfügung gestellt，beispielsweise mittels eines Displays. Zur näherungsweisen Bestimmung des SOC sind eine Vielzahl verschiedener Verfahren bekannt，darunter unter anderem modellbasierte Verfahren. Diese arbeiten ausschließlich auf der Basis stromgeführter Batteriemodelle，so dass als Eingangssignal Messwerte für den Batteriestrom notwendig sind. Strommessungen sind jedoch nicht mit der gewünschten Genauigkeit möglich，so dass die Genauigkeit der bekannten Verfahren zur Bestimmung des SOC oftmals nicht gut genug ist.

【参考译文】 当今,在许多电池系统中,SOC 确定由所谓的电池管理系统（BMS）执行,该电池管理系统例如借助显示器给使用者提供该信息。已知许多不同方法被用于近似确定 SOC,其中尤其包括基于模型的方法。它们仅基于电流控制的电池模型来工作,故作为输入信号需要电池电流的测量值。但电流测量无法以期望精度实现,故用于确定 SOC 的已知方法的精度通常不够好。

Verfahren zur Bestimmung des SOH beruhen oftmals auf der Messung des Batteriestroms während eines Zyklus zwischen einem vollständig entladenen und einem vollständig geladenen Zustand der Batterie. Dies ist jedoch während des normalen Einsatzes der Batterie nicht möglich.

【参考译文】 用于确定 SOH 的方法通常基于在电池的全放电和充满电状态之间的循环期间内的电池电流的测量。但这在电池正常使用期间做不到。

【重难点解析】 "zur Bestimmung des SOH"是介词词组做定语修饰"Verfahren"。"während eines Zyklus zwischen einem vollständig entladenen und einem vollständig geladenen Zustand der Batterie"做定语修饰"Batteriestrom",在此定语中介词词组"zwischen einem vollständig entladenen und einem vollständig geladenen Zustand der Batterie"做定语修饰"Zyklus"。

Ausgehend von diesem Stand der Technik liegt der Erfindung die Aufgabe zugrunde，ein Verfahren zur näherungsweisen Bestimmung des Ladezustands einer aufladbaren Batterie eines vorgegebenen Batterietyps oder eines damit in einem physikalischen Zusammenhang stehenden Parameters，insbesondere einer in der Batterie enthaltenen Restladungsmenge zu schaffen，welches eine verbesserte Genauigkeit aufweist und zudem einfach in einem Batteriemanagementsystem implementierbar ist. Weiterhin liegt der Erfindung die Aufgabe zugrunde，ein Verfahren zur Bestimmung des Gesundheitszustandes einer aufladbaren Batterie eines vorgegebenen Batterietyps oder eines damit in einem physikalischen Zusammenhang stehenden Parameters, insbesondere einer aktuellen Kapazität der Batterie, zu schaffen，welches die Bestimmung eines Näherungswertes für den Gesundheitszustand der Batterie während des normalen Einsatzes der Batterie ermöglicht. Schließlich liegt der Erfindung die Aufgabe zugrunde，eine Vorrichtung zu schaffen，welche die

Durchführung eines oder beider der vorgenannten Verfahren ermöglicht.

【参考译文】 从该现有技术出发，本发明的任务是提供一种用于近似确定预定电池类型的充电电池的荷电状态或与之物理相关的参数、特别是电池所含剩余电量的方法，其具有更高的精度且还易于在电池管理系统中实现。本发明的任务还是提供一种用于确定预定电池类型的充电电池的健康状态或与之物理相关的参数、特别是实际电池容量的方法，其允许用于在电池正常使用期间确定电池健康状态的近似值。最后，本发明的任务是提供一种装置，其允许执行上述方法之一或两者。

【重难点解析】 "Stand der Technik"在专利文本中指"现有技术"，为固定译法。"（Weiterhin）liegt der Erfindung die Aufgabe zugrunde ..."可翻译为"本发明的任务（还）是……"。

Die Erfindung geht von der Erkenntnis aus, dass die Verwendung eines spannungsgeführten dynamischen mathematischen Batteriemodells, welches durch ein implizites Gleichungssystem beschrieben wird, die einfache Bestimmung eines Näherungswertes für den SOC ermöglicht. Hierzu muss lediglich die Batteriespannung (über eine bestimmte Zeitspanne) gemessen werden. Abhängig von dem konkret gewählten Batteriemodell können darüber hinaus die Temperatur der Batterie bzw. die Umgebungstemperatur als Eingangsgrößen für das Batteriemodell verwendet werden. Auch kann das Modell bestimmte Zeitabhängigkeiten, beispielsweise ein Hystereseverhalten der Batterie oder eine Zeitabhängigkeit von Doppelschichten, beinhalten.

【参考译文】 本发明基于如下认识，即，使用由隐式方程组所描述的电压控制的动态数学电池模型允许简单地确定SOC的近似值。为此只需测量电池电压（在一段时间内）。此外，根据具体所选的电池模型，可以将电池温度或环境温度用作电池模型的输入参数。该模型也可以包含某些时间关系，例如电池滞后特性或双电层的时间关联性。

Gleichzeitig liefert das spannungsgeführte Batteriemodell den (Modell-) Batteriestrom als Ausgangsgröße. Dieser wird erfindungsgemäß zur Bestimmung des SOH der Batterie verwendet.

【参考译文】 同时，电压控制的电池模型提供（模型）电池电流作为输出参数。它根据本发明将被用于确定电池的SOH。

Das Verfahren nach der Erfindung nutzt ein dynamisches mathematisches Batteriemodell für die Batterie oder den vorgegebenen Batterietyp (d. h. eine Vielzahl gleichartiger Batterien), welches einen Ladezustand der Batterie SOC_{mod} oder einen damit in einem physikalischen Zusammenhang stehenden Parameter, insbesondere die in der Batterie enthaltene Restladungsmenge Q, mit einem Batteriestrom I_{mod} verknüpft und welches eine zwischen zwei Anschlüssen (Polen) der Batterie gemessene Spannung U_{mess} in Abhängigkeit von einer Summe aus einer Leerlaufspannung U^0 der Batterie und einer Überspannung η definiert, wobei die Leerlaufspannung U^0 zumindest von der restlichen Ladungsmenge Q oder dem damit in einem physikalischen Zusammenhang stehenden Parameter und die Überspannung η zumindest von dem Batteriestrom I_{mod} abhängt.

【参考译文】 根据本发明的方法使用用于电池或预定电池类型（即大量同类电池）的动态数学电池模型，其将电池的荷电状态SOC_{mod}或与之物理相关的参数、特别是电池所含剩余电量Q与电池电流I_{mod}关联并且其定义与电池开路电压 U^0 与过电压 η 之和相关的在电池的两个端子（极）之间测量的电压 U_{mess}，其中，该开路电压 U^0 至少与剩余电量 Q 或与之物理相关的参数相关，而过电压 η 至少与电池电流 I_{mod} 相关。

Dieses dynamische mathematische Batteriemodell kann dann für die spezielle Batterie oder einen speziellen Batterietyp parametriert werden, d. h. die Parameter für das Batteriemodell werden so gewählt, dass das parametrierte Modell die spezielle Batterie oder den speziellen Batterietyp mit ausreichender Genauigkeit beschreibt.

【参考译文】 然后，可以针对特定电池或特定电池类型将动态数学电池模型设置参数，即，如此选择用于电池模型的参数：经过参数设置的模型以足够高的精度描述特定电池或特定电池类型。

【重难点解析】 "das parametrierte Modell"是第二分词作定语修饰名词，一般具有被动和完成的含义，故翻译为"经过参数设置的模型"，"parametrisieren"通常翻译为"设置参数"而不是"参数化"。

Damit ermöglicht das erfindungsgemäße Verfahren die Bestimmung eines Näherungswertes SOC_{mod} für den tatsächlichen Ladezustand SOC der Batterie oder den damit in einem physikalischen Zusammenhang stehenden Parameter durch Messen der Batteriespannung U_{mess} und Berechnen des Näherungswertes SOC_{mod} unter Verwendung des parametrierten dynamischen mathematischen Batteriemodells.

【参考译文】 因此，根据本发明的方法允许通过测量电池电压 U_{mess} 并使用经过参数设置的动态数学电池模型计算近似值 SOC_{mod} 来确定用于电池的实际荷电状态 SOC 或与之物理相关的参数的近似值 SOC_{mod}。

Eine Vorrichtung zur Durchführung dieses Verfahrens muss somit lediglich dazu ausgebildet sein, die Batteriespannung U_{mess} zu messen, beispielsweise mittels einer Einheit zur Messung der Batteriespannung U_{mess}, und aus der gemessenen Batteriespannung U_{mess} den Näherungswert SOC_{mod} für den SOC der Batterie zu berechnen. Hierzu kann die Vorrichtung eine Recheneinheit zur Berechnung des SOC umfassen. Das parametrierte Batteriemodell kann hierzu ebenfalls in der Rechnungseinheit gespeichert sein oder dieser von einer übergeordneten Einheit zugeführt werden.

【参考译文】 因此，一种用于执行该方法的装置只需设计用于测量电池电压 U_{mess}，例如借助用于测量电池电压 U_{mess} 的单元，并从所测的电池电压 U_{mess} 计算电池 SOC 的近似值 SOC_{mod}。为此，该装置可包括用于计算 SOC 的计算单元。为此，经过参数设置的电池模型也可被存储在计算单元中或可由上级单元提供给它。

【重难点解析】 "dieser von einer übergeordneten Einheit zugeführt werden."此句为被动句，"von einer übergeordneten Einheit"表示动作的执行者，相当于主动句中的主语，因此"von"翻译为"由"。

Das Batteriemodell ermöglicht darüber hinaus auch eine Berechnung des（Modell-）Batteriestroms I_{mod}. Dieser kann erfindungsgemäß in einem weiteren Schritt auch zur Bestimmung eines Näherungswertes SOH_{mod} für den tatsächlichen SOH der Batterie verwendet werden（siehe unten）. Dabei ist es nicht zwingend erforderlich, dass bei der Verwendung des erfindungsgemäßen

Verfahrens zur Bestimmung eines Näherungswertes für den SOH einer Batterie auch der SOC der Batterie bestimmt wird. Denn selbstverständlich ermöglicht die Verwendung eines spannungsgeführten dynamischen mathematischen Batteriemodells, dass nur der (Modell-) Batteriestrom I_{mod} berechnet wird, ohne dass zuvor oder gleichzeitig der SOC der Batterie ausgegeben oder verwendet werden müsste.

【参考译文】 电池模型还允许计算（模型）电池电流 I_{mod}。根据本发明，这在进一步的步骤中也可被用于确定用于电池的实际 SOH 的近似值 SOH_{mod}（见下）。在此，不一定需要在使用根据本发明的用于确定用于电池的 SOH 的近似值的方法时也确定电池的 SOC。因为，使用电压控制的动态数学电池模型显然允许仅计算（模型）电池电流 I_{mod}，而无需在先或同时输出或使用该电池的 SOC。

In seiner vollen Ausgestaltung schafft das erfindungsgemäße Verfahren jedoch einen Algorithmus (eine mathematische Vorschrift), der es ermöglicht, aus Messwerten für die Batteriespannung U_{mess} und die Stromstärke I_{mess} der Batterie — und optional aus Messwerten für die Temperatur T_{mess} der Batterie bzw. der Umgebungstemperatur — den Ladezustand SOC und den Gesundheitszustand SOH zu bestimmen. Dieses voll ausgestaltete Verfahren ist in Fig. 1 schematisch dargestellt. Es besteht aus einem Gesamt-Algorithmus 100, der zwei Bestandteile umfasst, nämlich einen ersten Bestandteil 102 mit einem Batteriemodell und einem Algorithmus zur SOC-Bestimmung und einen zweiten Bestandteil 104 mit einem SOH-Algorithmus zur SOH-Bestimmung. Dem ersten Bestandteil 102 ist als zwingend notwendige Eingangsgröße die gemessene Batteriespannung U_{mess} zugeführt und optional die gemessene Temperatur T_{mess} der Batterie. Statt der gemessenen Temperatur T_{mess} kann dem Batteriemodell auch die Umgebungstemperatur T^{umg} zugeführt werden, wenn das Batteriemodell ein thermisches Teilmodell umfasst. Der erste Algorithmus-Bestandteil 102 mit dem dynamischen mathematischen Batteriemodell liefert als Ausgangsgröße in der vollen Ausgestaltung des erfindungsgemäßen Verfahrens einen Wert SOC_{mod}, der als Näherungswert für den tatsächlichen SOC der Batterie 106 verwendet wird. Der zweite Algorithmus-Bestandteil 104 erhält als Eingangsgrößen zum einen den mittels des Batteriemodells berechneten Wert für den Modell-Batteriestrom I_{mod} und zum anderen den gemessenen Batteriestrom I_{mess}. Als Ausgangsgröße liefert der zweite Algorithmus-Bestandteil einen Wert SOH_{mod}, der als Näherungswert für den tatsächlichen SOH der Batterie 106 verwendet wird.

【参考译文】 但在其完整设计方案中，本发明的方法提供一种算法（数学规则），其允许从用于电池的电池电压 U_{mess} 和电流强度 I_{mess} 的测量值和可选地从用于电池温度 T_{mess} 或环境温度的测量值确定荷电状态 SOC 和健康状态 SOH。这个完整设计的方法在图 1 中被示出。它由包括两个组成部分的整体算法 100 组成，所述组成部分即为具有电池模型和用于 SOC 确定的算法的第一组成部分 102 和具有用于 SOH 确定的 SOH 算法的第二组成部分 104。测量的电池电压 U_{mess} 作为所需的必要输入参数被输入至第一组成部分 102，可选地还提供测量的电池温度 T_{mess}。如果电池模型包括热子模型，则也可给电池模型提供环境温度 T^{umg} 而不是测量温度 T_{mess}。在本发明方法的完整设计方案中，具有动态数学电池模型的第一算法组成部分 102 提供作为输出参数的值 SOC_{mod}，其被用作用于电池 106 的实际 SOC 的近似值。就输入参数而言，第二算法组成部分 104 一方面获得借助电池模型所计算的用于模型电池电流 I_{mod} 的值,另一方面获得测量的电池电流 I_{mess}。作为输出参数,第二算法组成部分提供值 SOH_{mod},其被用作用于电池 106 的实际 SOH 的近似值。

【重难点解析】 在句子"Es besteht aus einem Gesamt-Algorithmus 100, der zwei Bestandteile umfasst, nämlich …"中,"nämlich"后面的内容指的是"der zwei Bestandteile",为明确这一点,所以将此句译为"它由包括两个组成部分的整体算法 100 组成,所述组成部分即为……"。

Nach einer Ausgestaltung der Erfindung kann das dynamische mathematische Batteriemodell aus einem impliziten Gleichungssystem bestehen oder hieraus entwickelt sein, welches folgende Gleichungen umfasst:

$$\frac{\mathrm{dSOC}_{mod}}{\mathrm{d}t} = -\frac{I_{mod}}{C_N}$$

$$U_{mess} = U^0(SOC_{mod}, T_{mess}, t) + \eta(I_{mod}, SOC_{mod}, T_{mess}, t)$$

wobei mit C_N eine vorgegebenen Nennkapazität der Batterie, mit T_{mess} eine gemessene Temperatur der Batterie und mit t die Zeit bezeichnet ist, wobei die Leerlaufspannung U^0 zwingend eine Abhängigkeit vom Ladezustand SOC_{mod} zeigt, während die Abhängigkeit von der gemessenen Temperatur T_{mess} und der Zeit t optional ist, und wobei die Überspannung η zwingend eine Abhängigkeit vom Batteriestrom I_{mod} zeigt, während die Abhängigkeit vom Ladezustand SOC_{mod}, der gemessenen Temperatur T_{mess} und der Zeit t optional ist.

【参考译文】 根据本发明的一个设计方案,动态数学电池模型可以由隐式方程组组成或从它衍化而来,其包括以下方程:

$$\frac{\mathrm{dSOC}_{mod}}{\mathrm{d}t} = -\frac{I_{mod}}{C_N}$$

$$U_{mess} = U^0(SOC_{mod}, T_{mess}, t) + \eta(I_{mod}, SOC_{mod}, T_{mess}, t)$$

其中,用 C_N 表示电池的预定标称容量,用 T_{mess} 表示电池的测量温度,用 t 表示时间,其中,该开路电压 U^0 表示与荷电状态 SOC_{mod} 的必然关系,而与测量温度 T_{mess} 和时间 t 的关系是可选的,且其中,过电压 η 表明与电池电流 I_{mod} 的必然关系,而与荷电状态 SOC_{mod}、测量温度 T_{mess} 和时间 t 的关系是可选的。

Diese beiden noch sehr allgemein formulierten Beziehungen beschreiben implizit das zeitliche Verhalten der beiden gesuchten Unbekannten SOC_{mod} und I_{mod}. Während die erste Gleichung lediglich beschreibt, dass die Änderung der in der Batterie enthaltenen Restladung dem Batteriestrom entspricht und für alle weiteren, speziellen Ausgestaltungen bzw. Formulierungen des mathematischen Batteriemodells in dieser Weise übernommen werden kann, kann die zweite Gleichung auf ein speziell gewähltes Batteriemodell angepasst werden und erforderlichenfalls durch ein komplexes Gleichungssystem ersetzt werden, welches das gewählte Batteriemodell mathematisch-physikalisch beschreibt.

【参考译文】 这两个仍很普遍阐述的关系隐含描述了两个所求的未知数 SOC_{mod} 和 I_{mod} 的时间特性。第一方程仅描述电池所含剩余电量的变化对应于电池电流并能以这种方式被套用于数学电池模型的所有其它特殊设计或公式,而第二方程可以适应于具体所选的电池模型并且根据需要可被一个在数学和物理方面描述所选的电池模型的复杂的方程组代替。

【重难点解析】 "Während"引导对比从句,表示主从句的行为相反,意为"而……"。"Während die erste Gleichung lediglich beschreibt, dass ..."为从句,此从句中的dass从句为"beschreibt"的宾语;"kann die zweite Gleichung auf ein speziell gewähltes Batteriemodell angepasst werden ..."为主句,主句中"welches"引导的关系从句限定"Gleichungssystem"。

Beispielsweise kann nach einer Ausgestaltung der Erfindung die Leerlaufspannung U^0 als ausschließlich vom Ladezustand SOC_{mod} abhängig und ein konstanter Innenwiderstand R_i der Batterie vorausgesetzt werden. Weiterhin kann angenommen werden, dass das Batteriemodell temperaturunabhängig ist. In diesem Fall können die vorstehenden, allgemeinen Gleichungen für das Batteriemodell durch die folgenden Gleichungen ersetzt werden:

$$\frac{dSOC_{mod}}{dt} = -\frac{I_{mod}}{C_N}$$

$$U_{mess} = U^0(SOC_{mod}) - R_i \cdot I_{mod},$$

wobei die Abhängigkeit der Leerlaufspannung U^0 vom Ladezustand SOC_{mod} insbesondere durch Messung, insbesondere als gemessene diskrete Werte oder als analytische Funktion, ermittelt wird. In diesem Fall ergibt sich ein sehr einfach zu lösendes Gleichungssystem, das mit geringem Aufwand in ein Batteriemanagementsystem implementiert werden kann.

【参考译文】 例如根据本发明的一个设计,开路电压 U^0 可以仅取决于荷电状态 SOC_{mod},且可以假定电池的恒定内电阻为 R_i。还可以假设电池模型与温度无关。在这种情况下,以上通用的电池模型方程可由以下方程代替:

$$\frac{dSOC_{mod}}{dt} = -\frac{I_{mod}}{C_N}$$

$$U_{mess} = U^0(SOC_{mod}) - R_i \cdot I_{mod},$$

其中,开路电压 U^0 与荷电状态 SOC_{mod} 的关系尤其通过测量、特别是作为测量的离散值或分析函数来确定。在这种情况下存在很易求解的方程组,其可以不太费事地在电池管理系统中实现。

Im Fall dieses Batteriemodells können die beiden vorstehenden Gleichungen durch analytische Inversion gelöst werden, wobei der Ladezustand SOC_{mod} aus den Gleichungen

$$\frac{dSOC_{mod}}{dt} = -\frac{1}{R_i \cdot C_N} \cdot (U^0(SOC_{mod}) - U_{mess})$$

$$I_{mod} = \frac{1}{R_i}(U^0(SOC_{mod}) - U_{mess})$$

berechnet werden kann. Die Abhängigkeit $U^0(SOC_{mod})$ kann dabei entweder tabellarisch, d. h. in Form von Messwerten, oder in Form einer analytischen Funktion angegeben werden. Bereits an dieser Stelle sei bemerkt, dass selbstverständlich aus diesen Gleichungen auch der Modellstrom I_{mod}

berechnet werden kann, wenn zusätzlich zum SOC auch der SOH ermittelt werden soll. Abhängig von dem gewählten Verfahren zur Lösung der beiden vorgenannten Gleichungen kann zur Berechnung des SOC auch nur die erstgenannte Gleichung genügen. Soll zusätzlich auch der modellierte Batteriestrom I_{mod} berechnet werden, so muss in jedem Fall auch die zweitgenannte Gleichung herangezogen werden.

【参考译文】 在这种电池模型情况下,上述两个方程可通过重难点解析反演来求解,其中,荷电状态 SOC_{mod} 能够从以下方程算出:

$$\frac{dSOC_{mod}}{dt} = -\frac{1}{R_i \cdot C_N} \cdot (U^0(SOC_{mod}) - U_{mess})$$

$$I_{mod} = \frac{1}{R_i}(U^0(SOC_{mod}) - U_{mess})$$

关联性 $U^0(SOC_{mod})$ 在此能以表格形式(即以测量值形式)或以分析函数形式来给出。已要在此注意到,当除了 SOC 之外还要确定 SOH 时,显然也可以从该方程中计算模型电流 I_{mod}。依据用于求解上述两个方程所选择的方法,仅前一所述方程就可能足以计算 SOC。如果还要计算模型化的电池电流 I_{mod},则在任何情况下也应该考虑后一所述的方程。

【重难点解析】 "d.h. in Form von Messwerten" 此类插入成分在翻译时可用括号括起来,表示解释说明或补充。

In der Praxis wird man die vorgenannten Gleichungspaare zur Berechnung des SOC_{mod} mittels numerischer Verfahren lösen, da auch die dem Algorithmus zur Bestimmung des SOH_{mod} zugeführten Eingangsgrößen in Form von diskreten Messwerten erfasst werden, vorzugsweise in einem äquidistanten zeitlichen Abstand Δt (Abtastintervall). Insbesondere die Spannung U_{mess} wird dabei in Form von diskreten Spannungsmesswerten U_{mess}^i in einem vorgegebenen zeitlichen Abstand Δt erfasst. Der vorgegebene zeitliche Abstand kann auch variieren. Die Messwerte können auch zu vorgegebenen Zeitpunkten erfasst werden.

【参考译文】 实际上,人们将借助数值方法求解上述用于计算 SOC_{mod} 的方程对,因为提供给用于确定 SOH_{mod} 的算法的输入参数也以离散测量值方式被检测,优选以等距时间间隔 Δt(采样间隔)。特别是,电压 U_{mess} 在此按预定的时间间隔 Δt 以离散测量电压值 U_{mess}^i 形式被测量。预定的时间间隔也可变化。该测量值也可在预定时刻被测知。

Zur numerischen Lösung der vorstehenden Gleichungen für das angenommene, sehr einfache Batteriemodell kann die explizite Vorwärts-Euler-Methode zur Diskretisierung verwendet werden. Diese Diskretisierungsmethode führt zu den Beziehungen

$$SOC_{mod}^{i+1} = SOC_{mod}^i - \frac{\Delta t}{R_i \cdot C_N} \cdot (U^0(SOC_{mod}^i) - U_{mess}^i)$$

$$I_{mod}^i = \frac{1}{R_i}(U^0(SOC_{mod}^i) - U_{mess}^i)$$

wobei die jeweiligen Größen mit einem Index i versehen sind, welcher einen Zeitschritt um Δt

bezeichnet. Selbstverständlich muss ein geeigneter Startwert für $SOC_{mod}^{i=0}$ gewählt werden.

【参考译文】 为了数值求解用于所假定的很简单的电池模型的前述方程,可以采用显式正向欧拉离散化方法。这种离散化方法导致如下关系:

$$SOC_{mod}^{i+1} = SOC_{mod}^{i} - \frac{\Delta t}{R_i \cdot C_N} \cdot (U^0(SOC_{mod}^{i}) - U_{mess}^{i})$$

$$I_{mod}^{i} = \frac{1}{R_i}(U^0(SOC_{mod}^{i}) - U_{mess}^{i})$$

其中,各自参数都有一个下标 i,其表示时间步长 Δt。当然应该选择适用于 $SOC_{mod}^{i=0}$ 的初始值。

【重难点解析】 在句子"Diese Diskretisierungsmethode führt zu den Beziehungen"中,"den Beziehungen"指的是后面的两个公式,为明确这一点,将其译为"这种离散化方法导致如下关系:"。

Anstelle der expliziten Vorwärts-Euler-Methode können auch andere explizite oder auch implizite Methoden zur Diskretisierung der vorstehenden Gleichungen verwendet werden. Bei der impliziten Rückwärts-Euler-Methode ist jedoch keine geschlossene Lösung mehr möglich. In diesem Fall müssen weitere numerische Verfahren, wie z. B. das Newton-Verfahren, eingesetzt werden.

【参考译文】 代替显式正向欧拉法,也可以使用其它的显式或隐式方法来离散化上述方程。但在隐式后向欧拉方法的情况下不再可以实现完整解决方案。在这种情况下应该使用其它数值方法,如牛顿法。

Ein Spezialfall ergibt sich jedoch, wenn nach einer Ausgestaltung der Erfindung ein linearer Zusammenhang zwischen der Leerlaufspannung und dem SOC der Batterie angenommen wird. Damit vereinfachen sich die Gleichungen für das oben angegebene einfache Batteriemodell weiter zu

$$\frac{dSOC_{mod}}{dt} = -\frac{1}{R_i \cdot C_N}((U_L - U_E) \cdot SOC_{mod} + U_E - U_{mess}) \text{ und}$$

$$I_{mod} = \frac{1}{R_i}((U_L - U_E) \cdot SOC_{mod} + U_E - U_{mess})$$

wobei mit U_L eine Ladeschlussspannung und mit U_E eine Entladeschlussspannung bezeichnet ist.

【参考译文】 然而根据本发明的一个设计,当假设开路电压和电池的 SOC 之间存在线性关系时会出现一种特殊情况。因此,用于上述简单电池模型的方程进一步简化为:

$$\frac{dSOC_{mod}}{dt} = -\frac{1}{R_i \cdot C_N}((U_L - U_E) \cdot SOC_{mod} + U_E - U_{mess}) \text{ 和}$$

$$I_{mod} = \frac{1}{R_i}((U_L - U_E) \cdot SOC_{mod} + U_E - U_{mess})$$

其中,用 U_L 表示充电结束电压,用 U_E 表示放电结束电压。

Aus diesen Gleichungen kann der Näherungswert für den Ladezustand SOC, also der Wert SOC_{mod}, unter Verwendung eines mathematischen Diskretisierungsverfahrens und ggf. weiterer numerischer Verfahren berechnet werden. Setzt man die implizite Rückwärts-Euler-Methode ein, so führt dies zu den Gleichungen

$$I_{\text{mod}}^{i+1} = \frac{1}{\frac{(U_L - U_E)}{C_N}\Delta t + R_i}((U_L - U_E) \cdot \text{SOC}_{\text{mod}}^i + U_E - U_{\text{mess}}^{i+1}) \quad \text{und}$$

$$\text{SOC}_{\text{mod}}^{i+1} = \text{SOC}_{\text{mod}}^i - \frac{I_{\text{mod}}^{i+1}}{C_N}\Delta t,$$

aus welchen SOC$_{\text{mod}}$ ebenfalls auf einfache Weise berechnet werden kann. Wie bereits erwähnt, müsste zur Bestimmung von SOH$_{\text{mod}}$ nicht zwingend auch ein Wert für den Batteriestrom I_{mod} berechnet werden, jedoch ergibt sich dieser in diesem speziellen Fall infolge der Kopplung der beiden Gleichungen ohnehin von selbst.

【参考译文】 从所述方程中可以使用数学离散化方法和可能的其它数值方法计算用于荷电状态SOC的近似值，即值SOC$_{\text{mod}}$。如果使用隐式后向欧拉法，则可导出如下方程：

$$I_{\text{mod}}^{i+1} = \frac{1}{\frac{(U_L - U_E)}{C_N}\Delta t + R_i}((U_L - U_E) \cdot \text{SOC}_{\text{mod}}^i + U_E - U_{\text{mess}}^{i+1}) \quad \text{和}$$

$$\text{SOC}_{\text{mod}}^{i+1} = \text{SOC}_{\text{mod}}^i - \frac{I_{\text{mod}}^{i+1}}{C_N}\Delta t,$$

自此也可以很容易地计算出SOC$_{\text{mod}}$。如前所述，不一定也计算用于电池电流I_{mod}的值以确定SOH$_{\text{mod}}$，但在这种特殊情况下因为两个方程的结合而本来就会自动存在该值。

【重难点解析】 "jedoch ergibt sich dieser in diesem speziellen Fall"中的指示代词"dieser"在此句中做主语，为第一格，代替前文的阳性名词"Wert"。

Nach einer weiteren Ausführungsform der Erfindung kann das Verfahren zur Bestimmung des SOC bzw. SOH der Batterie auch mittels eines relativ komplexen Äquivalenzschaltkreismodells für die Batterie gemäß Fig. 3 durchgeführt werden. Dieses Batteriemodell kann durch die folgenden Gleichungen beschrieben werden：

$$\frac{d\text{SOC}_{\text{mod}}}{dt} = -\frac{I_{\text{mod}}}{C_N}$$

$$U_{\text{mess}} = U^0(\text{SOC}_{\text{mess}}, T_{\text{mod}}) + \Delta U_{\text{hys}}(I_{\text{mod}}) - U_{\text{RC,an}} - U_{\text{RC,ca}} - I_{\text{mod}} \cdot R_s(T_{\text{mod}})$$

$$\frac{dU_{\text{RC,an}}}{dt} = \frac{1}{C_{\text{DL,an}}(T_{\text{mod}})}\left(I_{\text{mod}} - \frac{U_{\text{RC,an}}}{R_{\text{CT,an}}(T_{\text{mod}})}\right)$$

$$\frac{dU_{\text{RC,ca}}}{dt} = \frac{1}{C_{\text{DL,ca}}(T_{\text{mod}})}\left(I_{\text{mod}} - \frac{U_{\text{RC,ca}}}{R_{\text{CT,ca}}(T_{\text{mod}}, I_{\text{mod}})}\right)$$

$$\frac{dT_{\text{mod}}}{dt} = \frac{1}{C_{\text{th}}}\left(I_{\text{mod}}^2 R_s(T_{\text{mod}}) + \frac{U_{\text{RC,an}}^2}{R_{\text{CT,an}}(T_{\text{mod}})} + \frac{U_{\text{RC,ca}}^2}{R_{\text{CT,ca}}(T_{\text{mod}}, I_{\text{mod}})} - \frac{T_{\text{mod}} - T_{\text{mess}}^{\text{umg}}}{R_{\text{th}}} + I_{\text{mod}} \cdot (T_{\text{mod}} - T^0) \cdot \frac{dU^0(\text{SOC}_{\text{mod}})}{dT}\right)$$

wobei mit U_{RC} ein Spannungsabfall über ein RC-Element bezeichnet ist, mit R_{CT} ein Ladungstransferwiderstand, mit C_{DL} eine Doppelschichtkapazität, mit C_{th} eine Wärmekapazität, mit

R_{th} ein Wärmeübergangswiderstand an der Batterieoberfläche, mit $dU^0(SOC_{mod})/dT$ eine Temperaturabhängigkeit der Leerlaufspannung, mit T^0 eine zugehörige Referenztemperatur und mit T_{mess}^{Um} eine gemessene Umgebungstemperatur der Batterie, wobei die Indizes „an" und „ca" auf eine Anode und eine Kathode der Batterie verweisen und wobei eine Asymmetrie der Leerlaufspannung U^0 durch ΔU_{hys} beschrieben wird und eine Asymmetrie des Kathodenwiderstands durch eine Stromabhängigkeit von $R_{CT,ca}$. Aus diesem Gleichungssystem kann der Wert für SOC_{mod}, also ein Näherungswert für den tatsächlichen Ladezustand SOC, berechnet werden, vorzugsweise mittels eines oder mehrerer numerischer mathematischer Verfahren.

【参考译文】 根据本发明的另一个实施方式，也可以借助相对复杂的用于根据图3的电池的等效电路模型来执行用于确定电池的 SOC 或 SOH 的方法。该电池模型可以通过以下公式来表述：

$$\frac{dSOC_{mod}}{dt} = -\frac{I_{mod}}{C_N}$$

$$U_{mess} = U^0(SOC_{mess}, T_{mod}) + \Delta U_{hys}(I_{mod}) - U_{RC,an} - U_{RC,ca} - I_{mod} \cdot R_s(T_{mod})$$

$$\frac{dU_{RC,an}}{dt} = \frac{1}{C_{DL,an}(T_{mod})}\left(I_{mod} - \frac{U_{RC,an}}{R_{CT,an}(T_{mod})}\right)$$

$$\frac{dU_{RC,ca}}{dt} = \frac{1}{C_{DL,ca}(T_{mod})}\left(I_{mod} - \frac{U_{RC,ca}}{R_{CT,ca}(T_{mod}, I_{mod})}\right)$$

$$\frac{dT_{mod}}{dt} = \frac{1}{C_{th}}\left(I_{mod}^2 R_s(T_{mod}) + \frac{U_{RC,an}^2}{R_{CT,an}(T_{mod})} + \frac{U_{RC,ca}^2}{R_{CT,ca}(T_{mod}, I_{mod})} - \frac{T_{mod} - T_{mess}^{umg}}{R_{th}} + I_{mod} \cdot (T_{mod} - T^0) \cdot \frac{dU^0(SOC_{mod})}{dT}\right)$$

其中，用 U_{RC} 表示 RC 元件上的电压降，用 R_{CT} 表示电荷转移电阻，用 C_{DL} 表示双层容量，用 C_{th} 表示热容，用 R_{th} 表示在电池表面处的传热电阻，用 $dU^0(SOC_{mod})/dT$ 表示开路电压的温度关联性，用 T^0 表示相关的参考温度，用 T_{mess}^{umg} 表示测量的电池环境温度，其中，下标"an"和"ca"是指电池的阳极和阴极，并且在这里，开路电压 U^0 的非对称性通过 ΔU_{hys} 描述，阴极电阻的非对称性通过电流关联性 $R_{CT,ca}$ 描述。从该方程组可以计算用于 SOC_{mod} 的值、即用于实际充电状态 SOC 的近似值，最好借助一种或多种数值算术法。

Das Verfahren nach der Erfindung zur Bestimmung des Gesundheitszustandes einer aufladbaren Batterie eines vorgegebenen Batterietyps oder eines damit in einem physikalischen Zusammenhang stehenden Parameters, insbesondere einer aktuellen Kapazität C der Batterie, umfasst folgende Schritte:

- Bestimmung einer von der Batterie während eines ersten Beobachtungszeitraums aufgenommenen Ladungsmenge $Q_{in,mess}$ und einer von der Batterie während einer zweiten Beobachtungszeitraums abgegebenen Ladungsmenge $Q_{out,mess}$ durch Messung und Integration eines von der Batterie abgegebenen oder aufgenommenen Batteriestroms I_{mess}, wobei der zweite Beobachtungszeitraum vorzugsweise identisch oder zumindest überlappend mit dem ersten Beobachtungszeitraum gewählt ist;

- Berechnung einer von der Batterie während des ersten Beobachtungszeitraums aufgenommenen Ladungsmenge $Q_{in,mod}$ und einer von der Batterie während des zweiten Beobachtungszeitraums abgegebenen Ladungsmenge $Q_{out,mod}$ unter Verwendung eines spannungsgeführten, für die Batterie oder den vorgegebenen Batterietyp parametrierten dynamischen mathematischen Batteriemodells, insbesondere eines dynamischen mathematischen Batteriemodells,
- Bestimmung eines Näherungswertes SOH_{mod} für den tatsächlichen Gesundheitszustand SOH durch Berechnen eines Lade-Gesundheitszustandes SOH_{in} als Quotient aus der Ladungsmenge $Q_{in,mess}$ und der Ladungsmenge $Q_{in,mod}$ und/oder eines Entlade-Gesundheitszustandes SOH_{out} als Quotient aus der Ladungsmenge $Q_{out,mess}$ und der Ladungsmenge $Q_{out,mod}$ und Verwenden des Lade-Gesundheitszustandes SOH_{in} oder des Entlade-Gesundheitszustandes SOH_{out} oder eines hieraus berechneten Mittelwertes als Näherungswert SOH_{mod} für den tatsächlichen Gesundheitszustand SOH.

【参考译文】 根据本发明的用于确定预定电池类型的充电电池的健康状态或与之物理相关的参数、尤其是电池的实际容量 C 的方法包括以下步骤：
- 通过对由电池输出或接纳的电池电流 I_{mess} 进行测量和积分来确定由电池在第一观察时段所接纳的电荷量 $Q_{in,mess}$ 和由电池在第二观察时段所输出的电荷量 $Q_{out,mess}$，其中，第二观察时段优选被选择为与第一观察时段相同或至少与第一观察时段部分重叠；
- 使用针对电池或预定电池类型经过参数设置的电压控制的动态电池数学模型、特别是本发明的动态数学电池模型来计算由电池在第一观察时段所接纳的电荷量 $Q_{in,mod}$ 和由电池在第二观察时段所输出的电荷量 $Q_{out,mod}$；
- 通过计算作为电荷量 $Q_{in,mess}$ 和电荷量 $Q_{in,mod}$ 之商的充电健康状态 SOH_{in} 和/或作为电荷量 $Q_{out,mess}$ 和电荷量 $Q_{out,mod}$ 之商的放电健康状态 SOH_{out} 以及使用充电健康状态 SOH_{in} 或放电健康状态 SOH_{out} 或者由此计算出的平均值作为用于实际健康状态 SOH 的近似值 SOH_{mod} 来确定用于实际健康状态 SOH 的近似值 SOH_{mod}。

Dabei sei klargestellt, dass in dem Schritt zu Berechnung der Ladungsmengen $Q_{in,mod}$ bzw. $Q_{out,mod}$ unter Verwendung des spannungsgeführten Batteriemodells selbstverständlich auch Messdaten für die Spannung der Batterie verwendet werden.

【参考译文】 在此要说明的是，在使用电压控制电池模型计算电荷量 $Q_{in,mod}$ 或 $Q_{out,mod}$ 的步骤中，显然也可使用电池电压测量数据。

【重难点解析】 dass 从句为 "klargestellt" 的宾语从句，"in dem Schritt" 在从句中做状语，"zu Berechnung der Ladungsmengen $Q_{in,mod}$ bzw. $Q_{out,mod}$ unter Verwendung des spannungsgeführten Batteriemodells" 做定语修饰 "Schritt"；从句中的主语为 "Messdaten"，"für die Spannung der Batterie" 做定语修饰主语。

Nach einer Ausführungsform können der erste und der zweite Zeitraum so gewählt werden, dass die während des betreffenden Zeitraums geladenen Ladungsmengen $Q_{in,mess}$ und/oder entladenen Ladungsmengen $Q_{out,mess}$ und/oder die Betragssumme hiervon größer sind als ein jeweils vordefinierter

Wert, wobei der vordefinierte Wert vorzugsweise größer als die Nennkapazität C_N der Batterie ist. Hierdurch kann eine ausreichende Genauigkeit des ermittelten Wertes SOH_{mod} gewährleistet werden.

【参考译文】 根据一个实施方式,可以如此选择第一和第二时段,即,在相关时段内充电的电荷量 $Q_{in,mess}$ 和/或放电的电荷量 $Q_{out,mess}$ 和/或其数值和大于各自预定的值,其中,该预定值最好大于电池的标称容量 C_N。由此能保证所确定的值 SOH_{mod} 足够精确。

Nach einer weiteren Ausführungsform können die Endzeitpunkte des ersten und zweiten Zeitraums so gewählt werden, dass an den Endzeitpunkten derselbe Ladezustand SOC_{ref} besteht wie an den Anfangszeitpunkten und/oder dass an den Endzeitpunkten dieselbe Stromrichtung des gemessenen Batteriestroms I_{mess} herrscht wie an den Anfangszeitpunkten. Hierdurch kann der Einfluss von Hystereseeffekten oder Modellabweichungen reduziert werden.

【参考译文】 根据另一实施方式,可以如此选择第一和第二时段的结束时刻,即,在结束时刻存在与在开始时刻相同的荷电状态 SOC_{ref},和/或在结束时刻存在与在开始时刻的测量电池电流 I_{mess} 相同的电流方向。由此可以减少滞后效应或模型偏差的影响。

Die vorstehend erläuterten Varianten von Batteriemodellen und die hierfür dargestellten Verfahren zur Lösung der Gleichungssysteme ermöglichen auf einfache Weise die Berechnung des Batteriestroms I_{mod}. Die Ladungsmengen $Q_{in,mod}$ und $Q_{out,mod}$ können erfindungsgemäß in einfacher Weise durch analytische oder numerische Integration des aus dem dynamischen mathematischen Batteriemodell berechneten Batteriestroms I_{mod} berechnet werden. Somit kann auch der Näherungswert SOH_{mod} für den tatsächlichen Gesundheitszustand der Batterie sehr einfach bestimmt werden.

【参考译文】 上面解释的电池模型变型以及为此所示的用于求解方程组的方法以简单方式允许计算该电池电流 I_{mod}。根据本发明,电荷量 $Q_{in,mod}$ 和 $Q_{out,mod}$ 可以简单地通过对从动态数学电池模型计算的电池电流 I_{mod} 的重难点解析积分或数值积分来计算。因此也可以很容易地确定用于电池实际健康状态的近似值 SOH_{mod}。

Weitere Ausführungsformen der Erfindung ergeben sich aus den Unteransprüchen.

【参考译文】 本发明的其它实施方式来自从属权利要求。

【重难点解析】 "Ausführungsform"在专利文本中译为"实施方式","Unteransprüchen"译为"从属权利要求"。

Die Erfindung wird nachstehend anhand in der Zeichnung dargestellter Ausführungsbeispiele näher erläutert. In der Zeichnung zeigen:

【参考译文】 以下将结合如图所示的实施例来详细解释本发明,附图示出:

【重难点解析】 "Ausführungsbeispiele"在专利文本中译为"实施例","Zeichnung"译为"附图"。

Fig.1 eine Prinzipdarstellung des Verfahrens nach der Erfindung;

【参考译文】 图1示出根据本发明的方法的原理图;

Fig. 2　ein schematisches Blockdiagramm einer unter Last betriebenen Batterie mit einer Vorrichtung nach der Erfindung zur Durchführung des Verfahrens;

【参考译文】　图 2 示出负载运行的电池连同根据本发明的用于执行该方法的装置的示意性框图；

Fig. 3　ein spezielles, komplexes Äquivalenzschaltkreismodell für eine Lithiumeisenphosphat-basierte Lithium-Ionen-Zelle, welches aus einem elektrischen Teilmodell (Fig. 3a) und einem thermischen Teilmodell (Fig. 3b) besteht;

【参考译文】　图 3 示出一个特殊的、复杂的用于磷酸铁锂基锂离子电池的等效电路模型，它由一个电学子模型（图 3a）和一个热学子模型（图 3b）组成；

Fig. 4　ein U^0 (SOC)-Diagramm einer Lithium-Ionen-Batterie mit Nickel-Mangan-Kobaltoxid/Graphit-Chemie (NMC-Graphit) des Herstellers Kokam, Typ SLPB533459H4, mit einer Nennkapazität von 0,74 Ah und einer Nennspannung von 3,7 V;

【参考译文】　图 4 示出制造商 Kokam 的、型号为 SLPB533459H4 的具有镍锰钴氧化物/石墨化合物（NMC 石墨）的锂离子电池的 U^0(SOC) 曲线图，电池的标称容量为 0.74 Ah 以及标称电压为 3.7 V；

【重难点解析】　"einer Lithium-Ionen-Batterie"为第二格作定语修饰"ein U^0 (SOC)-Diagramm"，"mit Nickel-Mangan-Kobaltoxid..."和"mit einer Nennkapazität..."是介词词组做定语修饰"Lithium-Ionen-Batterie"。

Fig. 5　simulierte Entlade-Lade-Kennlinien (Batteriespannung gegenüber Ladungsmenge) für die Batterie gemäß Fig. 3 bei drei Temperaturen (Fig. 5a bei 5℃; Fig. 5b bei 20℃ und Fig. 5c bei 35℃) und drei Stromstärken (0,06C, 0,28C, 0,93C), wobei zur Simulation das Modell B auf diese Batterie parametriert wurde;

【参考译文】　图 5 示出用于根据图 3 的电池的在三种温度（图 5a 在 5℃；图 5b 在 20℃；图 5c 在 35℃）和三种电流强度（0.06C、0.28C、0.93C）下的模拟放电-充电特性（电池电压关于电荷量的变化），其中，为了模拟依据该电池将模型 B 设置参数；

Fig. 6　einen Ausschnitt der 100 aufeinanderfolgenden Ladezyklen nach Birkl für die Batterie gemäß Fig. 4, wobei Fig. 6a die gemessene Spannung U_{mess} als Eingangsgröße für das Batteriemodell zeigt und Fig. 6b die gemessene Stromstärke [Kurve (a)] und die mit dem Batteriemodel (Modell A) berechnete Stromstärke [Kurve (b)];

【参考译文】　图 6 示出用于根据图 4 的电池的、100 个接连 Birkl 充电循环的一部分，其中，图 6a 示出作为电池模型的输入参数的测量电压 U_{mess} 和图 6b 示出测量电流强度［曲线(a)］和用电池模型（模型 A）计算的电流强度［曲线(b)］；

Fig. 7　Ergebnisse des neuen Verfahrens (nach dem Modell A) für die Batterie gemäß Fig. 4, wobei Fig. 7a den Ladezustand SOC während der ersten Stunden der Zyklierung nach Birkl darstellt und Fig. 7b den Ladezustand SOC während der letzten Stunden; den Ergebnissen des Verfahrens ［Kurve (b)] sind nach einem herkömmlichen Verfahren ermittelte Ergebnisse gegenübergestellt [Kurve (a)];

【参考译文】 图 7 示出用于根据图 4 的电池的新方法(根据模型 A)的结果,其中,图 7a 示出在根据 Birkl 的循环的最初数小时期间的荷电状态 SOC,图 7b 示出在最后几个小时内的荷电状态 SOC;将该方法结果[曲线(b)]与通过常规方法所确定的结果[曲线(a)]相比较;

【重难点解析】 在"während der ersten Stunden der Zyklierung"中,"Stunden"为复数,前面无数量词,因此译为"数小时"。若复数名词前无数量词还可译为"若干××",若复数名词前有"mehrere"可译为"多个××"。

Fig. 8　Ergebnisse des neuen Verfahrens für den Gesundheitszustand SOH über die gesamte Versuchsdauer [Kurve (b)] unter Verwendung des Modells A; diesen Ergebnissen gegenübergestellt ist eine SOH-Kurve, die durch Ladungszählung gewonnen wurde [Kurve (v)];

【参考译文】 图 8 示出使用模型 A 在整个测试期间的用于健康状态 SOH 的新方法的结果[曲线(b)];将该结果与通过电荷计数所获得的 SOH 曲线[曲线(v)]进行对比;

Fig. 9　Ergebnisse eines Experiments mit dem neuen Verfahren für eine Lithium-Ionen-Batterie für stationäre Speicher mit LFP-Graphit-Chemie mit einer Nennkapazität von 158 Ah für eine Vielzahl von Entlade- und Ladezyklen; Fig. 9a zeigt die gemessene Spannung und Fig. 9b zeigt die gemessene [Kurve (a)] und die modellierte [Kurve (b)] Stromstärke (unter Verwendung des Batteriemodells B); und

【参考译文】 图 9 示出将新方法用于固定存储器用锂离子电池时的试验结果,该锂离子电池具有 LFP 石墨化合物和用于大量的放电和充电循环的 158 Ah 标称容量;图 9a 示出测量电压,图 9b 示出测量电流强度[曲线(a)]和模拟电流强度[曲线(b)](使用电池模型 B);

Fig. 10　Ergebnisse dieses Verfahrens für den SOC [Fig. 10a; Kurve (b)] und den SOH (Fig. 10b); den Ergebnissen des Verfahrens gegenübergestellt ist eine präzise Vergleichsmessung [Kurve (v)].

【参考译文】 图 10 示出该方法的用于 SOC 的结果[图 10a;曲线(b)]和用于 SOH 的结果(图 10b);将该方法的结果与精确对比测量[曲线(v)]进行比较。

Die Fig. 1 und 2 zeigen eine schematische Darstellung der Vorrichtung bzw. des Verfahrens nach der Erfindung zur Bestimmung des SOH und SOC einer Batterie 106, die an einer Last R_L betrieben wird. Wie aus Fig. 1 ersichtlich, lässt sich das Verfahren mittels eines Gesamt-Algorithmus 100 realisieren, beispielsweise durch Integration in ein bereits vorhandenes Batteriemanagementsystem. Der Gesamt-Algorithmus 100 umfasst einen ersten Bestandteil 102 zur SOC-Bestimmung, der auch ein für die spezielle Batterie oder den speziellen Batterietyp gewähltes dynamisches mathematisches Batteriemodell umfasst. Diesem ersten Bestandteil sind als Eingangsgrößen die gemessene Batteriespannung U_{mess} und die gemessene Temperatur T_{mess} der Batterie zugeführt. Anstelle der gemessenen Temperatur der Batterie kann diesem ersten Bestandteil des Gesamt-Algorithmus 100 auch die gemessene Umgebungstemperatur T_{mess}^{umg} zugeführt werden. Dieser erste Bestandteil des Gesamt-Algorithmus ist in der Lage, aus der gemessenen Batteriespannung U_{mess}(Eingangsgröße) den Ladezustand SOC_{mod} und die Stromstärke I_{mod}(Ausgangsgrößen) der Batterie zu berechnen. Die Art des Batteriemodells selbst ist für das Verfahren unerheblich, so lange es diese Anforderungen erfüllt. Vorstellbar sind empirische Modelle, Äquivalenzschaltkreismodelle, multiphysikalische Modelle oder andere Modelle. Für die SOC-Bestimmung wird nur die Ausgangsgröße SOC_{mod} benötigt.

【参考译文】 图1和图2示出根据本发明的用于确定以负载R_L运行的电池106的SOH和SOC的装置或方法的示意图。如从图1中可看出的,该方法可以借助整体算法100来实现,例如通过集成到已有电池管理系统中。整体算法100包括用于SOC确定的第一组成部分102,其也包括针对特定电池或电池类型所选的动态数学电池模型。测量的电池电压U_{mess}和测量的电池温度T_{mess}作为输入参数被输入至第一组成部分。代替电池测量温度,测量的环境温度T_{mess}^{umg}也可被输入至整体算法100的第一组成部分。整体算法的第一组成部分能够从测量的电池电压U_{mess}(输入参数)计算电池的荷电状态SOC_{mod}和电流强度I_{mod}(输出参数)。电池模型本身的类型对于该方法无关紧要,只要满足这些要求即可。可以想到经验模型、等效电路模型、多物理场模型或其它模型。对于SOC确定,只需要输出参数SOC_{mod}。

【重难点解析】 "Die Fig.1 und 2 zeigen eine schematische Darstellung …"在专利文本中的固定译法为"图1和图2示出……的示意图"。

Zur Bestimmung des SOH weist der Gesamt-Algorithmus 100 einen zweiten Bestandteil 104 auf, dem als Eingangsgröße der mittels des ersten Bestandteils 102 berechnete Strom I_{mod} sowie der gemessene Strom I_{mess} zugeführt wird.

【参考译文】 为了确定SOH,整体算法100具有第二组成部分104,借助第一组成部分102计算的电流I_{mod}和测量的电流I_{mess}作为输入参数被提供给第二组成部分。

Wesentliche Eigenschaft der Erfindung ist, dass das dynamische Modell spannungsgeführt arbeitet, d.h. mit der gemessenen Spannung U_{mess} als Eingangsgröße. Der für den Anwender zu übergebende Ladezustand ergibt sich direkt aus dem Modell. Das Übergeben kann beispielsweise mittels einer Anzeigeeinheit erfolgen.

【参考译文】 本发明的主要特点是动态模型以电压控制的方式工作,即,以测量电压U_{mess}作为输入参数。待告知用户的荷电状态直接来自该模型。例如可以借助显示单元来告知。

Die Genauigkeit des Verfahrens ist stark davon abhängig, wie genau das Modell aus der gegebenen Spannung den tatsächlichen SOC und die Stromstärke I_{mess} der realen Batterie wiedergeben kann, d.h. wie gut SOC_{mod} und SOC bzw. I_{mess} und I_{mod} übereinstimmen. Zur Erhöhung der Genauigkeit können dem Modell zusätzlich eine gemessene Temperatur T_{mess} der Zelle oder der Umgebung T_{mess}^{umg} oder andere Messgrößen übergeben werden.

【参考译文】 该方法的准确性在很大程度上取决于该模型从给定电压以何种精确度呈现实际电池的实际SOC和电流强度I_{mess},即,SOC_{mod}和SOC或I_{mess}和I_{mod}的相符程度。为了提高精确性,也可以将电池测量温度T_{mess}或环境温度T_{mess}^{umg}或其它测量参数传输给模型。

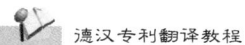

【重难点解析】 "der Zelle oder der Umgebung T_{mess}^{umg}"为第二格作定语修饰"Temperatur"。

Wie in Fig. 2 dargestellt, lässt sich dieser Gesamt-Algorithmus 100 auf einfache Weise in ein bestehendes Batteriemanagementsystem integrieren. Hierzu muss in dem Batteriemanagementsystem (nicht dargestellt) lediglich eine Vorrichtung 108 zur Durchführung des Verfahrens enthalten sein. Die Vorrichtung 108 umfasst eine Einheit 110 zur Messung der Batteriespannung U_{mess}, die mit den Anschlüssen (Polen) der Batterie 106 verbunden ist. Weiterhin umfasst die Vorrichtung 108 eine Einheit 112 zur Messung des Batteriestroms I_{mess}, die in beliebiger Weise ausgebildet sein kann. Beispielsweise kann die Einheit 112 einen Shunt-Widerstand umfassen, der im Strompfad zwischen den Batteriepolen und einer beliebigen Last R_L liegt, die auch mit dem Bezugszeichen 114 bezeichnet ist. Die Einheit 112 kann dabei zur Messung der Spannung über den Shunt-Widerstand und zur Berechnung des Stroms aus dem gemessenen Spannungsabfall und dem Widerstandswert des Shunt-Widerstands ausgebildet sein.

【参考译文】 如图2所示，整体算法100可以容易地集成到现有的电池管理系统中。为此，电池管理系统（未示出）只需包含用于执行该方法的装置108。装置108包括用于测量电池电压 U_{mess} 的单元110，其被连接到电池106的端子（极）。此外，装置108包括用于测量电池电流 I_{mess} 的单元112，其能以任何方式设计。例如单元112可以包括位于电池极和也由附图标记114表示的任何负载 R_L 之间的电流路径中的分流电阻器。单元112在此可被设计用于测量在分流电阻器两端的电压并根据测量的电压降和分流电阻器的电阻值计算电流。

Die Vorrichtung 108 kann auch eine Anzeigeeinheit 116 umfassen, auf welcher die ermittelten Werte für den SOC bzw. SOH angezeigt werden. Die Vorrichtung 108 umfasst zur Durchführung der für die Realisierung des Verfahrens erforderlichen Berechnungen eine Recheneinheit 118, die beispielsweise als Mikroprozessoreinheit ausgebildet sein kann. Die Mikroprozessoreinheit kann dabei auch einen Analog/Digital-Wandler aufweisen, der ihr zugeführte analoge Größen U_{mess} und I_{mess} zeitlich abtastet und in digitale Werte umsetzt.

【参考译文】 装置108也可以包括显示单元116，在其上显示用于SOC或SOH的确定值。装置108为了执行实现该方法所需要的计算而包括计算单元118，其可以设计成例如微处理器单元。微处理器单元在此也可以具有模数变换器，其定期扫描输入至微处理器单元的模拟参数 U_{mess} 和 I_{mess} 并且将其变换为数字值。

【重难点解析】 在最后一句中，der引导的关系从句限定"einen Analog/Digital-Wandler"，从句中的"ihr zugeführte"为第二分词短语做定语修饰"Größen"，"ihr"为阴性单数的第三人称，指代主句中的"Die Mikroprozessoreinheit"。

Im Folgenden werden nunmehr das Grundprinzip des erfindungsgemäßen Verfahrens sowie spezielle Varianten näher erläutert.

【参考译文】 以下，现在将详细解释本发明方法的基本原理以及具体变型。

Das Batteriemodell hat zwei Mindestanforderungen. Erstens muss es dynamisch sein, d. h. es muss mindestens eine zeitabhängige Zustandsgröße geben. Dies ist typischerweise die restliche Ladungsmenge Q bzw. der Ladezustand $\text{SOC} = \dfrac{Q}{C_N}$, die sich zeitlich aufgrund einer angelegten Stromstärke ändern. Zweitens muss der Verlauf der Spannung als Funktion von Ladezustand und Stromstärke beschrieben werden.

【参考译文】 电池模型具有两个最低要求。第一,它应该是动态的,即应该有至少一个与时间相关的状态变量。它一般是剩余电量 Q 或荷电状态 $\text{SOC} = \dfrac{Q}{C_N}$,其因为所加载的电流强度而随时间变化。第二,电压变化过程应该作为荷电状态和电流强度的相关函数来描述。

In einer allgemeinen Darstellung besteht das Modell somit aus zwei Gleichungen,

$$\frac{d\text{SOC}_{\text{mod}}}{dt} = -\frac{I_{\text{mod}}}{C_N} \tag{1}$$

$$U_{\text{mess}} = U^0(\text{SOC}_{\text{mod}}, T_{\text{mess}}, t) + \eta(I_{\text{mod}}, \text{SOC}_{\text{mod}}, T_{\text{mess}}, t) \tag{2}$$

Die beiden Gleichungen beschreiben implizit das zeitliche Verhalten der beiden gesuchten Unbekannten (SOC_{mod}, I_{mod}) als Funktion der gemessenen Eingangsgröße U_{mess} bei gegebenen Parametern und Batterieeigenschaften (C_N, U^0, η).

【参考译文】 因此在一般表示中,该模型由两个方程组成,

$$\frac{d\text{SOC}_{\text{mod}}}{dt} = -\frac{I_{\text{mod}}}{C_N} \tag{1}$$

$$U_{\text{mess}} = U^0(\text{SOC}_{\text{mod}}, T_{\text{mess}}, t) + \eta(I_{\text{mod}}, \text{SOC}_{\text{mod}}, T_{\text{mess}}, t) \tag{2}$$

这两个方程隐含描述在给定参数和电池特性(C_N, U^0, η)下作为测量输入参数 U_{mess} 相关函数的所求两个未知数(SOC_{mod}, I_{mod})的时间特性。

Die beiden Terme auf der rechten Seite der zweiten Gleichung repräsentieren die Leerlaufspannung U^0 sowie die Überspannung η, d. h. Spannungsabfälle aufgrund langsamer innerer Vorgänge wie Reaktionen und Transport. Die Leerlaufspannung U^0 ist hauptsächlich vom SOC abhängig, mit weiteren möglichen Abhängigkeiten von der Temperatur und der zeitlichen Lade-/Entladehistorie (z.B. bei Batteriematerialien mit Hysterese wie Lithiumeisenphosphat). Die Überspannung ist abhängig vom SOC, der Stromstärke I_{mod} und der Temperatur T_{mess} und hat außerdem einen ausgeprägten dynamischen (zeitlichen) Verlauf aufgrund elektrochemischer Doppelschichten. Zur Beschreibung des Verhaltens von U^0 und η können je nach Modellkomplexität weitere Modellgleichungen verwendet werden. Hier und im Folgenden wird das Vorzeichen des Batteriestroms (gemessen und berechnet) im Fall der Entladung der Batterie positiv gewählt, d. h. $I>0$, und im Fall der Ladung der Batterie negativ, d. h. $I<0$.

【参考译文】 第二方程式的右侧的两项表示开路电压 U^0 和过电压 η,即,由缓慢的内部过程如反应和

输送导致的电压降。开路电压 U^0 主要取决于 SOC,还可能取决于温度和随时间的充电/放电历史(例如在具有滞后性的电池材料下,如磷酸铁锂)。过电压取决于 SOC、电流强度 I_{mod} 和温度 T_{mess} 并还因为电化学双层而具有显著的动态(时间)曲线。根据模型的复杂性,可以使用其它模型方程来描述 U^0 和 η 的特性。在此和下文中,(测量的和计算的)电池电流的正负符号在电池放电情况下被选择为正,即 $I > 0$,在电池充电情况下被选择为负,即 $I < 0$。

【重难点解析】 "(gemessen und berechnet)"是对"Batteriestroms"的补充说明,在翻译时应注意语序。

Die Lösung des impliziten Gleichungssystems (1) und (2) nach SOC$_{mod}$ und I_{mod} erfordert eine Invertierung. Dies kann, je nach Modell oder Implementierung, analytisch oder numerisch geschehen. Die Lösung wird beispielhaft in den unten angeführten Beispielen gezeigt, es sind jedoch auch andere Methoden denkbar.

【参考译文】 根据 SOC$_{mod}$ 和 I_{mod} 求解隐式方程组(1)和(2)需要反演。根据模型或实施方式的不同,这可以通过分析或数值方式完成。该解决方案例如在下述例子中被表明,但也可以想到其它方法。

Eine mögliche Realisierung des Verfahrens bietet die Verwendung eines realen (z. B. gemessenen) Zusammenhangs zwischen Leerlaufspannung U^0 und SOC, $U^0 = U^0$(SOC), der Annahme eines konstanten Innenwiderstands R_i, aus dem sich die Überspannung zu $\eta = -R_i \cdot I_{mod}$ ergibt, und der Annahme einer Temperaturunabhängigkeit. Damit vereinfacht sich das Gleichungssystem (1) und (2) zu

$$\frac{dSOC_{mod}}{dt} = -\frac{I_{mod}}{C_N} \tag{3}$$

$$U_{mess} = U^0(SOC_{mod}) - R_i \cdot I_{mod} \tag{4}$$

【参考译文】 该方法的一个可能实现方式是使用开路电压 U^0 与 SOC 之间的真实(例如测量)关系 $U^0 = U^0$(SOC),假设用以得到过电压 $\eta = -R_i \cdot I_{mod}$ 的恒定内阻为 R_i,并且假设其与温度无关。因此,方程组(1)和(2)简化为:

$$\frac{dSOC_{mod}}{dt} = -\frac{I_{mod}}{C_N} \tag{3}$$

$$U_{mess} = U^0(SOC_{mod}) - R_i \cdot I_{mod} \tag{4}$$

Der Zusammenhang U^0(SOC$_{mod}$) kann entweder tabellarisch (z. B. Messwerte) oder in Form einer analytischen Funktion angegeben werden. Dieses Modell wird im Folgenden als „Modell A" oder „Einfaches Modell" bezeichnet. Das Gleichungssystem (3) und (4) ist hinreichend einfach, so dass es analytisch invertiert werden kann. Dazu wird Gleichung (4) nach I_{mod} aufgelöst und die erhaltene Beziehung in Gleichung (3) eingesetzt. Es ergibt sich

$$\frac{dSOC_{mod}}{dt} = -\frac{1}{R_i \cdot C_N}(U^0(SOC_{mod}) - U_{mess}) \tag{5}$$

$$I_{\mathrm{mod}} = \frac{1}{R_i}(U^0(\mathrm{SOC}_{\mathrm{mod}}) - U_{\mathrm{mess}}) \tag{6}$$

mit U_{mess} als unabhängige (gegebene) Variable, $\mathrm{SOC}_{\mathrm{mod}}$ und I_{mod} als abhängige (gesuchte) Variablen, und $U^0(\mathrm{SOC})$, R_i und C_N als Modellparameter.

【参考译文】 关系 $U^0(\mathrm{SOC}_{\mathrm{mod}})$ 能以表格的形式(如测量值)或以分析函数的形式给出。该模型在下文中被称为"模型 A"或"简单模型"。方程组(3)和(4)简单到足以能被分析反演。为此,对 I_{mod} 求解方程式(4)并将所获关系用在方程式(3)中。由此得出:

$$\frac{d\mathrm{SOC}_{\mathrm{mod}}}{dt} = -\frac{1}{R_i \cdot C_N}(U^0(\mathrm{SOC}_{\mathrm{mod}}) - U_{\mathrm{mess}}) \tag{5}$$

$$I_{\mathrm{mod}} = \frac{1}{R_i}(U^0(\mathrm{SOC}_{\mathrm{mod}}) - U_{\mathrm{mess}}) \tag{6}$$

在此,以 U_{mess} 作为(给定)自变量,$\mathrm{SOC}_{\mathrm{mod}}$ 和 I_{mod} 作为(所求)因变量,$U^0(\mathrm{SOC})$、R_i 和 C_N 作为模型参数。

In einem realen System werden Spannungsmesswerte i. d. R. in Form von diskreten Werten U^i_{mess} in einem gegebenen zeitlichen Abstand Δt gemessen. Hier ist i der Index für einen Zeitschritt. Zur Lösung des Gleichungssystems (5) und (6) ist daher eine Zeitdiskretisierung notwendig. Eine Diskretisierung nach der expliziten Vorwärts-Euler-Methode ergibt die folgende Lösung:

$$\mathrm{SOC}^{i+1}_{\mathrm{mod}} = \mathrm{SOC}^i_{\mathrm{mod}} - \frac{\Delta t}{R_i \cdot C_N}(U^0(\mathrm{SOC}^i_{\mathrm{mod}}) - U^i_{\mathrm{mess}}) \tag{7}$$

$$I^i_{\mathrm{mod}} = \frac{1}{R_i}(U^0(\mathrm{SOC}^i_{\mathrm{mod}}) - U^i_{\mathrm{mess}}) \tag{8}$$

Gleichung (7) bildet eine konkrete Rechenvorschrift für die neue Methode zur SOC-Bestimmung. Einzige Eingangsgröße ist der aktuelle Spannungs-Messwert U^i_{mess}. Als gespeicherter Wert ist lediglich der im vorigen Schritt berechnete $\mathrm{SOC}^i_{\mathrm{mess}}$ nötig. Der berechnete neue Wert $\mathrm{SOC}^{i+1}_{\mathrm{mod}}$ wird dem Nutzer als aktueller SOC der Batterie weitergegeben. Diese Bestimmung des SOC aus Gleichung (7) ist somit extrem einfach und kann mit geringer Rechenleistung in kurzer Zeit durchgeführt werden. Sie kann problemlos auf einem Mikrocontroller implementiert werden, da nur einfache Rechenschritte notwendig sind. Auch der Messaufwand ist gering, es muss lediglich die Spannung U_{mess} in Form von zeitdiskreten Spannungswerten U^i_{mess} gemessen werden. Eine Messung der Stromstärke ist, anders als bei herkömmlichen Verfahren zur SOC-Bestimmung, nicht erforderlich.

【参考译文】 在一个真实系统中,电压测量值通常以按规定时间间隔 Δt 的离散值 U^i_{mess} 的形式来测量。在这里,i 是表示时间步长的下标。因此,时间离散化对于求解方程组(5)和(6)是必要的。按照显式正向欧拉法的离散化给出以下求解:

$$\mathrm{SOC}^{i+1}_{\mathrm{mod}} = \mathrm{SOC}^i_{\mathrm{mod}} - \frac{\Delta t}{R_i \cdot C_N}(U^0(\mathrm{SOC}^i_{\mathrm{mod}}) - U^i_{\mathrm{mess}}) \tag{7}$$

$$I_{\text{mod}}^i = \frac{1}{R_i}(U^0(\text{SOC}_{\text{mod}}^i) - U_{\text{mess}}^i) \tag{8}$$

方程式(7)形成新的 SOC 确定方法的具体计算规则。唯一的输入参数是当前电压测量值 U_{mess}^i。只需要在前一步骤中计算的 $\text{SOC}_{\text{mess}}^i$ 作为存储值。计算出的新值 $\text{SOC}_{\text{mess}}^{i+1}$ 作为电池的当前 SOC 被转送给用户。因此,按照方程式(7)的 SOC 的确定是很简单的并且可以在短时间内以很少的计算能力进行。它可以顺利地在微控制器上实现,因为只需要简单的计算步骤。测量工作量也很低,只需要测量呈时间离散电压值 U_{mess}^i 形式的电压 U_{mess}。与用于确定 SOC 的常规方法不同,无需测量电流强度。

【重难点解析】 "in Form"可翻译为"呈/以……形式/方式"。

Gleichung (8) liefert parallel die zugehörige Stromstärke I_{mod}^i. Für die SOC-Bestimmung wird diese nicht benötigt, wohl aber für die SOH-Bestimmung (siehe unten).

【参考译文】 方程式(8)并行提供相关的电流强度 I_{mod}^i。这对于 SOC 确定是不需要的,但对于 SOH 确定是必需的(见下)。

Die Gleichungen (7) und (8) wurden aus Gleichungen (5) und (6) durch eine explizite Vorwärts-Euler-Diskretisierung hergeleitet. Es gibt auch alternative Diskretisierungsmethoden. Eine implizite Rückwärts-Euler-Diskretisierung ist zwar aufgrund des nichtlinearen Zusammenhangs $U^0(\text{SOC}_{\text{mod}})$ nicht geschlossen möglich, hier wären weitere numerische Verfahren notwendig (z. B. Newton-Verfahren). Einen Spezialfall bildet jedoch die Annahme eines linearen Zusammenhangs zwischen Spannung und SOC nach der Beziehung $U^0 = (U_L - U_E) \cdot \text{SOC} + U_E$, wobei mit U_L die Ladeschlussspannung und mit U_E die Entladeschlussspannung bezeichnet ist. Damit vereinfachen sich Gleichungen (5) und (6) weiter zu

$$\frac{d\text{SOC}_{\text{mod}}}{dt} = -\frac{1}{R_i \cdot C_N}((U_L - U_E) \cdot \text{SOC}_{\text{mod}} + U_E - U_{\text{mess}}) \tag{9}$$

$$I_{\text{mod}} = \frac{1}{R_i}((U_L - U_E) \cdot \text{SOC}_{\text{mod}} + U_E - U_{\text{mess}}) \tag{10}$$

Die Rückwärts-Euler-Diskretisierung liefert folgendes Ergebnis:

$$I_{\text{mod}}^{i+1} = \frac{1}{\frac{(U_L - U_E)}{C_N}\Delta t + R_i}((U_L - U_E) \cdot \text{SOC}_{\text{mod}}^i + U_E - U_{\text{mess}}^{i+1}) \tag{11}$$

$$\text{SOC}_{\text{mod}}^{i+1} = \text{SOC}_{\text{mod}}^i - \frac{I_{\text{mod}}^{i+1}}{C_N}\Delta t \tag{12}$$

Auch in diesem Fall ist die Rechenvorschrift sehr einfach. Diese Form ist zudem numerisch stabiler. Allerdings würden die Ergebnisse sehr unter der stark vereinfachten und unrealistischen linearen $U^0(\text{SOC}_{\text{mod}})$-Beziehung leiden. Für hinreichend kleine Zeitschritte $\Delta t \leqslant 10$ s haben Berechnungen jedoch keinen signifikanten Unterschied zwischen expliziter und impliziter Diskretisierung gezeigt.

【参考译文】 通过显式正向欧拉离散化从方程式(5)和(6)推导出方程式(7)和(8)。也有替代的离散化方法。虽然因为非线性关系 $U^0(\text{SOC}_{\text{mod}})$ 而无法进行隐式反向欧拉离散化,但在此需要其它数值方法(例如牛顿法)。但一种特殊情况是根据关系 $U^0=(U_L-U_E)\cdot\text{SOC}+U_E$ 假设电压和SOC之间有线性关系,其中,用 U_L 表示充电结束电压,用 U_E 表示放电结束电压。方程式(5)和(6)可进一步简化为:

$$\frac{\text{dSOC}_{\text{mod}}}{\text{d}t}=-\frac{1}{R_i\cdot C_N}((U_L-U_E)\cdot\text{SOC}_{\text{mod}}+U_E-U_{\text{mess}}) \tag{9}$$

$$I_{\text{mod}}=\frac{1}{R_i}((U_L-U_E)\cdot\text{SOC}_{\text{mod}}+U_E-U_{\text{mess}}) \tag{10}$$

反向欧拉离散化给出以下结果:

$$I_{\text{mod}}^{i+1}=\frac{1}{\frac{(U_L-U_E)}{C_N}\Delta t+R_i}((U_L-U_E)\cdot\text{SOC}_{\text{mod}}^i+U_E-U_{\text{mess}}^{i+1}) \tag{11}$$

$$\text{SOC}_{\text{mod}}^{i+1}=\text{SOC}_{\text{mod}}^i-\frac{I_{\text{mod}}^{i+1}}{C_N}\Delta t \tag{12}$$

在这种情况下,计算规则也很简单。这种形式还在数值上更稳定。然而,结果将会出现过度简化和不切实际的线性 $U^0(\text{SOC}_{\text{mod}})$ 关系。然而,对于足够小的时间步长 $\Delta t\leqslant 10\text{ s}$,计算没有表明在显式离散化与隐式离散化之间的任何明显差异。

【重难点解析】 在句子"Allerdings würden die Ergebnisse sehr unter der stark vereinfachten und unrealistischen linearen U^0(SOC_{mod})-Beziehung leiden."中,"leiden"取"von etw.(Negativem)betroffen sein"之意。

Selbstverständlich sind auch andere analytisch angegebene U^0(SOC)-Beziehungen denkbar. Je nach analytischer Form kann das Gleichungssystem(5)und(6)analytisch oder mit geeigneten numerischen Verfahren gelöst werden.
【参考译文】 显然也可以想到其它以分析方式指明的 U^0(SOC)关系。视解析形式的不同,方程组(5)和(6)可被解析求解或用合适的数值方法被求解。

Im Folgenden wird beispielhaft ein komplexes, auch als Modell B bezeichnetes Batteriemodell und dessen Verwendung zur SOC- bzw. SOH-Bestimmung erläutert. Reale Batterien haben ein kompliziertes dynamisches Strom-Spannungs-Temperatur-Verhalten, das mit dem einfachen Modell der Gleichungen(5)und(6)nicht vollständig abgebildet werden kann. Zur Erhöhung der Zuverlässigkeit des Verfahrens können daher auch kompliziertere Modelle eingesetzt werden.
【参考译文】 以下举例解释一个复杂的也称为模型B的电池模型及其在SOC或SOH确定中的使用。真实电池具有复杂的动态电流-电压-温度特性,其无法用方程式(5)和(6)的简单模型来完全描绘。因此也可使用更复杂的模型来提高该方法的可靠性。

Im Folgenden wird das in Fig.3 gezeigte Äquivalenzschaltkreismodell betrachtet. Es handelt sich um ein elektrisch-thermisches Modell. Das elektrische Modell besteht aus der Leerlauf-Spannungsquelle

U^0(SOC), einem seriellen Widerstand R_s sowie zwei Widerstands-Kondensator-(RC)-Elementen (R_{CT} und C_{DL}, jeweils eines für die beiden Elektroden Anode und Kathode). Es sind außerdem Elemente zugefügt, die eine Asymmetrie der Leerlaufspannung beschreiben (ΔU_{hys}) und eine Lade-/Entladeasymmetrie des Kathodenwiderstands. Damit ist das Modell geeignet, eine Lithiumeisenphosphat (LFP)/Graphit Lithium-Ionen-Zelle abzubilden (siehe H. Kim, „Modeling an parameterization of a commercial LFP/Graphite Lithium-ion cell considering charge and discharge characteristics", Masterarbeit, Hochschule Offenburg, 2018), die diese Asymmetrien zeigt. Das thermische Modell besteht aus Wärmequellen und einem Wärmeübergang an die Umgebung. Alle Parameter werden außerdem temperaturabhängig angenommen.

【参考译文】 以下关注图3所示的等效电路模型。它是一种电热模型。电学模型由开路电压源 U^0(SOC)、串联电阻 R_s 和两个电阻电容(RC)元件(R_{CT} 和 C_{DL}，各有一个用于两个电极、即阳极和阴极)组成。还加入描述开路电压的非对称性(ΔU_{hys})和阴极电阻的充电/放电非对称性的元素。因此该模型适于描述磷酸铁锂(LFP)/石墨锂离子电池(参见 H. Kim,"考虑充放电特性的商用 LFP/石墨锂离子电池的参数化的建模",硕士论文,奥芬堡高等学院,2018),其表明这些非对称性。热学模型由热源和对环境的传热组成。还假设所有参数都与温度有关。

Das Äquivalenzschaltkreismodell lässt sich in folgendes differenziell-algebraische Gleichungssystem abbilden：

$$\frac{dSOC_{mod}}{dt} = -\frac{I_{mod}}{C_N} \tag{13}$$

$$U_{mess} = U^0(SOC_{mod}, T_{mod}) + \Delta U_{hys}(I_{mod}) - U_{RC,an} - U_{RC,ca} - I_{mod} \cdot R_s(T_{mod}) \tag{14}$$

$$\frac{dU_{RC,an}}{dt} = \frac{1}{C_{DL,an}(T_{mod})}\left(I_{mod} - \frac{U_{RC,an}}{R_{CT,an}(T_{mod})}\right) \tag{15}$$

$$\frac{dU_{RC,ca}}{dt} = \frac{1}{C_{DL,ca}(T_{mod})}\left(I_{mod} - \frac{U_{RC,ca}}{R_{CT,ca}(T_{mod}, I_{mod})}\right) \tag{16}$$

$$\frac{dT_{mod}}{dt} = \frac{1}{C_{th}}\left(I_{mod}^2 R_s(T_{mod}) + \frac{U_{RC,an}^2}{R_{CT,an}(T_{mod})} + \frac{U_{RC,ca}^2}{R_{CT,ca}(T_{mod}, I_{mod})} - \frac{T_{mod} - T_{mess}^{umg}}{R_{th}} + I_{mod} \cdot (T_{mod} - T^0) \cdot \frac{dU^0(SOC_{mod})}{dT}\right) \tag{17}$$

Hier sind U_{RC} der Spannungsabfall über das RC-Element, R_{CT} der Ladungstransferwiderstand („Charge transfer resistance"), C_{DL} die Doppelschichtkapazität, C_{th} die Wärmekapazität, R_{th} der Wärmeübergangswiderstand an der Batterieoberfläche, $dU^0(SOC_{Modell})/dT$ die Temperaturabhängigkeit der Leerlaufspannung, T^0 die zugehörige Referenztemperatur, und die Indizes an und ca bedeuten „anode" und „cathode", also die beiden Elektroden. Die Asymmetrie der Leerlaufspannung wird durch ΔU_{hys} beschrieben, und die Asymmetrie des Kathodenwiderstands durch die Stromabhängigkeit von $R_{CT,ca}$. Durch Vergleich von Gleichungen (13) und (14) mit Gleichungen (1) und (2) ist zu erkennen, dass es sich um eine weitere Form des grundlegenden Modells handelt.

Zur Beschreibung werden die zusätzlichen Gleichungen (15) bis (17) benötigt. Nach wie vor beschreiben Gleichungen (13) bis (17) implizit das zeitliche Verhalten der beiden gesuchten Unbekannten (SOC_{mod}, I_{mod}) als Funktion der gemessenen Eingangsgrößen, nämlich der Spannung U_{mess} und der Umgebungstemperatur T_{mess}^{umg}.

【参考译文】 等效电路模型可以按以下微分代数方程组描绘：

$$\frac{dSOC_{mod}}{dt} = -\frac{I_{mod}}{C_N} \tag{13}$$

$$U_{mess} = U^0(SOC_{mod}, T_{mod}) + \Delta U_{hys}(I_{mod}) - U_{RC,an} - U_{RC,ca} - I_{mod} \cdot R_s(T_{mod}) \tag{14}$$

$$\frac{dU_{RC,an}}{dt} = \frac{1}{C_{DL,an}(T_{mod})} \left(I_{mod} - \frac{U_{RC,an}}{R_{CT,an}(T_{mod})} \right) \tag{15}$$

$$\frac{dU_{RC,ca}}{dt} = \frac{1}{C_{DL,ca}(T_{mod})} \left(I_{mod} - \frac{U_{RC,ca}}{R_{CT,ca}(T_{mod}, I_{mod})} \right) \tag{16}$$

$$\frac{dT_{mod}}{dt} = \frac{1}{C_{th}} \left(I_{mod}^2 R_s(T_{mod}) + \frac{U_{RC,an}^2}{R_{CT,an}(T_{mod})} + \frac{U_{RC,ca}^2}{R_{CT,ca}(T_{mod}, I_{mod})} - \frac{T_{mod} - T_{mess}^{umg}}{R_{th}} + I_{mod} \cdot (T_{mod} - T^0) \cdot \frac{dU^0(SOC_{mod})}{dT} \right) \tag{17}$$

在这里，U_{RC} 是 RC 元件上的电压降，R_{CT} 是电荷转移电阻，C_{DL} 是双层容量，C_{th} 是热容，R_{th} 是在电池表面的传热电阻，$dU^0(SOC_{Modell})/dT$ 是开路电压的温度关联性，T^0 是相关的参考温度，下标 an 和 ca 表示"阳极"和"阴极"，即两个电极。开路电压的非对称性由 ΔU_{hys} 描述，阴极电阻的非对称性由电流关联性 $R_{CT,ca}$ 描述。通过将方程式(13)和(14)与方程式(1)和(2)对比可以看出这是基础模型的另一种形式。描述需要附加的方程式(15)到(17)。如前所述，方程式(13)至(17)隐含描述作为测量输入参数(即电压 U_{mess} 和环境温度 T_{mess}^{umg})的函数的所求两个未知数(SOC_{mod}, I_{mod})的时间特性。

Aufgrund der Kopplung der Gleichungen ist eine analytische Lösung nicht möglich. Für die nachstehend erläuterten Simulationsergebnisse wurde ein impliziter numerischer Löser verwendet, der im Softwarepaket MATLAB zur Verfügung gestellt wird. Die Lösung ist aber auch mit anderen Methoden möglich.

【参考译文】 由于方程式的耦合，故无法实现解析求解。在 MATLAB 软件包中可供使用的隐式数值求解器被用于以下所解释的模拟结果。但也可以用其他方法来实现所述求解。

【重难点解析 35】 "Für die nachstehend erläuterten Simulationsergebnisse" 作目的状语修饰 "verwendet"，可译为"用于……"。

Es sei nochmals ausdrücklich darauf hingewiesen, dass die beiden vorgestellten Modelle A und B nur zur Demonstration des neuen Verfahrens dienen, das jedoch in keiner Weise auf diese beiden konkreten Modelle beschränkt ist. Vielmehr sind beliebige einfachere oder noch komplexere Modelle denkbar.

【参考译文】 要再次明确指出的是，这两个提出的模型 A 和 B 仅用于演示新方法，但新方法绝不限于这两个具体模型。相反,可想到任何更简单或更复杂的模型。

Die oben vorgestellten Modelle（A：„Einfaches Modell" und B：„Äquivalenzschaltkreismodell")können je nach Parametrierung unterschiedliche Batterien bzw. Batterietypen beschreiben. Im Folgenden werden zwei Modelle auf konkrete Lithium-Ionen-Batteriezellen parametriert.

【参考译文】 上述模型（A："简单模型"和B："等效电路模型"）可根据参数设置来描述不同的电池或电池类型。以下依据具体的锂离子电池单元来设置两个模型的参数。

Als exemplarischen Vertreter einer im Bereich der Elektromobilität angewendeten Batterie betrachten wir eine Lithium-Ionen-Batterie mit Nickel-Mangan-Kobaltoxid/Graphit-Chemie（NMC-Graphit），konkret eine Zelle des Herstellers Kokam，Modell SLPB533459H4，mit einer Nennkapazität von 0，74 Ah und einer Nennspannung von 3，7 V. Von dieser Zelle stellen Birkl und Howey ausführliche Datensätze zur freien Verwendung zur Verfügung［Christoph Birkl，David Howey，"Oxford Battery Degradation Dataset 1"，University of Oxford，DOI：10.5287/bodleian：KO2kdmYGg，Webseite：https：//ora. ox. ac. uk/objects/uuid：03ba4b01-cfed-46d3-9b1a-7d4a7bdf6fac（2017）］，die sich hervorragend für die Demonstration des vorliegenden Verfahrens eignen.

【参考译文】 具有镍锰钴氧化物/石墨化合物（NMC 石墨）的锂离子电池、具体说是制造商 Kokam 的型号为 SLPB533459H4 且标称容量为 0.74 Ah 和标称电压为 3.7 V 的电池被认为是用于电动汽车领域的电池的示例性代表。Birkl 和 Howey 从所述电池中提供详细数据组以供免费使用［Christoph Birkl、David Howey，"Oxford Battery Degradation Dataset 1"，牛津大学，DOI：10.5287/bodleian：KO2kdmYGg，网站：https://ora. ox. ac. uk/objects/uuid：03ba4b01-cfed-46d3-9b1a-7d4a7bdf6fac（2017）］，其非常适合演示本方法。

Das Modell A（„Einfaches Modell"）wird auf diese Zelle wie folgt parametriert：Die Leerlaufspannungskurve U^0（SOC）wurde ermittelt，indem der Mittelwert einer Lade- und einer Entladekennlinie，die mit jeweils 40 mA aufgenommen wurden（„Quasi-Leerlaufspannung"），gebildet wurde. Die Kapazität wurde auf das Maximum normiert. Die so erhaltene U^0（SOC）-Beziehung ist in Fig. 4 dargestellt. Die Nennkapazität C_N = 0，74 Ah wurde direkt von der Herstellerangabe übernommen. Der Innenwiderstand wurde bestimmt，indem die Zellladespannungen bei jeweils 50% SOC für Entladungen mit 40 mA und 740 mA aus den Experimenten abgelesen wurden，es ergibt sich $R_i = -\dfrac{U(40\ \mathrm{mA}) - U(740\ \mathrm{mA})}{40\ \mathrm{mA} - 740\ \mathrm{mA}} = 0,0464\ \Omega$. Die Parameter werden temperaturunabhängig angenommen. Die vollständige Parametrierung benötigt damit nur zwei experimentelle Lade-/Entladekennlinien（bei 40 mA und 740 mA）.

【参考译文】 该模型 A（"简单模型"）被针对该电池如下设置参数：开路电压曲线 U^0（SOC）是通过求出充电和放电特性曲线的平均值来确定,所述曲线均以 40 mA 来采集（"准开路电压"）。容量已被标准化到最大值。图 4 示出如此获得的 U^0（SOC）关系。标称容量 C_N＝0.74 Ah 直接取自制造商信息。内电阻是通过在针对以 40 mA 和 740 mA 放电的各自 50% 的 SOC 情况下从试验中读取电池充电电压来确定的,结果为 $R_i = -\dfrac{U(40\text{ mA}) - U(740\text{ mA})}{40\text{ mA} - 740\text{ mA}} = 0.0464\ \Omega$。假设该参数与温度无关。因此,完整的参数设置只需要两个试验的充电/放电特性(40 mA 和 740 mA)。

【重难点解析】 "aufgenommen"此处取"erfassen"之意。

Als exemplarischer Vertreter einer im Bereich der stationären Stromspeicher (Heimspeicher, Gewerbespeicher, Speicher für Netzanwendungen, unterbrechungsfreie Stromversorgung) angewendeten Zellchemie wird im Folgenden eine Lithium-Ionen- Batterie mit Lithiumeisenphophat/Graphit-Chemie (LFP-Graphit) betrachtet, konkret eine Zelle des Herstellers Sinopoly, Modell SP-LFP180AHA mit einer Nennkapazität von 180 Ah und einer Nennspannung von 3,2 V. Diese Zelle wurde an der Hochschule Offenburg charakterisiert (siehe H. Kim, a.a.O).

【参考译文】 下文中具有磷酸铁锂/石墨化合物(LFP 石墨)的锂离子电池、具体说是制造商 Sinopoly 的、型号为 SP-LFP180AHA 且标称容量为 180 Ah、标称电压为 3.2 V 的电池被认为是用于固定式蓄电器领域(家庭存储器、商业存储器、网络应用用储蓄器、不间断电源)的电池化学的示例性代表。该电池由奥芬堡高等学院说明了特征(参见 H.Kim,出处同上)。

Für dieses Beispiel wurde das Modell B (Äquivalenzschaltkreismodell) auf diese konkrete Zelle parametriert. Fig. 5 zeigt simulierte Entlade-Lade-Kennlinien (Zellspannung gegenüber Ladungsmenge) nach erfolgreicher Parametrierung bei drei Temperaturen (5℃, 20℃ und 35℃) und drei Stromstärken, wobei die Stromstärken mit der Einheit der C-Rate angegeben sind (d.h. im vorliegenden Fall beträgt 1 C = 180 A). Die Pfeile zeigen dabei die Richtung an, in welcher die Kurven durchlaufen werden, als die Entladerichtung (Pfeil nach rechts) und die Laderichtung (Pfeil nach links). Die jeweils obere der zusammengehörenden Kurven ist dabei jeweils die Ladekurve und die untere die Entladekurve. Die am dunkelsten dargestellten Kurven (ganz oben und ganz unten) sind die Lade- und Entladekurven für einen Strom von 0,93 C, und die obere und untere der innersten Kurven (am hellsten dargestellt) sind die Lade- und Entladekurven für einen Strom von 0,06 C. Die zwischen diesen Kurven liegenden Kurven sind die Lade- und Entladekurven für einen Strom von 0,28 C. Die Punkte der Kurven stellen Messwerte da und die durchgezogenen Linien die Simulationswerte. Wie aus Fig. 5 ersichtlich, können die gemessenen Werte einschließlich der Asymmetrie und Hysterese der Experimente sehr gut vom Modell über den gesamten Bereich vorhergesagt werden.

【参考译文】 对于这个例子,模型 B(等效电路模型)的参数针对这个具体电池单元被设置。图 5 示出在三个温度(5℃、20℃和 35℃)和三个电流下成功设置参数之后的模拟放电-充电特性曲线(电池电压随电荷量的变化),其中,电流强度以充电率 C-rate 为单位来给出(即在当前情况下是 1 C = 180 A)。箭头在此表示曲线走向,如作为放电方向(右箭头)和充电方向(左箭头)。在此,综合曲线中的各自上曲线分别是充电曲线,各自下曲线为放电曲线。最暗所示的曲线(最上和最下)是用于 0.93 C 电流的充放电曲线,最内侧曲线中的上和下曲线(最亮绘制)是 0.06 C 电流的充放电曲线。位于这些曲线之间的曲线是

0.28 C电流的充放电曲线。该曲线的点表示测量值,实线表示模拟值。如从图5中可看出的,在整个范围内可以很好地由模型来预测包括测量值连同试验的非对称性和滞后性。

【重难点解析】 最后一句为被动句,其中"vom Modell"表示动作的执行者,相当于主动句中的主语,因此"von"翻译为"由"。

Im Folgenden wird die Bestimmung des SOH mittels des SOH-Algorithmus näher erläutert. Dessen konkrete Anwendung setzt ebenfalls die vorstehend erläuterte Parametrierung des verwendeten dynamischen mathematischen Batteriemodells voraus.

【参考译文】 以下将更详细解释借助SOH算法的SOH确定。其具体应用还以如前所述的所用的动态数学电池模型的参数设置为前提。

Die oben dargestellten Batteriemodelle sind in der Lage, zusätzlich zum Ladezustand SOC_{mod} auch die Stromstärke I_{mod} als Ausgangsgröße zur Verfügung zu stellen. Zusätzlich zur Stromstärke nach dem Modell wird die gemessene Stromstärke I_{mess} zur SOH-Bestimmung benötigt. Der SOH-Algorithmus ist in der Lage, aus I_{mod} und I_{mess} den Gesundheitszustand SOH zu berechnen.

【参考译文】 除了荷电状态SOC_{mod}外,上面所示的电池模型还能够提供电流强度I_{mod}作为输出参数。除了根据模型的电流强度外,还需要测量电流强度I_{mess}来确定SOH。SOH算法能够从I_{mod}和I_{mess}计算健康状态SOH。

Der Algorithmus beruht darauf, dass das Batteriemodell als „digitaler Zwilling" die gleichen Zyklierungen durchführt wie die reale Batterie, da es (wie oben erläutert) mit der gleichen Spannung betrieben wird wie die reale Batterie. Allerdings altert das Batteriemodell — im Gegensatz zur realen Batterie — nicht. Aus dem Unterschied zwischen I_{mod}(ohne Kapazitätsverlust) und I_{mess}(mit Kapazitätsverlust) kann daher der SOH bestimmt werden. Dafür kommen Ladungsmengenzähler zum Einsatz, d. h. es erfolgt eine Integration des gemessenen Stroms I_{mess} und des mittels des Modells ermittelten Stroms I_{mod}. Diese Berechnung ist im Folgenden dargestellt.

【参考译文】 该算法的基础是,作为"数字双胞胎"的电池模型执行与真实电池相同的循环,因为它(如上所述)以与真实电池相同的电压运行。但与真正电池不同的是,电池模型不会老化。因此,SOH可以从I_{mod}(无容量损失)和I_{mess}(有容量损失)之差来确定。为此使用电荷量计数器,即,对测量电流I_{mess}和用模型确定的电流I_{mod}进行积分。该计算如下所示。

Wie vorstehend erläutert, ist ein spannungsgeführtes Batteriemodell Voraussetzung für den Algorithmus, denn nur dann ist I_{mod} eine Ausgangsgröße, die mit I_{mess} verglichen werden kann. Das neue Verfahren zur SOH-Bestimmung ist also eng mit dem neuen Verfahren zur SOC-Bestimmung verknüpft.

【参考译文】 如上所述,电压控制的电池模型是算法的前提条件,因为只有这样I_{mod}才是可与I_{mess}进行比较的输出参数。因此,新的SOH确定方法与新的SOC确定方法密切关联。

Für eine vollständige Batterieentladung (voll nach leer), die zum Zeitpunkt t_0 beginnt und zum Zeitpunkt t_1 abgeschlossen ist, kann ein SOH_{out} definiert werden durch die Beziehung:

$$SOH_{out} = \frac{\int_0^{t_1} I_{bat,akt} \, dt}{\int_0^{t_1} I_{bat,n} \, dt} \tag{18}$$

wobei mit $I_{bat,n}$ der Batteriestrom einer neuen (nicht gealterten Batterie) bezeichnet ist und mit $I_{bat,akt}$ der Batteriestrom der gealterten Batterie.

【参考译文】 对于从时刻 t_0 开始并在时刻 t_1 结束的完全电池放电（从满到空），SOH_{out} 可以通过以下关系来定义：

$$SOH_{out} = \frac{\int_0^{t_1} I_{bat,akt} \, dt}{\int_0^{t_1} I_{bat,n} \, dt} \tag{18}$$

其中，用 $I_{bat,n}$ 表示新电池（未老化电池）的电池电流，用 $I_{bat,akt}$ 表示老化电池的电池电流。

Unter der Annahme, dass $I_{bat,akt}$ dem gemessenen Strom der realen Batterie (mit Kapazitätsverlust) entspricht und $I_{bat,n}$ dem simulierten Strom aus dem Batteriemodell (ohne Kapazitätsverlust), kann der SOH_{out} dargestellt werden als:

$$SOH_{out} = \frac{\int_0^{t_1} I_{mess} \, dt}{\int_0^{t_1} I_{mod} \, dt} \tag{19}$$

Analog hierzu kann auch ein SOH_{in} während einer vollständigen Batterieladung definiert werden, wenn von einer leeren Batterie ausgegangen wird:

$$SOH_{in} = \frac{\int_0^{t_v} I_{mess} \, dt}{\int_0^{t_v} I_{mod} \, dt} \tag{20}$$

wobei hier angenommen wird, dass der Ladevorgang zum Zeitpunkt t_0 beginnt und zum Zeitpunkt t_v abgeschlossen ist.

【参考译文】 假设 $I_{bat,akt}$ 对应于真实电池的测量电流（有容量损失），而 $I_{bat,n}$ 对应于来自电池模型的模拟电流（无容量损失），则 SOH_{out} 可以表示为：

$$SOH_{out} = \frac{\int_0^{t_1} I_{mess} \, dt}{\int_0^{t_1} I_{mod} \, dt} \tag{19}$$

与之相似地，如果假设电池是空的，则也可定义在电池充满电期间的 SOH_{in}：

$$SOH_{in} = \frac{\int_0^{t_v} I_{mess} \, dt}{\int_0^{t_v} I_{mod} \, dt} \tag{20}$$

其中，假设充电过程在时刻 t_0 开始并在时刻 t_V 结束。

【重难点解析】 "von einer leeren Batterie ausgegangen wird" 此句中 "ausgegangen" 取 "zum Ausgangspunkt nehmen, etw. zugrunde legen" 之意，相当于 "angenommen"。

In der Praxis gibt es nur selten vollständige Lade- und Entladevorgänge (z. B. wird die Batterie eines Elektroautos niemals vollständig entleert werden, da es dann nicht mehr funktionsfähig wäre). Der Algorithmus muss also in der Lage sein, auch mit Teilladungen und -Entladungen den SOH ermitteln zu können. Wir definieren dafür einen beliebigen Zeitraum $[t_1; t_2]$ ohne a priori Wissen, ob es sich in diesem Zeitraum um eine Ladung, eine Entladung oder beides (z. B. einer oder mehrere volle Zyklen oder Teilzyklen) handelt. Der Zeitraum $[t_1; t_2]$ liegt typischerweise im Bereich von Stunden; die genaueren Anforderungen sind weiter unten angegeben. Innerhalb des Zeitraums können wir den SOH berechnen als

$$\text{SOH}_{\text{out}} = \frac{\int_{t_1}^{t_2} I_{\text{mess, out}} \, dt}{\int_{t_1}^{t_2} I_{\text{mod, out}} \, dt} \quad \text{und} \tag{21}$$

$$\text{SOH}_{\text{in}} = \frac{\int_{t_1}^{t_2} I_{\text{mess, in}} \, dt}{\int_{t_1}^{t_2} I_{\text{mod, in}} \, dt}, \tag{22}$$

wobei die Indizes „out" und „in" bei den Strömen eine Entladung (out) bzw. eine Ladung (in) der Batterie bezeichnen. In diesen Gleichungen ist

$$I_{\text{mess, in}} = \begin{cases} |I_{\text{mess}}|, & \text{für } I_{\text{mess}} < 0, \\ 0, & \text{für } I_{\text{mess}} \geq 0 \end{cases} \tag{23}$$

$$I_{\text{mess, out}} = \begin{cases} 0, & \text{für } I_{\text{mess}} < 0, \\ |I_{\text{mess}}|, & \text{für } I_{\text{mess}} \geq 0 \end{cases} \text{bzw.} \tag{24}$$

$$I_{\text{mod, in}} = \begin{cases} |I_{\text{mod}}|, & \text{für } I_{\text{mod}} < 0, \\ 0, & \text{für } I_{\text{mod}} \geq 0 \end{cases} \tag{23}$$

$$I_{\text{mod, out}} = \begin{cases} 0, & \text{für } I_{\text{mod}} < 0, \\ |I_{\text{mod}}|, & \text{für } I_{\text{mod}} \geq 0 \end{cases} \tag{24}$$

【参考译文】 实践中，完整的充电和放电过程很少见（例如电动车电池永远不可完全放电，否则它将不能再正常运转）。因此，该算法应该可行的是能够按照部分充放电来确定 SOH。我们为此定义一个任意时段 $[t_1; t_2]$ 而无需先知晓在该时段内是否进行充电、放电或者两者兼备（例如一个或多个完整循环或部分循环）。该时段 $[t_1; t_2]$ 通常持续若干小时；更精确的要求如下所述。在该时段内我们可以将 SOH 计算为：

$$\text{SOH}_{\text{out}} = \frac{\int_{t_1}^{t_2} I_{\text{mess, out}} \, dt}{\int_{t_1}^{t_2} I_{\text{mod, out}} \, dt} \text{ 和} \tag{21}$$

$$\mathrm{SOH}_{\mathrm{in}} = \frac{\int_{t_1}^{t_2} I_{\mathrm{mess,in}} \mathrm{d}t}{\int_{t_1}^{t_2} I_{\mathrm{mod,in}} \mathrm{d}t} \tag{22}$$

其中，电流中的下标"out"和"in"表示电池的放电(out)和充电(in)。在这些方程式中：

$$I_{\mathrm{mess,in}} = \begin{cases} |I_{\mathrm{mess}}|, & 用于 I_{\mathrm{mess}} < 0, \\ 0, & 用于 I_{\mathrm{mess}} \geq 0 \end{cases} \tag{23}$$

$$I_{\mathrm{mess,out}} = \begin{cases} 0, & 用于 I_{\mathrm{mess}} < 0, \\ |I_{\mathrm{mess}}|, & 用于 I_{\mathrm{mess}} \geq 0 \end{cases} 或 \tag{24}$$

$$I_{\mathrm{mod,in}} = \begin{cases} |I_{\mathrm{mod}}|, & 用于 I_{\mathrm{mod}} < 0, \\ 0, & 用于 I_{\mathrm{mod}} \geq 0 \end{cases} \tag{23}$$

$$I_{\mathrm{mod,out}} = \begin{cases} 0, & 用于 I_{\mathrm{mod}} < 0, \\ |I_{\mathrm{mod}}|, & 用于 I_{\mathrm{mod}} \geq 0 \end{cases} \tag{24}$$

【重难点解析】 本段第一句括号内的德文借助第二虚拟语气所希望传递的信息没有在译文中得到完美复刻，更优的表达应该是"例如电动车电池之所以绝不会完全耗尽，是因为倘若如此其将不能工作"。另外，德文时间副词 dann 如果处理为"耗尽时"，将会进一步提升可读性，如"例如电动车电池之所以绝不会完全耗尽，是因为倘若耗尽其将不能工作"。但是把 dann 解读为"耗尽时"是译者基于个人背景知识对当前文字的一种扩充理解，这种扩充使得信息传递更为具体，具体表达就排除了其他相似表达的内涵，故而存在一定的法律风险。就此处而言，对专利技术方案的正确理解几乎没有任何影响，所以可以进行适当补译，但仍然是不推荐的译法。专利翻译始终应当秉持信息不失真的翻译方式。

In Gleichung (21) wird also nur bei Entladung integriert, in Gleichung (22) nur bei Ladung. Grundsätzlich könnte jeder dieser SOH-Werte, d. h. SOH$_{\mathrm{out}}$ oder SOH$_{\mathrm{in}}$, bereits als Näherungswert für den tatsächlichen SOH dienen. Eine Steigerung der Genauigkeit kann jedoch durch eine Mittelwertbildung erzielt werden gemäß der Beziehung

$$\mathrm{SOH} = \frac{\mathrm{SOH}_{\mathrm{out}} + \mathrm{SOH}_{\mathrm{in}}}{2} \tag{25}$$

【参考译文】 因此，在方程式(21)中仅在放电时积分，在方程式(22)中仅在充电时积分。原则上，这些 SOH 值中的每一个、即 SOH$_{\mathrm{out}}$ 或 SOH$_{\mathrm{in}}$ 都可以作为用于实际 SOH 的近似值。但可通过根据如下关系求平均值来提高精确度：

$$\mathrm{SOH} = \frac{\mathrm{SOH}_{\mathrm{out}} + \mathrm{SOH}_{\mathrm{in}}}{2} \tag{25}$$

Der Zeitraum $[t_1; t_2]$ ist zunächst beliebig; die Wahl des Zeitraums beeinflusst jedoch die Genauigkeit des Verfahrens. In einer konkreten Realisierung des Verfahrens kann dieser Zeitraum vorzugsweise unter Berücksichtigung der folgenden Bedingungen gewählt werden：

- Die während des Zeitraums entladenen und eingeladenen Ladungsmengen müssen größer als ein vordefinierter Schwellenwert Q_s sein (z. B. C_N oder ein Vielfaches von C_N).
- Zu Beginn und Ende des Zeitraums herrscht jeweils der gleiche Ladezustand SOC_{ref} (z. B. 50%).
- Zu Beginn und Ende des Zeitraums herrscht gleiche Stromrichtung (z. B. Batterie befindet sich am Laden).
- Es können auch unterschiedliche, überlappende Zeiträume für die beiden Größen SOH_{out} und SOH_{in} verwendet werden. Dies wird beispielsweise in der im Folgenden dargestellten Realisierung des Verfahrens eingesetzt.

【参考译文】 时段$[t_1;t_2]$首先是任意的；但时段的选择影响到该方法的精确性。在该方法的一个具体实现方式中，该时段最好可在考虑以下条件的情况下来选择：
- 在此期间放电和充电的电荷量应该大于预定阈值Q_s（例如C_N或C_N的倍数）。
- 相同的荷电状态SOC_{ref}（例如50%）分别存在于时段开始和结束时。
- 在时段开始和结束时存在相同的电流方向（例如电池正在充电）。
- 也可将不同的重叠时段用于两个参数SOH_{out}和SOH_{in}。例如这被用在下面所示的方法实现方式中。

【重难点解析】 "Vielfaches"是形容词"vielfach"的名词化形式，此处译为"倍数"。

Dieses Verfahren hat den Vorteil, dass, anders als bei herkömmlichen Verfahren, weder die experimentelle Durchführung von Vollzyklen noch ein Algorithmus zum Zählen von Zyklen notwendig sind.

【参考译文】 该方法的优点是，不同于常见方法地不需要通过试验执行全周期，也不需要周期计数算法。

In einer konkreten Realisierung als auf einem Mikrocontroller lauffähiger Programmcode kann der Algorithmus so ausgebildet sein, dass er vier Ladungszähler ($Q_{out,mess}$, $Q_{out,mod}$, $Q_{in,mod}$, $Q_{in,mod}$) und zwei SOH-Werte (SOH_{out}, SOH_{in}) bestimmt und jeweils speichert. Der Algorithmus wird periodisch nach einem Zeitraum Δt aufgerufen; dieser Zeitraum ist idealerweise der gleiche wie bei der SOC-Berechnung. Der Wert für I_{mod} wird jeweils aus dem SOC-Algorithmus erhalten. Es läuft dann folgende Logik ab：

1. Ladungszähler

(a) Ist $I_{mod} < 0$ (Entladung)?

$$Ja: Q_{out,mod} = Q_{out,mod} - I_{mod} \cdot \Delta t$$

(b) Ist $I_{mod} > 0$ (Ladung)?

$$Ja: Q_{in,mod} = Q_{in,mod} + I_{mod} \cdot \Delta t$$

(c) Ist $I_{mess} < 0$ (Entladung)?

$$Ja: Q_{out,mess} = Q_{out,mess} - I_{mess} \cdot \Delta t$$

(d) Ist $I_{mess} > 0$ (Ladung)?

$$Ja: Q_{in,mess} = Q_{in,mess} + I_{mess} \cdot \Delta t$$

2. SOH-Berechnung

（a）Sind $Q_{\text{out,mod}} > Q_s$ und $Q_{\text{out,mess}} > Q_s$ und $SOC_{\text{mod}} = SOC_{\text{ref}}$ und ist die Batterie am Entladen?

$$\text{Ja：} SOH_{\text{out}} = \frac{Q_{\text{out,mess}}}{Q_{\text{out,mod}}}$$

Setze $Q_{\text{out,mess}}$ und $Q_{\text{out,mod}}$ auf Null zurück.

（b）Sind $Q_{\text{in,mod}} > Q_s$ und $Q_{\text{in,mess}} > Q_s$ und $SOC_{\text{mod}} = SOC_{\text{ref}}$ und ist die Batterie am Laden?

$$\text{Ja：} SOH_{\text{in}} = \frac{Q_{\text{in,mess}}}{Q_{\text{in,mod}}}$$

Setze $Q_{\text{in,mess}}$ und $Q_{\text{in,mod}}$ auf Null zurück.

（c）$SOH = \dfrac{SOH_{\text{out}} + SOH_{\text{in}}}{2}$

【参考译文】 在作为可在微控制器上运行的程序代码的一个具体实现方式中，可以将算法设计为它确定四个电荷计数器（$Q_{\text{out,mess}}$、$Q_{\text{out,mod}}$、$Q_{\text{in,mod}}$、$Q_{\text{in,mod}}$）和两个 SOH 值（SOH_{out}、SOH_{in}）并且分别存储。该算法按照时段 Δt 被定期调用；理想情况下，该时段与 SOC 计算中相同。用于 I_{mod} 的值均从 SOC 算法中获得。然后进行以下逻辑：

1. 电荷计数器

（a）$I_{\text{mod}} < 0$（放电）吗？

是：$Q_{\text{out,mod}} = Q_{\text{out,mod}} - I_{\text{mod}} \cdot \Delta t$

（b）$I_{\text{mod}} > 0$（充电）吗？

是：$Q_{\text{in,mod}} = Q_{\text{in,mod}} + I_{\text{mod}} \cdot \Delta t$

（c）$I_{\text{mess}} < 0$（放电）吗？

是：$Q_{\text{out,mess}} = Q_{\text{out,mess}} - I_{\text{mess}} \cdot \Delta t$

（d）$I_{\text{mess}} > 0$（充电）吗？

是：$Q_{\text{in,mess}} = Q_{\text{in,mess}} + I_{\text{mess}} \cdot \Delta t$

2. SOH 计算

（a）$Q_{\text{out,mod}} > Q_s$ 且 $Q_{\text{out,mess}} > Q_s$ 且 $SOC_{\text{mod}} = SOC_{\text{ref}}$ 以及电池是否正在放电？

是：$SOH_{\text{out}} = \dfrac{Q_{\text{out,mess}}}{Q_{\text{out,mod}}}$

重置 $Q_{\text{out,mess}}$ 和 $Q_{\text{out,mod}}$ 为零。

（b）$Q_{\text{in,mod}} > Q_s$ 且 $Q_{\text{in,mess}} > Q_s$ 且 $SOC_{\text{mod}} = SOC_{\text{ref}}$ 并且电池是否正在充电？

是：$SOH_{\text{in}} = \dfrac{Q_{\text{in,mess}}}{Q_{\text{in,mod}}}$

重置 $Q_{\text{in,mess}}$ 和 $Q_{\text{in,mod}}$ 至零。

（c）$SOH = \dfrac{SOH_{\text{out}} + SOH_{\text{in}}}{2}$

【重难点解析】 "$Q_{\text{in,mod}} > Q_s$ und $Q_{\text{in,mess}} > Q_s$ und $SOC_{\text{mod}} = SOC_{\text{ref}}$" 中的"und"应翻译为"且"而不是"和"，因为"且"可表示其前后的两个条件同时成立，而"和"则没有这层意思。

Der zuletzt berechnete Wert SOH wird vom Algorithmus zurückgegeben und kann z. B. dem Benutzer angezeigt werden. Die Parameter Q_s und SOC_{ref} beeinflussen die Performanz der SOH-Diagnostik; in den unten gezeigten Beispielen wurde $Q_s = C_N$ und $SOC_{ref} = 50\%$ verwendet.

【参考译文】 例如，最后计算的值 SOH 由该算法返回并可被显示给用户。参数 Q_s 和 SOC_{ref} 影响 SOH 故障诊断的性能；在下面所示的例子中使用了 $Q_s = C_N$ 和 $SOC_{ref} = 50\%$。

Das Verfahren wird im Folgenden anhand einer Lithium-Ionen-Batteriezelle mit NMC-Graphit-Chemie (repräsentativ für den Anwendungsbereich Elektromobilität) demonstriert. Es werden dazu frei verfügbare experimentelle Daten von Birkl (a. a. O.) verwendet. Es wird das Modell A („Einfaches Modell") verwendet.

【参考译文】 以下结合具有 NMC 石墨化合物的锂离子电池单元(代表电动车应用领域)演示该方法。为此采用 Birkl 的免费可用的实验数据(出处同上)。将使用模型 A("简单模型")。

【重难点解析】 "a. a. O."是"am angeführten(或 angegebenen) Ort(e)"的缩写,译为"出处同上"。

Die Experimente von Birkl (a. a. O.) wurden wie folgt durchgeführt: Die testende Batterie wurde eine Vielzahl von aufeinanderfolgenden Zyklen unterzogen bis die Lebensdauer der Batterie erreicht war, wobei die Batterie in jedem Zyklus mit dem CCCV (Constant Current Constant Voltage) Verfahren geladen und unter Verwendung eines dynamischen Lastprofils, das einen Fahrzyklus in einer Stadt nachbildet, entladen wurde. Nach jedem 100 Zyklus wurde ein Messzyklus zur Charakterisierung der Batterieeigenschaften durchgeführt, wobei die Batterie bzw. eine Batteriezelle mit konstanter Stromstärke von 0,74 A bis zu einer Schlussspannungen 2,7 V entladen und wieder bis zu einer Schlussspannung von 4,2 V geladen wurde. Dieser Charakterisierungsvorgang wurde etwa 80 Mal wiederholt. Veröffentlicht sind jedoch nur die vollen Entlade-/Ladezyklen der Charakterisierungszyklen. Diese wurden für die vorliegende Demonstration zusammengefügt und repräsentieren damit ein beschleunigtes Alterungsverhalten. Gleichzeitig wird damit eine weitere Stärke des neuen Verfahrens aufgezeigt, nämlich die Fähigkeit, zu einem beliebigen Zeitpunkt in den Batteriebetrieb einsteigen zu können und auch mit unvollständigen Daten umgehen zu können.

【参考译文】 Birkl 实验(出处同上)如下进行：测试电池经受大量连续循环，直至电池寿命耗尽，其中，电池在每个循环中都以 CCCV(恒电流恒电压)方法来充电并且使用模拟城市行驶周期的动态负载曲线来放电。每 100 次循环后进行一次测量循环以表征电池特性，其中，电池或电池单元以 0.74 A 的恒定电流强度被放电至 2.7 V 最终电压，然后再充电至 4.2 V 最终电压。该表征过程重复约 80 次。但仅公布了表征周期的完整放电/充电周期。它们被组合在一起以便在此演示，因此代表加速老化行为。同时这也展示出新方法的另一优势，即，能够随时切换到电池操作以及具有应对不完整数据的能力。

Fig. 6 zeigt die gemessenen bzw. berechneten Größen für das Verfahren unter Verwendung des einfachen Modells (Modell A), nämlich in Fig. 6a die gemessene Spannung und in Fig. 6b die gemessene I_{mess} Stromstärke [Kurve (a)] bzw. berechnete I_{mod} Stromstärke [Ausgangsgröße des Modells, Eingangsgröße für den SOH-Algorithmus; Kurve (b)] der Batterie. Der erkennbare

Unterschied zwischen Modell und Messung ist eine Folge aus noch vorhandenen Defiziten des verwendeten Modells. Dennoch können aussagekräftige Ergebnisse erhalten werden, wie im Folgenden dargestellt wird.

【参考译文】 图6示出使用简单模型（模型A）的该方法的测量参数和计算参数，即，图6a示出电池的测量电压，图6b示出电池的测量电流强度I_{mess}［曲线（a）］或计算电流强度I_{mod}［模型输出参数，SOH算法的输入参数，曲线（b）］。模型与测量之间的明显差异源于所用模型中还有缺陷。但还是可以得到有说服力的结果，如下所示。

Fig. 7 zeigt den nach dem neuen Verfahren ［in der speziellen Ausgestaltung gem. Gleichung（7）］ bestimmten Ladezustand SOC für diese Batterie ［Kurve（b）］. Es ist außerdem ein SOC-Wert gezeigt, der nach herkömmlichen Verfahren basierend auf Ladungszählung（normiert auf die vollständig entladene Zelle）ermittelt wurde ［Kurve（a）］. Fig. 7a zeigt die ersten Stunden der Zyklierung. Das neue Verfahren kann den SOC mit sehr guter Genauigkeit（im Vergleich zum herkömmlichen Verfahren）bestimmen. Fig. 7b zeigt die letzten Stunden der Zyklierung. Hier ist die Zelle bereits signifikant gealtert, d. h. hat an Kapazität verloren. Das neue Verfahren kann die Vollzyklierung zuverlässig abbilden. Das herkömmliche Verfahren scheitert jedoch an der Alterung der Zelle: Trotz Ladung bis zur Ladeschlussspannung erreicht der SOC im herkömmlichen Verfahren nur einen（inkorrekten）Wert von etwa 75%. Dieser Vergleich demonstriert die Robustheit des neuen Verfahrens zur SOC-Bestimmung gegenüber Kapazitätsverlust durch Zellalterung.

【参考译文】 图7示出根据新方法［在根据方程式（7）的特定设计中］确定的电池的荷电状态SOC［曲线（b）］。还示出SOC值，它是根据常见方法基于电荷计数来确定的（按全放电电池标准化）［曲线（a）］。图7a示出循环的最初几小时。新方法可以很准确地确定SOC（与传统方法相比）。图7b示出循环的最后几小时。在这里，电池已明显老化，即容量损耗。新方法能可靠描绘整个周期。然而传统方法的缺点是电池老化：尽管充电直至充电结束电压，但在常见方法中该SOC仅达到约75%的（非正常）值。这种比较证明新的SOC确定方法就由电池老化引起的容量损失而言的耐用性。

【重难点解析】 "Kapazität verloren"此处的"verloren"取"（in Bezug auf das, was angestrebt, gewünscht wird）weniger werden"之意。

Das Ergebnis der SOH-Bestimmung ist in Fig. 8 dargestellt ［Kurve（b）］. Außerdem ist ein Vergleich mit Werten aus einer einfachen Ladungszählung nach Gl.（19）dargestellt ［Kurve（v）］. Die Übereinstimmung ist sehr gut. Aus diesen Ergebnissen folgt, dass sich der SOH mit dem neuen Verfahren zuverlässig bestimmen lässt.

【参考译文】 SOH确定的结果在图8中被示出［曲线（b）］。此外，示出了与来自根据方程式（19）的简单电荷计数的值的比较［曲线（v）］。一致性很好。从这些结果中可以得到：可用新方法可靠确定SOH。

Im Folgenden wird das Verfahren anhand einer Lithium-Ionen-Batteriezelle mit LFP-Graphit-Chemie（repräsentativ für den Anwendungsbereich stationäre Speicher）demonstriert, wobei hierfür das Modell B（„Äquivalenzschaltkreismodell"）verwendet wird.

【参考译文】 以下,该方法借助具有LFP石墨化合物的锂离子电池单元(代表固定存储器应用领域)来演示,其中,为此采用模型B("等效电路模型")。

Für die Experimente wurden über 670 konsekutive Lade-/Entladezyklen durchgeführt, wobei das Entladen mit einer konstanten Stromstärke von 150 A und das Laden mit dem CCCV Ladeverfahren erfolgte. Die Entladeschlussspannung betrug 2,85 V und die Ladeschlussspannungen 3,8 V. Die Versuchsdauer betrug ca. 1,500 h. Die Kapazität der neuen Zelle C_N betrug 158 Ah. Mit diesem Datensatz kann sowohl die SOC-Ermittlung (während eines beliebigen Einzelzyklus) als auch die SOH-Ermittlung (über die gesamte Dauer des Versuchs) demonstriert werden. Zusätzlich wurden mit einer geeigneten Messtechnik hochpräzise Werte von SOC und SOH nach dem herkömmlichen Verfahren der Ladungszählung ermittelt, die zum Vergleich mit dem neuen Verfahren dienen.

【参考译文】 为了实验,进行了超过670次连续充电/放电循环,其中,进行以150 A恒定电流强度的放电和使用CCCV充电方法的充电。放电结束电压为2.85 V,充电结束电压为3.8 V。测试时间约为1500小时。新电池的容量C_N为158 Ah。使用此数据组,不仅可证明SOC确定(在任何单独循环期间)、也能证明SOH确定(在整个测试期间)。此外,根据常见的电荷计数方法,使用合适的测量技术确定了高精度的SOC值和SOH值,其用于与新方法进行比较。

Fig. 9 zeigt die Eingangsgrößen für das Verfahren, d. h. die gemessene Spannung U_{mess} (Fig. 9a) und die gemessene Stromstärke I_{mess} [Fig. 9b; Kurve (a)] für diese Batterie. Fig. 9b zeigt außerdem die modellierte Stromstärke I_{mod} [Ausgangsgröße des Modells und Eingangsgröße für den SOH-Algorithmus; Kurve (b)]. Der erkennbare Unterschied zwischen Modell und Messung ist eine Folge aus noch vorhandenen Defiziten des verwendeten Modells.

【参考译文】 图9示出该方法的输入参数,即,该电池的测量电压U_{mess}(图9a)和测量电流强度I_{mess}[图9b,曲线(a)]。图9b还示出模拟的电流强度I_{mod}[模型的输出参数和SOH算法的输入参数,曲线(b)]。模型与测量之间的明显差异源于所用模型中还存在的缺陷。

Das Ergebnis des Verfahrens, der Ladezustand SOC und der Gesundheitszustand SOH der Batterie, ist in Fig. 10 dargestellt [Kurve (b)]. Zum Vergleich sind außerdem Werte dargestellt, die aus der präzisen Vergleichsmessung resultieren [Kurve (v)]. Fig. 10a zeigt den SOC. Das neue Verfahren kann die Zyklierung der Batterie zwischen 0% und 100% SOC zuverlässig wiedergeben, wenn auch mit einem gewissen geringen Fehler gegenüber der präzisen Messung. Fig. 10b zeigt den SOH. Das neue Verfahren ist in der Lage, den Kapazitätsverlust der Batterie über die Versuchsdauer von ca. 1.500 Stunden zuverlässig wiederzugeben. Im Vergleich zur präzisen Messung zeigt sich lediglich ein erhöhtes Rauschen.

【参考译文】 图10示出该方法的结果[曲线(b)],即电池的荷电状态SOC和健康状态SOH。为了比较,还示出来自精确对比测量的值[曲线(v)]。图10a示出SOC。新方法能可靠反映在0%到100%的SOC之间的电池循环,尽管与精确测量相比有一定的小误差。图10b示出SOH。新方法能够可靠反映在约1500小时测试期间的电池容量损失。与精确测量相比,这仅表明增大的噪声。

Diese Ergebnisse belegen die Funktionsfähigkeit des vorstehend beschriebenen Verfahrens zur Bestimmung des Ladezustands und des Gesundheitszustands von Batterien.

【参考译文】 这些结果证明上述方法能用于确定电池荷电状态和健康状态的能力。

Liste wesentlicher Bezeichnungen von Variablen und Parametern

变量和参数的主要名称列表

C	Kapazität der Batterie
	电池容量
C_N	Nennkapazität der Batterie
	电池标称容量
I_{mess}	gemessener Batteriestrom
	测量的电池电流
I_{mod}	Modell-Batteriestrom
	模型电池电流
Q	Restladung in der Batterie
	电池剩余电量
SOC	tatsächlicher Ladezustand
	实际荷电状态
SOC_{mod}	Ladezustand nach dem Batteriemodell
	根据电池模型的荷电状态
SOH	tatsächlicher Gesundheitszustand
	实际健康状况
SOH_{mod}	Gesundheitszustand nach dem Batteriemodell
	根据电池模型的健康状态
t	Zeit
	时间
T_{mess}	gemessene Temperatur der Batterie
	测量的电池温度
T_{mess}^{umg}	gemessene Umgebungstemperatur
	测量的环境温度
U_{mess}	gemessene Batteriespannung
	测量的电池电压
U_{mod}	Modell-Batteriespannung
	模型电池电压
U^0	Leerlaufspannung
	开路电压
Δt	Abtastintervall
	采样间隔

Bezugszeichenliste

附图标记列表

100	Gesamt-Algorithmus
	整体算法
102	erster Bestandteil des Gesamt-Algorithmus
	整体算法的第一部分
104	zweiter Bestandteil des Gesamt-Algorithmus
	整体算法的第二部分
106	Batterie
	电池
108	Vorrichtung zur Durchführung des Verfahrens
	用于执行该方法的装置
110	Einheit zur Spannungsmessung
	电压测量单元
112	Einheit zur Strommessung
	电流测量单元
114	Last
	负载
116	Anzeigeeinheit
	显示单元
118	Recheneinheit
	计算单元

第三节　生化类专利翻译

一、生化类专利的特点

生物和化学领域的发明创造类型较广,例如药物组成、药物生产工艺、微生物、遗传物质、植物新品种及其生产方法等。就生化类专利而言,首要的特点在于我国对于该类专利的保护客体具有严格要求。例如:

中国《专利法》第二十五条指出,对下列各项,不授予专利权:(一)科学发现;(二)智力活动的规则和方法;(三)疾病的诊断和治疗方法;(四)动物和植物品种;(五)原子核变换方法以及用原子核变换方法获得的物质;(六)对平面印刷品的图案、色彩或者二者的结合作出的主要起标识作用的设计。其中第(一)项、第(三)项及第(四)项都与生化领域有密切的关系。

生化类专利的第二个特点在于其对于说明书公开充分的要求与机械领域有所不同。我国《专利法》第二十六条第三款规定,说明书应当对发明或者实用新型作出清楚、完整的说明,以所属技术领域的技术人员能够实现为准。

因此，说明书应当通过文字记载充分公开申请专利保护的发明。而生物和化学领域存在一些特殊性，为了达到说明书的充分公开，可能涉及以下注意事项。

（一）生物材料的保藏

《中国专利法实施细则》第二十四条规定，若申请专利的发明涉及新的生物材料，该生物材料公众不能得到，并且对该生物材料的说明不足以使所属领域的技术人员实施其发明的，除应当符合专利法和本细则的有关规定外，申请人还应当办理下列手续：1. 在申请日前或者最迟在申请日（有优先权的，指优先权日），将该生物材料的样品提交国务院专利行政部门认可的保藏单位保藏，并在申请时或者最迟自申请日起4个月内提交保藏单位出具的保藏证明和存活证明；期满未提交证明的，该样品视为未提交保藏；2. 在申请文件中，提供有关该生物材料特征的资料；3. 涉及生物材料样品保藏的专利申请应当在请求书和说明书中写明该生物材料的分类命名（注明拉丁文名称）、保藏该生物材料样品的单位名称、地址、保藏日期和保藏编号；申请时未写明的，应当自申请日起4个月内补正；期满未补正的，视为未提交保藏。

例如，若专利涉及通过难以再现的筛选、诱变等手段得到的微生物菌种，就应及时在申请日之前按要求在指定单位进行保藏，并在申请文件和请求书中提供保藏信息。申请人需要注意尽早提交生物材料进行保藏，以使专利申请工作能够如期进行。美国也有类似规定，在具体实施上略有不同，但如果是有中国优先权申请的情况，则只要按照中国的规定执行并在美国申请中提供保藏证据即可。

（二）实验数据的作用

相对于软件领域而言，生化领域的发明能否在实施时达到预期的发明效果往往难以预料，需要借助于实验结果来证明当本领域技术人员实施该技术时，是可以达到预期发明效果的。中国专利申请和美国专利申请的说明书中都需要包括一定实验数据和结果，提供相对具体的实施例，以对发明效果和权利要求进行更好的支撑。例如B公司研发的新型抗癌药物，其杀死癌细胞的效果需要在实验数据中得到一定程度的体现，以证明该药物是可能达到抗癌效果的。再例如，C公司对某化学生产工艺进行了改进，则说明书中的实验数据应当证明改进后的生产工艺能达到更好的预期效果，诸如提高了反应速率或产物浓度等。

但是也要注意，专利的保护范围（即权利要求的范围）并不需要和实验的进展完全一致。以B公司的抗癌药物为例，并不是说要做了临床试验证明此药物对人的癌症有很好的疗效才能申请保护此抗癌药的专利。很可能只要有了动物实验甚至是细胞实验的结果就已经足够了。

更具体地，与其他技术领域相比，生物医药领域的专利申请有以下特殊的要求：

1. 对于新的药物化合物或者药物组合物，应当记载其具体的医药用途或者药理作用，同时还应当记载其有效量及使用方法，并给出实验室试验或者临床试验的定性或定量数据；

2. 涉及核苷酸或者氨基酸序列的申请，应当同时提交与序列表一致的计算机可读形式的副本；

3. 涉及生物材料（如菌种）的申请，应当在申请日之前将该生物材料提交至国家局认可的生物材料样品国际保藏单位保藏；

4. 依赖遗传资源完成的发明创造，应当说明该遗传资源的直接来源和原始来源。

二、生化类专利翻译重难点解析

案例解析（德文公开号EP3941981A1；中文同族公开号CN113631667A），以下内容仅节选了该专利申请书的部分内容进行解析说明。

VERFAHREN ZUR GENERIERUNG EINER ZUSAMMENSETZUNG FÜR FARBEN, LACKE, DRUCKFARBEN, ANREIBEHARZE, PIGMENTKONZENTRATE ODER SONSTIGE BESCHICHTUNGSSTOFFE

生成用于油漆、清漆、印刷油墨、研磨树脂、颜料浓缩物或其它涂料的组合物的方法

Technisches Gebiet

技术领域

Die Erfindung betrifft ein Verfahren zur Generierung einer Zusammensetzung für Farben, Lacke, Druckfarben, Anreibeharze, Pigmentkonzentrate oder sonstige Beschichtungsstoffe.

【参考译文】 本发明涉及一种生成用于油漆、清漆、印刷油墨、研磨树脂、颜料浓缩物或其它涂料的组合物的方法。

【重难点解析】 "Die Erfindung betrifft ein Verfahren zur"为说明书中"技术领域"部分的常用套话,对应中文的"本发明涉及一种……方法",此外还可以将"ein Verfahren"替换为"eine Vorrichtung""ein System"等,对应中文"一种……装置""一种……系统";而在部分专利文本中,会同时保护两个相关对象,例如"一种基于……的系统及方法"。

Stand der Technik

现有技术

Zusammensetzungen für Farben-, Lacke-, Druckfarbenzusammensetzungen, Anreibeharze, Pigmentkonzentrate und sonstige Beschichtungsstoffe, sind komplexe Mischungen von Rohstoffen. Übliche Zusammensetzungen oder Rezepturen bzw. Formulierungen für Farben, Lacke, Druckfarben, Anreibeharze, Pigmentkonzentrate oder sonstige Beschichtungsstoffe enthalten etwa 20 Rohstoffe, im Folgenden auch „Komponenten" genannt. Diese Zusammensetzungen bestehen beispielsweise aus Rohstoffen die ausgewählt sind aus Feststoffen, wie Pigmenten und/oder Füllstoffen, Bindemitteln, Lösemitteln, Harzen, Härtern und verschiedenen Additiven, wie Verdicker, Dispergiermittel, Benetzer, Haftvermittler, Entschäumer, Oberflächenmodifizierungsmittel, Verlaufmittel, katalytisch wirksame Additive wie z.B. Trockenstoffe und Katalysatoren und speziell wirksamen Additive, wie z.B. Biozide, Photoinitiatoren und Korrosionsinhibitoren.

【参考译文】 用于油漆、清漆、印刷油墨组合物、研磨树脂、颜料浓缩物和其它涂料的组合物是由原料组成的复杂混合物。用于油漆、清漆、印刷油墨、研磨树脂、颜料浓缩物或其它涂料的常见组合物或配伍或配方包含约20种原材料,其以下也被称为"组分"。例如,所述组合物例如由选自以下项的原材料构成:固体如颜料和/或填料、黏合剂、溶剂、树脂、硬化剂和各种添加剂如增稠剂、分散剂、润湿剂、增附剂、消泡剂、表面改性剂、流平剂、催化活性添加剂如干燥剂和催化剂以及特效添加剂如杀虫剂、光引发剂和腐蚀抑制剂。

【重难点解析】

　　此段的第一句话与发明名称的单词大量重合,因此在翻译时极易不假思索地复制粘贴,然而仔细对比可以发现标题中是"Druckfarben",而此处为"Druckfarbenzusammensetzungen",因此应译为"印刷油墨组合物",以最大程度贴合原文。

此段的最后一句话较长，翻译时应先提炼句子主干，此句的主干为：Zusammensetzungen bestehen aus Rohstoffen, die aus Feststoffen und Additiven ausgewählt sind。此处根据句子结构将译文进行了灵活处理，用"选自以下项的原材料"引出了下文的各种原材料，符合中习惯，同时便于阅读和理解。

生化类专利存在大量化学物质需要翻译的情况，此处列举的增稠剂、分散剂、润湿剂、增附剂都是容易确定的术语，而更多不常见的术语往往需要借助英文作为中介来进行转译。

Bisher werden neue Zusammensetzungen, Formulierungen und Reformulierungen mit bestimmten, gewünschten Eigenschaften anhand von Erfahrungswerten spezifiziert und danach chemisch synthetisiert und getestet. Die Komposition einer neuen Zusammensetzung, die bestimmte Erwartungen an deren chemischen, physikalischen, optischen, haptischen und sonstigen messtechnisch erfassbaren Eigenschaften erfüllt, ist aufgrund der Komplexität der Wechselwirkungen auch für einen Fachmann kaum vorhersehbar. Durch die Mannigfaltigkeit der Wechselwirkungen der Rohstoffe untereinander und damit einhergehend einer Vielzahl von Fehlversuchen ist dieses Vorgehen sowohl zeit- als auch kostenintensiv.

【参考译文】 迄今为止，已根据经验值指定具有某些期望特性的新组合物、配方和重组配方，且随后以化学方式来合成和测试。由于相互作用的复杂性，故对于本领域技术人员而言，在化学、物理、光学、触觉和其它可通过测量来识别的特性方面满足特定期望的新的组合物的组成仍是难预见的。鉴于原材料之间相互作用的多样性以及随之而来的大量不成功试验，这种做法既耗时又成本高昂。

【重难点解析】
此段第一句中，介词短语"mit bestimmten, gewünschten Eigenschaften"做后置定语，修饰主语"Zusammensetzungen, Formulierungen und Reformulierungen"；介宾短语"anhand von Erfahrungswerten"修饰动词"spezifiziert"。

第二句的翻译将一个关系从句处理为"Komposition"的定语，这样的处理技巧在专利翻译中很常见，避免了用"其"字来替代关系代词时可能造成的指代不明。

Fachmann：Der Fachmann („Durchschnittsfachmann") ist der fiktive Adressat eines Patents bzw. der dort enthaltenen Lehre. Der Fachmann verfügt über durchschnittliches Wissen und durchschnittliche Erfahrung auf dem technischen Gebiet des Patents，其对应中国专利领域中的常用术语"本领域技术人员"。在专利翻译中译者需要对德国和中国的专利知识都有一定了解，才能避免将"Fachmann"翻译为"专业人士"之类的普通含义。

"Zusammensetzung""Formulierungen"和"Reformulierung"分别翻译为组合物、配方和重组配方，此类关键性词汇在化学生物领域有其专属用法。

Aus der US 2018/0276348 A1 ist ein kognitives Computersystem zur Herstellung chemischer Formulierungen bekannt. Das System bestimmt eine chemische Formulierung, die bestimmte Einschränkungen erfüllt, produziert und testet die chemische Formulierung. Dieses Computersystem beruht auf dem Training eines lernenden Systems mit vorhandenen Daten chemischer Formulierungen. Die Erstellung hinreichend großer Datensätze um eine Lern-Logik auf diesen zu trainieren ist jedoch sehr aufwändig und aufgrund des hohen Zeit- und Materialverbrauchs auch teuer. In vielen Fällen ist es auch nicht möglich, einfach auf einen in den meisten Labors vorhandenen Datensatz bereits synthetisierter und analysierter Zusammensetzungen zurückzugreifen. Dafür kann es verschiedene Gründe geben: das Labor wurde frisch eingerichtet und verfügt noch nicht über eine entsprechende Datenbasis. Das Labor etabliert eine neue Produktlinie und hat noch keine Erfahrung und entsprechende Datensätze betreffend die Eigenschaften dieser neuen Produktlinie. Oder es sind zwar Daten vorhanden, diese sind jedoch vom Umfang her zu gering oder von ihrer historisch bedingten Zusammensetzung her zu unausgewogen („gebiassed"), um als Trainingsdatensatz verwendbar zu sein. Somit sind sowohl der von einem Menschen durchgeführten als auch der computergestützten Einschätzung und Prognose bezüglich der Komponenten einer Zusammensetzung mit gewünschten Eigenschaften derzeit sehr enge Grenzen gesetzt. Dies gilt insbesondere für komplexe Zusammensetzungen mit vielen relevanten Eigenschaften und vielen Komponenten, wie dies bei Farben, Lacken, Druckfarben, Anreibeharzen, Pigmentkonzentraten oder sonstigen Beschichtungsstoffen der Fall ist, da die Komponenten auf komplexe Art miteinander wechselwirken und die Eigenschaften der entsprechenden chemischen Produkte bestimmen.

【参考译文】 US 2018/0276348 A1 公开了一种用于生产化学配方的认知计算机系统。该系统确定满足某些限制条件的化学配方，并生产和检查该化学配方。该计算机系统基于的是用现有的化学配方数据训练学习系统。然而，创建足够大的数据组用以训练学习逻辑是非常复杂的，并且因为耗用大量时间和材料而也是昂贵的。在许多情况下也无法简单地动用事先被合成并分析的组合物的存在于大多数实验室中的数据组。这可能有以下各种原因：实验室是新成立的，还没有相应的数据库。实验室在建新的产品线，还没有关于这条新产品线特性的任何经验和相应的数据组。或者，虽然有数据，但其就范围而言太小或就其由历史决定的组成而言太不平衡（"有侧重"），以致不能用作训练数据组。因此，关于具有所需特性的组合物的组分，由人执行的评估与计算机辅助评估与预测目前都遇到很窄的瓶颈。这尤其适用于具有许多相关特性和许多组分的复杂组合物，就像针对油漆、清漆、印刷油墨、研磨树脂、颜料浓缩物或其它涂料那样，因为这些组分以复杂的方式相互作用并决定了相应化学品的特性。

【重难点解析】

"einen in den meisten Labors vorhandenen Datensatz bereits synthetisierter und analysierter Zusammensetzungen"一处修饰成分较多，应先找出中心语"einen Datensatz"，第一分词短语"in den meisten Labors vorhandenen"和第二格定语"bereits synthetisierter und analysierter Zusammensetzungen"都是修饰"Datensatz"的定语。第二格定语在专利文本中尤为常见，翻译时应当注意形容词词尾，避免误译。

"zu..., um ... zu..."这个句式通常可以译为"太……，以致于不能……"。

"der Komponenten einer Zusammensetzung mit gewünschten Eigenschaften"一处中，"mit gewünschten Eigenschaften"从语法上看既可以修饰"Komponenten"，又可以修饰"Zusammensetzung"，此时则需要根据句意来判断，根据前文得出"mit gewünschten Eigenschaften"是"Zusammensetzung"的修饰成分。

Deshalb müssen derzeit neue Zusammensetzungen zunächst chemisch real hergestellt und deren Eigenschaften dann gemessen werden, um abschätzen zu können, ob die Zusammensetzungen bestimmte erforderliche Eigenschaften aufweisen. Zwar gibt es schon Ansätze zur automatischen Vorhersage von Eigenschaften chemischer Substanzen, die Erstellung eines Trainingsdatensatzes hinreichender Größe und Qualität ist aber oft noch aufwändiger als die in Frage kommende Zusammensetzung direkt herzustellen und zu testen. Die Entwicklung neuer Zusammensetzungen auf dem Gebiet der Farben, Lacke, Druckfarben, Anreibeharze, Pigmentkonzentrate oder sonstige Beschichtungsstoffe ist besonders aufwändig und erfordert viel Zeit.

【参考译文】 因此,目前须首先以化学方法真正生产新的组合物,然后测量其特性,以便能够评估所述组合物是否具有某些所需特性。虽然已经有用于自动预测化学物质特性的方法,但创建足够大小和质量的训练数据组通常比直接生产和测试相关组成还更复杂。在油漆、清漆、印刷油墨、研磨树脂、颜料浓缩物或其它涂料领域的新组合物的开发是尤其复杂的,并且需要大量时间。

【重难点解析】 第二句是以"zwar ... aber"的使用突出前后两个句子之间的转折关系,"aber"一词所在句子的主干为"die Erstellung ist aufwändiger"。主句的"die Erstellung eines Trainingsdatensatzes hinreichender Größe und Qualität"中,第二格定语"eines Trainingsdatensatzes hinreichender Größe und Qualität"修饰"Erstellung",无冠词的第二格定语"hinreichender Größe und Qualität"又修饰"Trainingsdatensatz"。翻译时可直接将"Erstellung"动词化,这在专利翻译中很常用。该主句中又包含一个als引导的比较结构,不定式在此相当于从句。

Zusammenfassung
概述
【重难点解析】 此处为发明内容的核心总结,故不建议翻译为"摘要","摘要"在专利文本中有其独特的法律含义。

Es ist daher die Aufgabe der vorliegenden Erfindung, ein Verfahren bereitzustellen, durch welches die Entwicklung einer neuen Zusammensetzung oder die Entwicklung einer Reformulierung zeitsparender und kostengünstiger erreicht wird.

【参考译文】 因此本发明的任务是提供一种方法,借此以更节省时间且廉价的方式来达成新组合物的开发或重组配方的开发。

【重难点解析】 "durch welches"引导关系从句,"welches"指代"Verfahren",翻译时可以将"durch welches"处理为"借此",或者将其补充完整,译为"通过/凭借此方法"等。

Nach Ausführungsformen der Erfindung sind die Komponenten der bekannten Zusammensetzungen und/oder der Versuchs-Zusammensetzungen ausgewählt aus der Gruppe bestehend aus Feststoffen, wie Pigmenten und/oder Füllstoffen, Bindemitteln, Lösemitteln, Harzen, Härtern und verschiedenen Additiven, wie Verdicker, Dispergiermittel, Benetzer, Haftvermittler, Entschäumer, Oberflächenmodifizierungsmittel, Verlaufmittel, katalytisch wirksame Additive und speziell wirksamen Additive.

【参考译文】 根据本发明的实施方式,已知组合物和/或试验组合物的组分选自如下的组,该组包括固体如颜料和/或填料、黏合剂、溶剂、树脂、硬化剂和各种添加剂如增稠剂、分散剂、润湿剂、增附剂、消泡剂、表面改性剂、流平剂、催化活性添加剂和特殊活性添加剂。

【重难点解析】　此句主干为"sind die Komponenten ausgewählt aus der Gruppe",其中,"Gruppe"的后置定语主干为"bestehend aus Feststoffen und verschiedenen Additiven"。

此外,在本文中,同一术语刻意保留了"特效添加剂"和"特殊活性添加剂"这两种说法。在很多情况下,对于难以准确定夺的术语,翻译人员可以采用两种译文,这有利于专利申请人保护自身技术,这是因为"概念不能覆盖事实发生的多样性"且还存在主观因素。具体体现为,不同知识背景的读者在阅读"特效添加剂"和"特殊活性添加剂"时会有不同理解,例如专利局审查员、复审无效审理部和知识产权法院在审理相同案件时,往往会就关键术语进行反复推敲,而且彼此相反的意见并非罕见。

Nach Ausführungsformen der Erfindung sind die von der Anlage erfassten Eigenschaften der Versuchs-Formulierung ausgewählt aus der Gruppe bestehend aus Lagerstabilität, pH-Wert, Rheologie, insbesondere Viskosität, Dichte, relative Masse, Koloristik, insbesondere Farbstärke, Kostenreduzierung während der Produktion und Verbesserung der Ausbeute von Pigmenten.

【参考译文】　根据本发明的实施方式,由该设备测知的试验配方特性选自以下组,该组包括储存稳定性、pH值、流变学且特别是黏度、密度、相对质量、颜色学且特别是颜色强度、生产时的成本降低和颜料产量的提高。

【重难点解析】　此句的结构与上一段类似,主干为"sind die Eigenschaften ausgewählt aus der Gruppe",其中,"bestehend aus"及之后的内容皆为"Gruppe"的后置定语;需要注意的是,"insbesondere"在其中出现了两次,在翻译时可以用"且"字连接上位概念和"insbesondere"引导的下位概念,使得结构更清晰,当然这样翻译的前提是已经查阅资料,确定"Rheologie"是"Viskosität"的上位概念、"Koloristik"是"Farbstärke"的上位概念。

Nach Ausführungsformen der Erfindung erfolgt die Ausgabe der Prognosezusammensetzung auf einem Nutzerinterface des Computersystems. Bei dem Nutzerinterface kann es sich zum Beispiel um einen Bildschirm, einen Lautsprecher und/oder einen Drucker handeln.

【参考译文】　根据本发明的实施方式,通过计算机系统的用户接口来输出预测组合物。用户接口例如可以是屏幕、扬声器和/或打印机。

Dies kann vorteilhaft sein, da der Nutzer die Prognosezusammensetzung vor deren Übermittlung an die chemische Anlage zum Zwecke der Synthese noch einmal manuell auf Plausibilität prüfen kann.

【参考译文】　这可能是有利的,因为在将预测组合物传输至化工设备以进行合成之前,用户可以再次人工检查预测组合物的合理性。

【重难点解析】　此句中"zum Zwecke der Synthese"所修饰的内容容易混淆,单从语法上看,它既可以修饰前文的"Übermittlung",又可以修饰后文的"prüfen",那么就要从句意入手,该句所表达的顺序为:先人工检查,再传输至设备,最后进行合成,按照此逻辑顺序,应译为"传输至化工设备以进行合成"。

Nach Ausführungsformen weist die Anlage mindestens zwei Bearbeitungsstationen auf. Die mindestens zwei Bearbeitungsstationen sind über ein Transportsystem miteinander verbunden, au dem selbstfahrende Transportvehikel zum Transport der Komponenten der Zusammensetzung und/oder der hergestellten Zusammensetzung zwischen den Bearbeitungsstationen verkehren können.

【参考译文】 根据实施方式，该设备具有至少两个加工站。所述至少两个加工站经由输送系统相连，自走式运输工具可在该输送系统上在所述加工站之间移动，用于输送组合物的和/或所产生组合物的成分。

【重难点解析】 此段第二句包含主句和一个关系从句。从句的主干为"auf dem Transportvehikel zwischen den Bearbeitungsstationen verkehren können"，其中，"dem"指代主句中的"Transportsystem"；后置定语"zum Transport der Komponenten der Zusammensetzung und/oder der hergestellten Zusammensetzung"修饰名词"Transportvehikel"，翻译时若觉得太长也可以将其移至句尾，这样更符合中文表达习惯。

Nach Ausführungsformen umfasst das Verfahren ferner: Eingabe einer Zusammensetzung an einen Prozessor, der die Anlage steuert, wobei die in den Prozessor eingegebene Zusammensetzung die ausgewählte Versuchs-Zusammensetzung oder die Prognosezusammensetzung ist, wobei der Prozessor die Anlage ansteuert, die eingegebene Zusammensetzung herzustellen, wobei in den mindestens zwei Bearbeitungsstationen die Herstellung der eingegebenen Zusammensetzung und eine Messung der Eigenschaften der eingegebenen Zusammensetzung erfolgt, wonach eine Ausgabe der gemessenen Eigenschaften auf einem Nutzerinterface der Computersystems erfolgt und/oder die gemessenen Eigenschaften in der Datenbank gespeichert werden. Bei dem Prozessor kann es sich z. B. um den Prozessor eines Hauptsteuerungscomputers der Anlage handeln, welcher Bestandteil der Anlage ist oder mit dieser operativ über ein Netzwerk verbunden ist.

【参考译文】 根据实施方式，该方法还包括：向控制该设备的处理器输入组合物，其中，输入到处理器中的组合物是所选的试验组合物或预测组合物，其中，该处理器控制该设备以生产输入的组合物，其中，在所述至少两个加工站中进行输入的组合物的生产和对输入的组合物的特性的测量，接着，通过计算机系统的用户接口来输出测量特性和/或将所测量特性存储在数据库中。处理器可以是例如该设备的主控制计算机的处理器，其是该设备的组成部分或可通过网络有效连接到该设备。

【重难点解析】 此段第一句包含多个关系从句和由"wobei"引导的从句，从句套从句，这在德语专利文本中非常常见，翻译时可以将关系从句处理为定语以精简结构，"wobei"从句顺译即可。

第二句中包含主句和由"welcher"引导的关系从句。此处"welcher"替代了关系代词"der"，指代主句中的"Prozessor"；而从句中"mit dieser"的"dieser"则指代离它最近的名词"Anlage"。

Die iterative Synthese und Prüfung (Bestimmung der Eigenschaften) der Versuchs-Zusammensetzungen zur Erweiterung des Trainingsdatensatzes kann vorteilhaft sein, da ein vollautomatisches oder — falls Nutzerbestätigung erforderlich ist — semiautomatisches System zur gezielten Erweiterung eines bestimmten, schon vorhandenen Trainingsdatensatzes zur iterativen Verbesserung eines neuronalen Netzwerks bereitgestellt wird. Das auf dem neuronalen Netzwerk basierte Vorhersageverfahren verbessert sich also selbsttätig, automatisch und iterativ durch entsprechende Steuerung der chemischen Anlage und automatische Verwendung der so erzeugten empirischen Daten zur Erweiterung des Trainingsdatensatzes.

【参考译文】 用于扩展训练数据组的试验组合物的迭代合成和检查（特性的确定）可能是有利的，因为提供了一种全自动的系统或在需要用户确认时的半自动的系统,其用于有针对性地扩展特定已有的训练数据组来迭代改善神经元网络[①]。通过相应控制化工设备且自动使用如此产生的经验数据来扩展训练数据组,进而主动、自动地以迭代方式改进基于神经元网络的预测方法。

【重难点解析】 此段第一句的原因状语从句中,主干为"da ein System bereitgestellt wird",后置定语"zur gezielten Erweiterung eines bestimmten, schon vorhandenen Trainingsdatensatzes"修饰"System";"zur iterativen Verbesserung eines neuronalen Netzwerks"为目的状语。

　　第二句的主干为"Das Vorhersageverfahren verbessert sich durch Steuerung und Verwendung",其中,第二格定语"der so erzeugten empirischen Daten"修饰名词"Verwendung","zur Erweiterung des Trainingsdatensatzes"则是目的状语。

Die Synthese und Prüfung (Bestimmung der Eigenschaften) der Prognosezusammensetzung kann vorteilhaft sein, da ein System bereitgestellt wird, in welches ein Nutzer nur die gewünschten Eigenschaften des chemischen Produkts spezifizieren muss, die Ermittlung der hierfür erforderlichen Komponenten und die Erzeugung des Produkts mit den gewünschten Eigenschaften laufen automatisch ab, sofern eine Prognosezusammensetzung vom neuronalen Netz für die im Eingangsvektor spezifizierten geforderten Eigenschaften ermittelt werden konnte.

【参考译文】 预测组合物的合成和检查(特性的确定)可能是有利的,因为提供了一种系统,在该系统中,用户只需详细说明化学品的期望特性,为此所需的组分之确定以及具有期望性能的产品之生产都是自动运行的,前提是神经元网络能针对在输入向量中所详细说明的期望特性确定预测组合物。

【重难点解析】 "etwas kann vorteilhaft sein"是德语专利文本中经常使用的句式,通常译为"……是有利的"。

　　"sofern"引导的从句的主干为"sofern eine Prognosezusammensetzung vom neuronalen Netz ermittelt werden konnte",翻译时可以将该被动句转换为主动句,即"neuronalen Netz"为主语,"Prognosezusammensetzung"为第四格宾语。

Nach Ausführungsformen beinhalten die Zusammensetzungen Formulierungen oder bestehen aus Formulierungen.

【参考译文】 根据实施方式,所述组合物包含配方或由配方构成。

Unter einer „**Zusammensetzung**" wird hier eine Spezifikation eines chemischen Erzeugnisses verstanden, welche zumindest die Art der Rohstoffe („Komponenten") spezifiziert, aus denen das chemische Erzeugnis gebildet wird. Wenn im Kontext dieser Anmeldung von der Herstellung oder Prüfung einer Zusammensetzung gesprochen wird, ist dies als Kurzfassung dafür zu verstehen, dass ein chemisches Erzeugnis gemäß den in der Zusammenfassung spezifizierten Angaben zu der

---

① "神经元网络"为公开文本中的译法,而全国科学技术名词审定委员会审定的规范词形为"神经网络"。需要注意的是,翻译专利文本时,千万不要刻舟求剑,片面地以全国科学技术名词审定委员会的审定词形为准。这一方面是因为科技进步速度非常快,审定术语经常落后于科技发展;另一方面是因为专利文本本身强调新颖性和创造性,经常会借用旧词来表达新的含义,倘若生搬硬套,就会一次又一次地把"menu"翻译成菜单,把计算机术语变成荒唐的餐桌用具,并令其成为行业术语。应鼓励翻译人员根据自己的理解,给出丰富的表达,针对同一术语也完全可以给出多重形式,在利于读者理解的同时,也给申请文件修改留下空间。

Komponenten und optional auch deren Konzentrationen hergestellt wird bzw. dass dieses chemische Erzeugnis „geprüft", also dessen Eigenschaften messtechnisch erfasst, werden.

【参考译文】 "组合物"在此是指化学品的详细说明,其至少指定用以形成化学品的原料("组分")的类型。当在本申请的上下文中提到组合物的生产或检查时,它应被理解为对以下信息的概述,即,化学品按照摘要所明确指出的关于组分和可选还有其浓度的说明来生产,或者该化学品被"检查"、即其性能依靠测量技术被测知。

【重难点解析】 在专利文本中,经常见到这样的名词解释,用于对专利撰写人在申请文本中所用的关键术语进行解释和限定。这部分的句子结构通常较为简单,易于理解。

此段第一句包含主句、一个由"welche"引导的关系从句和一个从属于该关系从句的由"aus denen"引导的关系从句,其中,"welche"指代"Spezifikation","denen"指代"Rohstoffe"。

第二句的主句中"ist dies als Kurzfassung dafür zu verstehen"的"dies"指代的是前面状语从句中的"der Herstellung oder Prüfung einer Zusammensetzung";两个dass从句的主干为:dass ein Erzeugnis gemäß Angaben hergestellt wird bzw. dass dieses Erzeugnis „geprüft",其中,后置定语"zu den Komponenten und optional auch deren Konzentrationen"修饰名词"Angaben","deren"指代"Komponenten"。

Unter einer „Formulierung" wird hier eine Zusammensetzung verstanden, welche neben der Angabe der Komponenten zusätzlich auch Mengen- oder Konzentrationsangaben für die jeweiligen Komponenten umfasst.

【参考译文】 "配方"在此是指如下组合物,其除了组分说明外还包含对相应组分的量或浓度的说明。

Unter einer „**bekannten Zusammensetzungen**" wird eine Zusammensetzung verstanden, die ein chemisches Erzeugnis spezifiziert, dessen Eigenschaften zum Zeitpunkt des Trainings eines neuronalen Netzes der das Training durchführenden Person oder Organisation bekannt sind, da die bekannte Zusammensetzung schon einmal zur Herstellung eines chemischen Erzeugnisses verwendet und die Eigenschaften dieses Erzeugnisses empirisch gemessen wurden. Die Messung muss nicht notwendigerweise von dem Betreiber des chemischen Labors durchgeführt worden sein, welches nun die Prognosezusammensetzung ermittelt, sondern kann auch von anderen Labors durchgeführt und publiziert worden sein, sodass in diesem Fall die Eigenschaften der Fachliteratur entnommen sind. Da eine Zusammensetzung gemäß obiger Definition auch Formulierungen als Untermenge enthält, können die „bekannten Zusammensetzungen" gemäß Ausführungsformen der Erfindung auch „bekannte Formulierungen" enthalten oder „bekannte Formulierungen" sein.

【参考译文】 "已知组合物"是指如下组合物,它详细说明如下化学品,在训练神经元网络时执行训练的人或组织已知该化学品的特性,因为已知组合物事先曾经被用于生产化学品,且该产品的特性已凭经验测量。测量不一定必须由现在确定预测组合物的化学实验室的运营者进行,而是也可以由其他实验室进行和发布,因此在这种情况下,所述特性取自专业文献。因为根据上述定义的组合物还包含作为子集的配方,故根据本发明实施方式,"已知组合物"也可以包含"已知配方",或者可以是"已知配方"。

【重难点解析】 此段第一句中,"dessen"引导的从句的主干为"dessen Eigenschaften der Person oder Organisation bekannt sind","dessen"指代"Erzeugnis","der Person oder Organisation"是第三格。

第二句中有一个由"welches"引导的关系从句,根据词性,"welches"指代的是"Labor"。

第三句包含一个由"da"引导的原因状语从句和主句,主干为:Da eine Zusammensetzung Formulierungen enthält, können die „bekannten Zusammensetzungen" „bekannte Formulierungen" enthalten oder „bekannte Formulierungen" sein。

Unter einer „**Versuchs-Zusammensetzung**" wird eine Zusammensetzung verstanden, die ein chemisches Erzeugnis spezifiziert, dessen Eigenschaften zum Zeitpunkt des Trainings eines neuronalen Netzes der das Training durchführenden Person oder Organisation nicht bekannt sind. Beispielsweise kann es sich bei einer Versuchs-Zusammensetzung um eine Zusammensetzung handeln, die manuell oder automatisch spezifiziert wurde, die aber noch nicht verwendet wurde, um ein entsprechendes chemisches Erzeugnis auch tatsächlich herzustellen. Entsprechend sind auch die Eigenschaften dieses Erzeugnisses nicht bekannt. Da eine Zusammensetzung gemäß obiger Definition auch Formulierungen als Untermenge enthält, können die „Versuchs-Zusammensetzungen" gemäß Ausführungsformen der Erfindung auch „Versuchs-Formulierungen" enthalten oder „Versuchs-Formulierungen" sein.

【参考译文】 "试验组合物"是指如下组合物,其指定如下化学品,在训练神经元网络时执行训练的人或组织并不知道该化学品的特性。例如试验组合物可以是以人工或自动方式详细说明的但尚未被用于实际生产相应化学品的组合物。相应地,该产品的特性也不为人知。因为根据以上定义的组合物还包含作为子集的配方,故根据本发明实施方式,"试验组合物"也可包含"试验配方",或者可以是"试验配方"。

【重难点解析】 此段第二句中副词"manuell oder automatisch"作状语,修饰"spezifiziert wurde",可以直译为"人工或自动",但很多情况下为了区分其成分,会加上"以……方式"。

Unter einer „**Prognosezusammensetzung**" wird hier eine Zusammensetzung verstanden, für die ein trainiertes neuronales Netz vorhersagt (prognostiziert), dass diese ein chemisches Erzeugnis spezifiziert, dessen Eigenschaften einer von einem Benutzer vorgegebenen Spezifikation erwünschter Eigenschaften entsprechen. Beispielsweise kann die Spezifikation der erwünschten Eigenschaften dem neuronalen Netzwerk als Eingabe-Vektor bereitgestellt werden, der für jede der erwünschten Eigenschaften einen erwünschten oder akzeptablen Parameterwert oder Parameterwertbereich angibt.

【参考译文】 "预测组合物"在此是指如下组合物,经过训练的神经元网络对此预测(预言)由该组合物指定的化学品的特性对应于由用户设定的期望特性详细说明。例如,可以将期望特性的详细说明作为输入向量提供给神经元网络,该输入向量针对每个期望特性说明期望的或可接受的参数值或参数值范围。

【重难点解析】 此段第一句中两个关系从句的主干为"für die ein Netz vorhersagt(prognostiziert),dass diese ein Erzeugnis spezifiziert, dessen Eigenschaften einer Eigenschaften entsprechen",其中,"die"指代"Zusammensetzung","dessen"指代"Erzeugnis";"einer von einem Benutzer vorgegebener Spezifikation"初看容易误认为是"dessen Eigenschaften"的第二格定语,然而根据"entsprechen"的配价和句意可知,第二分词短语"von einem Benutzer vorgegebenen"和第二格定语"erwünschter Eigenschaften"均为"Spezifikation"的定语。

Unter einer „**Prüfung von Zusammensetzungen**" durch die Anlage wird die messtechnische Erfassung („Analyse") von Eigenschaften eines chemischen Erzeugnisses, das gemäß den Angaben in der Zusammensetzung erzeugt wurde, verstanden.

【参考译文】 借助该设备的"组合物检查"是指依靠测量技术来检测（分析）根据组合物中的说明所产生的化学产品的特性。

通过对以上多项复杂案例的深入剖析，我们仍然需要再次强调：在进行专利翻译时，**信息不失真**的直译需要翻译人员根据专利文本内容并结合附图去体会作者（发明人）的原意，然后再结合译者理解并用中文表达发明人的原意。但因为翻译文本本身就是一项专利的权利载体，译者理解基础上的二次表达可能会对此项专利审查产生重大影响、对某项技术的竞争产生不可忽视的作用，甚至也可能会影响某些技术的发展路径，因此专利翻译需要建立在对原文充分理解的基础上，以追求100%信息复原的方式完成中文表达。

附录 1

思考练习题

1. 请查阅相关法律文献并讨论：什么是知识产权？我国对知识产权保护有何相关规定？

2. 请将以下内容翻译为中文：

Stellenausschreibung

Erfindergeist und Kreativität brauchen wirksamen Schutz. Das Deutsche Patent- und Markenamt (DPMA) ist das Kompetenzzentrum für alle gewerblichen Schutzrechte des geistigen Eigentums — für Patente, Gebrauchsmuster, Marken und Designs. Als größtes nationales Patentamt in Europa und fünftgrößtes nationales Patentamt der Welt steht es für die Zukunft des Erfinderlandes Deutschland in einer globalisierten Wirtschaft. Unsere Mitarbeiterinnen und Mitarbeiter erbringen Dienstleistungen für Erfinderinnen und Erfinder sowie Unternehmen und entwickeln die nationalen, europäischen und internationalen Schutzsysteme weiter.

Wir suchen an unserem Standort **München** zum nächstmöglichen Zeitpunkt für spannende und vielseitige Tätigkeiten im vergleichbar höheren Dienst eine/einen

Übersetzerin/Übersetzer（w/m/div）

in den Fremdsprachen Englisch und Spanisch.

Ihre wesentlichen Aufgaben：

- Übersetzung von Texten vorwiegend auf dem Gebiet des gewerblichen Rechtsschutzes mit überwiegend hohem Schwierigkeitsgrad
- Übersetzungen sind zum großen Teil aus der deutschen in die englische/spanische Sprache vorzunehmen, wobei der Schwerpunkt auf der englischen Sprache liegt
- Überprüfung von Texten, die bereits in der Fremdsprache gefertigt wurden
- Terminologiearbeit
- Auskunft bei sprachlichen Fragen

Wir setzen voraus：

- ein erfolgreich abgeschlossenes einschlägiges, wissenschaftliches Hochschulstudium (z. B. als Diplom-Übersetzerin/Diplom-Übersetzer, Master Translation)
- sehr gute Kenntnisse der deutschen und englischen Sprache, die der Niveaustufe C2 des Gemeinsamen Europäischen Referenzrahmens für Sprachen (GER) entsprechen
- sehr gute Kenntnisse der spanischen Sprache, die mindestens der Niveaustufe C1 des GER für

Sprachen entsprechen
- sehr gute Kenntnisse der einschlägigen IT-Anwendungen (MS-Office, CAT-Tools)

Wünschenswert sind:
- berufliche Vorerfahrung in der Übersetzung juristischer Texte
- im Hinblick auf die internationalen Aufgaben weitere Sprachkenntnisse
- sehr gutes organisatorisches Geschick sowie eine selbstständige Arbeitsweise
- hervorragendes Kommunikationsverhalten sowie eine ausgeprägte Dienstleistungsorientierung
- Einsatzbereitschaft und Belastbarkeit

Wir bieten:
- eine unbefristete Einstellung als Tarifbeschäftigte/Tarifbeschäftigter in der Entgeltgruppe 13 der EntgO Bund (Teil Ⅲ Abschnitt 16.4)
- sehr gute Arbeitsbedingungen
- einen sicheren und modernen Arbeitsplatz; die Aufgaben können zum Teil in Telearbeit erledigt werden
- gute Vereinbarkeit von Beruf und Privatleben (Gleitzeit, Teilzeitangebote, Inhouse-Kinderkrippe im Haupthaus in Kooperation mit der Stadt München mit 18 Plätzen)
- Angebote des Betrieblichen Gesundheitsmanagements

Ihre Bewerbung:

Interessiert? Dann freuen wir uns auf Ihre aussagekräftige Bewerbung — bevorzugt per E-Mail — *bis zum 25. September 2022* an:
Deutsches Patent- und Markenamt
Sachgebiet 4.1.1.e — Personalgewinnung
Frau Göktepe
80297 München
E-Mail: **Bewerbung@dpma.de**
Telefon: **+49 89 2195-2034**

Wir verstehen uns als familienfreundlicher Arbeitgeber und begrüßen daher auch Bewerbungen von Menschen mit Familienpflichten. Wir gewährleisten die berufliche Gleichstellung und freuen uns über Bewerbungen von Menschen jeglichen Geschlechts. Bei gleicher Eignung berücksichtigen wir Bewerbungen schwerbehinderter Menschen bevorzugt. Ebenso berücksichtigen wir Bewerbungen mit dem Wunsch nach Teilzeitarbeit entsprechend den personellen und organisatorischen Möglichkeiten.

Personenbezogene Daten, die wir im Rahmen des Bewerbungsverfahrens von Ihnen erhalten, verarbeiten wir im Einklang mit den Bestimmungen der Datenschutz-Grundverordnung und dem

Bundesdatenschutzgesetz zum Zweck der Durchführung des Bewerbungsverfahrens. Nähere Informationen hierzu erhalten Sie unter Datenschutzhinweise für Bewerberinnen und Bewerber.

Stand：15.09.2022

（https：//www.dpma.de/dpma/karriere/aktuellestellenanzeigen/uebersetzungw/m/div/index.html）

3. 请进入中国商务部网站，将其中有关"知识产权国别环境指南——引导篇"的内容翻译为德语（建议分小组完成）。

（http：//ipr.mofcom.gov.cn/hwwq_2/intro/intro1.html）

4. 请将下文关于"专利检索"的简介翻译为中文。

Patentrecherche

Vor der Ausarbeitung einer Patentanmeldung sollte in jedem Fall eine professionelle Patentrecherche erfolgen.

Typischerweise wird eine derartige Recherche von einem Patentanwalt durchgeführt.

Große Unternehmen leisten sich jedoch auch eine eigene Rechercheabteilung und können dies so eigenständig durchführen.

Wichtige Rechercheformen, zwischen denen unterschieden werden kann, sind：

● Neuheits- und Stand-der-Technik-Recherche，

● Technische Informationsrecherche，

● Einspruchsrecherche，

● Validitätsrecherche，

● Freedom-to-Operate Analyse，

● Patentanalysen und Patent Intelligence Report.

Eine Neuheits- oder Stand-der-Technik-Recherche steht typischerweise zu Beginn einer Patentanmeldung.

Dabei muss überprüft werden, wie der Stand der Technik auf einem bestimmten technischen Gebiet aussieht und ob es Literatur gibt, die neuheitsschädlich ist oder einer erfinderischen Tätigkeit widerspricht.

Diese Recherchen sind insbesondere nicht auf Patentliteratur beschränkt.

Eine professionelle Neuheits- und Stand-der-Technik-Recherche wird nach jeder Patentanmeldung vom zugehörigen Patentamt durchgeführt.

Eine technische Informationsrecherche hilft Unternehmen bei der gezielten Problemlösung von Problemstellungen auf bestimmten technischen Gebieten.

Da Patente den technischen Fortschritt fördern sollen, bietet die Patentliteratur eine Vielzahl an Informationen, die von Erfindern oder von Unternehmen für die Lösung von technischen Problemen genutzt werden kann.

Eine Einspruchsrecherche ist eine Stand-der-Technik-Recherche, die auf ein bestimmtes Ziel-Patent ausgerichtet ist und für die Vorbereitung einer Einspruchs- oder Nichtigkeitsklage gegen das Ziel-

Patent benötigt wird.

Für diese Art der Recherche ist nur Literatur relevant, die vor dem Prioritätsdatum des Ziel-Patents datiert ist.

Eine Validitätsrecherche dient dazu, ein eigenes Patent auf Rechtsbeständigkeit zu überprüfen.

Typischerweise erfolgt eine solche Recherche, wenn ein eigenes Patent genutzt werden soll, um das Verbietungsrecht gegenüber anderen durchzusetzen.

Die Freedom-to-Operate-Analyse dient dazu, die gewerbliche Tätigkeit auf einem Gebiet abzusichern, indem ermittelt wird, ob die gewerbliche Tätigkeit in Schutzrechte Dritter eingreift.

Für diese Form der Recherche sind nur bestehende Schutzrechte mit Gültigkeit in den Ländern der geplanten gewerblichen Anwendung interessant.

Die Patentanalyse ist eine etwas andere Form der Recherche.

Diese Recherche nutzt statistische Methoden und kommt im Allgemeinen nicht ohne professionelle und in der Regel entgeltpflichtige Patentdatenbanken aus.

Sie dient zur Analyse der Marktsituation bestimmter Gebiete oder Wettbewerber und kann dabei einen Grundstein für die zukünftige Ausrichtung der Unternehmensstrategie bilden.

Typische frei verfügbare Datenbanken für die Patentrecherche findet man bei den entsprechenden Patentämtern oder Patentorganisationen.

5. 分小组在下列专利检索常用的免费数据库中选择相应的专利局或专利组织进行访问，检索出某项专利，对其进行翻译练习并交叉讲解：
- Deutsches Patent- und Markenamt 德国专利商标局（DPMA）：http://www.dpma.de/
  DEPATISnet：https://depatisnet.dpma.de/
  DPMAregister：https://register.dpma.de/DPMAregister/Uebersicht
- Europäisches Patentamt 欧洲专利局（EPO：European Patent Office）：http://www.epo.org/
  Espacenet：http://www.epo.org/searching/free/espacenet.html
- World Intellectual Property Organization 世界知识产权组织（WIPO）：http://www.wipo.int/portal/index.html.en
  Patentscope：http://patentscope.wipo.int/search/en/search.jsf
- United States Patent and Trademark Office 美国专利商标局（USPTO）：http://www.uspto.gov/
  Patent Full-Text Databases 专利全文数据库：http://patft.uspto.gov/
- Japan Patent Office 日本专利局（JPO）：http://www.jpo.go.jp/
  Industrial Property Digital Library 工业产权数字图书馆：http://www.ipdl.inpit.go.jp/homepg_e.ipdl
- China National Intellectual Property Administration 中国国家知识产权局（CNIPA）：https://english.cnipa.gov.cn

附录 2

欧洲主要的知识产权官方机构

1. 世界知识产权组织

世界知识产权组织（World Intellectual Property Organization），简称"WIPO"，是联合国保护知识产权的一个专门机构，总部设在日内瓦。根据《建立世界知识产权组织公约》而设立。该公约于1967年7月14日在瑞典首都斯德哥尔摩签订，于1970年4月26日生效。中国于1980年6月3日加入该组织。

世界知识产权组织是致力于利用知识产权（专利、版权、商标、外观设计等）激励创新与创造的联合国机构，旨在通过国家之间的合作，必要时通过与其他国际组织的协作，促进全世界对知识产权的保护。该组织主要职能是负责通过国家间的合作促进对全世界知识产权的保护，管理建立在多边条约基础上的关于专利、商标和版权方面的23个联盟的行政工作，并办理知识产权法律与行政事宜。该组织的很大一部分财力用于同发展中国家进行开发合作，促进发达国家向发展中国家转让技术，推动发展中国家的发明创造和文艺创作活动，以利于其科技、文化和经济的发展。

官方网站：http://www.wipo.int

2. 欧洲专利局

欧洲专利局（European Patent Office），简称"EPO"，是根据《欧洲专利公约》（EPC），于1977年10月7日正式成立的一个政府间组织，负责审查授予可以在42个国家生效的欧洲专利（European patent），总部位于德国慕尼黑，在海牙、柏林、维也纳和布鲁塞尔设有分部。2017年，中国首次跻身欧洲专利局五大申请国。欧洲专利局的使命是授予高质量的专利，提供高效率的服务，促进创新，提升竞争力，推动经济增长。其主要任务是根据《欧洲专利公约》授权欧洲专利。

欧专局有38个成员国，覆盖了整个欧盟地区及欧盟以外的10个国家，早期19个国家为：奥地利、比利时、丹麦、法国、德国、希腊、爱尔兰、意大利、列支敦士登、卢森堡、摩纳哥、荷兰、葡萄牙、瑞典、瑞士、西班牙、英国、塞浦路斯、芬兰。

官方网站：http://www.epo.org/

3. 欧盟知识产权局

欧盟知识产权局（European Union Intellectual Property Office），简称"EUIPO"，成立于1994年，负责欧盟商标（European Union trademark，EUTM）和共同外观设计（Registered Community Design，RCD）的注册与管理。该局注册的外观设计和商标在欧盟27个成员国均有效。

欧盟知识产权局负责欧盟商标和外观设计的注册和管理，并通过统一申请为企业和个人提供在整个欧盟的商标和设计保护的专有权。此欧盟机构的工作不仅限于注册，还包括统一商标和设计的注册实践，以及开发通用的知识产权管理工具。这项工作是与欧盟27个成员国的国家和地区知识产权局、用户协会等外部合作伙伴合作进行的,目的是为商标和外观设计系统的用户提供更好的注册体验。自2012年以来,EUIPO主办了欧洲知识产权侵权观察站,将公共和私人利益相关者聚集在一起,共同打击盗版和假冒行为。

官方网站:https://euipo.europa.eu/ohimportal/en/home

4. 德国专利商标局

德国专利商标局(Deutsches Patent-und Markenamt),简称"DPMA",成立于1877年。1945年以前称为德意志帝国专利局。1949年,原德意志帝国专利局更名为德国专利局。1998年11月1日,德国专利局正式更名为德国专利商标局(DPMA),总部设在慕尼黑,隶属联邦司法部。

DPMA为德国联邦司法部管辖的联邦高级行政机构,是管理德国工业产权的中心,主要职能如下:

1) 发明专利申请的受理、审查和授权;

2) 实用新型、工业品外观设计、商标和集成电路布图设计申请的受理、审查和注册,以及相关信息的公布;

3) 代表政府对工业产权工作执行监督管理,对工业产权授权纠纷进行裁决。

德国颁布的知识产权相关法规有《专利法》《实用新型法》《外观设计法》《商标法》《著作权法》《半导体保护法》(保护客体为集成电路布图设计)和《植物新品种法》,DPMA负责所有工业产权授权和管理事宜。

官方网站:http://www.dpma.de/

5. 奥地利专利局

奥地利专利局(The Austrian Patent Office),简称"APO",于1899年成立于维也纳,隶属于奥地利联邦经济事务部,有近百年的历史。其组织机构为:18个技术部、2个法律部、无效部、申诉部及5个局直属部,下设经营性实体(TRF),负责向社会提供有偿的专利信息及检索服务。APO的知识产权保护范围涉及发明、实用新型、商标、外观设计、半导体等。其中,《实用新型法》从1994年起实施,《外观设计法》从1991年起实施。APO是PCT国际检索单位和国际初步审查单位。

官方网站:http://www.patentamt.at

6. 瑞士联邦知识产权局

瑞士联邦知识产权局(Eidgenössisches Institut für Geistiges Eigentum),简称"IGE",成立于1888年11月15日,总部设在伯尔尼,是瑞士联邦行政部门的一个机构,负责专利、商标、地理标志、工业设计和版权。1978年,作为新的行政组织法的一部分,该机构被更名为联邦知识产权局。1996年1月1日,它获得了独立公法机构的地位,并以瑞士联邦知识产权局(IPI)的名义继续存在。

瑞士联邦知识产权局负责瑞士的专利、商标和外观设计申请。其还负责国际申请,负责审查各国的申请,授予知识产权并管理相关的登记册。IPI为发明专利、外观设计、版权和相关权利、半导体产品的拓扑图、商标和来源指示、公共纹章和其他公共标志以及知识产权领域的其他法规准备立法。它向联邦当局提供建议,并在国际组织和与第三国的谈判中代表瑞士处理所有知识产权问题。

官方网站:http://www.ige.ch

7. 比利时知识产权局

比利时知识产权局(Belgian Intellectual Property Office),简称"IPObel",是联邦政府的一个公共服务机构。IPObel 是经济监管总局的一部分,负责处理所有关于比利时知识产权的问题。

IPObel 的主要任务是保护比利时的知识产权。为此,其负责颁发比利时的工业产权证书,向用户提供知识产权信息,编写法律文本,向政府提供咨询,并在国际上代表比利时。IPObel 还承担着提供信息的重要作用,其提供一个网站,使公众可以获得关于知识产权的一般信息,以及大量的专利文件和植物品种权利证书。此外,IPObel 还积极参与制定和调整比利时的法规、条约以及比利时、欧洲和国际知识产权协议。

官方网站:https://economie.fgov.be/fr/themes/propriete-intellectuelle/contacts-propriete

8. 意大利专利商标局

意大利专利和商标局(Italian Patent and Trademark Office),简称"UIBM",总部设在罗马,隶属于意大利经济发展部,负责处理意大利的专利发放和商标注册相关工作。

官方网站:https://uibm.mise.gov.it/index.php/en/

9. 欧洲/欧盟统一专利法院(筹备中)

2013 年 2 月 19 日,欧盟 25 个成员国在布鲁塞尔签订《统一专利法院协定》,决定设立欧盟统一专利法院。统一专利法院(Unified Patent Court,UPC)是其成员国共有的一家新国际法院。它将提供简化的、更快的、更有效率的司法程序,处理在欧盟成员国中发生的专利侵权纠纷、无效争议等事宜。其所适用专利权利包括统一专利权和已经在欧盟成员国办理生效的传统欧洲专利权,法院判决在所有参与成员国均有效力。统一专利法院不适用于《欧洲专利公约》的非欧盟成员国,例如英国、摩纳哥、列支敦士登、挪威、瑞士、土耳其、冰岛、北马其顿、圣马力诺、阿尔巴尼亚和塞尔维亚。

统一专利法院的一审法院分为中央法院、地方法院和地区法院。中央法院分为三个,分别设立在巴黎、伦敦和慕尼黑。伦敦中央法院负责审理 IPC 分类表的 A 类与 C 类案件,慕尼黑中央法院负责审理 IPC 分类表的 F 类案件,其余案件由巴黎中央法院负责。此外,各个国家可以设立地方法院与地区法院。二审法院是位于卢森堡的上诉法院。中央法院主要负责裁决无效案件以及非侵权之诉讼。地方和地区法院主要负责裁决侵权诉讼,其中可包括针对涉案专利的无效请求。统一专利法院拥有精简的程序以及有法律和特殊技术背景的法官。所有这些努力都是为了增加欧盟对创新企业的吸引力,并提高全球经济竞争力。

官方网站:https://www.unified-patent-court.org/

10. 德国联邦专利法院

联邦专利法院(Bundespatentgericht,BPatG)是德国联邦法院,主管特定的法律事务,如专利和商标案件。其成立于 1961 年 7 月 1 日,所在地为德国慕尼黑。联邦专利法院处理专利、商标、实用新型、工业设计、半导体拓扑结构和植物品种保护等知识产权问题。在德国的双轨制中,专利侵权诉讼和无效诉讼由不同的法院处理,联邦专利法院负责无效诉讼,即对在德国生效的德国和欧洲专利的有效性提出的质疑进行裁决。其他涉及侵权行为的纠纷由普通民事法院处理。

联邦专利法院最初处理与专利有关的案件(包括强制授权)、商标和新型专利案件,后来再延伸至半导体布局、植物新品种保护和工业设计领域。近年来,其管辖范围已扩大到医疗和植物保护产品之补充保护证明及欧洲专利在德国无效之案件。

联邦专利法院委员会包括具有法律和技术专家身份的专业法官。技术背景法官拥有与其他法律专业法官相同的权力,可以全程参与案件的审判和决策。技术背景法官大多数来自德国专利商标局的审查委员会,在被指派到联邦专利法院前,拥有多年的德国专利商标局工作经验。

官方网站：https://www.bundespatentgericht.de/DE/Home/home_node.html

11. 瑞士联邦专利法院

瑞士联邦专利法院(Bundespatentgericht)负责处理专利案件等特定的法律事务,其总部设在瑞士圣加仑。

该法院于2012年开始工作,接管了26个州级法院的管辖权,由具有法律和技术资格的法官组成小组,将原本分散在26个州的专利民事诉讼案件统一集中到新联邦专利法院进行审理。在瑞士,该法院对瑞士/列支敦士登的统一专利拥有专属管辖权,无论这些统一专利是欧洲专利还是"国家"专利,在有效性和侵权纠纷、初步措施以及在其专属管辖权下作出的决定的执行方面,都有专属管辖权。

官方网站：https://www.bundespatentgericht.ch/en/